新工科建设之路·计算机类规划教材
工业和信息产业科技与教育专著出版资金资助出版

MySQL 8数据库原理与应用

（微课版）

徐丽霞　郭维树　袁连海　主编

電子工業出版社
Publishing House of Electronics Industry
北京·BEIJING

内 容 简 介

本书以 MySQL 8.0 版本为平台，以学校教务管理系统的数据库设计、操纵和管理为主线，通过实训为指导，借助实用的案例和通俗易懂的语言，详细介绍了 MySQL 数据库的基础知识，以及教务管理系统设计与维护的全过程，具体内容包括数据库概述、数据库设计、MySQL 数据库、MySQL 数据库的基本操作、MySQL 数据库表、表的数据完整性、数据查询、索引和视图、MySQL 编程基础、存储过程和触发器、事务与锁、备份与恢复、用户和权限管理、使用 PHP 操作 MySQL 数据库及成绩管理系统数据库设计。

本书体系完整、内容翔实、例题丰富、可操作性强，涵盖了 MySQL 数据库的主要知识点，每章内容均配备了大量的实例，有助于读者理解知识、应用知识，达到学以致用的目的。本书包含配套课件、源代码、习题解答、期末考试模拟试题、实训指导及教学视频等配套资源。

本书既可作为大学本科、高职高专院校计算机及相关专业的数据库原理与应用课程的教材，也可作为从事数据库管理、开发与应用的相关人员的参考用书。

图书在版编目（CIP）数据

MySQL 8 数据库原理与应用：微课版 / 徐丽霞，郭维树，袁连海主编. —北京：电子工业出版社，2020.9
ISBN 978-7-121-39410-2

Ⅰ. ①M… Ⅱ. ①徐… ②郭… ③袁… Ⅲ. ①SQL 语言－程序设计－高等学校－教材 Ⅳ. ①TP311.132.3

中国版本图书馆 CIP 数据核字（2020）第 153664 号

责任编辑：戴晨辰　　文字编辑：王　炜
印　　刷：三河市良远印务有限公司
装　　订：三河市良远印务有限公司
出版发行：电子工业出版社
　　　　　北京市海淀区万寿路 173 信箱　邮编：100036
开　　本：787×1 092　1/16　印张：18　字数：557.5 千字
版　　次：2020 年 9 月第 1 版
印　　次：2024 年 12 月第 11 次印刷
定　　价：59.00 元

凡所购买电子工业出版社图书有缺损问题，请向购买书店调换。若书店售缺，请与本社发行部联系，联系及邮购电话：（010）88254888，88258888。

质量投诉请发邮件至 zlts@phei.com.cn，盗版侵权举报请发邮件至 dbqq@phei.com.cn。

本书咨询联系方式：dcc@phei.com.cn。

前　言

MySQL 是目前流行的关系数据库管理系统之一。由于它是开源软件，维护成本相对较低，有越来越多的企业开始选择 MySQL 作为数据存储软件。目前国内 MySQL 技术需求旺盛，各大知名企业都在高薪招聘技术能力强的 MySQL 数据库开发人员和管理人员。

MySQL 8.0 版本的出现是一个新的里程碑，它带来了一些前所未有的特点和功能，使 MySQL 更趋于人性化、便利化。本书以 MySQL 8.0 版本为基础，针对初学者，通过大量实例的操作与分析，引领读者快速学习和掌握 MySQL 开发和管理技术。本书以学校教务管理系统的数据库设计、操纵和管理为主线，以实训为指导，将数据库理论内容嵌入到实际操作中去介绍，能够让读者在操作过程中进一步理解理论知识，从而提高数据处理的能力。

本书体系完整、可操作性强，以大量的例题对常用知识点操作，进行示范，所有的例题全部通过调试，内容涵盖了设计一个数据库应用系统要用到的主要知识。

本书共 15 章，主要内容如下。

第 1 章数据库概述。介绍数据库的基本概念、数据库的发展阶段、数据模型和关系运算。

第 2 章数据库设计。介绍关系数据库的规范化理论和数据库设计的步骤。

第 3 章 MySQL 数据库。介绍 MySQL 数据库概述，MySQL 的安装与配置、MySQL 的使用和图形化管理工具。

第 4 章 MySQL 数据库的基本操作。介绍 MySQL 数据库的创建和管理的基本操作，利用 MySQL Workbench 管理数据库的基本操作和 MySQL 存储引擎。

第 5 章 MySQL 数据库表。介绍 MySQL 数据库表的创建和管理、表的数据操作和利用 MySQL Workbench 管理数据表等内容。

第 6 章表的数据完整性。介绍数据完整性约束，包括主键约束、外键约束、唯一性约束、非空约束、检查约束和默认值约束的管理。

第 7 章数据查询。介绍利用 SELECT 语句进行数据查询的内容，包括单表查询、多表查询、子查询、使用正则表达式进行模糊查询及合并结果集等。

第 8 章索引和视图。主要介绍索引和视图的概念，索引和视图的创建、查看、修改、查询、更新和删除，以及视图的应用等。

第 9 章 MySQL 编程基础。主要介绍 MySQL 的常量和变量、运算符与表达式、流程控制语句和函数等内容。

第 10 章存储过程和触发器。介绍存储过程的创建和管理，游标、触发器和事件等数据库对象的创建及应用。

第 11 章事务与锁。介绍事务概念、事务的管理和隔离级别管理，以及锁的分类及应用。

第 12 章备份与恢复。介绍表数据的导入与导出，MySQL 数据库的备份和恢复的基本理论和操作、日志文件等。

第 13 章用户和权限管理。介绍 MySQL 权限表及访问控制过程、用户管理、权限管理和角色管理等内容。

第 14 章使用 PHP 操作 MySQL 数据库。介绍 PHP 语言的工作原理、PHP 开发环境的搭建、PHP 访问 MySQL 数据库的一般步骤、PHP 操作 MySQL 数据库的常见方法及综合实例等内容。

第 15 章成绩管理系统数据库设计。介绍成绩管理系统数据库的需求分析、系统功能、数据库概念设计、数据库逻辑结构设计与物理结构设计的过程。

本书包含配套课件、源代码、习题解答、期末考试模拟试题、实训指导及教学视频等配套资源，读者可登录华信教育资源网（www.hxedu.com.cn）注册后免费下载。

本书由徐丽霞、郭维树、袁连海编写，其中，徐丽霞编写第 3 章、第 6～8 章、第 11～14 章，郭维树编写第 4～5 章、第 9～10 章和第 15 章，袁连海编写第 1～2 章。所有代码的测试由徐丽霞完成。全书由徐丽霞统一修改、整理和定稿。

在本书编写过程中，还参考了数据库相关图书、文献和网站资料，在此对提供者一并表示感谢。另外，成都理工大学工程技术学院、电子工业出版社及各位同仁对本书的出版给予了大力支持与帮助，在此一并表示感谢。

由于作者水平有限，书中纰漏之处在所难免，敬请广大读者批评指正。

作　者

微课视频清单

第 1 章 数据库概述	第 8 章 索引和视图
第 2 章 数据库设计	第 9 章 MySQL 编程基础
第 3 章 MySQL 数据库	第 10 章 存储过程和触发器
第 4 章 MySQL 数据库的基本操作	第 11 章 事务与锁
第 5 章 MySQL 数据库表	第 12 章 备份与恢复
第 6 章 表的数据完整性	第 13 章 用户和权限管理
第 7 章 数据查询	

目　录

第1章　数据库概述

学习目标：

- 了解数据库的基本概念。
- 掌握数据库、数据库系统和数据库管理系统的关系。
- 理解数据管理技术发展的三个阶段。
- 理解数据模型的概念，掌握关系数据模型的相关概念。
- 掌握关系运算的操作。

当今社会信息爆发式增长，人们在日常生活中需要处理许多数据。这些数据的收集、处理、存储、发布，以及对数据的挖掘利用，都会使用数据库。数据库技术产生于20世纪60年代末，是数据管理的最新技术，是计算机科学的重要研究分支。信息社会信息化程度的高低依赖于数据库技术的发展水平。

数据库技术是信息系统的核心和基础，它的出现极大地促进了计算机应用向各行各业的渗透。数据库技术一般包含数据处理和数据管理两部分，其中数据处理是对各种形式的数据进行收集、存储、加工和传输等活动的总称；数据收集、分类、组织、编码、存储、检索、传输和维护等环节是数据处理的基本操作，称为数据管理。数据管理是数据处理的核心问题。数据库的建设规模、数据库信息量的大小和使用频度已成为衡量一个国家信息化程度的重要标志。

1.1　数据库的基本概念

1.1.1　信息与数据库

1．数据

数据（Data）是描述事物的符号记录，是数据库中存储的基本对象。

提到数据，大多数人的第一反应就是数字，其实数字只是最简单的一种数据，这是对数据的一种狭义的理解。从广义上说，文字、图形、图像、声音、视频等，都属于数据的范畴，如王老师的年龄是50岁、某件商品的价格是10.50元、小王购买图书的数量是20本，这里的“50”、“10.50”和“20”就是数值数据；一个人的姓名是李平、性别是男、学号是201920112020，这里的“李平”、“男”和“201920112020”就是非数值型数据。数据包括文本（如表示姓名、性别、学号的数据）、数字（如年龄、价格、数量）、图形、图像、声音等。数据的含义称为数据的语义，数据与其语义是不可分的，如数据（李平、1972、1990）表示什么呢？如果语义是（学生姓名、出生年份、入学年份），则从这个语义中知道李平是1972年出生，入学年份是1990年；如果语义是（教师姓名、出生年份、参加工作年份），则从这个语义可以知道教师李平是1972年出生的，参加工作年份是1990年。

2．信息

信息和数据有什么关系呢？为什么我们经常说“信息社会”而不说“数据社会”呢？

信息是现实世界事物的存在方式或运动状态的反映。或者说，信息是一种已经被加工为特定形式的数据。

信息的主要特征如下：

- 信息的传递需要物质载体，且信息的获取和传递都要消耗能量；
- 信息可以感知。信息可以存储、压缩、加工、传递、共享、扩散、再生和增值；
- 数据是信息的载体和具体的表现形式，信息不随数据形式的变化而变化。

数据与信息既有联系，又有区别。数据是信息的载体，但并非任何数据都能成为信息，只有经过加工处理后，具有新内容的数据才能成为信息。信息不随其数据形式的改变而改变，它是反映客观世界的知识。数据则具有任意性，可以用不同的数据形式表示相同的信息。如要将“2019 年 9 月 1 日下午两点在 1103 开会”的信息通知某个同学，可以通过发送短消息（文本）或打电话（语音）等数据形式发布。

3．数据库

数据库（Database，DB）是长期储存在计算机内的、有组织的、可共享的大量数据的集合。数据库不仅包括描述事物的数据本身，而且还包括相关事物之间的关联。

数据库具有较小的冗余度、较高的数据独立性和易扩展性，因为数据库中的数据是按某种数据模型进行组织的，数据存放在辅助存储器上，而且可被多个用户同时使用。因此，数据库中的数据是按一定的数据模型组织、描述和储存的，具有较小的冗余度、较高的数据独立性和易扩展性，并可为多个用户所共享。

1.1.2　数据库管理系统

数据库管理系统（Database Management System，DBMS）是维护和管理数据库的软件，是数据库与用户之间的界面。它建立在操作系统的基础上，是位于用户与操作系统之间的数据管理软件。它为用户或应用程序提供访问数据库的方法，包括数据库的创建、查询、更新及各种数据控制等。通过数据库管理系统，人们可以方便地对数据库中的数据进行收集、存储、操作和维护。

一般来说，数据库管理系统的功能主要包括以下几个方面：

- 数据定义功能；
- 数据操纵功能；
- 数据库的运行管理功能；
- 数据库的建立和维护功能。

数据库管理系统作为数据库系统的核心软件之一，可提供建立、操作、维护数据库的命令和方法。目前，专门研究 DBMS 的厂商及其研制 DBMS 的产品很多。比较流行的有美国 IBM 公司的 DB2 关系数据库管理系统和 IMS 层次数据库管理系统、美国 Oracle 公司的 Oracle 关系数据库管理系统、Sybase 公司的 Sybase 关系数据库管理系统、美国微软公司的 SQL Server 关系数据库管理系统，以及目前十分流行的开源关系数据库管理系统 MySQL 等。

MySQL 是一个关系数据库管理系统。由瑞典 MySQL AB 公司开发，目前属于Oracle旗下产品。MySQL 是最流行的关系数据库管理系统之一，在 Web 应用方面，是最好的关系数据库管理系统（Relational Database Management System，RDBMS）应用软件之一。关系数据库将数据保存在不同的表中，而不是将所有数据放在一个大仓库内，这样就增加了速度并提高了灵活性。MySQL 所使用的 SQL 语言是用于访问数据库最常用的标准化语言。MySQL 软件采用了双授权政策，分为社区版和商业版。因其体积小、速度快、总体拥有成本低，尤其是开放源码这个特点，一般中小型网站的开发会以 MySQL 作为网站数据库。MySQL 社区版的性能卓越，搭配PHP和Apache可组成良好的开发环境。

1.1.3　数据库系统

数据库系统（Database System，DBS）是指引入数据库技术后的计算机系统。数据库系统通常包括硬件和软件，由数据库、数据库管理系统及其开发工具、应用系统、数据库用户构成。

其中，数据库系统中的硬件是物质基础，是存储数据库及运行数据库管理系统的硬件资源，包括主机、存储设备、输入/输出设备，以及计算机网络环境。

数据库系统中的软件包括操作系统、数据库管理系统及数据库应用系统等。

数据库用户包括最终用户、数据库系统开发者和数据库管理员。

最终用户是指通过应用系统用户界面使用数据库的人员，他们一般对数据库知识了解不多。

数据库系统开发者包括系统分析员、系统设计员和程序员。系统分析员负责应用系统的分析，他们和用户、数据库管理员相配合，参与系统分析；系统设计员负责应用系统设计和数据库设计；程序员则根据系统设计要求进行编码。

数据库管理员是数据库管理机构人员，他们负责对整个系统进行总体控制和维护，以保证数据库系统的正常运行。

数据库（DB）、数据库系统（DBS）和数据库管理系统（DBMS）的关系如图 1-1 所示。

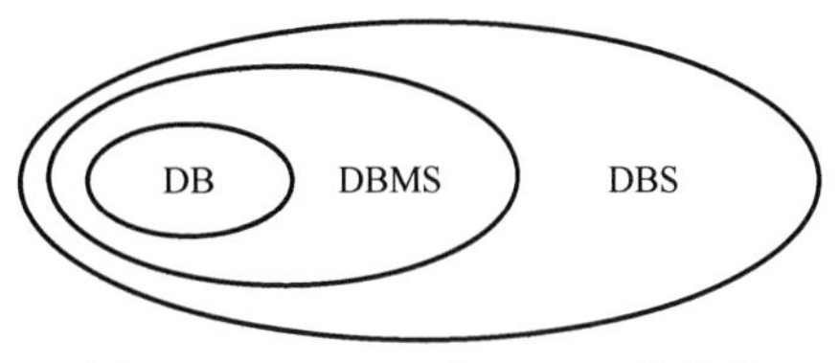

图 1-1　DB、DBS 和 DBMS 的关系

1.2　数据管理技术的发展阶段

人类对数据管理经历了几个阶段，是与当时软/硬件的发展水平相适应的。数据管理是对数据进行分类、组织、编码、存储、检索和维护的过程，是数据处理的核心问题。

推动人类数据管理技术发展的动力包括应用需求的推动，以及计算机硬件的发展水平和计算机软件的发展。人类数据管理技术的发展经历了三个阶段：

- 人工管理阶段（20 世纪 40 年代中期到 20 世纪 50 年代中期）；
- 文件系统阶段（20 世纪 50 年代末期到 20 世纪 60 年代中期）；
- 数据库系统阶段（20 世纪 60 年代末期到现在）。

结合当时所处的历史阶段，以及软/硬件的发展水平，不难理解数据管理所具有的特点和制约条件，如在人工管理阶段，由于没有操作系统和存储设备，人类对数据的管理只能通过人工来管理；随着操作系统的出现和随机存储设备的发展，升级为通过文件来管理数据。

1.2.1　人工管理阶段

在计算机出现初期，由于当时软/硬件的限制，人们对数据管理采用人工管理方式。从 20 世纪 40 年代开始将近十年的时间，都是采用人工管理方式对数据进行管理的。

当时的计算机主要用来进行科学计算。计算机没有操作系统，也没有直接存储设备，其作业调度方式采用批处理系统。这些条件限制了人们只能采用人工方式管理数据。

这个阶段的数据管理者是用户（也就是程序员）。由于没有磁盘和磁带，数据不能保存在存储设备里。数据面向的对象是某个特定的应用程序，如统计某个地区的人口信息，处理的数据只是针对统计程序。数据共享程度低，几乎没有共享性，且冗余度很大；数据没有独立性，完全依赖于某个应用程序。这个阶段的数据没有结构，由程序员编写应用程序自行控制数据。

1.2.2　文件系统阶段

随着计算机软/硬件技术的发展，在 20 世纪 60 年代出现了随机存取磁盘。软件方面出现了操作系统，操作系统包含文件系统。计算机应用不仅用于科学计算，还可用来进行数据管理。操作系统除了有批处理系统，还有联机处理系统。这些技术允许人们使用文件系统来管理数据。

文件系统阶段的数据管理具有以下特点：通过文件系统来管理数据，数据可长期保存在设备上。数据依然是面向某个特定的应用程序的；数据共享程度比较低、数据冗余度大；整体上看数据没有结构，但记录内有结构；数据独立性仍然较差，改变数据的逻辑结构必须修改应用程序；应用程序是自己控制数据的。文件中记录内有结构，数据的结构依据程序定义和解释，数据只能是定长的，可以间接实现数据变长的要求，但访问相应数据的应用程序就复杂了；文件之间是独立的，因此数据整体无结构。虽然可以间接实现数据整体的有结构，但必须在应用程序中描述数据间的联系。数据的最小存取单位是记录。

采用文件系统管理数据相对于人工管理具有很大的进步，但依然有以下几个缺陷：

- 数据的冗余度大；

- 数据的不一致性；
- 数据的独立性较差。

例如，学校教务处、财务处、学生处等部门分别开发的应用程序都在文件里定义了学生信息，如姓名、联系电话、家庭住址等，这就是数据冗余；如果某个学生家庭住址改变了，就需要修改这三个部门文件中学生的家庭住址信息，否则会引起同一学生的数据在不同部门中的不一致，产生上述问题的原因是这三个部门应用程序的文件中关于学生的数据没有联系，是相互独立的。

有些应用适用于文件系统但不适用于数据库系统，如对数据的备份、应用程序使用过程中产生的临时数据一般使用文件系统比较合适。对于早期功能比较简单、固定的应用系统一般适合采用文件系统。现在几乎所有企业或部门的信息系统都是以数据库系统为基础的，数据的存储都使用数据库，如工厂的管理信息系统（其中包括许多子系统，如设备管理系统、物资采购系统、库存管理系统、作业调度系统、人事管理系统等）、学校的学籍管理系统、人事管理系统、图书馆的图书管理系统等，都比较适合采用数据库系统。

1.2.3 数据库系统阶段

数据库系统阶段比文件系统阶段更为高级，它可以解决多用户、多应用共享数据的需求，使数据可以面向更多的应用。数据库系统阶段不再使用人工和文件来管理数据，而使用专门的数据管理软件——数据库管理系统来管理数据。数据库系统阶段与文件管理阶段最大的差别在于数据的结构化。在数据库系统阶段，数据不再针对某个特定的应用，而是面向整个应用系统。

与文件系统阶段相比较，数据库系统阶段的主要特点如下。

（1）数据结构化

数据结构化是数据库的主要特征之一，是数据库系统与文件系统的本质区别。在数据库系统阶段，数据不再针对某一个或多个特定应用设计，而是面向整个应用系统（组织），数据库系统阶段的数据具有整体的结构化特点。

（2）数据的共享性程度高、冗余度小、容易扩充等

数据库系统阶段的数据不再面向某个应用程序，而是面向整个系统，因此可以被多个用户、多个应用以多种不同的语言共享使用。这就使数据库系统的弹性大，易于扩充。数据共享可以大大减少数据冗余，节约存储空间，同时还能够避免数据之间的不相容性与不一致性。在文件系统阶段，数据是面向某个应用程序而设计的，其数据结构是针对某个具体应用进行设计的。数据只被这个应用程序或应用系统使用，可以说数据是某个应用的私有资源，数据库阶段的系统容易扩充也容易收缩，即应用增加或减少时并不需要修改整个数据库的结构，只需要做很少的改动。取整体数据的各种子集可用于不同的应用系统，当应用需求发生改变时，只需要重新选取不同的子集或添加一部分数据，就可以满足新的需求。

（3）数据独立性高

数据独立性是数据库系统最重要的特点之一，它使数据能独立于应用程序。应用程序不随数据存储结构的变化而变化，简化了应用程序的编制和程序员的工作负担。

在数据库系统阶段，数据由数据库管理系统统一管理和控制。数据库管理系统提供了统一的数据定义、数据控制、安全机制，以及一系列备份和恢复机制。另外，数据库管理系统提供数据库的共享机制，允许多个用户同时存取数据库中的数据，甚至可以同时存取数据库中的同一个数据。为此，DBMS 必须提供统一的数据控制功能，包括数据的安全性保护、数据的完整性检查、并发控制和数据库恢复。DBMS 的数据控制功能包括四个方面：并发控制指对多用户的并发操作加以控制和协调，保证并发操作的正确性；数据的完整性检查指将数据控制在有效的范围内，或者保证数据之间满足一定的关系；数据的安全性保护指保护数据以防止不合法使用造成数据的泄密和破坏；数据库恢复指当计算机系统发生硬件故障、软件故障，或者由于操作员的失误及故意破坏影响数据库中数据的正确性，甚至造成数据库部分或全部数据丢失时，能将数据库从错误状态恢复到某已知的正确状态（完整状态或一致状态）。

1.3 数据库的体系结构

为了有效地组织、管理数据，保障数据与程序之间的独立性，使用户能以简单的逻辑结构操作数据而无须考虑数据的物理结构，简化应用程序的编制和程序员的负担，增强系统的可靠性，通常 DBMS 将数据库的体系结构分为三级模式，即外模式、模式和内模式。

1．数据库的三级模式结构

（1）外模式

外模式又称用户模式或子模式，它是数据库用户（包括应用程序员和最终用户）能够看见和使用的局部数据的逻辑结构和特征的描述，是数据库用户的数据视图，也是与某个应用有关数据的逻辑表示，如关系数据库的视图就是外模式。外模式保证了数据库的安全性。每个用户只能看见和访问所对应的外模式中的数据，数据库中的其余数据是不可见的。一个数据库可以有多个外模式，但一个应用程序只能使用同一个外模式。

（2）模式

模式又称概念模式或逻辑模式，是数据库中全体数据的逻辑结构和特征的描述，是所有用户的公共数据视图。一个数据库只有一个模式。在定义模式时不仅要定义数据的逻辑结构，如数据记录由哪些数据项构成及数据项的名字、类型、取值范围等，还要定义数据之间的联系，定义与数据有关安全性、完整性的要求。

（3）内模式

内模式又称存储模式或物理模式，是数据物理结构和存储方式的描述，是数据在数据库内部的表示方式，如数据是否加密、是否压缩存储、数据的存储记录结构有何规定等。一个数据库只有一个内模式。

2．三级模式间的两级映像

数据库的三级模式结构是数据的三个抽象级别。它把数据的具体组织留给 DBMS 去做，用户只要抽象地处理数据，而不必关心数据在计算机中的表示和存储，这样就减轻了用户使用系统的负担。

三级模式结构之间的差别往往很大，为了实现这三个抽象级别的联系和转换，DBMS 在三级模式结构之间提供了两级映像：外模式/模式映像和模式/内模式映像，如图 1-2 所示。

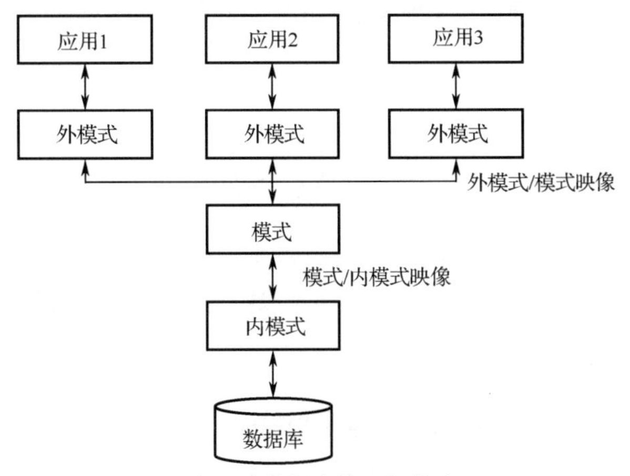

图 1-2　数据库的三级模式

数据独立性包括数据的物理独立性和数据的逻辑独立性。数据库管理系统的三级模式结构（外模式、模式和内模式）和两级映像保证了数据库中的数据具有很高的物理独立性和逻辑独立性。

数据的逻辑独立性是指当数据库的模式发生改变时，应用程序不需要改变（如在数据库中增加新的表、新的字段、改变某个表中属性的数据类型或长度等，改变了模式，数据库管理员对各个外模式/模式的映像做相应改变，可以使外模式保持不变，也就是应用程序不需要改变），这是因为应用程序是依据数据的外模式编写的，从而使应用程序不必修改，保证了数据与程序的逻辑独立性。

数据与程序的物理独立性是指当数据库的存储结构发生改变，数据库管理员只需要对模式/内模式之间的映像做相应改变，从而可以使模式不必改变，因此应用程序也不用改变，这样就保证了数据与程序的物理独立性。

1.4 数据模型

模型，特别是具体模型，人们并不陌生，如一张地图、一组建筑设计沙盘都是具体的模型。模型是现实世界特征的模拟和抽象。数据模型（Data Model）也是一种模型，它是现实世界数据特征的抽象。

人们把客观存在的事物以数据的形式存储到计算机中，经历了对现实生活中事物特征的认识、概念化到计算机数据库里的具体表示的逐级抽象过程。此过程分为三个阶段，即现实世界、信息世界和机器世界，如图 1-3 所示。

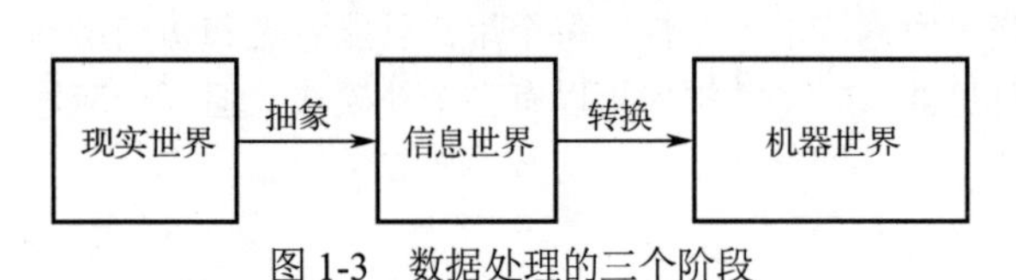

图 1-3 数据处理的三个阶段

将现实世界转换成机器世界涉及几个概念。将现实世界转换成信息世界使用的模型称为概念模型，概念模型是数据库开发者交流的工具。概念模型实际上是现实世界到机器世界的一个中间层次。概念模型用于信息世界的建模，是现实世界到信息世界的第一层抽象，是数据库开发者进行数据库设计的有力工具，也是数据库开发者和用户之间进行交流的语言。

概念模型中最常用的是实体联系模型，根据需求分析可以得到概念模型（E-R 图），E-R 图是数据库开发者之间交流的工具，与具体的 DBMS 无关。

建立概念模型后，需要将概念模型转换成某种具体数据库系统支持的模型，在机器世界使用的模型称为数据模型。将信息世界转换成机器世界是将 E-R 图转换为某种数据模型，数据模型与 DBMS 相关。

1.4.1 概念模型与 E-R 方法

概念模型用于信息世界的建模，是现实世界与信息世界的第一层抽象，是数据库开发者进行数据库设计的有力工具，也是数据库开发人员和用户之间进行交流的语言。因此，概念模型一方面应该具有较强的语义表达能力，能够方便、直接地表达应用中的各种语义知识；另一方面还应该简单、清晰，易于用户理解。

1．信息世界中的基本概念

（1）实体（Entity）

现实世界的客观事物称为实体，实体可以是人、事或物，也可以是抽象的概念或联系，如演出、网球赛、学生选课等。

（2）属性（Attitude）

将实体所具有的某个特性称为属性。一个实体可以由若干个属性来刻画，如学生实体由学号、姓名、性别、出生年月、系等属性组成。

（3）域（Domain）

属性的取值范围称为该属性的域，如学生的性别属性，它的域是{男,女}。

（4）码（Key）

码有时也称关键字。所谓码是指在实体属性中，可用于区别实体中不同个体的一个属性或几个属性的组合，称为该实体集的“码”，如在学生实体中，能作为码的属性可以是“学号”，因为一旦码有了取值，便唯一地标识了实体中的某一个体；当然“姓名”也可作为码，但如果有重名现象，“姓名”这个属性就不能作为码了。当有多个属性可作为码而选定其中一个时，则称它为该实体的“主码”。若在实体诸属性中，某属性虽非该实体主码，却是另一实体的主码，则称此属性为“外部码”或“外码”。

（5）实体型（Entity Type）

具有相同属性的实体必然具有共同的特征和性质。用实体名及其属性名集合来抽象和刻画同类实体，称为实体型，如学生（学号，姓名，性别，出生年月，系）就是一个实体型。

（6）实体集（Entity Set）

同型实体的集合称为实体集，如全体学生就是一个实体集。

（7）联系（Relationship）

在现实世界中，事物内部及事物之间是有联系的。这些联系在信息世界中反映为实体（型）内部的联系和实体（型）之间的联系。实体内部的联系通常是指组成实体的各属性之间的联系。实体之间的联系通常是指不同实体集之间的联系。

实体集之间的联系个数可以是单个的，也可以是多个的，主要有以下几种联系。

① 一对一联系（1∶1）

如果对于实体集A中的每一个实体，实体集B中至多有一个实体与之联系，反之亦然，则称实体集A与实体集B具有一对一联系，记为1∶1。

例如，在学校里面，一个班级只有一个正班长，而一个班长只在一个班中任职，则班级与班长之间具有一对一联系。

② 一对多联系

如果对于实体集A中的每一个实体，实体集B中有n个实体（$n \geq 0$）与之联系，反之，对于实体集B中的每一个实体，实体集A中至多只有一个实体与之联系，则称实体集A与实体集B有一对多联系，记为$1:n$。

例如，一个班级中有若干个学生，而每个学生只在一个班级中学习，那么班级与学生之间的联系为一对多联系。

③ 多对多联系（$m:n$）

如果对于实体集A中的每一个实体，实体集B中有n个实体（$n \geq 0$）与之联系，反之，对于实体集B中的每一个实体，实体集A中也有m个实体（$m \geq 0$）与之联系，则称实体集A与实体B具有多对多联系，记为$m:n$。

例如，一门课程同时有若干个学生选修，而一个学生可以同时选修多门课程，则课程与学生之间的联系为多对多联系。

实际上，一对一联系是一对多联系的特例，而一对多联系又是多对多联系的特例。

2．实体-联系方法

概念模型中最常用的方法是实体-联系方法，简称E-R方法。该方法直接从现实世界中抽象出实体和实体间的联系，然后用E-R图来表示数据模型。

在E-R图中实体用矩形框表示，并在矩形框内写明实体名；联系用菱形表示，用边将其与有关的实体连接起来，并在边上标明联系的类型；属性用椭圆表示，并用无向边将其与相应的实体连接起来。对于有些联系，其自身也会有某些属性，同实体与属性的连接类似，将联系与其属性连接起来，如图1-4所示。

图1-4　E-R图（1）

【例1-1】 用E-R图来表示学生选课与教师授课。假设一个学生可以选修多门课程，而一门课程又可以有多个学生来选修。一门课可以由多位教师讲授，一位教师也可以讲授多门课程。

学生选课涉及的实体如下。

学生：属性有学号、姓名、性别、年龄、所在系。

课程：课程号、课程名、先修课号、学分。

教师：教师号、姓名、年龄、职称。

学生与课程之间是多对多的关系，学生选修课程会有成绩。教师与课程之间也是多对多的联系。

图 1-5 所示为各个实体及其属性图，图 1-6 所示为实体及其联系图，在图 1-6 中将相应的实体属性加上就形成了一个完整的 E-R 图。

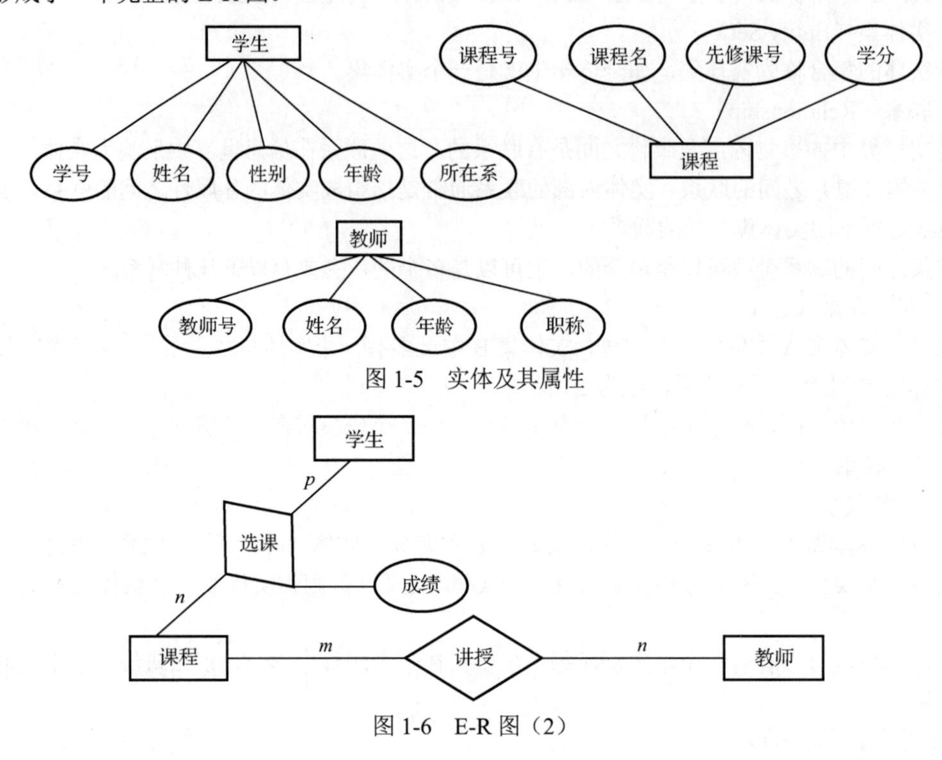

图 1-5　实体及其属性

图 1-6　E-R 图（2）

1.4.2　数据模型的分类

数据模型是数据库管理系统的基础，任何数据库管理系统都要按照一定的方式组织数据，数据模型是数据库管理系统用来对现实世界进行抽象的工具，是数据库中用于提供信息表示和操作手段的形式构架。一般来说，数据模型是严格定义的概念集合，这些概念精确描述了系统的静态特性、动态特性和完整性约束条件。数据模型的三个要素包括数据结构、数据操作和完整性约束。

- 数据结构：指从静态特性描述数据，是研究对象类型的集合。
- 数据操作：指可以对数据库中各种对象进行的操作，是操作的集合，包括操作及有关的操作规则，是对系统动态特性的描述。
- 完整性约束：指一组完整性规则的集合。完整性规则是给定的数据模型中数据及其联系所具有的制约和依存规则，用以限定符合数据模型的数据库状态，以及状态的变化，以保证数据的正确、有效、相容。

数据库管理系统常用的数据模型包括层次数据模型、网状数据模型和关系数据模型。

1．层次数据模型

层次数据模型采用树形层次结构来组织数据，其图形表示为一棵倒置的树。从数据结构课程中树（或二叉树）的定义可知，每棵树都有且只有一个根节点，其余的节点都是非根节点。每个节点表示一个记录类型对应与实体的概念，记录类型的各个字段对应实体的各个属性。各个记录类型及其字段都必须记录。

层次数据模型具有以下特点。

（1）整个模型中有且仅有一个节点没有父节点，其余的节点必须有且仅有一个父节点，但是所有的节点都可以不存在子节点。

（2）所有的子节点都不能脱离父节点而单独存在，也就是说，如果要删除父节点，那么父节点下面的所有子节点都要同时删除，但是可以单独删除一些子节点。

（3）每个记录类型有且仅有一条从父节点通向自身的路径。

【例 1-2】以某所学校某个系的组织结构为例（见图 1-7），说明层次数据模型的结构。

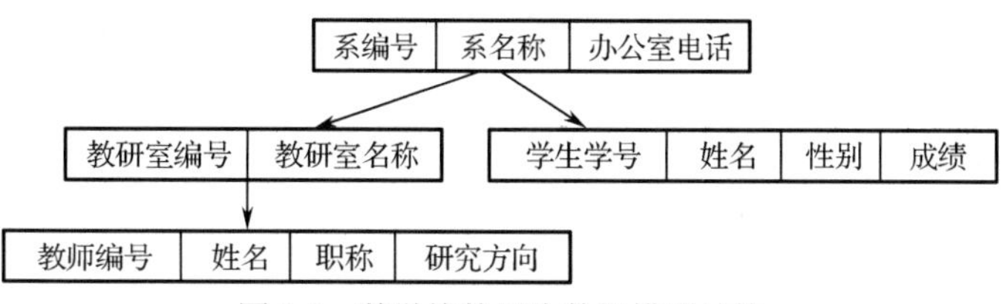

图 1-7　某学校的层次数据模型结构

（1）记录类型系是根节点，其属性包括系编号、系名称和办公室电话。

（2）记录类型教研室和学生分别构成了记录类型系名称的子节点，教研室的属性有教研室编号和教研室名称，学生的属性包含学生学号、姓名、性别和成绩。

（3）记录类型教师是教研室这个实体的子节点，其属性有教师编号、姓名、职称和研究方向。

层次数据模型采用树形结构来组织数据，其优点如下。①模型简单。层次数据模型的结构简单、清晰、明朗，很容易看到各个实体之间的联系，对具有一对多层次关系的部门描述非常自然、直观，容易理解，这是层次数据库的突出优点。②模型应用系统性能好，查询效率较高。在层次数据模型中，节点的有向边表示了节点之间的联系，在 DBMS 中如果有向边借助指针实现，那么依据路径很容易找到待查的记录；数据库语句比较简单，只需要几条语句就可以完成数据库的操作，特别是对于那些实体间联系是固定的且预先定义好的应用，采用层次模型来实现，其性能优于关系模型。③提供了较好的数据完整性支持。正如上所述，如果要删除父节点，那么其下的所有子节点都要同时删除。在图 1-7 中，如果想要删除教研室，则其下的所有教师数据都要删除。

层次数据模型的缺点如下。①结构缺乏灵活性。层次数据模型只能表示实体之间的 $1:n$ 的关系，不能表示 $m:n$ 的复杂关系，现实世界中很多联系是非层次性的，如多对多联系、一个节点具有多个双亲等，层次数据模型不能自然地表示这类联系，只能通过引入冗余数据或引入虚拟节点来解决。②对插入和删除的操作限制比较多。③查询子节点必须通过双亲节点。由于查询节点时必须知道其双亲节点的数据，因此限制了对数据库存取路径的控制。

2. 网状数据模型

网状数据模型采用有向图表示实体和实体之间的联系，可以看成是对放松层次数据模型的约束性的一种扩展。网状数据模型中所有的节点都允许脱离父节点而存在，也就是说，在整个模型中允许存在两个或多个没有根节点的节点，同时也允许一个节点存在一个或多个的父节点，成为一种网状的有向图。因此节点之间的对应关系不再是 $1:n$，而是一种 $m:n$ 的关系，从而克服了层次数据模型的缺点。

以教务管理系统为例，如图 1-8 所示，说明了院系的组成中教师、学生、课程之间的关系。可以看出，课程（实体）的父节点为专业、教研室、学生。以课程和学生之间的关系来说，是一种 $m:n$ 的关系，也就是说，一个学生能够选修多门课程，一门课程也可以被多个学生同时选修。

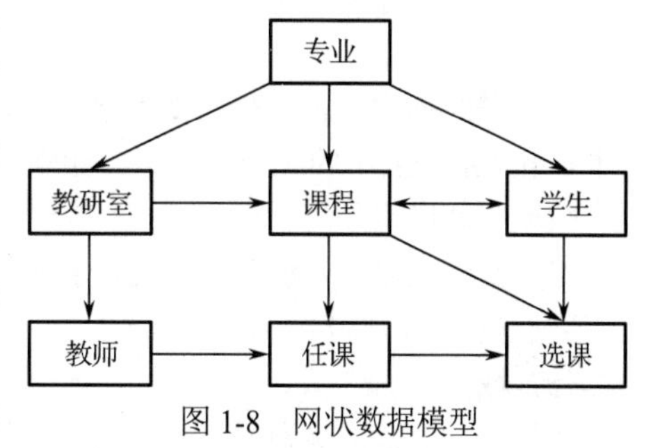

图 1-8　网状数据模型

网状数据模型具有以下优点。①可以方便地表示现实世界中很多复杂的关系，能够更为直接地描述现实世界，如一个节点可以有多个双亲。②修改网状数据模型时，没有层次数据模型那么严格的限制，可以删除一个节点的父节点而依旧保留该节点；也允许插入一个没有任何父节点的节点，这样的插入在层次数据模型中是不被允许的，除非首先插入的是根节点。③实体之间的关系在底层中可以通过指针实现，因此在这种数据库中执行操作的效率较高。

网状数据模型具有以下缺点。①结构复杂、使用不易，而且随着应用环境的扩大，数据库的结构就变得越来越复杂，不利于最终用户掌握。②数据的插入、删除牵动的相关数据太多，不利于数据库的维护和重建。③采用的DDL语言和DML语言较为复杂，用户不容易掌握。由于记录之间联系是通过存取路径实现的，应用程序在访问数据时必须选择适当的存取路径，因此，用户就要了解系统结构的细节，加重了编写应用程序的负担。网状数据模型数据之间的彼此关联比较大，该模型其实是一种导航式的数据模型结构，不仅要说明对数据做些什么，还要说明操作的记录路径。

3. 关系数据模型

关系数据模型使用关系（二维表）来表示实体和实体之间的联系。关系数据模型对应的数据库是关系数据库，支持关系数据模型的数据库管理系统称为关系数据库管理系统。同理，使用层次数据模型的数据库称为层次数据库，而使用网状数据模型的数据库称为网状数据库。

关系数据库是被普遍使用的数据库，如MySQL、SQL Server、Oracle等都是流行的关系数据库。

在关系数据模型中，无论是实体，还是实体之间的联系都是被映射成统一的关系，其操作的对象和结果都是一张二维表；关系数据库可用于表示实体之间的多对多的关系，只是此时要借助第三个关系（表）来实现多对多的关系，如学生选课系统中学生和课程之间的联系就是一种多对多的关系，这种多对多的联系也可以转换成二维表（关系），如选课系统涉及三张表，分别是学生表、课程表和选课表，而选课表可将学生和课程联系起来。关系数据模型的关系必须是规范化关系，即每个属性是不可分割的实体，不允许在一张表中嵌套另一张表。

1.4.3 关系数据模型

关系数据模型是由关系数据结构、关系操作的集合和关系完整性约束三部分组成的。从用户观点来看，关系数据模型中逻辑数据结构是一张简单的二维表，它由行和列组成。如表1-1所示就是一张二维关系表。

表1-1 学生表

学 号	姓 名	性 别	年 龄
2018202011	李平	男	19
2018202012	王梅	女	20
2018202013	董东	男	18
2018202014	王芳	女	19

在关系数据模型中，有一些概念需要理解并掌握，下面以表1-1为例进行介绍。

（1）关系

一个关系就是一张二维表，每个关系都有一个关系名，如学生表就是学生关系。

（2）元组

二维表中的行称为元组，每一行是一个元组，其对应一条记录。

（3）属性

二维表的列称为属性，又称为字段。每一列都有一个属性名，属性值是指属性的具体值。属性的具体取值就形成表中的一个个元组，如学号、姓名、性别等。

（4）关系模式

对关系的描述。关系模式一般表示为关系名（属性1,属性2,…,属性n），如学生关系模式表示为学生（学号,姓名,性别,年龄）。

（5）域

属性的取值范围称为域，如性别属性的域是{男,女}。

（6）关键字或码

在关系的属性中，能够用来唯一标识元组的属性（或属性组合）称为关键字或码。

（7）候选关键字或候选码

如果在一个关系中，存在多个属性（或属性组合）都能用来唯一标识该关系中的元组，则这些属性（或属性组合）都称为该关系的候选关键字或候选码，候选码可以有多个。候选码可以用来唯一标识不同的元组、属性或属性组合，如学号可以用来区分不同的学生，身份证号码也可以区分不同的学生，因此，学号和身份证号码都是候选码。

（8）主码（主键）

从候选码中选择一个码作为主码。如果一张表只有一个候选码，则该候选码就是主码。例如，如果选定学号来区分不同的学生，则学号就是学生表的主码。

（9）分量

分量表示元组中的一个属性值，如王芳就是学生王芳的分量。

（10）外码

外码（外部关键字）又称外键，是指某个属性不是A表的主码，但是B表的主码，则在A表中这个属性就称为外键。外键是表与表联系的纽带，如假设学生表有班级编号这个属性，但不是学生表的主码，而是班级表的主码，因此，班级编号在学生表中就是外码。

（11）主属性和非主属性

在一个关系中，包含在任何候选关键字中的各个属性称为主属性。不包含在任一候选码中的属性称为非主属性。例如，学生表中的学号是主属性，而姓名、性别和年龄则是非主属性。

在关系数据库中，其关系具有以下性质：

- 所有的属性都是原子的；
- 元组的顺序无关紧要，即它的次序可以任意交换；
- 属性的顺序是非排序的，即它的次序可以任意交换；
- 同一属性名下的诸属性值（同列）是同类型数据，且来自同一个域；
- 关系中没有重复元组，即任意元组在关系中都是唯一的；
- 属性必须具有不同的属性名，即不同的属性可来自同一个域。

1.4.4 关系的完整性规则

关系的完整性规则是对关系的某种约束条件，用于确保数据的准确性和一致性。它具有三类完整性约束，即实体完整性、参照完整性和用户自定义完整性。

1. 实体完整性

实体完整性是指一个关系数据模型中的所有元组都是唯一的，没有完全相同的元组，也就是一张二维表中没有两个完全相同的行，也称为行完整性。在数据输入或修改的过程中，完全相同的行不能存储。关系数据模型中以主关键字作为唯一性标识。主关键字中的属性即主属性不能取空值（所谓“空值”就是“不知道”或“无意义”的值），且主键的取值唯一。

2. 参照完整性

参照完整性是指当一张数据表中有外部关键字（该列是另一张表的关键字）时，外部关键字列的所有值，都必须出现在其所对应的表中。

若属性（或属性组）F是基本关系R的外码，它与基本关系S的主码Ks相对应（基本关系R和S不一定是不同的关系），则对于R中每个元组在F上的值必须为：

- 或者取空值（F的每个属性值均为空值）；
- 或者等于S中某个元组的主码值。

例如，学生表和班级表可以用下面的关系模式表示，其中主码用下画线标识：

学生(<u>学号</u>,姓名,性别,班级号,年龄,籍贯)

班级(<u>班级号</u>,班级名,班主任姓名)

这两个关系之间存在着属性的引用，即学生关系的班级号引用了班级关系班级号。显然，学生关系中的班级号的取值要么为空值（也就是这个学生的班级不确定），要么必须是确实存在的班级表的班级号，而不能是其他的值，即班级关系中有该班级的记录。也就是说，学生关系中的某个属性的取值需要参照班级关系的属性取值。

3. 用户自定义完整性

用户自定义完整性是指针对某个具体数据的约束条件，由具体应用环境决定。它反映某个具体应用所涉及的数据必须满足的语义要求，如性别只能是“男”或“女”两种可能，年龄取值只能限制在0～150才合乎逻辑等。

1.5 关系运算

关系数据库是建立在关系代数理论基础上的，有很多数据理论可以表示关系模型的数据操作，其中最为著名的是关系代数与关系运算。关系运算的运算对象是关系，运算结果也是关系。在离散数学中，二元关系也属于特殊的集合，所以关系运算包括两类：传统的集合运算和专门的关系运算。传统的集合运算是指关系的水平方向，即行的角度，主要是集合与集合之间的运算，包括并、交、差 、笛卡儿积。专门的关系运算不仅涉及行，还涉及列，包括选择、投影、连接、除。

1.5.1 传统的集合运算

传统的集合运算有并、交、差和笛卡儿积运算。

传统的集合运算是二目运算（二元运算），以下运算用到的两个关系 R 和 S 均为 n 元关系，且相应的属性取自同一个域，如表1-2和表1-3所示。

表1-2 关系 R

姓　名	年　龄	性　别
李	20	男
王	21	女
袁	20	男

表1-3 关系 S

姓　名	年　龄	性　别
李	20	男
柳	22	男
张	20	女

基本运算如下。

1．并（Union）

关系 R 和 S 的并：属于 R 或属于 S 的所有元组组成的集合，删去重复的元组，其结果仍为 n 元关系。记为 $R\cup S=\{t|t\in R\vee t\in S\}$。关系 R 和 S 进行并运算的结果如表1-4所示。

表1-4 $R\cup S$

姓　名	年　龄	性　别
李	20	男
王	21	女
袁	20	男
柳	22	男
张	20	女

2．交（Intersection）

关系 R 和 S 的交：由既属于 R 又属于 S 的元组组成，其结果仍为 n 元关系，记为 $R\cap S=\{t|t\in R\wedge t\in S\}$,$R\cap S=R-(R-S)$。关系 R 和 S 进行交运算的结果如表1-5所示。

3．差（Difference）

关系 R 和 S 的差：由属于 R 而不属于 S 的所有元组组成，其结果仍为 n 元关系，记为 $R-S=\{t|t\in R\wedge t\notin S\}$。关系 R 和 S 进行差运算的结果如表1-6所示。

表1-5 $R\cap S$

姓　名	年　龄	性　别
李	20	男

表1-6 $R-S$

姓　名	年　龄	性　别
王	21	女
袁	20	男

4．笛卡儿积（Cartesian Product）

设关系 R 和 S 分别是 n 元和 m 元关系，若 R 有 k_1 个元组，S 有 k_2 个元组，则关系 R 和 S 的笛卡儿积有 $k_1\times k_2$ 个元组。记为：

$$R\times S=\{\widehat{t_r t_s}\mid t_r\in R\wedge t_s\in S\}$$

关系 R 和 S 进行广义笛卡儿积运算的结果如表 1-7 所示。

表 1-7 $R\times S$

R.姓名	R.年龄	R.性别	S.姓名	S.年龄	S.性别
李	20	男	李	20	男
李	20	男	柳	22	男
李	20	男	张	20	女
王	21	女	李	20	男
王	21	女	柳	22	男
王	21	女	张	20	女
袁	20	男	李	20	男
袁	20	男	柳	22	男
袁	20	男	张	20	女

实际进行笛卡儿积运算时，可从 R 的第一个元组开始，依次与 S 的每一个元组组合，然后对 R 的下一个元组进行同样的操作，直至 R 的最后一个元组也进行完相同操作为止，即可得到 $R\times S$ 的全部元组。

1.5.2 专门的关系运算

专门的关系运算包括选择、投影、连接等。关系运算不仅涉及行且涉及列。前两个是一元操作，后一个为二元操作。下面关系运算以关系 R 为例进行介绍，关系 R 如表 1-8 所示。

表 1-8 关系 R

姓　名	年　龄	性　别
李	20	男
王	21	女
袁	20	男

1．选择（Selection）

选择又称限制，它是在关系中满足给定条件的元组的子集，记作：$\sigma_F(R)=\{t|t\in R\wedge F(t)='真'\}$。

其中 F 表示选择条件，它是一个逻辑表达式，取逻辑“真”或“假”。

选择运算实际上是从关系 R 中选取使逻辑表达式 F 为真的元组。这是从行的角度进行的运算。

F 包含下列两类符号。

运算对象：元组分量（属性名或列序号）、常数；运算符：>、≥、<、≤、=、≠、∧、∨。

【例 1-3】 对关系 R 进行以下查询的关系运算。

（1）查询男生的信息。

$\sigma_{性别='男'}(R)$

（2）查询年龄大于 20 岁的学生的信息。

$\sigma_{年龄>20}(R)$

（3）查询年龄大于或等于 20 岁的男学生的信息。

$\sigma_{性别='男'\wedge 年龄\geq 20}(R)$

条件表达式 F 中的字符常量需要用单引号括起。选择操作是从关系里面选择满足条件 F 的元组，选择操作一般是从行的角度进行筛选，有的数据库管理系统将选择操作称为水平筛选。选择操作的结果仍然是关系，结果的字段数量不会减少。

2．投影（Projection）

关系 R 上的投影是从 R 中选择出若干属性列组成新的关系，记作：$\pi_A(R)=\{t[A]|t\in R\}$，其中 A 为 R 中的属性列。

投影操作是从列的角度进行的运算，也就是选择关系的部分列而得到的新的关系，投影又称垂直筛选。投影操作之后不仅去掉了原关系中的某些字段，而且还可能取消某些元组（去掉重复的行）。

【例 1-4】 对关系 R 进行以下查询的关系运算。

（1）查询关系 R 的年龄字段。

关系代数：$\pi_{年龄}(R)$，得到的结果如表 1-9 所示。

（2）查询关系 R 的姓名和年龄字段。

关系代数：$\pi_{姓名,年龄}(R)$，得到的结果如表 1-10 所示。

表 1-9　$\pi_{年龄}(R)$

年龄
20
21

表 1-10　$\pi_{姓名,年龄}(R)$

姓　名	年　龄
李	20
王	21
袁	20

3．连接（Join）

连接分为内连接和外连接。内连接是指将满足连接条件的记录保存在结果中，而外连接除了将满足条件的元组保存在结果关系中，还要把舍弃的元组也保存在结果关系中，而在其他属性上填空值（Null），这种连接称为外连接（OUTER JOIN）。

外连接分为左外连接、右外连接和完全外连接。如果只把左边关系 R 中要舍弃的元组保留就称为左外连接（LEFT OUTER JOIN 或 LEFT JOIN）。如果只把右边关系 S 中要舍弃的元组保留就称为右外连接（RIGHT OUTER JOIN 或 RIGHT JOIN）。如果把左边关系和右边关系中不满足连接条件的元组也放在结果中，就叫完全外连接（FULL JOIN）。

从两个关系的笛卡儿积中选取属性间满足一定条件的元组，相比较的属性是可比的属性。连接运算中最为重要也最为常用的连接是条件连接、等值连接和自然连接。

条件连接：当要满足某个给定条件时，称为条件连接。

等值连接：给定条件为相等的连接。

自然连接：若关系 R 和 S 具有相同的属性组 B，则连接条件是两个关系 R 和 S 中所对应的同名属性组 B 中的所有属性的值必须对应相等。

内连接也称 θ 连接。连接运算的含义是从两个关系的笛卡儿积中选取属性间满足一定条件的元组。

$$R \underset{A\theta B}{\bowtie} S=\{ \widehat{t_r t_s} \mid t_r \in R \wedge t_s \in S \wedge t_r[A]=t_s[B]\}$$

θ 运算符是比较运算符，包括大于、小于、不等于和等于。A 和 B 分别是关系 R 和关系 S 上可比较的属性或属性组合。R 和 S 的连接运算是从 R 和 S 的广义笛卡儿积 $R \times S$ 中选取（R 关系）在 A 属性组上的值与（S 关系）在 B 属性组上值满足比较关系 θ 的元组。

通常有两类常用连接运算，即等值连接和自然连接。

当连接符号 θ 为=时的连接运算称为等值连接。等值连接的含义是从关系 R 与 S 的广义笛卡儿积中选取 A、B 属性值相等的那些元组而得到的关系。

$$R \underset{A=B}{\bowtie} S=\{ \widehat{t_r t_s} \mid t_r \in R \wedge t_s \in S \wedge t_r[A]=t_s[B]\}$$

自然连接是一种特殊的等值连接。等值连接中包含相同的字段，这样的关系看起来很不自然，为了让连接后的关系更加自然，在两个连接关系中进行比较的字段必须是相同属性或属性组合，在结果中把重复的列去掉。

$$R \bowtie S=\{ \widehat{t_r t_s} \mid t_r \in R \wedge t_s \in S \wedge t_r[A]=t_s[B]\}$$

【例 1-5】 有两个关系 R 和 S，如表 1-11 和表 1-12 所示，分别计算关系 R 与 S 的 θ 连接（$C<D$）、等值连接和自然连接运算。

表 1-11　*R* 关系

A	*B*	*C*
a1	b1	3
a2	b1	5
a3	b2	5
a4	b3	6

表 1-12　*S* 关系

B	*D*
b1	4
b2	5
b3	5
b3	3

（1）关系 *R* 与 *S* 的 θ 连接（$C<D$）结果如表 1-13 所示。

表 1-13　$R\underset{C<D}{\bowtie}S$

A	*R.B*	*C*	*S.B*	*D*
a1	b1	3	b1	4
a1	b1	3	b2	5
a1	b1	3	b3	5

（2）关系 *R* 与 *S* 的等值连接结果如表 1-14 所示。

表 1-14　$R\underset{R.B=S.B}{\bowtie}S$

A	*R.B*	*C*	*S.B*	*D*
a1	b1	3	b1	4
a2	b1	5	b1	4
a3	b2	5	b2	5
a4	b3	6	b3	5
a4	b3	6	b3	3

（3）关系 *R* 与 *S* 的自然连接结果如表 1-15 所示。

表 1-15　$R\bowtie S$

A	*B*	*C*	*D*
a1	b1	3	4
a2	b1	5	4
a3	b2	5	5
a4	b3	6	5
a4	b3	6	3

1.6　小结

数据库技术是信息系统的核心和基础，它的出现极大地促进了计算机应用向各行各业的渗透。数据是描述事物的符号记录，是数据库中存储的基本对象。数据库管理系统是用来对数据库进行高效管理的系统软件。数据库管理系统的主要功能包括以下几个方面：

- 数据定义功能；
- 数据操纵功能；
- 数据库的运行管理功能；
- 数据库的建立和维护功能。

数据库系统是指引入数据库后的计算机应用系统，数据库系统通常包括硬件和软件，由数据库、数据库管理系统及其开发工具、应用系统、数据库管理员构成。

人类数据管理技术的发展经历了三个阶段：

- 人工管理阶段（20世纪40年代中期到20世纪50年代中期）；
- 文件系统阶段（20世纪50年代末期到20世纪60年代中期）；
- 数据库系统阶段（20世纪60年代末期到现在）。

数据库管理系统常用的数据模型包括层次数据模型、网状数据模型和关系数据模型。关系数据模型使用关系（二维表）来表示实体和实体之间的联系。关系数据模型是由关系数据结构、关系操作的集合和关系完整性约束三部分组成。从用户观点来看，关系数据模型中逻辑数据结构是一张简单的二维表。

传统的集合运算是关系的水平方向，即行的角度，主要是集合与集合之间的运算，包括并、交、差、笛卡儿积；专门的关系运算不仅涉及行，还涉及列，包括选择、投影、连接、除。

实训 1

1. 实训目的

从网络上搜索常用的数据库管理系统，并熟悉每个DBMS的特性。

2. 实训准备

在实训前确保网络能够正常使用。

3. 实训内容

（1）在网上搜索常见的关系数据库产品有哪些？这些产品有什么特点？

（2）调查并叙述数据库与生活的关系，思考有没有不使用数据库的生活方式？

4. 提交实训报告

按照要求提交实训报告作业。

习题 1

一、单选题

1. R为四元关系$R(A,B,C,D)$，S为三元关系$S(B,C,D)$，$R\infty S$构成的结果为（　　）元关系。

A. 4　　B. 3　　C. 7　　D. 6

2. 内模式是数据库中数据的内部表示或底层描述。一般来说，一个数据库有（　　）个内模式。

A. 一个　　B. 两个　　C. 三个　　D. 任意多个

3. 关系R的某个属性组合F不是R的候选码，而是另一个关系S的候选码，则称F是R的（　　）。

A. 次码　　B. 主码　　C. 外码　　D. 联系

4. 在关系数据库中，实体集以及实体间的联系都是用（　　）来表示的。

A. 关系　　B. 属性　　C. 行和列　　D. 数据联系

5. 若属性F是基本关系R的外码，F与基本关系S的主码相对应，则R在F上的取值必须为空值或等于S中某个元组的主码值。这是关系的（　　）。

A. 域完整性规则　　B. 参照完整性规则

C. 用户定义完整性规则　　D. 实体完整性规则

6. （　　）是一组具有相同数据类型的值的集合。

A. 码　　B. 次码　　C. 域　　D. 候选码

7. 有了外模式/模式映像，可保证数据和应用程序之间的（　　）。

A. 逻辑独立性　　B. 物理独立性　　C. 数据一致性　　D. 数据安全性

8. 自然连接是构成新关系的有效方法。一般情况下，当对关系R和关系S使用自然连接时，要求

R 和 S 含有一个或多个共同的（　　）。

A．元组　　B．行　　C．记录　　D．属性

二、多选题

1．下面关于 E-R 模型向关系模型转换的叙述中，正确的是（　　）。

A．一个实体类型转换为一个关系模式

B．一个 1∶1 联系可以转换为一个独立的关系模式，也可以与联系的任意一端实体所对应的关系模式合并

C．一个 1∶n 联系可以转换为一个独立的关系模式，也可以与联系的任意一端实体所对应的关系模式合并

D．一个 m∶n 联系转换为一个关系模式

2．数据模式是数据库的框架。一般数据库的三级模式是指（　　）。

A．模式　　B．外模式　　C．应用模式　　D．内模式

3．SQL 是一种介于关系代数与关系演算之间的结构化语言，包括（　　）。

A．数据定义语言 DDL　　B．数据操纵语言 DML

C．数据查询语言 SELECT　　D．数据控制语言 DCL

4．数据模型是数据库系统的基础。数据库系统中最常使用的数据模型是（　　）。

A．层次数据模型　　B．关系数据模型

C．网状数据模型　　D．结构模型

5．关系模型的三要素为（　　）。

A．关系数据库　　B．关系数据结构　　C．关系操作　　D．关系完整约束性

三、填空题

1．数据是信息的符号表示或称载体；信息是数据的内涵，是数据的语义解释。“世界人口已达到 20 亿”是________。

2．数据库系统的两级映像是指________和________。

3．在关系数据库实际过程中，设计关系是________阶段的任务。

4．有了模式/内模式映像，就可以保证数据和应用程序之间的________。

5．数据字典中只存放视图的________。

6．实体完整性要求主属性不能取空值，可以通过________来实现。

7．在关系代数中，对一个关系做投影操作后，新关系的元组个数________或________原来关系元组个数。

第 2 章　数据库设计

学习目标：

- 掌握关系数据库的规范化理论。
- 理解数据库设计的基本方法和步骤。
- 掌握如何将概念模型转换成关系。
- 了解数据库设计的基本原则。

2.1　关系数据库的规范化

将现实中的业务处理转换成计算机处理，就需要进行数据库设计，数据库设计过程包括六个阶段：需求分析、概念结构设计、逻辑结构设计、数据库物理设计、数据库实施、数据库运行和维护。数据库设计是软件设计的一部分，数据库设计师需要结合软件开发的过程进行数据库设计。数据库设计不仅包括设计数据库本身，还包括数据库的实施、运行和维护，设计一个完善的数据库应用系统往往是上述六个阶段不断反复的过程。在设计数据库过程中，首先需要掌握规范化理论。

2.1.1　关系数据库的规范化理论

关系数据库的关系规范化问题在 1970 年 Godd 提出关系模型时就同时被提出来了，它可按属性间不同的依赖程度分为第一范式、第二范式、第三范式、Boyce-Codd 范式、第四范式。人们对规范化理论的认识是有一个过程的，在 1970 年时已发现属性间的函数依赖关系，从而定义了与函数依赖关系有关的第一范式、第二范式、第三范式及 Boyce-Codd 范式。在 1976—1978 年间，Fagin、Delobe 及 Zanjolo 发现了多值依赖关系，从而定义了与多值依赖有关的第四范式。

关系模型有严格的数学理论基础，因此人们就以关系模型为讨论对象，形成了数据库逻辑设计的一个有力工具，即关系数据库的规范化理论。关系数据库的规范化设计是指面对一个现实问题，如何选择一个比较好的数据库关系模式集合，所以规范化理论对关系数据库结构的设计起着重要的作用。

什么是好的数据库呢？在设计数据库关系模式时，能不能将所有的信息都放在一张表里面呢？构建合适的数据库模式是数据库设计的基本问题。如果数据库没有进行相应的规范设计，虽然在查询数据库时可能会比较容易，但会造成一些问题，主要问题如下。

- 信息重复（会造成储存空间的浪费及一些其他问题）。
- 更新异常（冗余信息不仅浪费空间，还会增加更新的难度）。
- 插入异常。
- 删除异常（在某些情况下，当删除一行数据时，可能会丢失有用的信息）。

好的数据库设计就不会出现上述问题。

需要设计一个学生学习情况的数据库。如果将数据库里的所有信息都放在一张表里，也就是设计的关系模式 SCG（学号,姓名,年龄,所在系,课程号,课程名,学分,成绩），该数据库设计的关系模式存在的问题如下。

冗余度大：每选一门课，学生信息和有关课程信息都要重复一次。

插入异常：插入一门课，若没有学生选修，则不能把该课程插入表中。

删除异常：如删除 S11 号学生，当有一门课只有他选时，会造成课程的丢失。

更新复杂：更新一名学生的信息时，要同时更新很多条记录。更新选修课时也存在同样的情况。

出现异常的原因是数据存在依赖约束，其解决方法就是将数据库设计规范化，即分解，使其每个相对独立，依赖关系比较单纯，如分解为第三范式。

采用分解的方法，将上述 SCG 分解成以下三个模式（也就是将一张表分为三张表）：

S(学号,姓名,年龄,所在系)

C(课程号,课程名,学分)

SC(学号,课程号,成绩)

函数依赖（Functional Dependency，FD）是指一个或一组属性可以（唯一）决定其他属性的值。

函数依赖通过数学语言描述如下。

设有关系模式 $R(U)$，其中 $U=\{A_1,A_2,\cdots,A_n\}$ 是关系的属性全集，X、Y 是 U 的属性子集，设 t 和 u 是关系 R 的任意两个元组，如果 t 和 u 在 X 的投影是 $t[X]=u[X]$ 则推出 $t[Y]=u[Y]$，即 $t[X]=u[X] => t[Y]=u[Y]$，称 X 函数决定 Y 或 Y 函数依赖于 X，记为 $X \rightarrow Y$。在上述的关系模式 S（学号,姓名,年龄,所在系）中，存在以下的函数依赖：

学号→年龄

学号→姓名

学号→所在系

完全函数依赖和部分函数依赖：设 X、Y 是关系 R 的不同属性集，若 $X \rightarrow Y$（Y 函数依赖于 X），且不存在 $X' \subset X$，使 $X' \rightarrow Y$，则称 Y 完全函数依赖于 X，否则称 Y 部分函数依赖于 X。

例如，在上例关系 S 中，姓名是完全函数依赖于学号的。

在属性 Y 与 X 之间，除了完全函数依赖和部分函数依赖关系等直接函数依赖，还存在间接函数依赖关系。如果在关系 S 中增加系的办公电话字段，从而有学号→系名，系名→办公电话，于是学号→办公电话。在这个函数依赖中，办公电话并不直接依赖于学号，是通过中间属性系名间接依赖于学号的，这就是传递函数依赖。

一个包含了关键字的属性集合也能够进行函数决定（但不是完全函数决定，而是部分决定）属性全集，这种包含了关键字的属性集合称为超关键字（Super Key）。

规范化理论是指将一个不合理的关系模式如何转化为合理的关系模式的理论，它是围绕范式建立的。规范化理论认为，一个关系数据库中所有的关系，都应满足一定的规范，它把关系应满足的规范要求分为几级，将能满足最低要求的一级称为第一范式（1NF），在第一范式的基础上提出了第二范式（2NF），在第二范式的基础上提出了第三范式（3NF），以后又提出了 BCNF 范式、4NF 和 5NF 范式。范式的等级越高，应满足的约束条件也就越严格。规范的每一级别都依赖于其前一级别，例如，若一个关系模式满足 2NF，则一定满足 1NF。

对以上内容的简单理解就是，数据库里面的数据存在多种异常、冗余或其他有矛盾的地方，而规范化就是消除其中不合适的数据依赖，以解决插入异常、删除异常、更新异常和数据冗余的问题。为了消除这些问题于是就有了以上的几个范式。

2.1.2 第一范式（1NF）

范式（Normal Forms）表示构造数据库必须遵循一定的规则，以满足特定规则的模式称为范式。一个关系满足某个范式所规定的一系列条件时，它就属于该范式。可以用规范化要求来设计数据库，也可验证设计结果的合理性，用来指导优化数据库设计的过程。

关系规范化的条件可分为几个级别，每级称为一个范式，记为第 X 个 NF，其级别越高，条件越严格，高级的范式包含低级的范式。例如，若一个关系模式满足第二范式，则一定满足第一范式。

范式是衡量模式优劣的标准，表达了模式中数据依赖之间应满足的联系。如果关系模式 R 是 3NF，那么 R 上成立的非平凡函数依赖都应该左边是超键或右边是非主属性。如果关系模式 R 是 BCNF，那么 R 上成立的非平凡函数依赖都应该左边是超键。范式的级别越高，其数据冗余和操作异常现象就越少，下面介绍第一范式。

第一范式（1NF）：如果一个关系模式 R 的每个属性的域都只包含单纯值，而不是一些值的集合或元组，则称关系 R 是第一范式，记为 $R\in 1NF$。

更好理解的叙述是，如果关系模式 R 的每个关系 r 的属性值都是不可分的原子值，那么称 R 是第一范式（每个元组中的每个属性只含有一个单纯值，即要求属性是原子的，原子属性是每个字段不可再分割成多个属性）。

这是关系模式的基本要求，所有关系数据库的关系模式都应该满足第一范式，第一范式的条件是最低的，如果不能满足第一范式就不是关系数据库。第一范式是指在设计表时，不能在表中再套用另一张表格（现实生活中经常遇到一张表格里面又套用另一张表格的情况，对于这种表格应该先将其转换成满足第一范式的只有行和列的表）。

【例 2-1】 表 2-1 设计的学生关系（学生）就不满足第一范式，因为“出生”字段又分成了两个字段“年”和“月”，将其改为满足第一范式的关系模式。

表 2-1　学生

姓名	年龄	出生		成绩
		年	月	

将把不含单纯值的属性分解为多个属性，使它们仅含有单纯值。如在表 2-1 中的学生关系，可以设计成学生（姓名,年龄,出生年份,出生月份,成绩），这样就满足第一范式了。

第一范式中一般情况下都会存在数据的冗余和异常现象，因此关系模式需要进一步规范化。

2.1.3　第二范式（2NF）

要理解第二范式，需要先理解什么是部分依赖：设 X、Y 是关系 R 的两个不同的属性或属性组，且 $X\to Y$。如果存在 X 的某一个真子集 X'，使 $X'\to Y$ 成立，则称 Y 部分函数依赖于 X，记作：$X\xrightarrow{P}Y$。反之，则称 Y 完全函数依赖于 X，记作：$X\xrightarrow{F}Y$。

第二范式（2NF）：它是在第一范式的基础上建立起来的。如果关系模式 $R\in 1NF$，且它的任一非主属性都完全函数依赖于任一候选关键字，则称 R 满足第二范式，记为 $R\in 2NF$。也就是说，如果一个关系 $R\in 1NF$，且它的所有非主属性都完全函数依赖于 R 的任一候选码，则 R 属于第二范式，记作：$R\in 2NF$。说明：上述定义中所谓的候选码也包括主码，因为码先应是候选码才可以被指定为码。理解：不存在非主属性对关键字的部分函数依赖。

【例 2-2】 学生(<u>学号,课程号</u>,成绩,学分)就不满足第二范式，将其改为满足第二范式的关系模式。

这个关系的关键字是学号和课程号的组合，主属性是学号和课程号；非主属性是成绩和学分。因为非主属性学分是由课程号决定的，与学号无关，也就是说，非主属性学分部分依赖于候选码，所以这个关系存在部分依赖，也就不能满足第二范式，但是这个关系满足第一范式（每个属性都是原子属性，不能再细分）。

如何将上述学生关系转换成满足第二范式的关系呢？很简单，只要将一个关系模式设计成两个关系模式就可以解决不满足第二范式的问题。

将学生(<u>学号,课程号</u>,成绩,学分)分为：

成绩表(<u>学号,课程号</u>,成绩)

课程表(<u>课程号</u>,学分)

上述两张表都可满足第二范式。

推论：如果关系模式 $R\in 1NF$，且它的每一个候选码都是一个属性，则 $R\in 2NF$，符合第二范式的关系模式但仍可能存在数据冗余、更新异常等问题。

2.1.4　第三范式（3NF）

定义 1：在关系 R 中，X、Y、Z 是 R 的三个不同属性或属性组，如果 $X\to Y$，$Y\to Z$，但 $Y\nrightarrow X$，且 Y 不是 X 的子集，则称 Z 传递函数依赖于 X。

定义 2：如果关系模式 $R\in 2NF$，且它的每一个非主属性都不传递依赖于任何候选码，则称 R 是第三范式，记作 $R\in 3NF$。

推论 1：如果关系模式 $R \in 1NF$，且它的每一个非主属性既不部分依赖，也不传递依赖于任何候选码，则 $R \in 3NF$。

推论 2：不存在非主属性的关系模式一定为 3NF。

在关系模式 R 中，如果每一个函数依赖的决定因素都包含码，则 $R \in BCNF$。

推论：如果 $R \in BCNF$，则：

- R 中所有非主属性对每一个码都是完全函数依赖；
- R 中所有主属性对每一个不包含它的码，都是完全函数依赖；
- R 中没有任何属性完全函数依赖于非码的任何一组属性。

定理：如果 $R \in BCNF$，则 $R \in 3NF$ 一定成立。

定义：设关系模式 $R(U,F) \in 1NF$，若 F 的任一函数依赖 $X \to Y$(Y 不包含于 X)中 X 都包含了 R 的一个码，则称 $R \in BCNF$。

注意：当 $R \in 3NF$ 时，R 未必属于 BCNF。因为 3NF 比 BCNF 放宽了一个限制，它允许决定因素不包含码。

【例 2-3】 有关系模式 Teaching(Student,Teacher,Course)简记为 Teaching(S,T,C)，规定：一个教师只能教一门课，每门课程可由多个教师讲授；学生一旦选定某门课程，教师就会相应地固定。将关系模式 Teaching 分解成 BCNF。

函数依赖集 $F=\{T \to C,(S,C) \to T,(S,T) \to C\}$，该关系的候选码是$(S,C)$和$(S,T)$，因此，三个属性都是主属性，由于不存在非主属性，该关系一定是 3NF。但由于决定因素 T 没包含码，故不是 BCNF。

关系模式 Teaching 仍然存在数据冗余问题，因为存在着主属性对码的部分函数依赖问题。

确切地表示：$F=\{T \to C,(S,C) \xrightarrow{P} T,(S,T) \xrightarrow{P} C\}$

所以 Teaching 关系可以分解为以下两个 BCNF 关系模式：

Teacher(Teacher,Course)和 Student(Student,Teacher)

【例 2-4】 关系模式 S(<u>学号</u>,姓名,年龄,系名,办公电话)是否满足第三范式。

由于关系模式 S 中存在函数依赖：学号→系名，系名→办公电话，所以存在办公电话字段对关键字学号字段的传递函数依赖，因此，关系 S 不满足第三范式。

可以分解为下面两个关系模式：

S(学号,姓名,年龄,系名)

D(系名,办公电话)

上述两个关系就满足第三范式了，每个非主属性既不部分依赖，也不传递依赖于候选关键字。

对于关系规范化可从下面几个方面进行理解。

（1）规范化的目的是解决插入、修改异常及数据冗余度高。

（2）规范化的方法是从模式中各属性间的依赖关系（函数依赖及多值依赖）入手，尽量做到每个模式表示客观世界中的一个“事物”。

（3）规范化的实现可采用模式分解的方法。

在关系规范化理论中，除 1NF、2NF、3NF、BCNF 外，还有 4NF、5NF 的分解结果和概念。范式越高，对关系的分析越细致，要求也就越多。对于大多数的数据库应用系统而言，3NF 就基本可以满足要求了。

在实际设计数据库模式中，需要综合多种正反因素，统一权衡利弊得失，最后设计出一个较为适合实际的模式来。

2.2 数据库设计步骤

数据库设计是软件开发的重要内容。数据库设计的各个阶段如下所述。①需求分析：准确了解与分析用户需求（包括数据与处理）。②概念结构设计：通过对用户需求进行综合、归纳与抽象，形成一个独立于具体 DBMS 的概念模型。③逻辑结构设计：将概念结构转换为某个 DBMS 所支持的数据模型，并对其进行优化。④数据库物理设计：为逻辑数据模型选取一个最适合应用环境的物理结构（包括存储结构和存取方法）。⑤数据库实施：设计人员运用 DBMS 提供的数据语言、工具及宿主语言，根据逻辑设计和物理设计的结果建立数据库，编制与调试应用程序，组织数据入库，并进行试运行。⑥数据库运行和维护：在数据库系统运行过程中对其进行评价、调整与修改。

2.2.1 数据库设计概述

数据库设计既是一项涉及多学科的综合性技术，又是一项庞大的工程项目，其主要特点有数据库系统的实施，即硬件、软件和其他方面（技术与管理的层面）的结合。从软件设计的技术角度看，数据库设计应该和应用系统设计相结合，也就是说，整个设计过程中要把结构（数据）设计和行为（处理）设计密切结合起来。

数据库设计的不同阶段形成数据库的各级模式，在概念设计阶段形成独立于机器特点和各个 DBMS 的概念模式，通常会得到实体联系图；在逻辑设计阶段将 E-R 图转换成具体的数据库产品支持的数据模型，如关系模型，形成数据库逻辑模式，然后在基本表的基础上再建立必要的视图，形成数据的外模式；在物理设计阶段，根据 DBMS 特点和处理的需要，进行物理存储安排，建立索引，形成数据库内模式。

2.2.2 需求分析

需求分析简单地说就是分析用户的需求，它是设计数据库的起点，需求分析结果是否准确反映用户的实际要求，可直接影响到后面各阶段的设计，以及设计结果是否合理和实用。

数据库设计的第一阶段是需求分析，其目标是通过详细调查现实世界要处理的对象（组织、部门、企业等），充分了解原有系统（包括手工系统或计算机系统）的工作概况，明确用户的各种需求，然后在此基础上确定新系统的功能。系统分析师对系统的需求分析往往决定软件项目是否成功。

需求分析的内容包括“数据”和“处理”两个方面，即获得用户对数据库的要求如下：信息需求，了解用户需要从数据库中获得信息的内容与性质，由信息要求可以导出数据要求，即在数据库中需要存储哪些数据；处理要求是指用户要完成什么处理功能，对处理的响应时间有什么要求，处理方式是批处理还是联机处理，以及安全性与完整性要求。

在需求分析过程中采用的方法包括：①调查组织机构情况；②调查各部门的业务活动情况；③在熟悉业务活动的基础上，协助用户明确对新系统的各种要求，有信息要求、处理要求、安全性与完整性要求；④确定新系统的边界，对前面的调查结果进行初步分析，确定哪些功能由计算机完成或将来准备让计算机完成，哪些活动由人工完成，由计算机完成的功能就是新系统应该实现的功能。

常用的调查方法包括：①开调查会，通过与用户座谈来了解业务活动情况及用户需求；②询问，对某些调查中的问题可以找专人询问；③跟班作业，通过亲身参加业务工作来了解业务活动的情况；④请专人介绍，设计调查表请用户填写；⑤查阅记录，查阅与原系统有关的数据记录等多种方式。

在需求分析过程中，一定要详细记录数据的详细信息。数据字典是系统中各类数据描述的集合，是关于数据的数据。数据字典的内容通常包括数据项、数据结构、数据流、数据存储和处理过程五部分。其中，数据项是数据的最小组成单位，若干个数据项可以组成一个数据结构。数据字典通过对数据项和数据结构的定义来描述数据流和数据存储的逻辑内容。

数据字典在需求分析中具有重要意义，是软件开发人员了解数据库相关数据的详细资料，是进行概念设计的基础，并在数据库设计过程中不断修改、充实、完善。

2.2.3 概念结构设计

数据库的概念结构设计是整个数据库设计的关键，它先将在需求分析阶段得到的应用需求抽象成概念结构，并以此作为各种数据模型的共同基础，从而能更好地、更准确地用某一种数据库管理系统实现这些需求。

概念结构设计有四种策略：①自顶向下，即先定义全局概念结构的框架，然后逐步细化；②自底向上，即先定义各局部应用的概念结构，然后将其集成起来，得到全局概念结构；③逐步扩张，即先定义最重要的核心概念结构，然后向外扩充，以滚雪球的方式逐步生成其他概念结构，直至形成总体概念结构；④混合策略，即将自顶向下和自底向上相结合，用自顶向下策略设计一个全局概念结构的框架，以它为骨架集成由自底向上策略中设计的各局部概念结构。

在对数据库系统进行概念结构设计时通常采用自底向上的设计方法，把繁杂的大系统分解为子系统。首先设计各个子系统的局部视图，然后通过视图集成的方式将各子系统有机地融合起来，综合成系统的总视图。采用这种方法可使设计清晰，由简到繁。由于数据库系统是从整体角度来描述数据的，数据不再面向某个应用而是整个系统，因此必须进行视图集成，使数据库能被全系统的多个用户、多个应用共享使用。

采用 E-R 图的方式是抽象和描述现实世界的有力工具。它表示概念模型独立于具体数据库管理系统所支持的数据模型，是各种数据模型的共同基础，因此比数据模型更抽象、更接近现实世界。

概念结构设计的第一步就是对需求分析阶段收集的数据进行分类、组织，确定实体、实体的属性、实体之间的联系类型，形成 E-R 图。设计 E-R 图时，需要确定实体与属性的划分原则，事实上，现实世界中具有的应用环境常常对实体和属性已经做了自然的大体划分。为了简化 E-R 图的处置，现实世界的事物能作为属性对待的尽量作为属性，不过要满足以下条件：作为属性，不能再具有需要描述的性质，即属性必须是不可分的数据项，不能包含其他属性。属性不能与其他实体具有联系，即 E-R 图中所表示的联系是实体之间的联系。

E-R 图的集成过程首先是合并各个分 E-R 图，解决各分 E-R 图之间的冲突，将分 E-R 图合并起来生成初步 E-R 图，其间要合理消除各 E-R 图中的冲突。各子系统的 E-R 图之间的主要冲突如下。

- 属性冲突：属性域冲突，即属性值的类型、取值范围或取值集合不同；属性取值单位冲突。
- 命名冲突：同名异义，即不同意义的对象在不同的局部应用中具有相同的名字；异义同名（一义多名），即同一意义的对象在不同的局部应用中具有不同的名字。
- 结构冲突：同一对象在不同应用中具有不同的抽象；同一实体在不同子系统的 E-R 图中所包含的属性个数和属性排列次序不完全相同；实体间的联系在不同的 E-R 图中为不同的类型。

第二步是修改和重构，消除不必要的冗余，生成基本 E-R 图。所谓冗余的数据是指可由基本数据导出的数据，冗余的联系是指可由其他联系导出的联系。冗余数据和冗余联系容易破坏数据库的完整性，给数据库维护增加困难，应当予以消除。消除冗余的分析方法就是以数据字典和数据流图为依据，根据数据字典中关于数据项之间逻辑关系的说明来消除冗余。

2.2.4 逻辑结构设计

数据库的逻辑结构设计就是把概念结构设计阶段设计好的基本 E-R 图转换为与选用的 DBMS 产品所支持的数据模型相符合的逻辑结构。通常设计步骤为：将概念结构转换为一般的关系数据模型、网状数据模型、层次数据模型；将转换来的关系数据模型、网状数据模型、层次数据模型向特定 DBMS 支持的数据模型转换；对数据模型进行优化。

将 E-R 图向关系数据模型的转换要解决的是如何将实体型和实体间的联系转换为关系模式，并且如何确定这些关系模式的属性和码。

一个实体自动转化为一个关系模式。对于实体间的联系，其具体转换方法如下。

（1）一个 1 : 1 联系可以转换为一个独立的关系模式，也可以与任意一端对应的关系模式合并。

如果转换为一个独立的关系模式，与联系相连的各实体的码及联系本身的属性均应转换为关系的属性，则每个实体的码都可以作为这个关系的候选码。如果和某一端实体对应的关系模式合并，则需要在该关系模式的属性中加入另一个关系模式的码和联系本身的属性。

（2）一个 1 : n 联系可以转换为一个独立的关系模式，也可以与 n 端对应的关系模式合并，但不能合并到 1 端。

如果转换为一个独立的关系模式，与联系相连的各实体码及联系本身的属性均应转换为关系的属性，则关系码为 n 端实体的码。

（3）一个 $m:n$ 联系转换为一个关系模式，与联系相连的各实体码及联系本身的属性均应转换为关系的属性，各实体码成为关系码或关系码的一部分。

（4）三个或三个以上实体间的一个多元联系可以转换为一个关系模式。

与该多元联系相连的各实体码及联系本身的属性均应转换为关系的属性，各实体码可组成关系码或关系码的一部分。

（5）具有相同码的关系模式可合并。

数据库逻辑设计的结果不是唯一的。关系数据模型的优化通常以规范化理论为指导，其方法如下。

- 确定数据依赖。
- 对于各个关系模式之间的数据依赖进行极小化处理，消除冗余的联系。
- 按照数据依赖的理论对关系模式逐一进行分析，考察是否存在部分函数依赖、传递函数依赖、多值依赖等，确定各关系模式分别属于第几范式。
- 根据需求分析阶段得到的处理要求分析对于该应用环境的模式是否合适，确定是否对此模式进行合并或分解。
- 对关系模式进行必要分解，以提高数据操作效率和存储空间的利用率。

将概念模型转换为全局逻辑模型后，还应该根据局部应用的需求，结合具体关系数据库管理系统的特点设计用户的外模式。

定义数据库全局模式主要从系统的时间效率、空间效率、易维护等角度出发。由于用户模式与模式是相对独立的，因此在定义用户外模式时应注重考虑用户的习惯与方法。

（1）使用更符合用户习惯的别名。用视图机制可以在设计用户视图时重新定义某些属性名，使其与用户习惯一致，以方便使用。

（2）对不同级别的用户定义不同的视图，以保证系统的安全性。

（3）简化用户对系统的使用。如果在局部应用中经常使用某些很复杂的查询，可将这些复杂查询定义为视图，使用户每次只对定义好的视图进行查询，可大大简化用户的使用操作。

2.2.5 数据库物理设计

数据库物理设计是数据库设计的另一个阶段，是指将一个给定逻辑结构实施到具体的环境中时，逻辑数据模型要选取一个具体的工作环境，这个工作环境提供了数据存储结构与存取方法，这个过程就是数据库的物理设计。

物理结构依赖于给定的 DBMS 和硬件系统，因此开发设计人员必须充分了解所用 RDBMS 的内部特征、存储结构、存取方法。数据库的物理设计通常分为两步：第一步，确定数据库的物理结构；第二步，评价实施的空间效率和时间效率。

确定数据库的物理结构内容如下：

（1）确定数据的存储结构；

（2）设计数据的存取路径；

（3）确定数据的存放位置；

（4）确定系统配置。

数据库物理设计过程中需要对时间效率、空间效率、维护代价和各种用户要求进行权衡，从中选择一个较优的方案作为数据库的物理结构。

评价物理数据库的方法完全依赖于所选用的 DBMS，主要是从定量估算各种方案的存储空间、存取时间和维护代价入手，对估算结果进行权衡、比较，选择出一个较优的合理物理结构。如果该结构不符合用户需求，则需要修改设计。

2.2.6 数据库的实施、运行与维护

1. 数据库的实施

根据逻辑和物理设计的结果，在计算机上建立起实际的数据库结构，并装入数据进行试运行和评价的过程，称为数据库的实施（或实现）。

数据库实施阶段包括数据的载入与应用程序的编码和调试。

（1）建立实际的数据库结构

用 DBMS 提供的数据定义语言（DDL），编写描述逻辑设计和物理设计结果的程序。

（2）数据加载

数据库应用程序的设计应该与数据库设计同时进行，通常应用程序的设计包括数据库加载程序的设计。在数据加载前必须对数据进行整理。由于用户缺乏计算机应用背景的知识，常常不了解数据的准确性对数据库系统正常运行的重要性，因而未对提供的数据做严格的检查。所以在数据加载前，一定要建立严格的数据登录、录入和校验规范，设计完善的数据校验与校正程序，以排除不合格数据。

一般数据库系统中数据量都很大，而且数据来源于部门中的各个不同的单位，数据的组织方式、结构和格式都与设计的数据库系统有相当大的差距。组织数据载入就要将各种源数据从各个局部应用中抽取出来，输入计算机，再分类转换，最后综合成符合新设计数据库结构的形式输入数据库。因此，这样的数据转换、组织入库的工作是相当费力、费时的。

为提高数据输入工作的效率和质量，应该针对具体的应用环境设计一个数据录入子系统，由计算机来完成数据入库的任务。在源数据入库之前要采用多种方法对其进行检验，以防止不正确的数据入库，这部分的工作在整个数据输入子系统中是非常重要的。

组织数据库入库是十分费时、费力的事，因此，应分期、分批地组织数据入库，先输入小批量数据做调试用，待试运行基本合格后再大批量输入数据，逐步增加数据量来完成运行评价。

（3）数据库试运行和评价

数据库试运行阶段是指在原有系统的数据有一小部分已输入数据库后，开始对数据库系统进行联合调试。这个阶段要根据实际运行数据库应用程序，执行对数据库的各种操作，以测试应用程序的功能是否满足设计要求。如果不满足，则对应用程序部分进行修改、调整，直到满足设计要求为止。

数据库试运行阶段还要测试系统的性能指标，分析其是否达到设计目标。在对数据库进行物理设计时已初步确定了系统的物理参数值，但也要在试运行阶段实际测量和评价系统的性能指标。

数据库试运行阶段由于系统还不稳定，软件、硬件故障随时可能发生，而系统的操作人员对新系统还不熟悉，发生误操作的情况也是不可避免的，因此，要做好数据库的转储和恢复工作，以减少对数据库的破坏。

2. 数据库的运行与维护

数据库试运行合格后，数据库开发工作就基本完成了，但是由于应用环境的不断变化，数据库运行过程中物理存储也会不断变化，所以对数据库设计进行评价、调整、修改等维护工作是一个长期的任务。

数据库维护工作的内容如下。

（1）数据库的转储和恢复：数据库的转储和恢复是系统正式运行后最重要的维护工作之一。

（2）数据库的安全性、完整性控制：在数据库运行过程中，由于应用环境的变化，对其安全性的要求也会发生变化，系统中用户的保密级也会发生改变，这些都需要数据库管理员不断修正以满足用户的要求。

（3）数据库性能的监督、分析和改造：在数据库运行过程中，监督系统运行，并对监测数据进行分析，找出改进系统性能的方法是数据库管理员的又一个重要任务。

（4）数据库的重组织与重构造：数据库运行一段时间后，由于记录不断进行“增删改”的操作，将会使数据库的物理存储情况变坏，降低数据的存取效率，使数据库性能下降，这时数据库管理员就要对数据库进行重组织或部分重组织（只对频繁增、删的表进行重组织）。关系数据库管理系统一般都

提供数据重组织的实用程序，在重组织过程中，应按原设计要求重新安排存储位置、回收垃圾、减少指针链等，以提高系统的性能。

数据库的重组织并不会修改原设计的逻辑和物理结构，而数据库的重构造则是指部分修改数据库的模式和内模式。

2.2.7 数据库设计案例

下面通过设计一个教务管理系统来讲解数据库的设计流程，主要包括需求分析、概念模型设计、逻辑模型设计和物理设计。

1. 需求分析

需求分析是数据库应用系统开发的最重要阶段。它要求应用系统的开发人员按照系统的思想，根据收集的资料对系统目标进行分析，对业务的信息需求、功能需求及管理中存在的问题等进行分析，抽取本质的、整体的需求，为设计一个结构良好的数据库应用系统的逻辑模型奠定坚实的基础。

教务管理系统主要有学生选课管理、成绩管理、教学计划的编制等功能。经过对实际教学业务的调查、数据的收集和信息流程分析处理，明确该系统的主要功能分别为编制学校各专业、各年级的教学计划及课程设置；学生根据学校对所学专业的培养计划及自己的兴趣，选择本学期要学习的课程；学校的教务部门对新入学的学生进行学籍注册，对毕业生办理学籍档案的归档工作，任课教师在期末时登记学生的考试成绩；学校教务部门根据教学计划进行课程安排等。

2. 概念模型设计

概念模型设计就是通过对需求分析阶段所得到的信息需求进行综合、归纳与抽象，形成一个独立于具体数据库管理系统的概念模型，在概念模型设计阶段，主要采用的设计手段是实体-联系模型（E-R Model）。绘制 E-R 图的关键是确定其各种结构，包括实体、属性和联系，大部分的流行建模工具（Power Designer、Oracle Designer、ERwin 等）也都包含了对 E-R 模型设计手段的支持。

要建立系统的 E-R 模型描述，需进一步从数据流图和数据字典中提取系统所有的实体及其属性。这种提出实体的指导原则如下。

属性必须是不可分的数据项，即属性中不能包含其他的属性或实体。

E-R 模型图中的关联必须是实体之间的关联，属性不能和其他实体之间有关联。

根据前面的需求描述，可以抽象得到的实体主要有 5 个：学生、教师、课程、院系（部门）、班级。

（1）学生实体属性：学号、姓名、性别、出生日期、政治面貌、民族、籍贯、专业名称、年级、年龄和简历。学生实体及属性如图 2-1 所示。

（2）课程实体属性：课程编号、课程名称、学时、学分。课程实体及属性如图 2-2 所示。

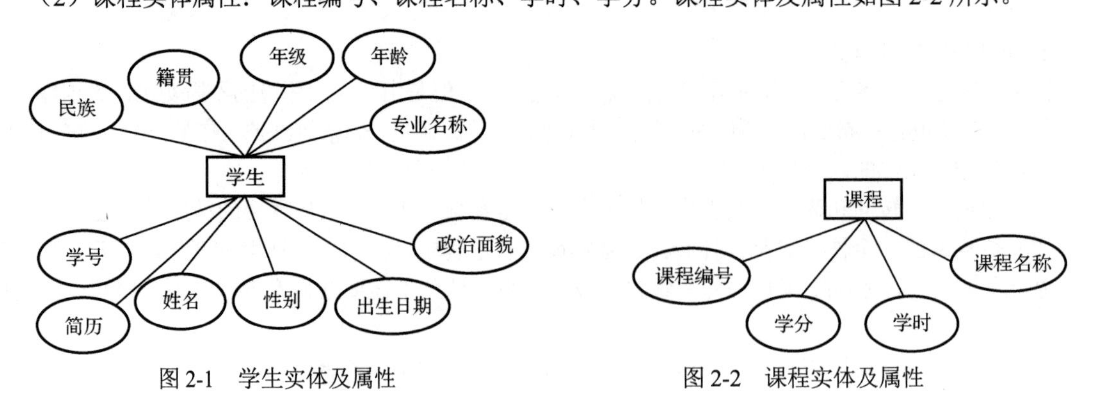

图 2-1 学生实体及属性

图 2-2 课程实体及属性

（3）教师实体属性：教师编号、教师姓名、性别、职称、出生年月、电话、电子邮件。教师实体及属性如图 2-3 所示。

（4）院系（部门）实体属性：系编号、系名称、负责人、联系电话。院系（部门）实体及属性如图 2-4 所示。

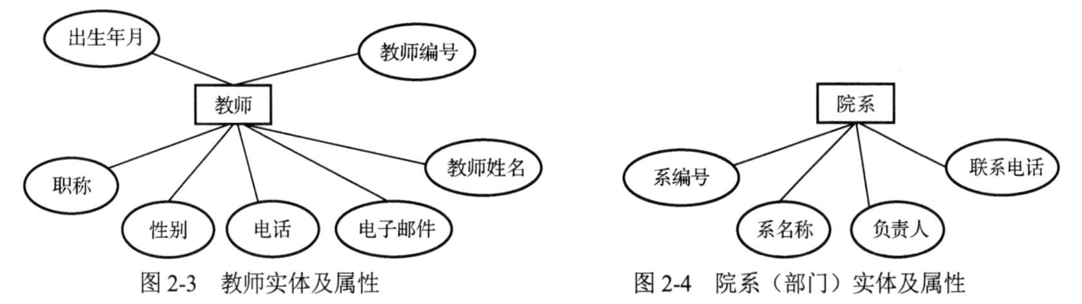

图 2-3 教师实体及属性　　　　图 2-4 院系（部门）实体及属性

（5）班级实体属性：班级编号、班级名称、班级人数。班级实体及属性如图 2-5 所示。

（6）整体 E-R 图及属性如图 2-6 所示，在此省略了每个实体的属性。

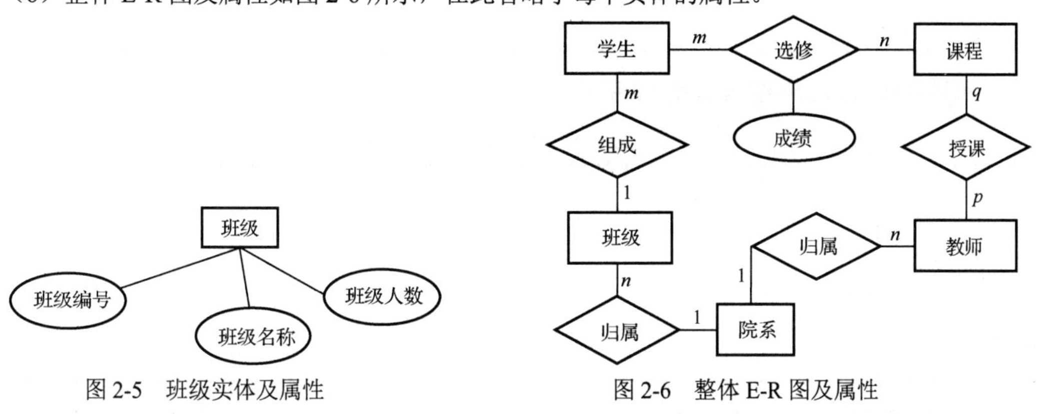

图 2-5 班级实体及属性　　　　图 2-6 整体 E-R 图及属性

各实体间存在的联系如下。

（1）学生实体和课程实体存在选修的联系，一个学生可以选修多门课程，而每门课也可以被多个学生选修，所以它们之间是多对多的联系（$n:m$）。

（2）教师实体和课程实体存在讲授的联系，一个教师可以讲授多门课程，而每门课也可以被多个教师讲授，所以它们之间是多对多的联系（$n:m$）。

（3）学生实体和班级实体存在归属的联系，一个学生只能属于一个班级，而每个班级可以包含多个学生，所以班级和学生之间是一对多的联系（$1:n$）。

（4）班级实体和系之间存在归属的联系，一个班级只能属于一个系，而每个系可以包含多个班级，所以班级和系之间是一对多的联系（$1:n$）。

（5）教师实体和院系实体之间存在归属的联系，一个教师只能属于一个系，而每个系可以拥有多个教师，所以教师和系之间是一对多的联系（$1:n$），但是教师中会有一位充当该系的主任（正），可见教师和系之间也存在一种一对一的领导关系（1:1）。

3. 逻辑模型设计

逻辑模型设计就是把 E-R 图转换成关系模式，并对其进行优化。

根据前面的转换规则，一个实体可以转换成一个关系模式，而不同种类的联系转换方法有多种，因此，设计的关系数据库模式如下。

（1）学生(学号,姓名,性别,出生日期,政治面貌,民族,籍贯,学院专业名称,年级,年龄,简历,班级编号)。

（2）教师(教师编号,教师姓名,性别,职称,出生年月,联系电话,电子邮件,所属院系)。

（3）课程(课程编号,课程名称,学分,课时,教师编号)。

（4）部门(部门编号,部门名称,负责人,联系电话)。

（5）班级(班级编号,班级名称,班级人数,部门编号)。

学生实体与课程之间是多对多的联系，可以使用如下关系模式来表示：

（6）选课(课程编号,学号,成绩)。

4．物理设计

根据逻辑模型设计得到的关系模式，选取合适的字段名及数据类型，可得到各个关系模式对应的表结构，各表结构如下。

（1）部门代码表 bmdmb 结构如表 2-2 所示。

表 2-2　bmdmb 表结构

字　段　名	数 据 类 型	非　　空	主　　键	注　　释
bmh	varchar(10)	NO	主键	部门编号
bmmc	varchar(50)	NO		部门名称
manager	varchar(20)	YES		负责人
tel	varchar(12)	YES		联系电话

（2）班级代码表 bjdmb 结构如表 2-3 所示。

表 2-3　bjdmb 表结构

字　段　名	数 据 类 型	非　　空	主　　键	注　　释
bjbh	varchar(10)	NO	主键	班级编号
bmh	varchar(10)	NO	外键	部门编号
bjzwmc	char(50)	YES		班级名称
bjrs	int	YES		班级人数

（3）课程代码表 kcdmb 结构如表 2-4 所示。

表 2-4　kcdmb 表结构

字　段　名	数 据 类 型	非　　空	主　　键	注　　释
kcdm	char(10)	NO	主键	课程编号
kcmc	char(50)	NO		课程名称
xf	char(4)	NO		学分
xs	int(11)	NO		学时
jsh	char(10)	YES	外键	教师编号

（4）教师基本信息表 jsjbxxb 结构如表 2-5 所示。

表 2-5　jsjbxxb 表结构

字　段　名	数 据 类 型	非　　空	主　　键	注　　释
jsh	char(10)	NO	主键	教师编号
jsxm	char(50)	NO		教师姓名
bmh	varchar(10)	YES	外键	部门编号
xb	char(2)	YES		性别
zc	varchar(10)	YES		职称
csny	date	YES		出生年月
tel	varchar(12)	YES		联系电话
email	varchar(20)	YES		电子邮件

（5）学生基本信息表 xsjbxxb 结构如表 2-6 所示。

表 2-6　xsjbxxb 表结构

字段名	数据类型	非空	主键	默认值	注释
xh	varchar(20)	NO	主键	NULL	学号
xm	varchar(50)	YES		NULL	姓名
xb	char(2)	YES		NULL	性别
csrq	date	YES		NULL	出生日期
bjbh	varchar(20)	YES	外键	NULL	班级编号
zzmm	varchar(12)	YES		NULL	政治面貌
mz	varchar(15)	YES		NULL	民族
jg	varchar(20)	YES		NULL	籍贯
xy	varchar(10)	YES	外键	NULL	学院
zymc	varchar(30)	YES		NULL	专业名称
nj	char(8)	YES		NULL	年级
age	int(2)	YES		18	年龄
jl	varchar(50)	YES		NULL	简历

（6）学生选课表 xsxkb 结构如表 2-7 所示。

表 2-7　xsxkb 表结构

字段名	数据类型	非空	主键	注释
xh	varchar(20)	NO	主键	学号
kcdm	char(10)	NO	主键	课程编号
cj	int(11)	YES		成绩

2.3　小结

本章介绍了数据库的关系规范化理论和数据库设计；关系规范化理论是设计数据库的理论基础。规范化理论为数据库设计人员判断关系模式的优劣提供了理论标准，可用以指导关系数据模型的优化，用以预测模式可能出现的问题，提供了自动产生各种模式的算法工具，使数据库设计工作有了严格的理论基础。

实训 2

1．实训目的

（1）熟悉数据库的规范化理论。

（2）掌握概念设计的方法。

（3）掌握概念设计向逻辑设计转换的方法。

2．实训准备

复习 2.1 节和 2.2 节的内容。

（1）熟悉数据库设计的步骤。

（2）掌握数据库的概念设计和逻辑设计。

3．实训内容

（1）现有一个局部应用，包括两个实体："出版社"和"作者"，这两个实体是多对多的联系，请读者自己设计适当的属性，画出 E-R 图，并将其转换为关系模型（包括关系名、属性名、码和完整性约束条件）。

（2）设计一个图书馆数据库，对每个借阅者保存记录，包括读者号、姓名、地址、性别、年龄、单位。对每本书存有书号、书名、作者、出版社。对每本被借出的书存有读者号、借出日期和应还日期。要求：绘制 E-R 图，再将其转换为关系模型。

（3）设计一个教务管理系统的数据库，绘制 E-R 图，并将其转换成关系模型。

4．提交实训报告

按照要求提交实训报告作业。

习题 2

一、单选题

1．现实世界中事物在某个方面的特性在信息世界中称为（　　）。

A．实体　　B．实体值　　C．属性　　D．信息

2．数据的存储结构与数据逻辑结构之间的独立性称为数据的（　　）。

A．结构独立性　　B．物理独立性

C．逻辑独立性　　D．分布独立性

3．应用程序设计的工作开始于数据库设计步骤的（　　）。

A．需求分析阶段　　B．概念设计阶段

C．逻辑设计阶段　　D．物理设计阶段

4．在关系 R 中，代数表达式 $\sigma 3<4$（R）表示（　　）。

A．从 R 中选择值为 3 的分量小于第 4 个分量的元组组成的关系

B．从 R 中选择第 3 个分量值小于第 4 个分量的元组组成的关系

C．从 R 中选择第 3 个分量的值小于 4 的元组组成的关系

D．从 R 中选择所有元组组成的关系

5．对关系模式进行分解时，要使分解具有无损失连接性，在下属范式中最高可以达到（　　）。

A．2NF　　B．3NF　　C．BCNF　　D．4NF

6．在数据库中，下列说法不正确的是（　　）。

A．数据库避免了一切数据的重复

B．若系统是完全可以控制的，则可确保更新时的一致性

C．数据库中的数据可以共享

D．数据库减少了数据冗余

7．（　　）是存储在计算机内有结构的数据集合。

A．数据库系统　　B．数据库

C．数据库管理系统　　D．数据结构

8．候选键中的属性可以有（　　）。

A．0 个　　B．1 个　　C．1 个或多个　　D．多个

9．在数据库设计中，将 E-R 图转换成关系模型的过程属于（　　）。

A．需求分析阶段　　B．逻辑设计阶段

C．概念设计阶段　　D．物理设计阶段

10．关系代数的五个基本操作可直接转换成元组关系演算表达式，它们是并、差、投影、选择和（　　）。

A．交　　B．笛卡儿积　　C．自然连接　　D．除法

11．数据库的概念模式独立于（　　）。

A．具体的机器和 DBMS　　B．E-R 图

C．信息世界　　D．现实世界

12．在数据库中存储的是（　　）。

A．数据　　B．数据模型

C．数据及数据之间的联系　　D．信息

13．一个关系数据库文件中的各条记录（　　）。

A．前后顺序不能任意颠倒，一定要按照输入的顺序排列

B．前后顺序可以任意颠倒，不影响库中的数据关系

C．前后顺序可以任意颠倒，但排列顺序不同，统计处理的结果就可能不同

D．前后顺序不能任意颠倒，一定要按照关键字段值的顺序排列

14．数据库管理系统能实现对数据库中数据的查询、插入、修改和删除等操作，这种功能称为（　　）。

A．数据定义功能　　B．数据管理功能

C．数据操纵功能　　D．数据控制功能

15．数据库的特点之一是数据的共享，严格地讲，这里的数据共享是指（　　）。

A．同一个应用中的多个程序共享一个数据集合

B．同一种语言共享数据

C．多个用户共享一个数据文件

D．多种语言、多个用户可相互覆盖地使用数据集合

16．由 DBMS、数据库、数据库管理员、应用程序及用户等组成的一个整体称为（　　）。

A．命令系统　　B．数据库管理系统　　C．数据库系统　　D．操作系统

17．自然连接是构成新关系的有效方法。一般情况下，当对关系 R 和 S 使用自然连接时，要求 R 和 S 含有一个或多个共有的（　　）。

A．元组　　B．行　　C．记录　　D．属性

18．关系模型中，一个候选码是（　　）。

A．可由多个任意属性组成　　B．至多由一个属性组成

C．可由一个或多个其值能唯一标识该关系模式中任何元组的属性组成

D．以上都不是

19．根据关系数据库规范化理论，关系数据库中的关系要满足第一范式。下面“部门”关系中，因哪个属性（部门号,部门名,部门成员,部门总经理）使它不满足第一范式？

A．部门总经理　　B．部门成员　　C．部门名　　D．部门号

20．数据库是在计算机系统中按照一定的数据模型组织、存储和应用的（　　）。

A．文件的集合　　B．数据的集合　　C．命令的集合　　D．程序的集合

21．数据库中，物理数据独立性是指（　　）。

A．数据库与数据库管理系统的相互独立

B．用户程序与 DBMS 的相互独立

C．应用程序与数据库中数据的逻辑结构相互独立

D．应用程序与数据库中数据的物理结构相互独立

22．关系规范化中的删除操作异常是指（　　）。

A．不该删除的数据被删除　　B．不该插入的数据被插入

C．应该删除的数据未被删除　　D．应该插入的数据未被插入

23．关系模式中，满足 2NF 的模式，（　　）。

A．可能是 1NF　　B．必定是 1NF　　C．必定是 3NF　　D．必定是 BCNF

24．以下关于 E-R 模型向关系模型转换的叙述中，（　　）是不正确的。

A．一个 1 : 1 联系可以转换为一个独立的关系模式，也可以与联系的任意一端实体所对应的关系模式合并

B．一个 1 : n 联系可以转换为一个独立的关系模式，也可以与联系的 n 端实体所对应的关系

模式合并

C．一个 $m:n$ 联系可以转换为一个独立的关系模式，也可以与联系的任意一端实体所对应的关系模式合并

D．三个或三个以上的实体间的多元联系转换为一个关系模式

25．下面关于函数依赖的叙述中，（　　）是不正确的。

A．若 $X \to Y$，$WY \to Z$，则 $XW \to Z$　　B．若 $Y \subseteq X$，则 $X \to Y$

C．若 $XY \to Z$，则 $X \to Z$，$Y \to Z$　　D．若 $X \to YZ$，则 $X \to Y$，$X \to Z$

26．设 U 是所有属性的集合，X、Y、Z 都是 U 的子集，且 $Z=U-X-Y$。下面关于多值依赖的叙述中，（　　）是不正确的。

A．若 $X \to\to Y$，则 $X \to\to Z$　　B．若 $X \to Y$，则 $X \to\to Y$

C．若 $X \to\to Y$，且 $Y' \subset Y$，则 $X \to\to Y'$　　D．若 $Z=\Phi$，则 $X \to\to Y$

27．设关系 R 和 S 的属性个数分别为 r_1 和 s_2，则（$R \times S$）操作结果的属性个数为（　　）。

A．r_1+s_2　　B．r_1-s_2　　C．$r_1 \times s_2$　　D．$\max(r_1,s_2)$

28．查询处理最终可转化成基本的（　　）代数操作。

A．关系　　B．算法　　C．空值　　D．集合

29．投影操作中不包含主码，需要去除重复（　　）。

A．关系　　B．列　　C．属性　　D．元组

30．查询树是一种表示关系代数表达式的（　　）结构。

A．树形　　B．层次　　C．星形　　D．上述都不对

二、判断题

1．“年龄限制在 18～28 岁”这种约束属于 DBMS 的安全性功能。

2．事务的原子性是指事务中包括的所有操作要么都做，要么都不做。

3．用户对 SQL 数据库的访问权限中，如果只允许删除基本表中的元组，则应授予 DROP 权限。

4．SQL 中的视图提高了数据库系统的并发控制。

5．在 SQL 语言中，授予用户权限可使用 GRANT 语句。

6．当关系模式 $R(A,B)$ 已属于 3NF 时，它仍然存在一定的插入和删除异常。

7．如果事务 T 对数据 D 已加 X 锁，则其他事务对数据 D 不能加任何锁。

8．数据库副本的用途是故障后的恢复。

9．若数据库中只包含成功事务提交的结果，则此数据库就称为处于一致状态。

10．数据库中的封锁机制是并发控制的主要方法。

11．关系模式中各级模式之间的关系为 $3NF \subset 2NF \subset 1NF$。

12．当一个查询中具有选择和连接时，查询优化的方法是先执行连接后执行选择。

13．日志文件是用于记录对数据的所有更新操作。

14．SQL 表达式中的通配符“%”表示任意一个单个字符，“_”（下画线）表示任意多个包括零个字符。

15．在数据库系统中，系统故障会造成硬盘数据的丢失。

三、简答题

1．简述数据库设计过程的主要阶段。

2．数据库并发操作主要解决哪三个问题？如何保证并行操作的可串行性？

3．在关系数据库中能完全消除数据冗余吗？

4．设教学数据库有三个关系模式：

学生 S(S#,SNAME,AGE,SEX)

学习 SC(S#,C#,GRADE)

课程 C(C#,CNAME,TEACHER)

写出下列关系代数表达式。

（1）检索袁老师所授课程的课程号、课程名。

（2）检索选修课程包含袁老师所授课程的学生学号关系。

5．学生运动会的模型如下。

（1）有若干个班级，每个班级包括班级号、班级名、专业、人数。

（2）每个班级有若干个运动员，运动员只能属于一个班，包括运动员号、姓名、性别、年龄。

（3）有若干个比赛项目，包括项目号，名称，比赛地点。

（4）每个运动员可参加多项比赛，且每个项目可有多人参加。

（5）要求能够公布每个比赛项目的运动员名次与成绩。

（6）要求能够公布各个班级团体总分的名次和成绩。

解题要求：

（1）画出每个实体及属性关系、实体间实体联系的 E-R 图。

（2）根据试题中的处理要求：完成数据库逻辑模型，包括各个表的名称和属性，并指出每个表的主键和外键。

第 3 章　MySQL 数据库

学习目标：

- 了解 MySQL 数据库的发展历程及特性。
- 掌握 MySQL 数据库的安装与配置。
- 学会启动与关闭 MySQL 数据库的服务。
- 掌握连接 MySQL 数据库的服务器方法。
- 了解 MySQL 数据库的相关命令的使用。

3.1　MySQL 数据库概述

MySQL 数据库是目前最为流行的开放源码的数据库管理系统之一，是完全网络化的跨平台关系数据库系统，它是由瑞典的 MySQL AB 公司开发的，由 MySQL 数据库的初始开发人员 David Axmark 和 Michael Monty Widenius 于 1995 年建立，目前属于 Oracle 公司。它的象征符号是一只名为 Sakila 的海豚。MySQL 数据库是目前运行速度最快的 SQL 语言数据库。除具有许多其他数据库所不具备的功能和选择外，MySQL 数据库还是完全免费的，用户可以直接从网上下载使用，而不必支付任何费用。

MySQL 数据库是一种开放源代码的关系数据库管理系统（RDBMS），它使用最常用的数据库管理语言——结构化查询语言（SQL）进行数据库管理。

“MySQL”这个名字的起源不是很明确，一个比较有影响的说法是，基本指南和大量的库和工具带有前缀“My”已经有 10 年以上。另外，MySQL AB 创始人之一的 Monty Widenius 的女儿也叫“My”。这两个到底是哪一个给出了“MySQL”这个名字至今依然是个谜，包括开发者也不知道。

MySQL 标志中的海豚叫 Sakila，它是由 MySQL AB 的创始人从用户在“海豚命名”的竞赛中建议的大量名字表中选出的。获胜的名字是由来自非洲斯威士兰的开源软件开发者 Ambrose Twebaze 提供的。据他说，“Sakila”来自一种叫 SiSwati 的斯威士兰方言，也是在 Ambrose 的家乡乌干达附近坦桑尼亚 Arusha 的一个小镇的名字。

3.1.1　MySQL 数据库的发展历史

MySQL 数据库的发展经历了一个漫长的过程。

（1）1979 年，Monty Widenius 用 BASIC 设计了一个报表工具，可以在 4MHz 主频和 16KB 内存的计算机上运行。不久，他又将此工具使用 C 语言进行重写，并移植到 UNIX 平台，当时，它只是一个底层的面向报表的存储引擎，并不支持 SQL。

（2）1996 年，MySQL 1.0 版发布，只面向少部分人，相当于内部发布。到了 1996 年 10 月，MySQL 3.11.1 版发布了。最开始，它只提供 Solaris 的二进制版本，一个月后 Linux 版本也出现了。

MySQL 3.22 版应该是一个标志性的版本，它提供了基本的 SQL 支持。

MySQL 关系数据库于 1998 年 1 月发行了第 1 个版本，它使用系统核心提供的多线程机制提供完全的多线程运行模式，提供面向 C、C++、Eiffel、Java、Perl、PHP、Python 和 TCL 等编程语言的编程接口（APIs），支持多种字段类型并提供了完整的操作符，可支持查询中的 SELECT 操作和 WHERE 操作。

（3）1999—2000 年，MySQL AB 公司在瑞典成立了，它与 Sleepycat 合作，开发出了 Berkeley DB 引擎。

（4）2000 年 4 月，MySQL 对旧的存储引擎进行了整理，将其命名为 MyISAM。

（5）2001 年，MySQL 开始集成 InnoDB 存储引擎，这个引擎既支持事务处理，还支持行级锁。MySQL 与 InnoDB 的正式结合版本是 MySQL 4.0。

（6）2002 年发布 MySQL 4.0 Beta 版，至此 MySQL 终于蜕变成一个成熟的关系数据库系统。2002 年 MySQL 4.1 版本增加了子查询的功能支持、字符集增加了 utf 8、GROUP BY 语句增加了 ROLLUP，使 MySQL 数据库的 user 表采用了更好的加密算法。

（7）2003 年 12 月，MySQL 5.0 版本添加了视图、存储过程等功能。

（8）2008 年 1 月 16 日，MySQL 被 Sun 公司收购。2008 年发布了 MySQL 5.1 的版本。

（9）2009 年 4 月 20 日，Oracle 收购 Sun 公司，MySQL 转入 Oracle 门下。

（10）2010 年 4 月 22 日，分别发布了 MySQL 5.5 版本、MySQLcluster 7.1 版本。

（11）2010 年 12 月，发布 MySQL 5.5 版本，默认将存储引擎更改为 InnoDB。

（12）2013 年 2 月，发布 MySQL 5.6 版本，其中 InnoDB 可以限制大量表打开时内存占用过多的问题，加强了 InnoDB 的性能。

（13）2015 年，MySQL 5.7 版本的查询性能得以大幅度提升，比 MySQL 5.6 版本提升了 1 倍，缩短了建立数据库连接的时间。

（14）2016 年，发布 MySQL 8.0 版本。

（15）2019 年 7 月 22 日，发布 MySQL 8.0.17 版本。

3.1.2 MySQL 8.0 版本的新特性

与 MySQL 5.7 版本相比，MySQL 8.0 版本的新特性主要有以下几方面。

1．默认字符集由 latin1 变为 utf8mb4

在 MySQL 8.0 版本之前，默认字符集为 latin1，utf8 指向的是 utf8mb3，MySQL 8.0 版本的默认字符集为 utf8mb4，utf8 默认指向的也是 utf8mb4。

2．MyISAM 系统表全部换成 InnoDB 表

系统表全部换成事务型的 InnoDB 表，默认的 MySQL 实例将不包含任何 MyISAM 表，除非手动进行创建。

3．自增变量持久化

在 MySQL 8.0 之前的版本，当自增主键 AUTO_INCREMENT 的值大于 max(primary key)+1 时，在 MySQL 重启后，就会重置 AUTO_INCREMENT=max(primary key)+1，这种现象可能会导致业务主键冲突或其他难以发现的问题。MySQL 8.0 版本对 AUTO_INCREMENT 值进行了持久化，重启后该值将不会改变。

4．DDL 原子化

InnoDB 表的 DDL 支持事务完整性，即要么成功或要么回滚，将 DDL 操作回滚日志写入 data dictionary 数据字典表 mysql.innodb_ddl_log 中用于回滚操作，该表是隐藏的表，通过 show tables 无法看到。通过设置参数可将 DDL 操作日志打印输出到 MySQL 数据库的错误日志中。

5．参数修改持久化

MySQL 8.0 版本支持在线修改全局参数并持久化，通过添加 PERSIST 关键字，可以将修改的参数持久化到新的配置文件（mysqld-auto.cnf）中，重启 MySQL 时，就可以从该配置文件中获取最新的配置参数了。

6．新增降序索引

MySQL 数据库在语法上很早就已经支持降序索引了，但实际上创建的仍然是升序索引，到 MySQL 8.0 版本才可以支持降序索引。

7．group by 不再隐式排序

MySQL 8.0 版本对于 group by 字段不再隐式排序，如果需要排序，必须显式加上 order by 子句。

8．JSON 特性增强

MySQL 8.0 版本大幅改进了对 JSON 的支持，添加了基于路径查询参数从 JSON 字段中抽取数据

的 JSON_EXTRACT()，以及用于将数据分别组合到 JSON 数组和对象中的 JSON_ARRAYAGG()和 JSON_OBJECTAGG()。

9．redo & undo 日志加密

增加两个参数 innodb_redo_log_encrypt 和 innodb_undo_log_encrypt，用于控制 redo、undo 日志的加密。

10．InnoDB select for update 跳过锁等待

select ... for update，select ... for share（8.0 新增语法）添加 NOWAIT、SKIP LOCKED 语法，可跳过锁等待或跳过锁定。

在 MySQL 5.7 及之前版本，如果 select...for update 获取不到锁就会一直等待，直到 innodb_lock_wait_timeout 超时。

在 MySQL 8.0 版本，通过添加语法 nowait 和 skip locked，能够立即返回。如果查询的行已经加锁，那么 nowait 会立即报错返回，而 skip locked 也会立即返回，只是返回的结果中不包含被锁定的行。

11．增加 SET_VAR 语法

在 SQL 语法中增加 SET_VAR 语法，可动态调整部分参数，有利于提升语句性能。

12．支持不可见索引

使用 INVISIBLE 关键字在创建表或进行表变更中设置索引是否可见。索引不可见时只是在查询时优化器不使用该索引，即使使用 force index，优化器也不会使用该索引，同时优化器也不会报索引不存在的错误，因为索引仍然真实存在，在必要时也可以快速地恢复成可见。

13．支持直方图

优化器会利用 column_statistics 的数据，判断字段值的分布情况，以得到更准确的执行计划。

14．新增 innodb_dedicated_server 参数

能够让 InnoDB 根据服务器检测到的内存大小自动配置 innodb_buffer_pool_size、innodb_log_file_size 和 innodb_flush_method 三个参数。

15．日志分类更详细

在信息中添加了错误信息的编号[MY-010311]和错误所属子系统[Server]。

16．undo 空间自动回收

innodb_undo_log_truncate 参数在数据库 8.0.2 版本中的默认值由 OFF 变为 ON，并默认开启 undo 日志表空间自动回收。

innodb_undo_tablespaces 参数在数据库 8.0.2 版本中默认为 2，当一个 undo 表空间被回收时，还有另一个可提供正常服务。

innodb_max_undo_log_size 参数定义了 undo 表空间回收的最大值，当 undo 表空间超过这个值时，该表空间被标记为可回收。

17．增加资源组

MySQL 8.0 数据库新增了一个资源组功能，用于调控线程优先级和绑定 CPU 核。

MySQL 数据库用户需要有 RESOURCE_GROUP_ADMIN 权限才能创建、修改、删除资源组。

18．增加角色管理

角色可以认为是一些权限的集合，为用户赋予统一的角色，权限的修改直接通过角色来进行，无须为每个用户单独授权。

总之，MySQL 数据库由于体积小、速度快、使用方便快捷、开放源代码等优点，被越来越多的公司使用，尤其是 PHP+MySQL 在 Web 开发领域起着举足轻重的作用。

3.2 MySQL 数据库的安装与配置

MySQL 数据库支持在 UNIX、Linux、Mac OS 和 Windows 等多个平台使用，不同平台的安装和配置过程也不相同。MySQL 官网上有免安装版和安装版两种版本。本书以 MySQL 8.0.17 安装版为例，

介绍在 Windows 平台下安装和配置的过程。

3.2.1 MySQL 数据库的安装

MySQL 社区版是全球广受欢迎的开源数据库的免费下载版本。它遵循 GPL 许可协议，可以免费使用，而企业版则是需要收费的商业软件。本书使用的是 MySQL 8.0.17 社区版。

MySQL 数据库安装软件可以直接从 MySQL 官网（https://www.mysql.com）中下载。在浏览器中输入下载网址后，可以看到 MySQL 的最新安装版本，如图 3-1 所示，其中“mysql-installer-web-community-8.0.17.0.msi”为在线安装版本，这里使用的是“mysql-installer-community-8.0.17.0. msi”离线安装版本。

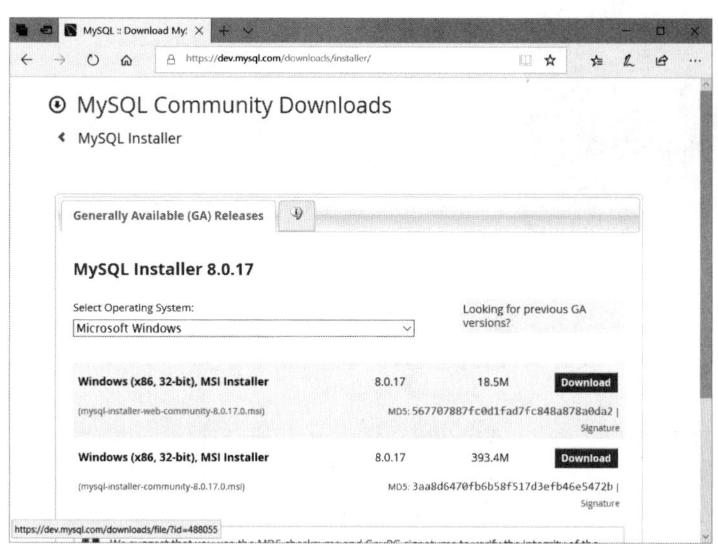

图 3-1 mysql-installer-community-8.0.17.0.msi 下载界面（1）

单击“Download”按钮，打开如图 3-2 所示界面。这里不用登录，直接选择“No thanks，just start my download.”链接开始下载。

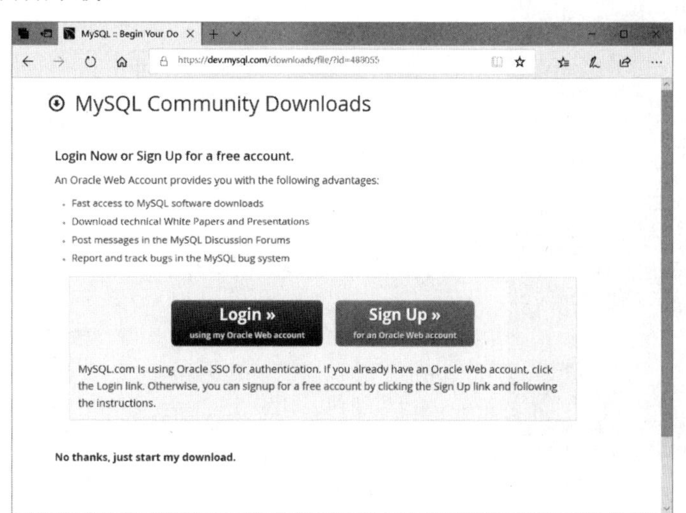

图 3-2 mysql-installer-community-8.0.17.0.msi 下载界面（2）

下载完成后，在 Windows 10 上进行安装，安装过程如下。

（1）双击“mysql-installer-community-8.0.17.0.msi”安装文件，准备安装，等待系统配置完成，出现如图 3-3 所示的“License Agreement”界面。勾选“I accept the license terms”多选框，单击“Next”按钮。

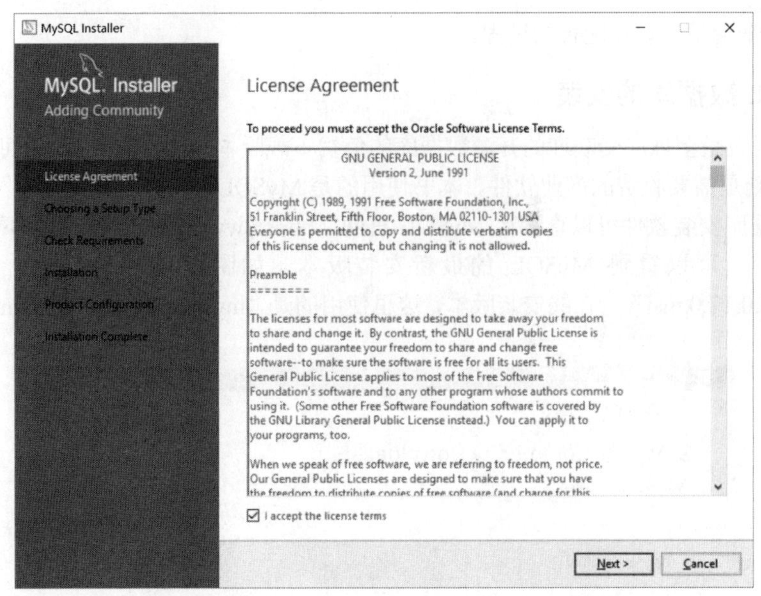

图 3-3 “License Agreement”（协议许可）界面

（2）出现如图 3-4 所示的选择安装类型界面，其中有 5 种安装类型可供选择。

- Developer Default：开发者默认安装。
- Server only：仅服务器。
- Client only：仅客户端。
- Full：完全安装。
- Custom：自定义安装。

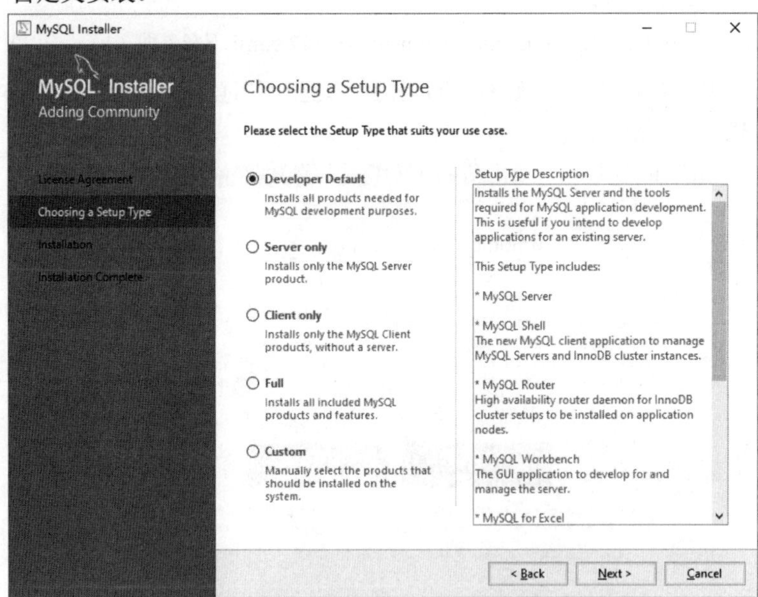

图 3-4 “Choosing a Setup Type”（选择安装类型）界面

这里选择默认选项，单击“Next”按钮。

（3）出现如图 3-5 所示的“Check Requirements”界面。安装 MySQL 产品需要满足一定的要求，如果未满足要求则可能导致 MySQL 安装失败，所以单击“Execute”按钮自动安装需要的选项，若“Status”下为“Manual”的则需要进行手动安装，然后单击“Next”按钮。如果忽略此项直接单击“Next”按钮，则会出现如图 3-6 所示的警告对话框。

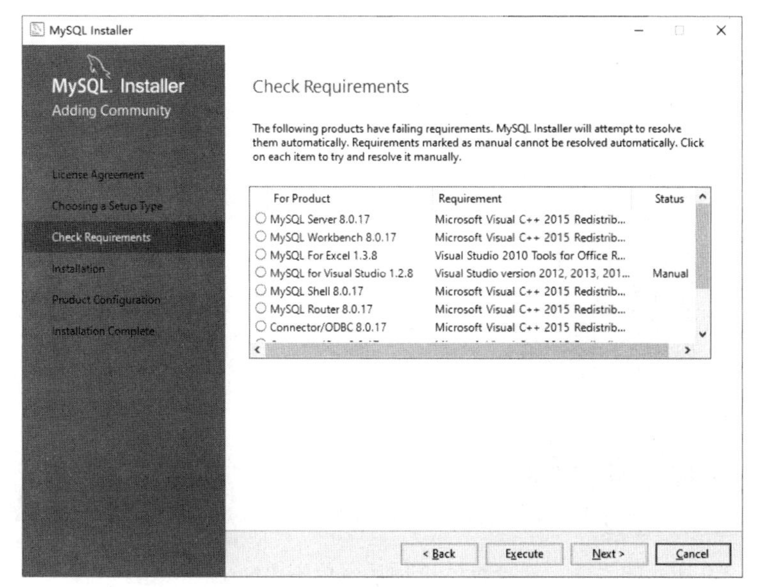

图 3-5 “Check Requirements”（检查要求）界面

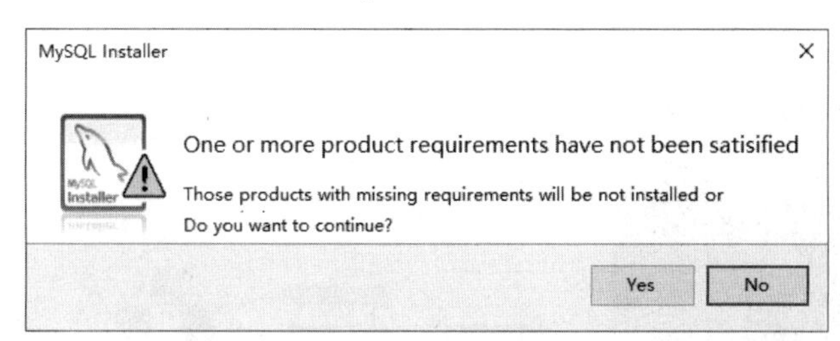

图 3-6 警告对话框

（4）出现如图 3-7 所示的“Installation”界面，单击“Execute”按钮，等待安装完毕。

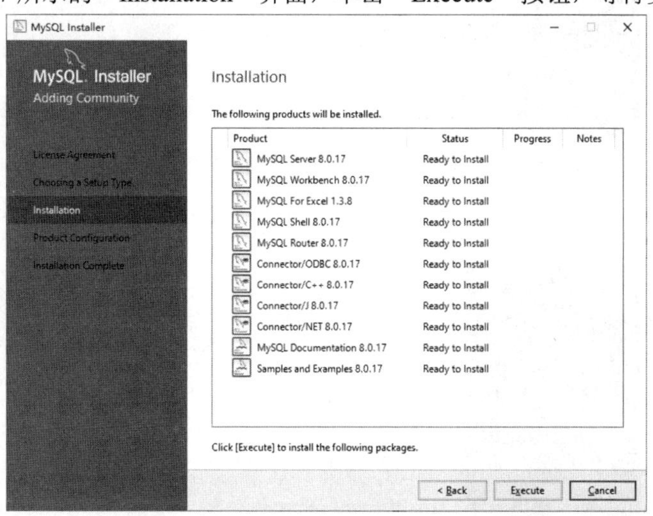

图 3-7 “Installation”（安装软件产品）界面

3.2.2 MySQL 数据库的配置

MySQL 数据库在安装完成之后，还需要对服务器进行配置，其步骤如下。

（1）在安装完成界面出现后，继续单击“Next”按钮，出现如图 3-8 所示的“Product Configuration”界面，再单击“Next”按钮。

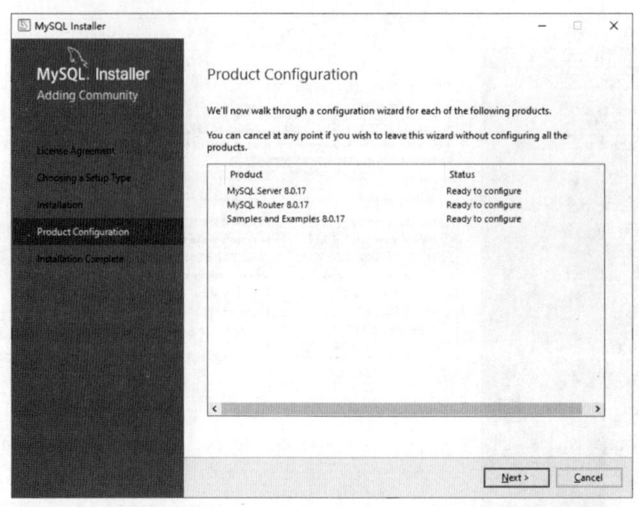

图 3-8 “Product Configuration”（产品配置）①界面

（2）出现如图 3-9 所示的界面，选择默认选项后，单击“Next”按钮。

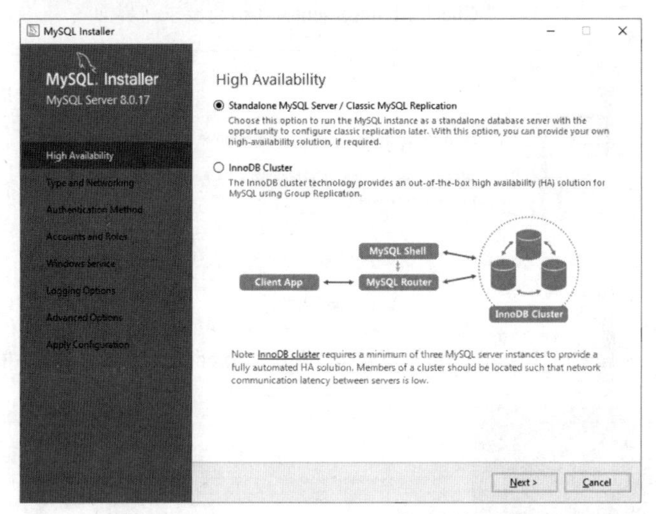

图 3-9 “High Availability”（商可用性）界面

（3）进入“类型和网络”界面，如图 3-10 所示，选择默认设置后，单击“Next”按钮。

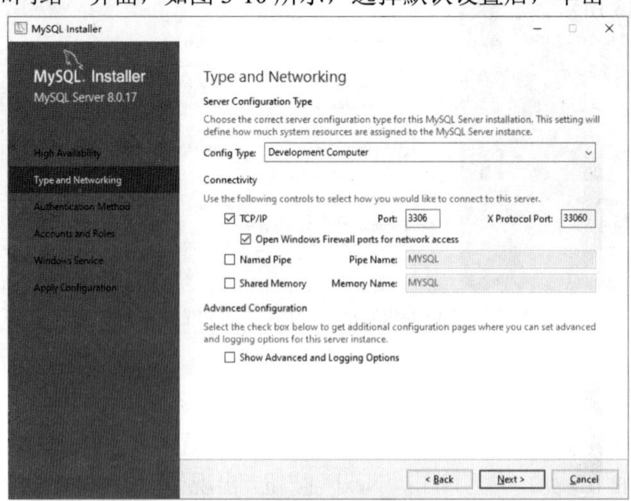

图 3-10 “Type and Networking”（类型和网络）的界面

（4）进入“Authentication Method”界面，如图 3-11 所示，选择默认设置后，单击 Next 按钮。

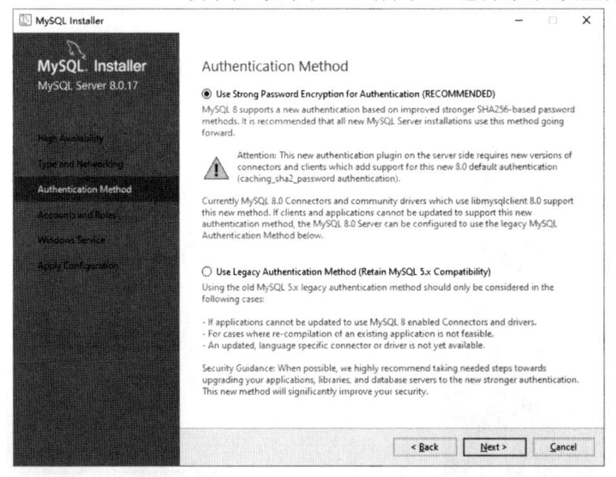

图 3-11 “Authentication Method”（身份验证方式）界面

（5）进入“Accounts and Roles”界面，如图 3-12 所示，为 Root 账号输入密码，此处输入密码为“root”，然后单击“Next”按钮。

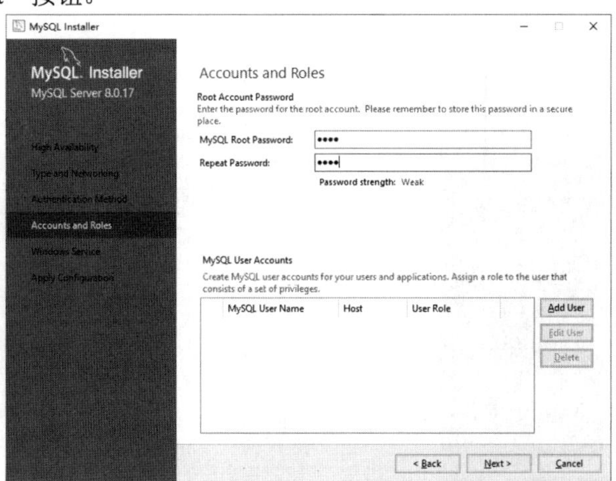

图 3-12 “Accounts and Roles”（账号和角色）界面

（6）进入如图 3-13 所示的“Windows Service”界面，服务器名称默认为“MySQL80”，选择默认设置后，单击“Next”按钮。

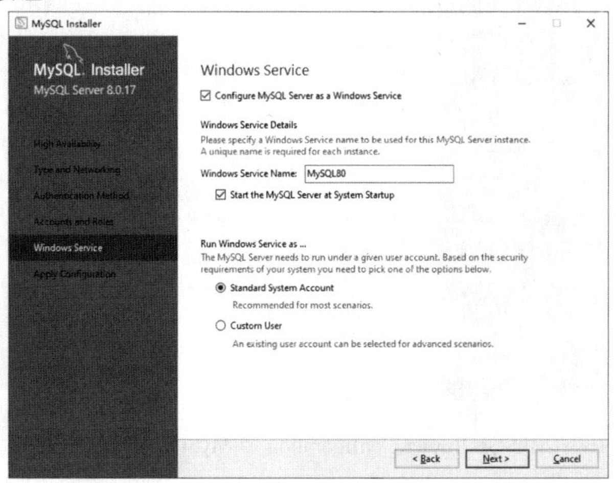

图 3-13 “Windows Service”（Windows 服务）界面

（7）进入如图 3-14 所示的“Apply Configuration”界面，单击“Execute”按钮。

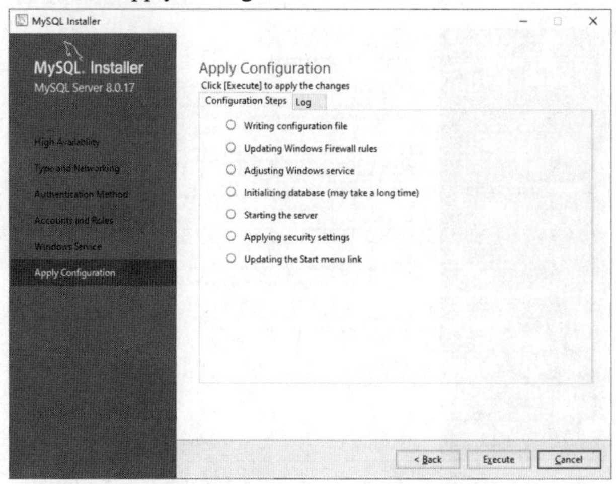

图 3-14 “Apply Configuration”（应用配置）①界面

（8）进入如图 3-15 所示的“Product Configuration”界面，单击“Next”按钮，出现如图 3-16 所示的“MySQL Router Configuration”界面，单击“Finish”按钮。

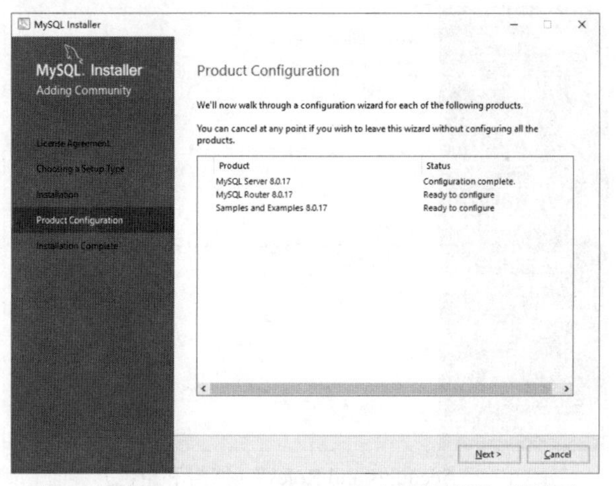

图 3-15 “Product Configuration”（产品配置）②界面

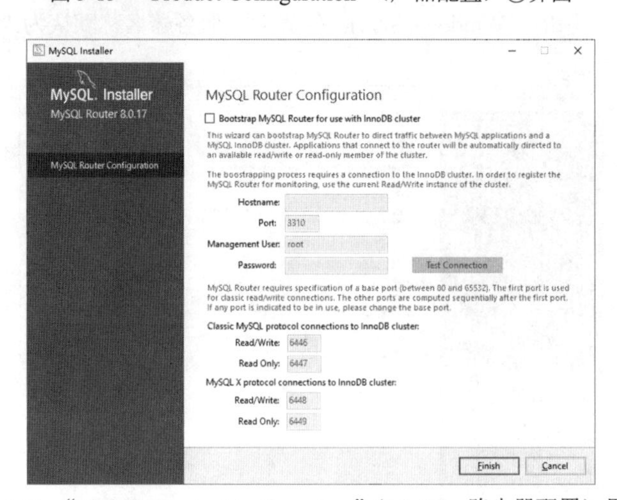

图 3-16 “MySQL Router Configuration”（MySQL 路由器配置）界面

（9）重新进入如图 3-17 所示的“Product Configuration”界面，单击“Next”按钮。

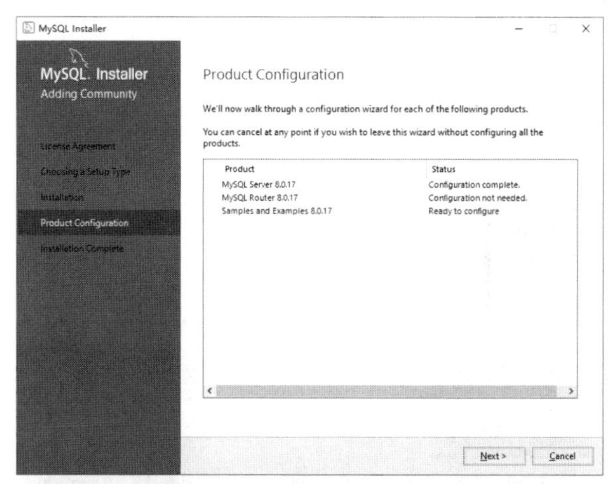

图 3-17 “Product Configuration”（产品配置）③界面

（10）进入如图 3-18 所示的“连接服务器”界面。在 Password 文本框中输入密码“root”，然后单击“Check”按钮，显示成功连接后，单击“Next”按钮。在如图 3-19 所示的“Apply Configuration”界面中单击“Execute”按钮，等待配置完成后，单击“Finish”按钮。

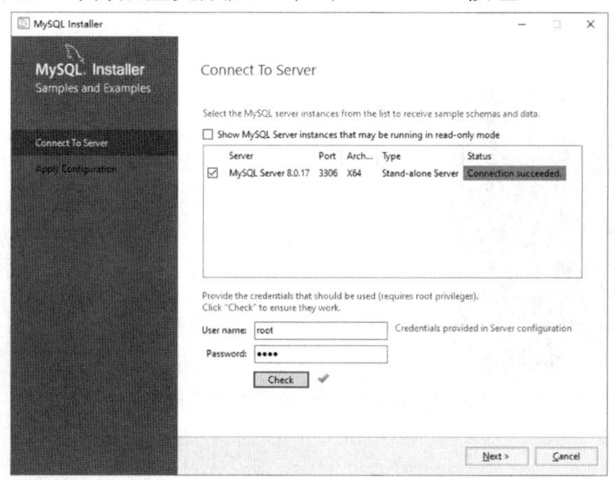

图 3-18 “Connect to Server”（连接服务器）界面

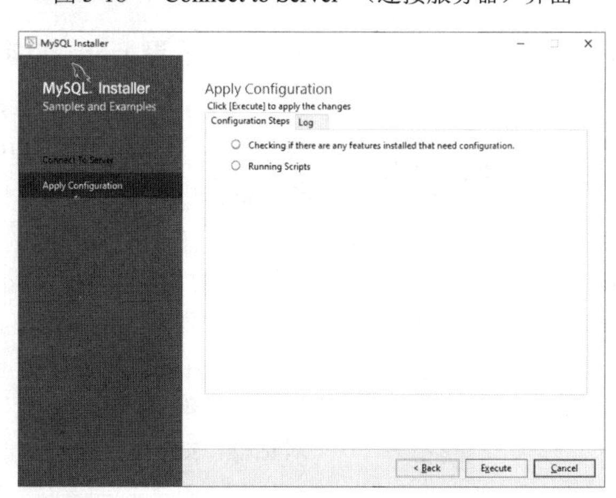

图 3-19 “Apply Configuration”（应用配置）②界面

（11）在如图 3-20 所示的“Product Configuration”界面上，单击“Next”按钮，出现如图 3-21 所示的安装完成界面，单击“Finish”按钮完成配置。

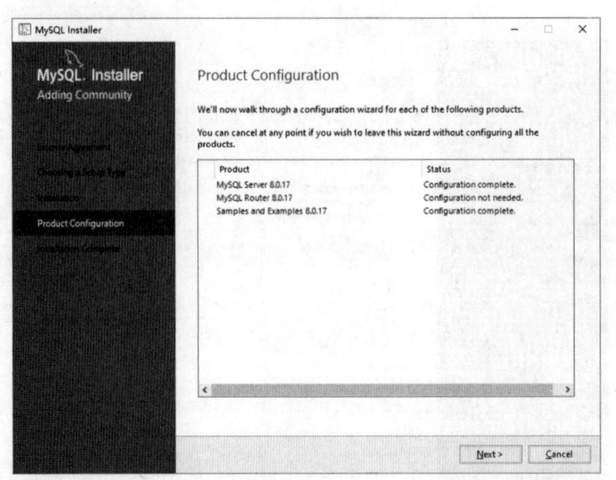

图 3-20 “Product Configuration”（产品配置）④界面

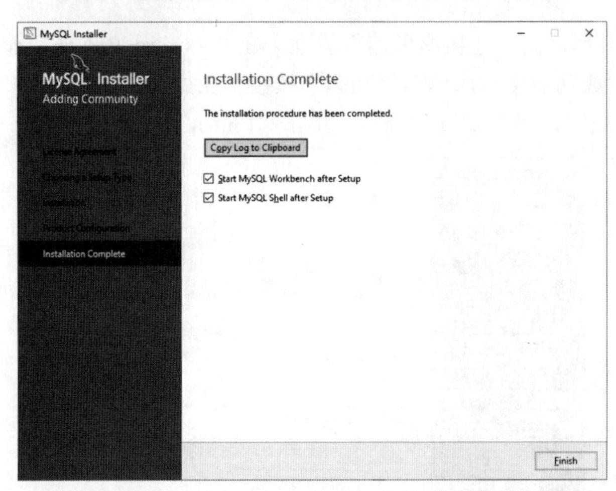

图 3-21 “Installation Complete”（安装配置完成）界面

至此，数据库 MySQL 8.0 版本的安装和配置就完成了。

图 3-22 “系统属性”对话框

3.2.3 配置 path 变量

为了操作方便，需要对系统环境变量 path 进行修改，将 MySQL 应用程序的 bin 目录添加到 path 中，其步骤如下。

（1）右击“计算机”图标，在快捷菜单中选择“属性”的“高级系统设置”命令，弹出“系统属性”对话框，如图 3-22 所示。

（2）在“系统属性”对话框中，选择“高级”选项卡，单击“环境变量”按钮，弹出“环境变量”对话框，如图 3-23 所示。

（3）在“环境变量”对话框中，选中“系统变量”的“path”选项，单击“编辑”按钮，将弹出“编辑环境变量”对话框，如图 3-24 所示。

（4）在“编辑环境变量”对话框中，单击“新建”按钮，将 MySQL 服务器的 bin 目录位置

（C:\Program Files\MySQL\MySQL Server 8.0\bin）添加到变量值文本框中，并单击“确定”按钮。

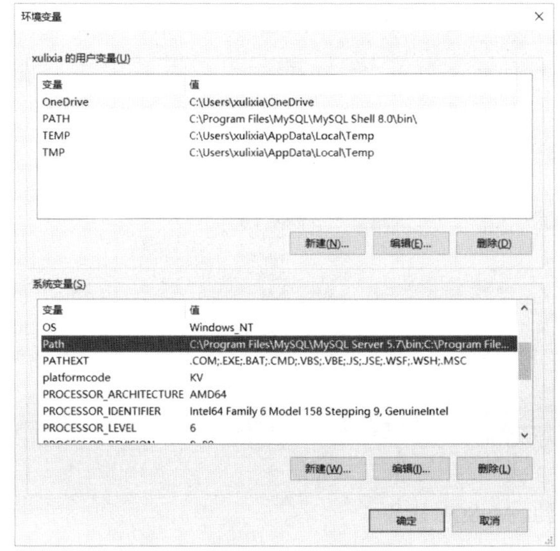

图 3-23 “环境变量”对话框

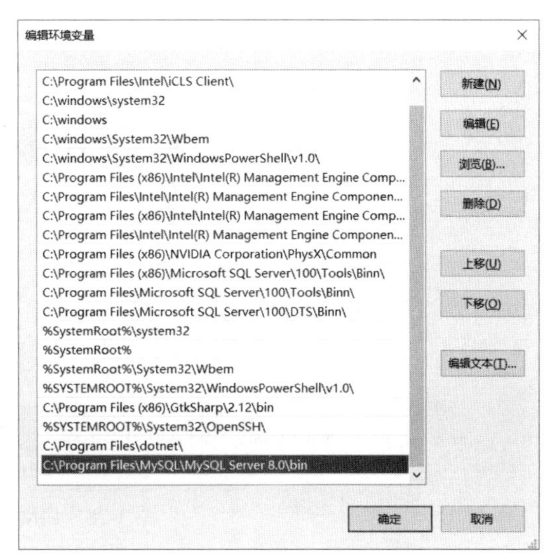

图 3-24 “编辑环境变量”对话框

设置完成 MySQL 的 path 变量后，就可以在 DOS 窗口直接使用 MySQL 数据库中 bin 目录下的命令，而不必再添加路径，如输入“mysql”命令就可以登录 MySQL 服务器了。

3.3 MySQL 数据库的使用

3.3.1 MySQL 服务的启动和关闭

MySQL 数据库安装完成后，还需要启动服务进程，否则客户端无法连接到数据库。下面通过两种方式来管理 MySQL 服务。

（1）通过命令行启动和关闭 MySQL 服务

在搜索框中输入“cmd”命令并按回车键，如图 3-25 所示，以管理员身份打开 DOS 命令提示符窗口。

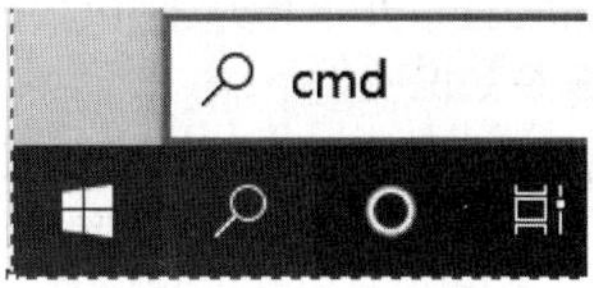

图 3-25 运行对话框

输入以下命令可启动 MySQL 服务。

```
net start mysql80
```

执行上述命令后，显示结果如图 3-26 所示。

在命令窗口输入以下命令可以关闭 MySQL 服务。

```
net stop mysql80
```

执行上述命令后，其显示结果如图 3-27 所示。

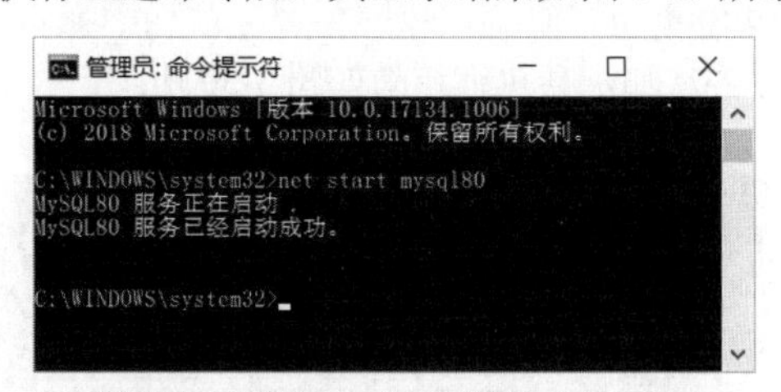

图 3-26 启动 MySQL 服务

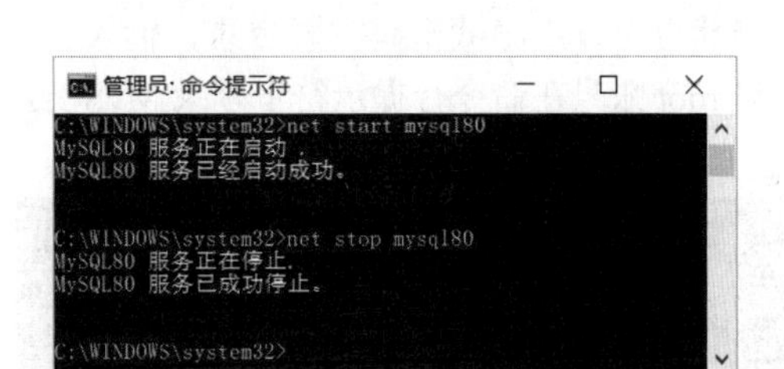

图 3-27 关闭 MySQL 服务

注意：执行 MySQL 命令，需按回车键来实现。

（2）通过 Windows 服务管理器启动和关闭 MySQL 服务

MySQL 服务的启动和关闭也可以通过 Windows 服务管理器来实现，其具体操作是在搜索框中输入“services.msc”命令并按回车键，或者在命令提示符中输入“services.msc”命令并按回车键即可打

开服务管理器。

找到服务“MySQL80”项，然后右击该服务，在快捷菜单中选择“启动”或“停止”命令，就可以开启或关闭 MySQL 服务，如图 3-28 所示。

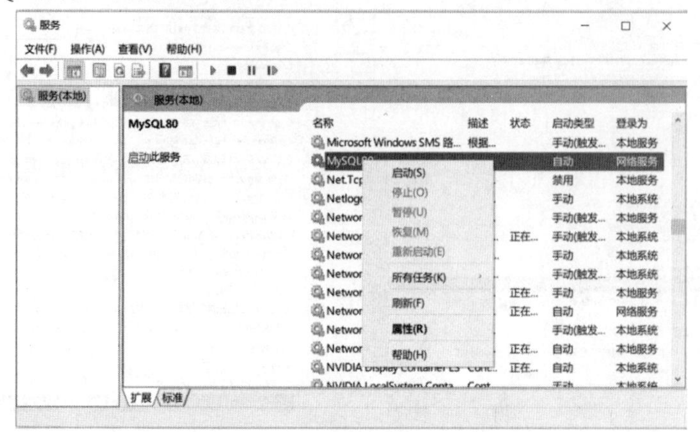

图 3-28　启动和停止 MySQL 服务

3.3.2　登录 MySQL 数据库服务器

登录 MySQL 数据库服务器，既可以直接使用 MySQL 命令行客户端登录，也可以使用图形化客户端 Workbench 登录。

（1）使用 MySQL 命令行客户端登录

选择“开始”→“所有程序”→“MySQL”→“MySQL Server 8.0”→“MySQL 8.0 Command Line Client”，单击“打开”按钮，输入密码“root”，按回车键进行确定，出现如图 3-29 所示的界面。

输入“quit”或“exit”或“\q”命令就可以退出 MySQL 数据库服务器的登录。

（2）在 DOS 命令提示符窗口中输入账号进行登录

基本命令格式如下：

```
mysql  -h 主机名 -u 用户名 -p 密码
```

参数说明如下：

- mysql：表示登录 MySQL 数据库的命令。
- -h：表示登录服务器的主机地址，当客户端与服务器在同一台机器时，主机名可以使用 localhost 或 127.0.0.1，此时该参数可以省略。
- -u：表示登录 MySQL 服务器的用户账号，与“用户名”之间的空格可以省略。
- -p：表示以当前账号登录时的账号密码，与“密码”之间不可以有空格，输入正确后，会出现欢迎词和 MySQL 的提示符“mysql> ”。

当然也可以用隐藏密码方式登录，输入“mysql -u root –p”命令，按回车键，会提示输入密码。以 root 账号在命令行提示符下登录 MySQL 命令行客户端，其执行结果如图 3-30 所示。

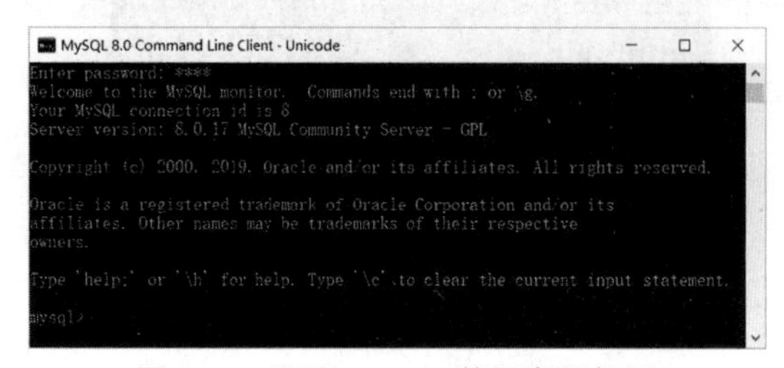

图 3-29　登录 MySQL 数据库服务器

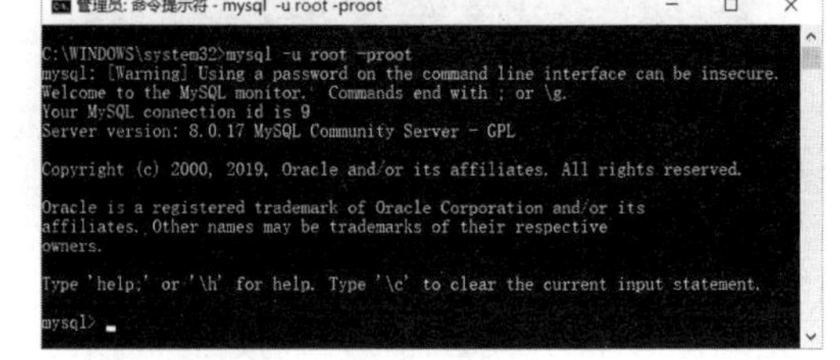

图 3-30　通过 DOS 命令提示符登录 MySQL 客户端

（3）使用图形化客户端 Workbench 登录

选择“开始”→“所有程序”→“MySQL”→“MySQL Workbench 8.0 CE”，打开如图 3-31 所

示的界面。选择“SQL Connections”下的“Local instance MySQL 80”链接，在“Connect to MySQL Server”对话框中，输入密码“root”，打开 MySQL 的一个本地实例 MySQL 80，如图 3-32 所示。

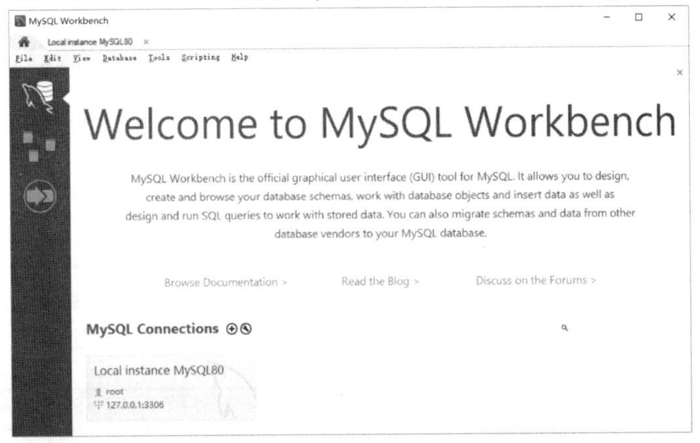

图 3-31　Workbench 的欢迎界面

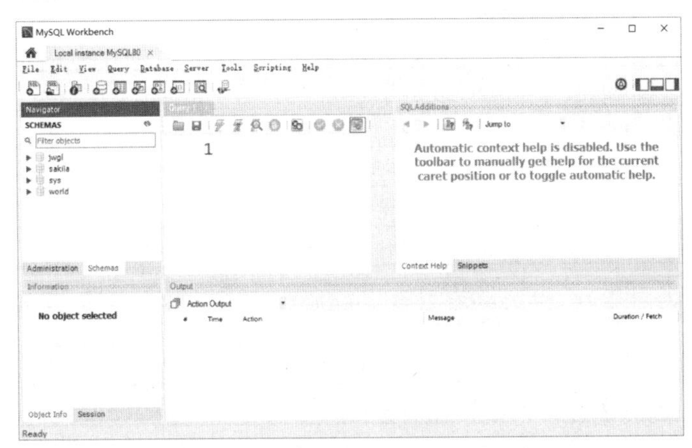

图 3-32　登录后的 Workbench 界面

3.3.3　MySQL 数据库的相关命令

在登录命令行客户端后，可以在命令行输入“help”或“\h”或“?”命令，来查看 MySQL 客户端帮助信息，其执行结果如图 3-33 所示。

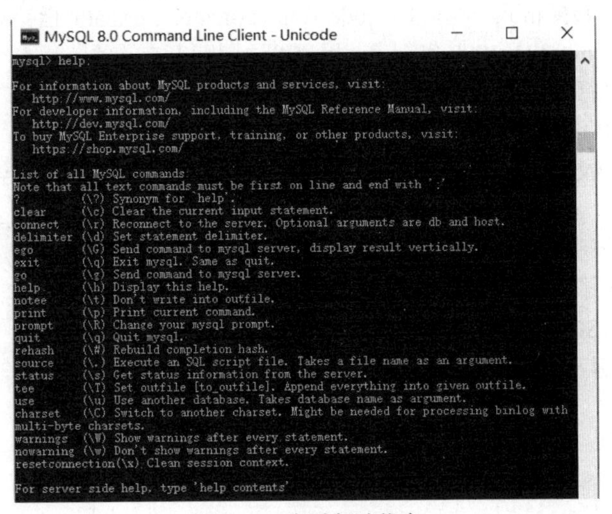

图 3-33　查看帮助信息

在图 3-33 中列出了 MySQL 的响应命令，这些命令可以用一个单词表示，也可以用简写（\字母）来表示。MySQL 的响应命令如表 3-1 所示。

表 3-1 MySQL 的响应命令

命 令	简 写	说 明
?	(\?)	显示帮助信息
clear	(\c)	清除当前输入语句
connect	(\r)	连接到服务器，可选参数数据库和主机
delimiter	(\d)	设置语句分隔符
ego	(\G)	发送命令到 MySQL 服务器，垂直显示其结果
exit	(\q)	退出 MySQL 服务器
go	(\g)	发送命令到 MySQL 服务器
help	(\h)	显示帮助信息
note	(\t)	不写输出文件
print	(\p)	打印当前命令
prompt	(\R)	改变 MySQL 提示信息
quit	(\q)	退出 MySQL 服务器
rehash	(\#)	重建完成散列
source	(\.)	执行 SQL 脚本文件
status	(\s)	获取 MySQL 服务器的状态信息
tee	(\T)	设置输出文件，并将信息添加所有给定的输出文件
use	(\u)	切换数据库
charset	(\C)	切换字符集
warnings	(\W)	每一个语句之后显示警告
nowarning	(\w)	每一个语句之后不显示警告

1．字符集

MySQL 的字符集包括字符集（CHARACTER）和校对规则（COLLATION）两个概念，其中字符集是用来定义 MySQL 存储字符串的方式，校对规则则是定义了比较字符串的方式。

（1）latin1：指 MySQL 8.0 之前版本默认的字符集，它是一个 8 位的字符集，将介于 128～255 的字符用于拉丁字母表中特殊字符的编码。

（2）utf8：也称通用转换格式（8-bit Unicode Transformation Format）指针对 Unicode 字符的一种变长字符编码。由 Ken Thompos 于 1992 年创建，用以解决国际上字符的一种多字节编码，它对英文使用 8 位、中文使用 24 位进行编码。utf8 包含了全世界所有国家需要用到的字符，是一种国际编码，通用性强。在 Internet 应用中开始广泛使用。

（3）utf8mb4：指中文使用 32 位来编码，是 MySQL 8.0 版本的默认编码字符集。

（4）gb2312 和 gbk：gb2312 指简体中文集，而 gbk 是对 gb2312 的扩展。gbk 的文字编码采用双字节表示，即无论中文字符和英文字符都使用双字节，为了区分中英文，gbk 在编码时将中文每个字节的最高位设为 1。gbk 包含了全部中文字符，是中国国家编码。

【例 3-1】 查看 MySQL 支持的字符集。

在 MySQL 命令行客户端输入“SHOW CHARACTER SET”命令可以查看 MySQL 支持的字符集及对应的校对规则。

输入 SQL 命令：

```
mysql> show character set;
```

执行结果如图 3-34 所示。

```
mysql> show character set;
+----------+---------------------------------+---------------------+--------+
| Charset  | Description                     | Default collation   | Maxlen |
+----------+---------------------------------+---------------------+--------+
| armscii8 | ARMSCII-8 Armenian              | armscii8_general_ci |      1 |
| ascii    | US ASCII                        | ascii_general_ci    |      1 |
| big5     | Big5 Traditional Chinese        | big5_chinese_ci     |      2 |
| binary   | Binary pseudo charset           | binary              |      1 |
| cp1250   | Windows Central European        | cp1250_general_ci   |      1 |
| cp1251   | Windows Cyrillic                | cp1251_general_ci   |      1 |
| cp1256   | Windows Arabic                  | cp1256_general_ci   |      1 |
| cp1257   | Windows Baltic                  | cp1257_general_ci   |      1 |
| cp850    | DOS West European               | cp850_general_ci    |      1 |
| cp852    | DOS Central European            | cp852_general_ci    |      1 |
| cp866    | DOS Russian                     | cp866_general_ci    |      1 |
| cp932    | SJIS for Windows Japanese       | cp932_japanese_ci   |      2 |
| dec8     | DEC West European               | dec8_swedish_ci     |      1 |
| eucjpms  | UJIS for Windows Japanese       | eucjpms_japanese_ci |      3 |
| euckr    | EUC-KR Korean                   | euckr_korean_ci     |      2 |
| gb18030  | China National Standard GB18030 | gb18030_chinese_ci  |      4 |
| gb2312   | GB2312 Simplified Chinese       | gb2312_chinese_ci   |      2 |
| gbk      | GBK Simplified Chinese          | gbk_chinese_ci      |      2 |
| geostd8  | GEOSTD8 Georgian                | geostd8_general_ci  |      1 |
| greek    | ISO 8859-7 Greek                | greek_general_ci    |      1 |
| hebrew   | ISO 8859-8 Hebrew               | hebrew_general_ci   |      1 |
| hp8      | HP West European                | hp8_english_ci      |      1 |
| keybcs2  | DOS Kamenicky Czech-Slovak      | keybcs2_general_ci  |      1 |
| koi8r    | KOI8-R Relcom Russian           | koi8r_general_ci    |      1 |
| koi8u    | KOI8-U Ukrainian                | koi8u_general_ci    |      1 |
| latin1   | cp1252 West European            | latin1_swedish_ci   |      1 |
| latin2   | ISO 8859-2 Central European     | latin2_general_ci   |      1 |
| latin5   | ISO 8859-9 Turkish              | latin5_turkish_ci   |      1 |
| latin7   | ISO 8859-13 Baltic              | latin7_general_ci   |      1 |
| macce    | Mac Central European            | macce_general_ci    |      1 |
| macroman | Mac West European               | macroman_general_ci |      1 |
| sjis     | Shift-JIS Japanese              | sjis_japanese_ci    |      2 |
| swe7     | 7bit Swedish                    | swe7_swedish_ci     |      1 |
| tis620   | TIS620 Thai                     | tis620_thai_ci      |      1 |
| ucs2     | UCS-2 Unicode                   | ucs2_general_ci     |      2 |
| ujis     | EUC-JP Japanese                 | ujis_japanese_ci    |      3 |
| utf16    | UTF-16 Unicode                  | utf16_general_ci    |      4 |
| utf16le  | UTF-16LE Unicode                | utf16le_general_ci  |      4 |
| utf32    | UTF-32 Unicode                  | utf32_general_ci    |      4 |
| utf8     | UTF-8 Unicode                   | utf8_general_ci     |      3 |
| utf8mb4  | UTF-8 Unicode                   | utf8mb4_0900_ai_ci  |      4 |
+----------+---------------------------------+---------------------+--------+
41 rows in set (0.00 sec)
```

图 3-34 所示　MySQL 8.0 版本支持的字符集及默认的校对规则

注意：

- “mysql>”指提示符。
- MySQL 命令语句以分号“;”结束，按回车键可执行。
- MySQL 命令不区分大小写。
- 在命令行客户端输入的语句可以通过上、下方向键进行查找。
- 需要复制命令行客户端中的内容，可以用鼠标选中，然后按回车键实现复制。在 Windows 10 中可支持复制（Ctrl+C）、粘贴（Ctrl+V）快捷键功能。

2．字符集的设置

MySQL 支持服务器(Server)、数据库(Database)、数据表(Table)、字段(Field)和连接层(Connection)五个层级的字符集设置。

在同一台服务器、同一个数据库，甚至同一个表的不同字段都可以指定使用不同的字符集。MySQL 数据库提供了若干个系统变量来描述各层级字符集，如表 3-2 所示。

表 3-2　MySQL 字符集系统变量

系统变量名	说　明
character_set_server	服务器安装时指定的默认编码格式。服务器启动时通过该变量设置字符集，从 MySQL 8.0 版本开始，使用 utf8mb4 作为 MySQL 的默认字符集。该变量为 create database 命令提供默认值
character_set_client	主要用来设置客户端使用的字符集。该变量用来决定 MySQL 如何解释客户端发到服务端的 SQL 命令
character_set_connection	主要用来设置连接数据库时的字符集。用来决定 MySQL 如何处理客户端发来的 SQL 命令
character_set_results	数据库给客户端返回时使用的编码格式，当 SQL 返回结果时，这个变量的取值决定了发给客户端的字符编码
character_set_database	主要用来设置默认创建数据库的编码格式，如果在创建数据库时没有设置编码格式，就按照这个默认字符集设置当前选中的数据库
character_set_system	数据库系统使用的编码格式，这个值一直是 utf8，不需要设置。它是为存储系统元数据的编码格式。数据库、表和字段都用这个字符集

【例 3-2】 设置 MySQL 字符集。

输入命令：

```
mysql> show variables like 'char%';
```

可查看当前连接系统的参数，如图 3-35 所示。

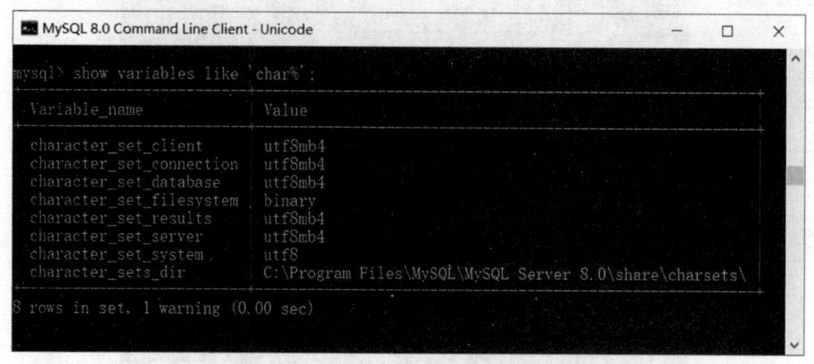

图 3-35 查看当前连接系统的参数

MySQL 的 SET 命令可以修改变量的值，其输入命令：

```
mysql> set character_set_server = utf8 ;
mysql> set character_set_client = utf8 ;
mysql> set character_set_database = utf8 ;
mysql> set character_set_connection = utf8 ;
mysql> set character_set_results = utf8 ;
```

可以将服务器、客户端、数据库、连接层和结果集的字符集都设置成 utf8。

注意： 这种修改方式只在当前客户端有效，关闭之后便恢复成默认值。如果要永久性生效，需要在配置文件 my.ini 文件中进行修改。

【例 3-3】 查看 MySQL 的状态信息。

输入命令：

```
mysql> status;
```

执行结果如图 3-36 所示。

```
mysql> status;
--------------
C:\Program Files\MySQL\MySQL Server 8.0\bin\mysql.exe  Ver 8.0.17 for Win64 on x86_64 (MySQL Community Server - GPL)

Connection id:          60
Current database:       jwgl
Current user:           root@localhost
SSL:                    Cipher in use is DHE-RSA-AES128-GCM-SHA256
Using delimiter:        ;
Server version:         8.0.17 MySQL Community Server - GPL
Protocol version:       10
Connection:             localhost via TCP/IP
Server characterset:    utf8mb4
Db     characterset:    utf8mb4
Client characterset:    utf8mb4
Conn.  characterset:    utf8mb4
TCP port:               3306
Uptime:                 2 days 13 hours 12 min 9 sec

Threads: 4  Questions: 1942  Slow queries: 0  Opens: 739  Flush tables: 6  Open tables: 383  Queries per second avg: 0.008
--------------
```

图 3-36 查看 MySQL 的状态信息

【例 3-4】 查看数据库。

输入命令：

```
mysql> show databases;
```

执行后显示 MySQL 当前所有的数据库，包括系统数据库和用户数据库。

【例 3-5】 切换数据库 jwgl 为当前数据库。

输入命令：

```
mysql> use jwgl;
```

执行后显示：Database changed。

【例 3-6】 查看数据库中的表信息。

输入命令：

```
mysql> show tables;
```

可以查看当前数据库的所有表。

【例 3-7】 查看表结构。

输入命令：

```
mysql> describe xsjbxxb;
```

可以查看学生基本信息表的结构。

【例 3-8】 查看 MySQL 8.0 版本支持的数据库存储引擎。

输入命令：

```
show engines \G;
```

执行结果如图 3-37 所示。其中 InnoDB 引擎是 MySQL 8.0 版本的默认存储引擎。

```
mysql> show engines \G;
*************************** 1. row ***************************
      Engine: MEMORY
     Support: YES
     Comment: Hash based, stored in memory, useful for temporary tables
Transactions: NO
          XA: NO
  Savepoints: NO
*************************** 2. row ***************************
      Engine: MRG_MYISAM
     Support: YES
     Comment: Collection of identical MyISAM tables
Transactions: NO
          XA: NO
  Savepoints: NO
*************************** 3. row ***************************
      Engine: CSV
     Support: YES
     Comment: CSV storage engine
Transactions: NO
          XA: NO
  Savepoints: NO
*************************** 4. row ***************************
      Engine: FEDERATED
     Support: NO
     Comment: Federated MySQL storage engine
Transactions: NULL
          XA: NULL
  Savepoints: NULL
*************************** 5. row ***************************
      Engine: PERFORMANCE_SCHEMA
     Support: YES
     Comment: Performance Schema
Transactions: NO
          XA: NO
  Savepoints: NO
*************************** 6. row ***************************
      Engine: MyISAM
     Support: YES
     Comment: MyISAM storage engine
Transactions: NO
          XA: NO
  Savepoints: NO
*************************** 7. row ***************************
      Engine: InnoDB
     Support: DEFAULT
     Comment: Supports transactions, row-level locking, and foreign keys
Transactions: YES
          XA: YES
  Savepoints: YES
*************************** 8. row ***************************
      Engine: BLACKHOLE
     Support: YES
     Comment: /dev/null storage engine (anything you write to it disappears)
Transactions: NO
          XA: NO
  Savepoints: NO
*************************** 9. row ***************************
      Engine: ARCHIVE
     Support: YES
     Comment: Archive storage engine
Transactions: NO
          XA: NO
  Savepoints: NO
9 rows in set (0.00 sec)
```

图 3-37 MySQL 8.0 版本支持的数据库存储引擎类别

注意：SHOW 命令还有很多选项，如 show create database jwgl；可以查看数据库 jwgl 的创建命令语句及使用的字符集。具体的使用方法读者可以查看 MySQL 参考手册。

3.4 MySQL 数据库的图形化管理工具

MySQL 数据库的图形化管理工具有很多，常用的有 MySQL Workbench、phpMyAdmin 和 Navicat

等软件。本书选用 MySQL Workbench 软件作为可视化操作的管理工具。

MySQL Workbench 是 MySQL 发布的可视化的数据库设计软件，是为数据库管理员、程序开发者和系统规划师而设计的可视化工具。它提供了先进的数据建模、灵活的 SQL 编辑器和全面的管理工具，可在 Windows、Linux 和 Mac 上使用。

选择“开始”菜单→“所有程序”→“MySQL”→“MySQL Workbench 8.0 CE”，打开 MySQL Workbench 的界面，并选择“SQL Connections”的“Local instance MySQL 80”，在“Connect to MySQL Server”对话框中，输入密码“root”，打开 MySQL 连接的一个本地实例 MySQL 80。

在图形界面中最常用的是对数据库的基本操作，如执行 SQL 语句实现数据库的创建、数据库表的添加，以及数据的添加、修改和删除等。要实现这些操作首先要连接到数据库，如果 MySQL 下没有创建一个连接，则需要单击 SQL Connections 右侧的⊕图标，出现如图 3-38 所示的“Setup New Connection”对话框，在 Connection Name 文本框中为新建的连接输入一个名字，如 mysql80，然后单击“Test Connection”按钮，在如图 3-39 所示的“Connect to MySQL Server”对话框中，输入密码“root”，单击“OK”按钮，出现连接成功界面。此时返回到 MySQL Workbench 的主界面可以看到创建了一个新的实例 mysql80，如图 3-40 所示。

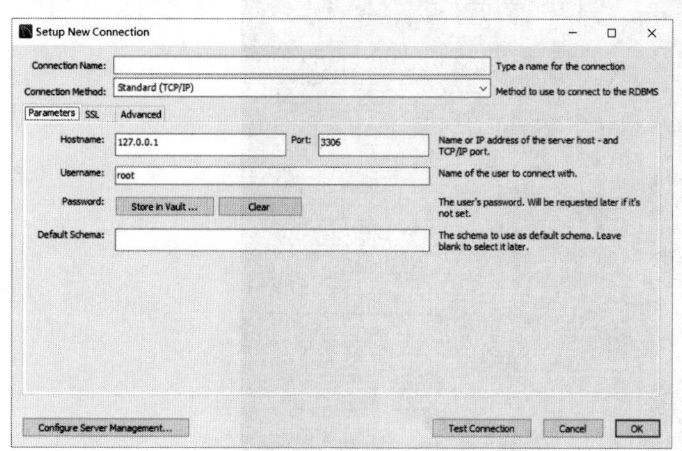

图 3-38 建立一个新连接

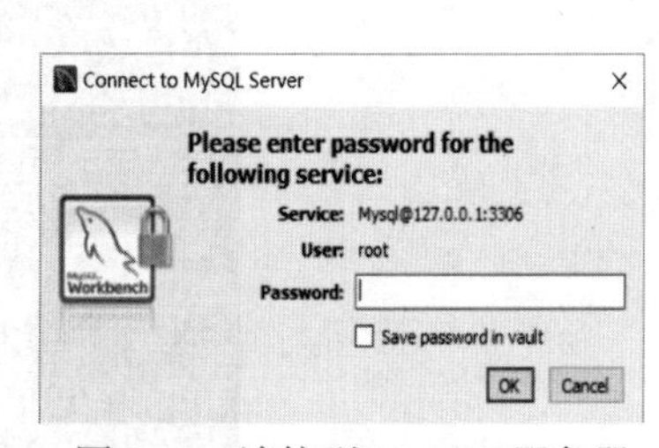

图 3-39 连接到 MySQL 服务器

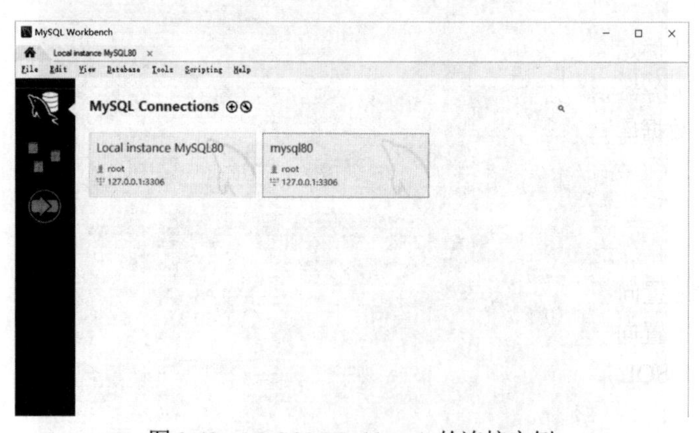

图 3-40 MySQL Workbench 的连接实例

3.5 小结

本章主要介绍了 MySQL 数据库的特点与发展历程，MySQL 数据库的安装与配置及使用。通过学习，希望读者能够真正掌握在 Windows 平台中安装和配置 MySQL 数据库的方法，为后续章节的学习打下扎实的基础。

实训 3

1．实训目的

（1）熟悉 MySQL 数据库的安装与配置，学好在 Windows 平台中安装 MySQL 数据库的方法。

（2）掌握 MySQL 数据库的基本使用方法。

2．实训准备

复习 3.2～3.4 节的内容。

（1）MySQL 数据库的安装与配置。

（2）MySQL 数据库的启动与关闭

（3）MySQL 数据库的相关命令。

3．实训内容

（1）下载 MySQL 8.0 版本的安装包，并在 Windows 平台中安装。

（2）利用配置向导完成 MySQL 服务器的配置。

（3）使用 net 命令启动和关闭 MySQL 服务器。

（4）打开 Windows 服务组件，将 MySQL 服务器改为自动启动。

（5）分别使用命令行和 MySQL Workbench 登录和退出 MySQL 服务器。

（6）使用“SHOW DATABASES;”命令查看 MySQL 服务器下的默认数据库。

（7）使用“USE mysql;”命令切换“mysql”为当前数据库。

（8）使用“STATUS;”命令查看 MySQL 的状态信息。

（9）修改“my.ini”文件，将服务器端和客户端的字符集均设置为“gb2312”。

4．提交实训报告

按照要求提交实训报告作业。

习题 3

一、单选题

1．以下关于 MySQL 数据库的说法错误的是（　　）。

A．MySQL 数据库是一种关系数据库管理系统

B．MySQL 软件是一种开放源码软件

C．MySQL 服务器工作在客户端/服务器模式下，或嵌入式系统中

D．MySQL 数据库完全支持标准的 SQL 语句

2．以下关于 MySQL 数据库配置向导的说法错误的是（　　）。

A．MySQL 数据库安装完毕后，会自动启动 MySQL 数据库的配置向导

B．MySQL 数据库的配置向导可以用于配置 Windows 中的服务器

C．MySQL 配置向导可以将用户选择结果放到模板中生成一个 my.ini 文件

D．MySQL 配置向导可以选择两种配置类型：标准配置和详细配置

3．（　　）是 MySQL 服务器。

A．MySQL　　B．MySQLD　　C．MySQL Server　　D．MySQLS

4．要查找数据库中所有的数据表应使用（　　）。

A．SHOW DATABASE

B．SHOW TABLES

C．SHOW DATABASES

D．SHOW TABLE

5．在 mysql 提示符下，（　　）不能查看由 MySQL 数据库自己解释的命令。

A．\?　　B．?　　C．help　　D．\h

6．下面关于 MySQL 数据库描述错误的是（　　）。

A．MySQL 数据库可以称得上是目前运行速度最快的 SQL 语言数据库

B．MySQL 数据库是一款自由软件，任何人都可以从 MySQL 的官方网站下载该软件

C．MySQL 数据库是一个真正的多用户、多线程 SQL 数据库服务器

D．以上都不对。

7．下面（　　）是 MySQL 数据库的官方网站下载页面。

A．https://dev.mysql.com/　　B．http://dev.mysql.com/downloads/

C．https://www.mysql.com/　　D．http://www.mysql.com/downloads/

8．MySQL 数据库的默认端口号为（　　）。

A．3306　　B．3305　　C．3307　　D．3308

9．MySQL 数据库默认的用户为（　　）。

A．sa　　B．admin　　C．root　　D．boot

10．MySQL Workbench 工具是（　　）。

A．MySQL 数据库服务器　　B．图形化操作 MySQL 数据库的工具

C．启动和停止 MySQL 服务的工具　　D．以上都不对

二、填空题

1．在 DOS 窗口下停止 MySQL 服务的命令是________。

2．在 DOS 窗口下远程连接到 IP 地址为 192.168.1.1 服务器上的 MySQL。用户名为 root，密码为 root。使用的命令语句为________。

3．断开 MySQL 数据库连接的命令是在 mysql>命令提示符下输入________。

4．MySQL 数据库安装成功后，在系统中默认建立一个________用户。

三、简答题

如何使用 cmd 命令行提示符登录 MySQL 服务器？如何以管理员身份运行 cmd 命令行？

第 4 章　MySQL 数据库的基本操作

学习目标：

- 了解数据库和数据库对象的相关知识。
- 掌握如何创建数据库。
- 掌握数据库的删除操作。
- 掌握 MySQL Workbench 管理和操作数据库。
- 了解数据存储引擎的简介。
- 熟悉常见的存储引擎工作原理。
- 熟悉如何选择符合需求的存储引擎。

4.1　创建数据库

4.1.1　MySQL 数据库的构成

MySQL 安装完成之后，将会在其 data 目录下自动创建几个必需的数据库，可以使用 SHOW DATABASES；语句来查看当前所有存在的数据库，登录 MySQL 并输入语句如下。

输入命令：

```
mysql> show databases;
```

执行结果如图 4-1 所示。

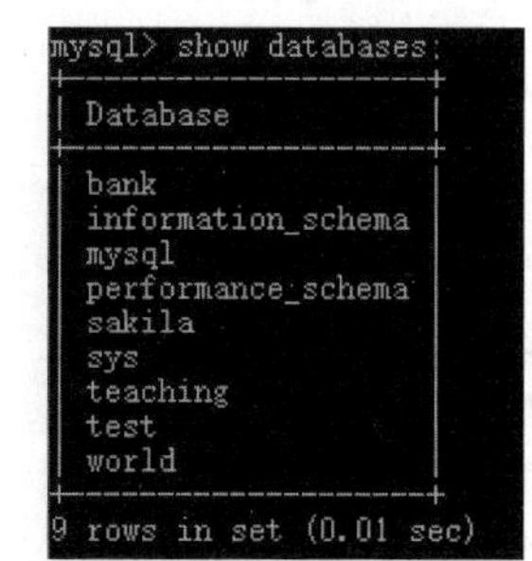

图 4-1　查看 MySQL 系统数据库

可以看到，数据库列表中包含了 4 个 MySQL 系统数据库，下面分别介绍其功能和意义。

- information_schema：主要存储系统中一些数据库对象信息，包括用户信息、字符集信息和分区信息。
- mysql：主要存储账户信息、权限信息和时区信息等。
- performance_schema：主要用于收集数据库服务器性能参数。
- sys：该库通过视图的形式把 information_schema 和 performance_schema 结合起来，查询出更容易理解的数据，帮助 DBA 快速获取数据库系统的各种数据库对象信息，使 DBA 和数据库开发人员能够快速定位性能瓶颈。

4.1.2　创建数据库

创建数据库是在系统磁盘上划分一块区域用于数据的存储和管理，如果数据库管理员在设置权限时为用户创建了数据库，则可以直接使用，否则，需要自己创建数据库。MySQL 中创建数据库的基本 SQL 语法格式为：

```
CREATE DATABASE database_name;
```

其中，database_name 表示要创建的数据库名称，该名称不能与已经存在的数据库重名。

【例 4-1】 创建数据库 jwgl。

SQL 语句为：

```
create database jwgl;
```

数据库创建好之后，可以使用 SHOW CREATE DATABASE 声明查看数据库的定义。

【例 4-2】 查看创建好的数据库 jwgl 的定义。

代码如下：

```
mysql> show create database jwgl \G;
```

执行结果如图 4-2 所示。

```
mysql> show create database jwgl \G;
*************************** 1. row ***************************
       Database: jwgl
Create Database: CREATE DATABASE `jwgl` /*!40100 DEFAULT CHARACTER SET utf8mb4
 COLLATE utf8mb4_0900_ai_ci */ /*!80016 DEFAULT ENCRYPTION='N' */
1 row in set (0.00 sec)
```

图 4-2　查看数据库定义

可以看到，如果数据库创建成功，将显示数据库的创建信息。

4.2　管理数据库

当数据库创建好后，用户可以在数据库中进行各种操作和管理，其中包括查看数据库、选择数据库、修改数据库、删除数据库等操作。

4.2.1　查看数据库

实际应用中，在创建数据库前，最好先查看一下数据库管理系统中是否存在同名数据库。执行以下命令，可以查看数据库管理系统中所有的数据库。

```
SHOW DATABASES;
```

【例 4-3】 查看当前 MySQL 中的所有数据库。

代码如下：

```
mysql> show databases;
```

按回车键，执行结果如图 4-3 所示。

可以看到，数据库列表中包含了刚刚创建的数据库 jwgl 和其他已经存在的数据库的名称。

4.2.2　选择数据库

数据管理系统一般会存在多个数据库，因此，在操作数据库对象前要先选择一个数据库。

选择数据库的语法格式如下：

```
USE database_name;
```

其中，database_name 表示要选择的数据库名称。

【例 4-4】 选择 jwgl 数据库作为当前数据库。

代码如下：

```
mysql> use jwgl;
```

执行结果如图 4-4 所示。

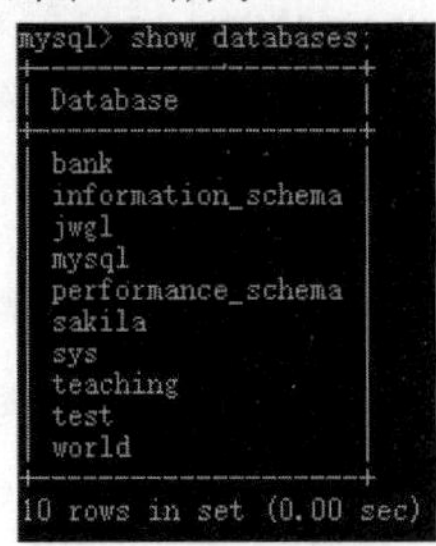

图 4-3　查看数据库

```
mysql> use jwgl;
Database changed
```

图 4-4　选择数据库

其中，Database changed 表示选择数据库成功。

4.2.3　修改数据库

在 MySQL 中，可以使用 ALTER DATABASE 语句或 ALTER SCHEMA 语句来修改已经被创建或者存在的数据库的相关参数，修改数据库的语法格式为：

```
ALTER DATABASE [数据库名] { [ DEFAULT ] CHARACTER SET <字符集名> |
[ DEFAULT ] COLLATE <校对规则名>}
```

语法说明如下：

- ALTER DATABASE 用于更改数据库的全局特性。这些特性存储在数据库目录的 db.opt 文件中。
- 使用 ALTER DATABASE 需要获得数据库 ALTER 权限。
- 数据库名称可以忽略，此时语句对应于默认数据库。
- CHARACTER SET 子句用于更改默认的数据库字符集。

【例 4-5】 将数据库 jwgl 的指定字符集修改为 gb2312，默认校对规则修改为 gb2312_chinese_ci。

代码如下：

```
mysql> ALTER DATABASE jwgl
    -> DEFAULT CHARACTER SET gb2312
    -> DEFAULT COLLATE gb2312_chinese_ci;
```

执行结果如图 4-5 所示。

```
mysql> ALTER DATABASE jwgl
    -> DEFAULT CHARACTER SET gb2312
    -> DEFAULT COLLATE gb2312_chinese_ci;
Query OK, 1 row affected (0.02 sec)

mysql> show create database jwgl;
+----------+------------------------------------------------------------------+
| Database | Create Database
+----------+------------------------------------------------------------------+
| jwgl     | CREATE DATABASE `jwgl` /*!40100 DEFAULT CHARACTER SET gb2312 */
+----------+------------------------------------------------------------------+
1 row in set (0.01 sec)
```

图 4-5 修改数据库

4.2.4 删除数据库

删除数据库是将已经存在的数据库从磁盘空间中清除，清除之后，数据库中的所有数据也将一同被删除。删除数据库语句和创建数据库的语句相似，MySQL 中删除数据库的基本语法格式为：

```
DROP DATABASE database_name;
```

其中，database_name 为要删除的数据库的名称，如果指定的数据库不存在，则会删除出错。

【例 4-6】 删除数据库 jwgl。

SQL 语句为：

```
drop database jwgl;
```

语句执行完毕之后，数据库 jwgl 将被删除，再次使用 SHOW CREATE DATABASE 命令查看数据库的定义，执行结果如图 4-6 所示。

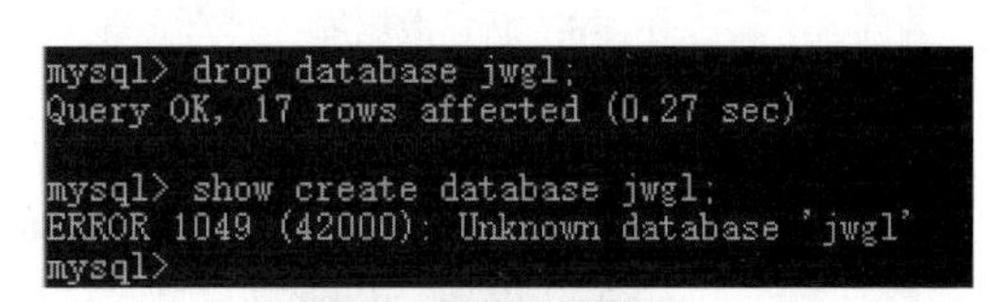

图 4-6 删除数据库

执行结果给出一条错误信息：“ERROR 1049 <42000>: Unknown database 'jwgl'”，即数据库 jwgl 已不存在，删除成功。

提示：使用 DROP DATABASE 命令时要非常谨慎，在执行该命令时，MySQL 不会给出任何提醒确认信息，DROP DATABASE 声明删除数据库后，数据库中存储的所有数据表和数据也将一同被删除，如果没有对数据库进行备份，这些数据将不能恢复。

4.3 利用 MySQL Workbench 管理数据库

使用命令行窗口创建数据库虽然灵活，但是需要记住 SQL 语句，这对于初学者来说比较困难。实际应用中，用户一般会用图形化工具来创建数据库。

打开 MySQL Workbench 软件的本地实例，在导航窗格中 SCHEMAS 选项卡下列出了当前数据库服务器中已经创建的数据库列表，如图 4-7 所示。

图 4-7　MySQL Workbench 界面

在 MySQL 中，SCHEMAS 相当于 DATABASES 的列表。在 SCHEMAS 列表的空白处右击，选择“Refresh All”选项即可刷新当前数据库列表。

4.3.1　利用 MySQL Workbench 创建数据库

【例 4-7】 利用 MySQL Workbench 创建数据库 jwgl。

步骤如下。

（1）打开 MySQL Workbench 软件，连接 MySQL；

（2）在 SCHEMAS 列表的空白处右击，选择“Create Schema…”选项，即可创建一个数据库，如图 4-8 所示。

（3）在创建数据库的 Name 框中输入数据库的名称，在 Charset/Collation 下拉列表中选择数据库指定的字符集及校对规则，如图 4-9 所示。单击“Apply”按钮，打开如图 4-10 所示界面。

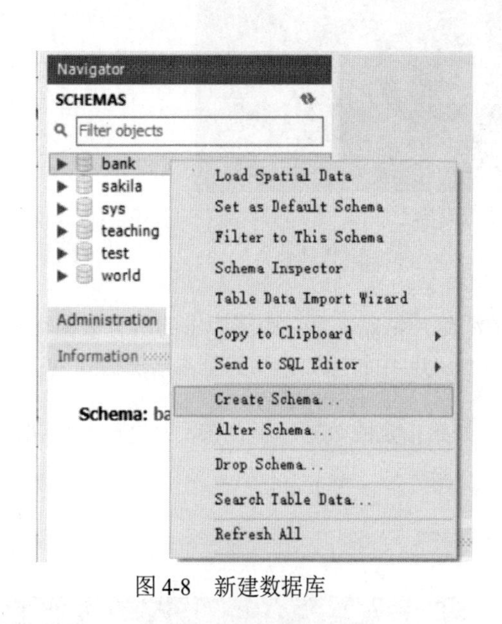

图 4-8　新建数据库

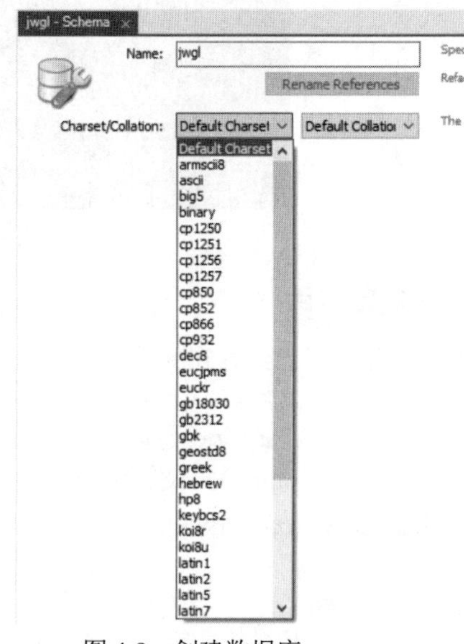

图 4-9　创建数据库

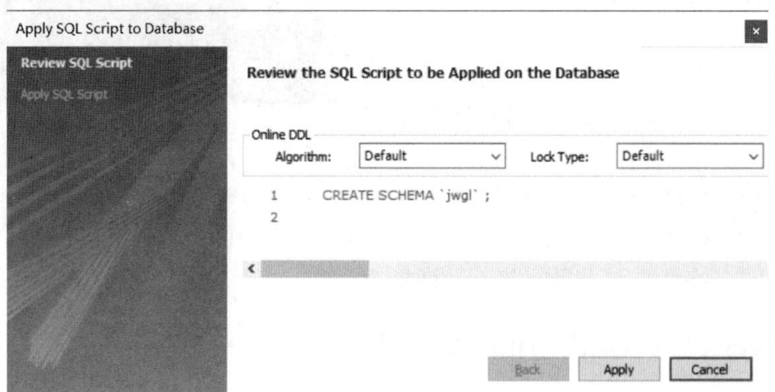

图 4-10　应用 SQL 脚本

（4）单击“Apply”按钮，在后续窗口中单击“Finish”按钮，即完成数据库的创建。

4.3.2　利用 MySQL Workbench 删除数据库

【例 4-8】 利用 MySQL Workbench 删除数据库 jwgl。

步骤如下。

（1）SCHEMAS 列表中删除数据库，在需要删除的数据库上右击，选择“Drop Schema…”选项，如图 4-11 所示。

（2）在弹出的对话框中选择“Drop Now”选项，即可直接删除数据库，如图 4-12 所示。

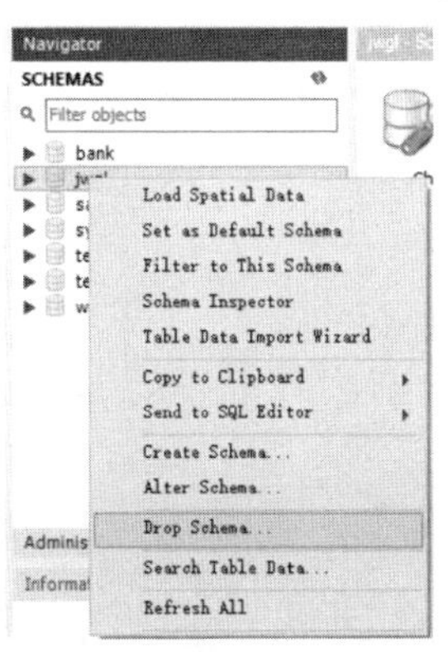

图 4-11　删除数据库

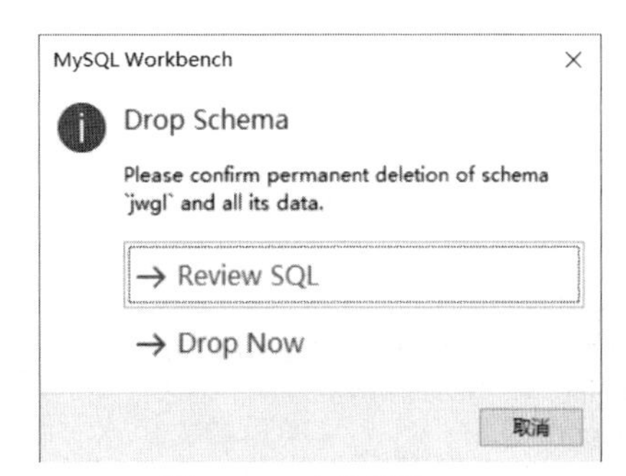

图 4-12　确认删除

4.3.3　利用 MySQL Workbench 管理数据库

1．修改数据库

成功创建数据库后，可以修改数据库的字符集及校对规则，在需要修改字符集的数据库上右击，选择“Alter Schema…”选项，如图 4-13 所示，即可打开要修改的数据库窗口，并选择要修改的字符集及校对规则，单击“Apply”按钮，在后续出现的窗口中依次单击“Apply”按钮和“Finish”按钮，即可完成数据库字符集及校对规则的修改。

2．设置默认数据库

在 SCHEMAS 列表中可以选择默认的数据库，在需要指定默认的数据库上右击，选择“Set as Default Schema”选项，如图 4-14 所示，即可将该数据库设置成默认数据库。

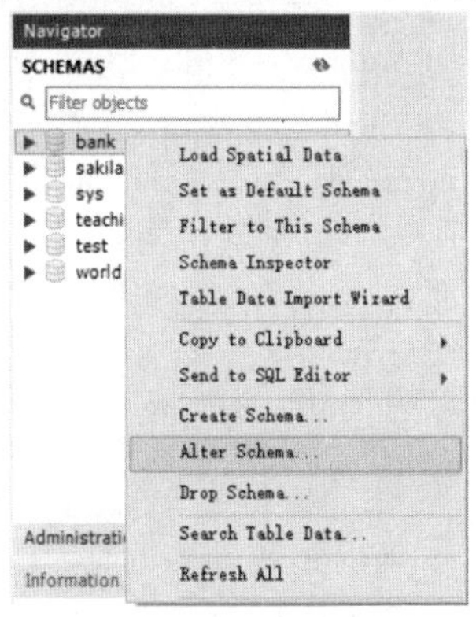

图 4-13　修改数据库

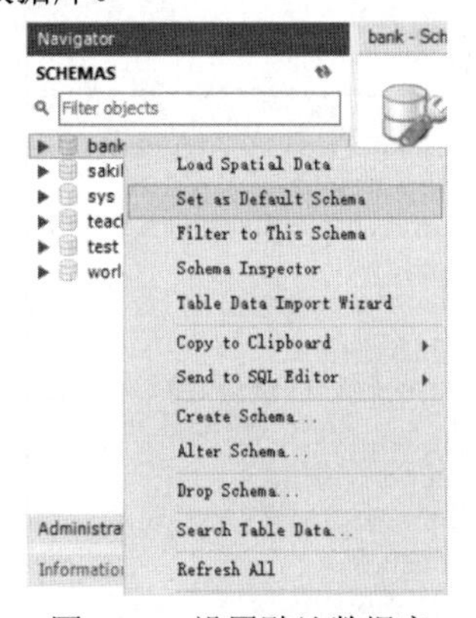

图 4-14　设置默认数据库

数据库 bank 被设置为默认数据库之后，SCHEMAS 列表中的“bank”字体会被加粗显示，如图 4-15 所示。

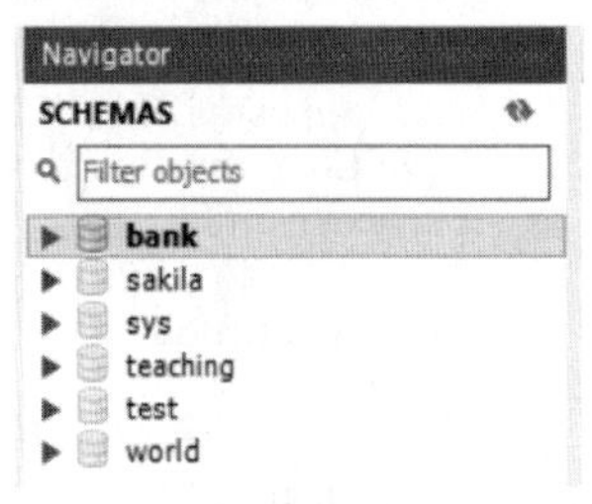

图 4-15　默认数据库设置成功

4.4　MySQL 存储引擎

数据库存储引擎是数据库底层软件组件，数据库管理系统使用数据引擎进行创建、查询、更新和删除数据操作。不同的存储引擎提供不同的存储机制、索引技巧、锁定水平等功能，使用不同的存储引擎，还可以获得特定的功能。现在许多不同的数据库管理系统都支持多种不同的数据引擎。MySQL 的核心就是存储引擎。

4.4.1 查看存储引擎

MySQL 8.0 版本支持的存储引擎有 InnoDB、MyISAM、Memory、Merge、Archive、Federated、CSV、BLACKHOLE 等。它可以使用 SHOW ENGINES 语句查看系统所支持的引擎类型，结果如下。

```
mysql> show engines \G;
*************************** 1. row ***************************
      Engine: MEMORY
     Support: YES
     Comment: Hash based, stored in memory, useful for temporary tables
Transactions: NO
          XA: NO
  Savepoints: NO
*************************** 2. row ***************************
      Engine: MRG_MYISAM
     Support: YES
     Comment: Collection of identical MyISAM tables
Transactions: NO
          XA: NO
  Savepoints: NO
*************************** 3. row ***************************
      Engine: CSV
     Support: YES
     Comment: CSV storage engine
Transactions: NO
          XA: NO
  Savepoints: NO
*************************** 4. row ***************************
      Engine: FEDERATED
     Support: NO
     Comment: Federated MySQL storage engine
Transactions: NULL
          XA: NULL
  Savepoints: NULL
*************************** 5. row ***************************
      Engine: PERFORMANCE_SCHEMA
     Support: YES
     Comment: Performance Schema
Transactions: NO
          XA: NO
  Savepoints: NO
*************************** 6. row ***************************
      Engine: MyISAM
     Support: YES
     Comment: MyISAM storage engine
Transactions: NO
          XA: NO
  Savepoints: NO
*************************** 7. row ***************************
      Engine: InnoDB
     Support: DEFAULT
     Comment: Supports transactions, row-level locking, and foreign keys
Transactions: YES
          XA: YES
  Savepoints: YES
*************************** 8. row ***************************
      Engine: BLACKHOLE
     Support: YES
     Comment: /dev/null storage engine (anything you write to it disappears)
```

```
Transactions: NO
          XA: NO
  Savepoints: NO
*************************** 9. row ***************************
      Engine: ARCHIVE
      Support: YES
      Comment: Archive storage engine
Transactions: NO
          XA: NO
  Savepoints: NO
9 rows in set (0.00 sec)
```

其中，Support 列的值表示某种引擎是否能使用：YES 表示可以使用，NO 表示不能使用，DEFAULT 表示该引擎为当前默认存储引擎。

4.4.2 常用存储引擎介绍

1. InnoDB 存储引擎

InnoDB 是事务型数据库的首选引擎，支持事务安全表（ACID），支持行锁定和外键。MySQL 5.5.5 版本后，InnoDB 作为默认存储引擎，其主要特性如下。

（1）InnoDB 给 MySQL 提供了具有提交、回滚和崩溃恢复能力的事务安全（ACID 兼容）存储引擎。InnoDB 锁定在行级并且也在 SELECT 语句中提供一个类似 Oracle 的非锁定读。这些功能增加了多用户部署和性能。在 SQL 查询中，可以自由地将 InnoDB 类型的表与其他 MySQL 的表的类型混合起来，甚至在同一个查询中也可以混合。

（2）InnoDB 是为处理巨大数据量时的最大性能设计。它的 CPU 效率可能是其他基于磁盘的关系数据库引擎所不能匹敌的。

（3）InnoDB 存储引擎被完全与 MySQL 服务器整合，它为在主内存中缓存数据和索引而维持自己的缓冲池。InnoDB 的表和索引在一个逻辑表空间中，表空间可以包含数个文件（或原始磁盘分区）。这与 MyISAM 表不同，如在 MyISAM 表中每个表被存在于分离的文件中。InnoDB 表可以是任何尺寸的，即使在文件尺寸被限制为 2GB 的操作系统上。

（4）InnoDB 支持外键完整性约束（FOREIGN KEY）。

存储表中的数据时，每张表的存储都按主键顺序存放，如果没有显式的在表定义时指定主键，InnoDB 就会为每一行生成一个 6 字节的 ROWID，并以此作为主键。

（5）InnoDB 被用于在众多需要高性能的大型数据库站点上。

InnoDB 不创建目录，使用 InnoDB 时，MySQL 将在 MySQL 数据目录下创建一个名为 ibdata1 的 10MB 大小的自动扩展数据文件，以及两个名为 ib_logfile0 和 ib_logfile1 的 5MB 大小的日志文件。

2. MyISAM 存储引擎

MyISAM 基于 ISAM 存储引擎，并对其进行扩展。它是在 Web、数据仓储和其他应用环境下最常使用的存储引擎之一。MyISAM 拥有较高的插入、查询速度，但不支持事务。在 MySQL5.5.5 之前的版本中，MyISAM 是默认存储引擎的。MyISAM 主要特性如下。

（1）大文件（达 63 位文件长度）在支持大文件的文件系统和操作系统上被支持。

（2）当把删除和更新及插入混合时，动态尺寸的行的碎片会更少。这要通过合并相邻被删除的块，以及若下一个块被删除就扩展到下一块来自动完成的。

（3）每个 MyISAM 表最大索引数是 64，这可以通过重新编译来改变。每个索引最大的列数是 16 个。

（4）最大的键长度是 1000 字节，这也可以通过编译来改变。对于键长度超过 250 字节的情况，可使用一个超过 1024 字节的键块。

（5）BLOB 列和 TEXT 列可以被索引。

（6）NULL 值被允许在索引的列中。这个占每个键的 0～1 字节。

（7）所有数字键值以高字节位先被存储，以允许一个更高地索引压缩。

（8）每个表有一个 AUTO_INCREMEN 列的内部处理。MyISAM 为 INSERT 操作和 UPDATE 操作自动更新，这使 AUTO_INCREMENT 列变得更快（至少 10%），但在序列中的值被删除后就不能再利用了。

（9）可以把数据文件和索引文件放在不同目录中。

（10）每个字符列可以有不同的字符集。

（11）VARCHAR 的表可以有固定或动态的记录长度。

（12）VARCHAR 列和 CHAR 列可以多达 64KB。

使用 MyISAM 引擎创建数据库，将生产 3 个文件。文件的名字以表的名字开始，扩展名可指出文件类型：frm 文件存储表定义，数据文件的扩展名为.MYD（MYData），索引文件的扩展名是.MYI（MYIndex）。

3. MEMORY 存储引擎

MEMORY 存储引擎将表中的数据存储在内存中，并为查询和引用其他表数据提供快速访问。MEMORY 主要特性如下。

（1）MEMORY 每个表可有 32 个索引，每个索引有 16 列，以及 500 字节的最大键长度。

（2）MEMORY 存储引擎执行 HASH 索引和 BTREE 索引。

（3）MEMORY 表中可以有非唯一键。

（4）MEMORY 表使用一个固定的记录长度格式。

（5）MEMORY 不支持 BLOB 列或 TEXT 列。

（6）MEMORY 支持 AUTO_INCREMENT 列和对可包含 NULL 值的列进行索引。

（7）MEMORY 表在所有客户端之间共享（就像其他任何非 TEMPORARY 表）。

（8）MEMORY 表内容被存在内存中，内存是 MEMORY 表和服务器在查询处理时的空闲中创建内部表共享的。

（9）当不再需要 MEMORY 表的内容时，要释放被 MEMORY 表使用的内存，应该执行 DELETE FROM 或 TRUNCATE TABLE，或者整个删除表（使用 DROP TABLE）。

4.4.3 如何选择存储引擎

不同的存储引擎都有各自的特点，以适应于不同的需求，为了做出选择，首先需要了解存储引擎都提供了哪些不同的功能，如表 4-1 所示。

表 4-1 存储引擎比较

功　能	MyISAM	MEMORY	InnoDB	Archive
存储限制	256TB	RAM	64TB	None
支持事务	No	No	Yes	No
支持全文索引	Yes	No	No	No
支持数索引	Yes	Yes	Yes	No
支持哈希索引	No	Yes	No	No
支持数据缓存	No	N/A	Yes	No
支持外键	No	No	Yes	No

如果要提供提交、回滚和崩溃恢复能力的事务安全（ACID 兼容）能力，并要求实现并发控制，InnoDB 是个很好的选择。如果数据表主要用来插入和查询记录，则 MyISAM 引擎能提供较高的处理效率。如果只是临时存放数据，数据量不大，并且不需要较高的数据安全性，可以选择将数据保存在内存的 MEMORY 引擎中，MySQL 使用该引擎作为临时表存放查询的中间结果。如果只有 INSERT 操作和 SELECT 操作，则可以选择 Archive 引擎，Archive 存储引擎支持高并发的插入操作，但是本身并不是事务安全的。Archive 存储引擎非常适合存储归档数据，如记录日志信息。

具体使用哪一种引擎应根据需要灵活使用，一个数据库中多个表可以使用不同引擎以满足各种性能和实际需求，使用合适的存储引擎，将会提升整个数据库的性能。

4.5 小结

本章主要讲解如何使用命令行窗口和图形化工具，创建、查看、选择和删除数据库，以及存储引擎的使用。在学完本章内容后，读者应重点掌握以下知识：

数据库可以看作是存储数据库对象的容器，数据库对象包括表、索引、视图、默认值、规则、触发器、存储过程、函数等；

掌握使用命令行窗口和图形化工具创建、查看、选择和删除数据库方法；

数据库名一般由字母和下画线组成，不允许有空格，可以是英文单词、英文短语或其相应的缩写；

删除数据库后，数据库容器里的数据库对象也会被全部删除，所以在执行删除数据库操作时一定要特别小心；

掌握 MySQL 存储引擎的查看、选择和使用方法。

实训 4

1. 实训目的

熟练掌握使用 SQL 语言和 MySQL Workbench 语言两种方法创建、修改和删除数据库。学习在 MySQL Workbench 中进行数据库的转储和导入。掌握管理数据库的有关系统存储过程。

2. 实训准备

复习 4.2～4.4 节的内容。

（1）熟悉数据库创建修改和删除命令的基本语法格式。

（2）能利用 MySQL Workbench 对数据库进行创建和管理。

3. 实训内容及步骤

1）MySQL Workbench 创建和管理数据库

利用创建、修改、设置默认数据库和删除数据库。

（1）利用 MySQL Workbench 创建数据库 jwgl。

步骤如下。

① 打开 MySQL Workbench 软件，连接 MySQL。

② 在 SCHEMAS 列表的空白处右击，选择“Create Schema...”选项，则可创建一个数据库，如图 4-16 所示。

③ 在创建数据库的 Name 框中输入数据库的名称，在 Charset/Collation 下拉列表中选择数据库指定的字符集及校对规则，如图 4-17 所示。单击“Apply”按钮，在后续窗口中依次单击“Apply”按钮，以及单击“Finish”按钮，即完成数据库的创建。

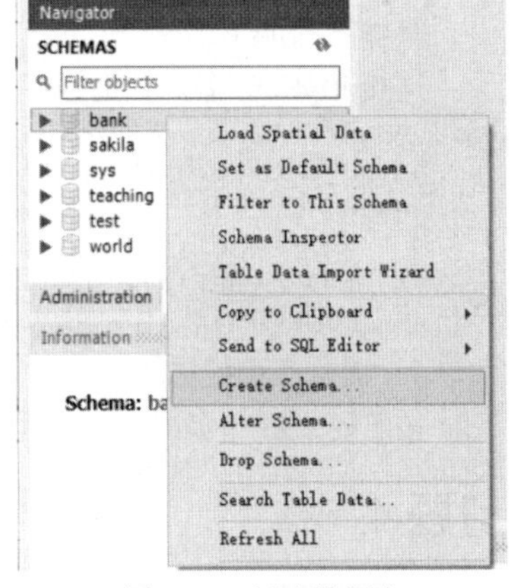

图 4-16 新建数据库

（2）利用 MySQL Workbench 删除数据库 jwgl。

步骤如下。

① SCHEMAS 列表中删除数据库，在需要删除的数据库上右击，选择“Drop Schema...”选项，如图 4-18 所示。

② 在弹出的对话框中选择“Drop Now”选项，即可直接删除数据库。

（3）修改数据库 jwgl 的字符集。

成功创建数据库后，可以修改数据库的字符集，在需要修改字符集的数据库上右击，选择“Alter Schema...”选项，即可修改数据库指定的数据库，如图 4-19 所示。

（4）设置数据库 jwgl 为默认数据库。

在 SCHEMAS 列表中可以选择默认的数据库，在需要指定默认的数据库上右击，选择“Set as Default

Schema”选项，如图 4-20 所示。

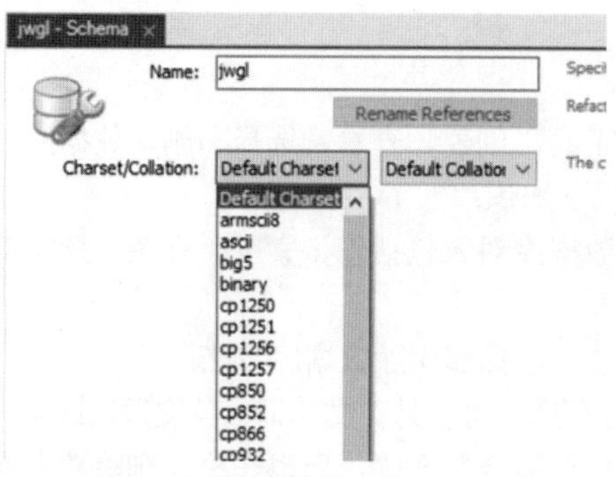

图 4-17　输入数据库名

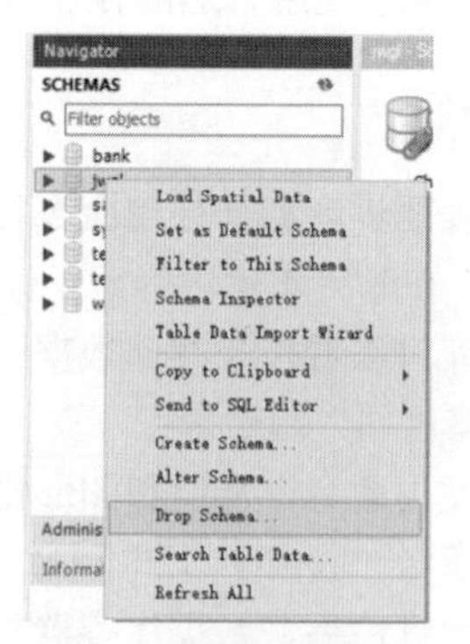

图 4-18　删除数据库

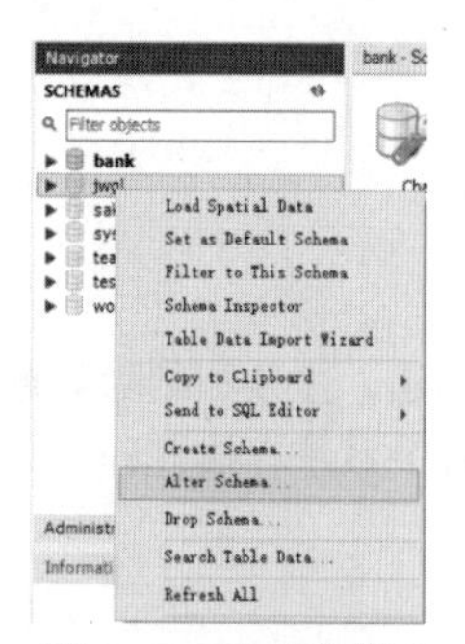

图 4-19　修改数据库

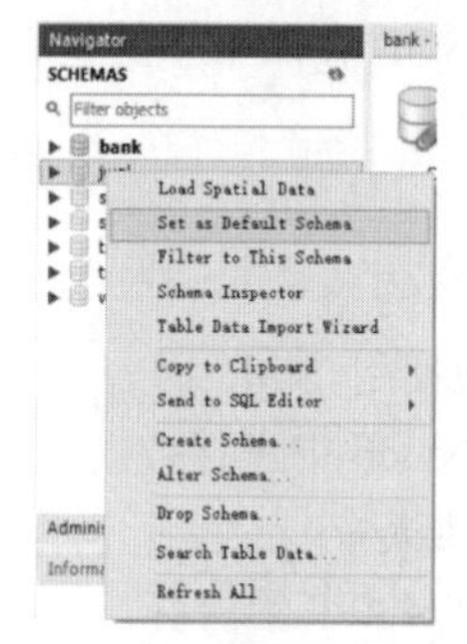

图 4-20　设置默认数据库

2）利用 SQL 语言创建满足以下要求的数据库

（1）数据库名称为 jwgl，字符集选择 utf8，排序规则选择 utf8_general_ci；

（2）查看数据库；

（3）将数据库 jwgl 的指定字符集修改为 gb2312；

（4）删除数据库 jwgl。

具体步骤如下。

连接 MySQL 后，在命令提示窗口中输入以下命令：

```
mysql> CREATE DATABASE jwgl DEFAULT CHARACTER SET utf8 COLLATE utf8_general_ci;
mysql> SHOW CREATE DATABASES;
mysql> ALTER DATABASE jwgl
    -> DEFAULT CHARACTER SET gb2312
    -> DEFAULT COLLATE gb2312_chinese_ci;
mysql> DROP DATABASES jwgl;
```

4．提交实训报告

按照要求提交实训报告作业。

习题 4

填空题

1．数据库可以看作是________的容器，在 MySQL 数据库管理系统中，数据库可以分为________和________两大类。

2．创建数据库的命令是________。

3．查看数据库的命令是________。

4．选择数据库的命令是________。

5．删除数据库的命令是________。

6．数据库默认查询引擎的命令是________。

第5章　MySQL 数据库表

学习目标：

- 掌握数据表的创建。
- 掌握数据表约束的设置。
- 掌握查看数据表基本结构和建表语句的方法。
- 掌握修改数据表名及其结构的方法。
- 掌握删除数据表的方法。

5.1　MySQL 数据库表的管理

数据表是数据库中最重要和最基本的操作对象。数据表在表现形式上是由若干个行和列组成的，每一行代表表中唯一的一条记录，每一列代表表中的一个字段，下面将详细讲解创建数据表、查看数据表、修改数据表和删除数据表的相关知识。

5.1.1　MySQL 数据类型

数据库中的每列都应该有适当的数据类型，用于限制或允许该列中存储的数据，如列中存储的是数字，则相应的数据类型就是数值类型。

使用数据类型有助于对数据进行正确排序，并在优化磁盘使用方面起着重要的作用。因此，在创建表时必须为每个列设置正确的数据类型及可能的长度。MySQL 中常见的数据类型有以下五种。

1．整数类型

整数类型（数值型数据类型）主要用来存储数字。MySQL 提供了多种数值型数据类型，不同的数据类型提供了不同的取值范围，可以存储的值范围越大，所需的存储空间就会越大。MySQL 主要提供的整数类型有 TINYINT、SMALLINT、MEDIUMINT、INT、BIGINT，其属性字段可以添加 AUTO_INCREMENT 自增约束条件，如表 5-1 所示。

表 5-1　整数类型数据的存储需求

类型名称	说　明	存储需求
TINYINT	-128～127	1 字节
SMALLINT	-32768～32767	2 字节
MEDIUMINT	-8388608～8388607	3 字节
INT（INTEGER）	-2147483648～2147483647	4 字节
BIGINT	-9223372036854775808～9223372036854775807	8 字节

2．小数类型

MySQL中使用浮点数和定点数来表示小数，其中浮点数类型有两种，分别是单精度浮点数（FLOAT）和双精度浮点数（DOUBLE）；定点数类型只有一种，就是 DECIMAL。浮点数类型和定点数类型都可以用（M,D）来表示，其中 M 为精度，表示总共的位数；D 为标度，表示小数的位数。浮点数类型的取值范围为 M（1～255）和 D（1～30，且不能大于 M-2），分别表示显示宽度和小数位数。M 和 D 在 FLOAT 和 DOUBLE 中是可选的，FLOAT 和 DOUBLE 类型将被保存为硬件所支持的最大精度。DECIMAL 默认 D 值为 0、M 值为 10，　MySQL 中的小数类型的存储需求如表 5-2 所示。

表 5-2　小数类型数据的存储需求

类型名称	说　明	存储需求
FLOAT	单精度浮点数	4 字节
DOUBLE	双精度浮点数	8 字节
DECIMAL（M,D），DEC	压缩的“严格”定点数	M+2 字节

3. 日期/时间类型

MySQL表示日期的数据类型：YEAR、TIME、DATE、DTAETIME、TIMESTAMP。当只记录年信息时，可以使用 YEAR 类型。MySQL 中的日期与时间类型的数据存储需求如表 5-3 所示。

表 5-3　日期与时间类型的数据存储需求

类型名称	日期格式	日期范围	存储需求
YEAR	YYYY	1901～2155	1 字节
TIME	HH:MM:SS	-838:59:59～838:59:59	3 字节
DATE	YYYY-MM-DD	1000-01-01～9999-12-3	3 字节
DATETIME	YYYY-MM-DD HH:MM:SS	1000-01-01 00:00:00～9999-12-31 23:59:59	8 字节
TIMESTAMP	YYYY-MM-DD HH:MM:SS	1980-01-01 00:00:01 UTC～2040-01-19 03:14:07 UTC	4 字节

4. 字符串类型

字符串类型可用来存储字符串数据，还可以存储图片和声音的二进制数据。字符串可以区分或者不区分大小写的字符串比较，还可以进行正则表达式的匹配查找。MySQL中的字符串类型有 CHAR、VARCHAR、TINYTEXT、TEXT、MEDIUMTEXT、LONGTEXT、ENUM、SET 等。MySQL 中的字符串类型数据的数据存储需求，如表 5-4 所示，括号中的 M 表示可以为其指定长度。

表 5-4　字符串类型的数据存储需求

类型名称	说　明	存储需求
CHAR(M)	固定长度非二进制字符串	M 字节，1<=M<=255
VARCHAR(M)	变长非二进制字符串	L+1 字节，在此，L<=M 和 1<=M<=255
TINYTEXT	非常小的非二进制字符串	L+1 字节，在此 $L<2^{8}$
TEXT	小的非二进制字符串	L+2 字节，在此 $L<2^{16}$
MEDIUMTEXT	中等大小的非二进制字符串	L+3 字节，在此 $L<2^{24}$
LONGTEXT	大的非二进制字符串	L+4 字节，在此 $L<2^{32}$
ENUM	枚举类型，只能有一个枚举字符串值	1 或 2 字节，取决于枚举值的数目（最大值为 65535）
SET	一个设置，字符串对象可以有零个或多个 SET 成员	1、2、3、4 或 8 字节，取决于集合成员的数量（最多为 64 个成员）

5. 二进制类型

MySQL 支持两类字符型数据：文本字符串和二进制字符串，其中二进制字符串类型有时也被称为“二进制类型”。MySQL 中的二进制字符串有 BIT、BINARY、VARBINARY、TINYBLOB、BLOB、MEDIUMBLOB 和 LONGBLOB。MySQL 中的二进制数据类型的数据存储需求如表 5-5 所示，括号中的 M 表示可以为其指定长度。

表 5-5　二进制类型的数据存储需求

类型名称	说明	存储需求
BIT(M)	位字段类型	约（M+7）/8 字节
BINARY(M)	固定长度二进制字符串	M 字节
VARBINARY(M)	可变长度二进制字符串	M+1 字节
TINYBLOB(M)	非常小的 BLOB	L+1 字节，在此 L<28
BLOB(M)	小 BLOB	L+2 字节，在此 L<216
MEDIUMBLOB(M)	中等大小的 BLOB	L+3 字节，在此 L<224
LONGBLOB(M)	非常大的 BLOB	L+4 字节，在此 L<232

5.1.2　创建数据库表

在创建数据库之后，接下来就要在数据库中创建数据表。创建数据表是指在已经创建的数据库中建立新表。

创建数据表的过程就是规定数据列属性的过程，同时也是实施数据完整性（包括实体完整性、引用完整性和域完整性）约束的过程。

创建表的基本语法格式为：

```
CREATE  TABLE <table_name>(
<col_name1> < data_type> [Constraints] [,
<col_name2> < data_type> [Constraints],
…
<col_namen> < data_type> [Constraints]]
[,表级完整性约束定义]
)
```

参数说明：上述语句中，CREATE 为创建数据表的关键字，table_name 表示数据表的名称，表的结构在小括号中定义，col_name 表示字段名，data_type 表示数据类型，Constraints 表示约束条件，各字段之间用逗号分隔，语句的最后以分号结束。

数据表命名应遵守以下原则：

- 长度最好不超过 30 个字符；
- 多个单词之间使用下画线分隔，不允许有空格；
- 不允许将 MySQL 作为关键字；
- 不允许与同一数据库中的其他数据表同名。

注意：数据表属于数据库，在创建数据表之前，应使用语句“USE<数据库>”指定在哪个数据库中进行操作，如果没有选择数据库，就会抛出“No database selected”的错误。

【例 5-1】在 jwgl 数据库下创建部门代码表 bmdmb、班级代码表 bjdmb 和学生基本信息表 xsjbxxb，各表结构分别如表 5-6、表 5-7 和表 5-8 所示。

表 5-6　bmdmb 表结构

字段名	数据类型	非空	主键	注释
bmh	varchar(10)	NO	主键	部门编号
bmmc	varchar(50)	NO		部门名称

表 5-7　bjdmb 表结构

字段名	数据类型	非空	主键	注释
bjbh	varchar(10)	NO	主键	班级编号
bmh	varchar(10)	NO	外键	部门编号
bjzwmc	char(50)	YES		班级名称

表 5-8　xsjbxxb 表结构

字段名	数据类型	非空	主键	默认值	注释
xh	varchar(20)	NO	主键	NULL	学号
xm	varchar(50)	YES		NULL	姓名
xb	char(2)	YES		NULL	性别
csrq	date	YES		NULL	出生日期
bjbh	varchar(20)	YES	外键	NULL	班级编号
zzmm	varchar(12)	YES		NULL	政治面貌
mz	varchar(15)	YES		NULL	民族
jg	varchar(20)	YES		NULL	籍贯
xy	varchar(10)	YES	外键	NULL	学院
zymc	varchar(30)	YES		NULL	专业名称
nj	char(8)	YES		NULL	年级
age	int(2)	YES		18	年龄
jl	Varchar(50)	YES		NULL	简历

步骤如下。

（1）如果没有创建 jwgl 数据库，执行以下语句创建数据库。

```
CREATE    DATABASE   jwgl;
```

（2）执行以下语句，选择 jwgl 数据库。

```
USE jwgl;
```

（3）执行以下语句创建数据表 bmdmb、bjdmb 和 xsjbxxb。

创建 bmdmb 表的 SQL 语句为：

```
CREATE TABLE bmdmb
 (
     bmh varchar(10) NOT NULL PRIMARY KEY comment '部门号',
     bmmc varchar(50) UNIQUE NOT NULL comment '部门名称'
 )engine = innodb;
```

创建 bjdmb 表的 SQL 语句为：

```
CREATE TABLE bjdmb
(
 bjbh varchar(20) NOT NULL PRIMARY KEY comment '班级编号',
 bmh varchar(10) NOT NULL comment '部门编号',
 bjzwmc char(50) comment '班级名称',
FOREIGN KEY(bmh) references bmdmb(bmh)
)engine = innodb;
```

创建 xsjbxxb 表的 SQL 语句为：

```
CREATE TABLE xsjbxxb
(
   xh varchar(20) NOT NULL PRIMARY KEY comment '学号',
   xm varchar(50) comment '姓名',
   xb char(2) comment '性别',
   csrq date comment '出生日期',
   bjbh varchar(20) comment '班级编号',
   zzmm varchar(12) comment '政治面貌',
   mz varchar(15) comment '民族',
   jg varchar(20) comment '籍贯',
   xy varchar(10) comment '学院',
   zymc varchar(30) comment '专业名称',
```

```
    nj char(8) comment '年级',
    age INT(2) DEFAULT 18,
    jl varchar(50) comment '简历',
    FOREIGN KEY(xy) references bmdmb(bmh) ,
    FOREIGN KEY(bjbh) references bjdmb(bjbh)
)engine = innodb;
```

（4）创建成功之后，执行 SQL 语句 show tables;可以查看当前数据库中的所有表，执行结果如图 5-1 所示。

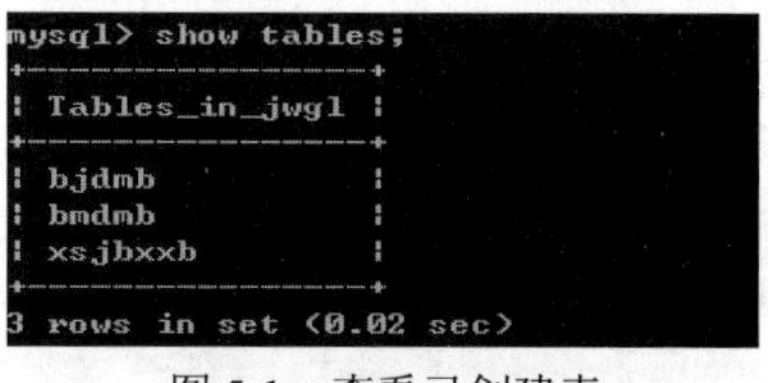

图 5-1　查看已创建表

创建（复制）数据库表也可以使用下面语句实现，语法格式为：

```
CREATE TABLE table_name1    like table_name2|SELECT 语句;
```

其中，table_name1 是要创建的表名字，table_name2 是已存在的表（如果表不存在，则出错）。like 表示只复制表的结构，SELECT 语句表示将查询结果添加到要创建的表（该表结构与查询输出列表应保持一致）中，即将结构和数据一起复制。

例如，创建表 stu，要求其结果和表 xsjbxxb 一样，可以使用下面语句来实现：

```
create table stu like xsjbxxb;
```

例如，创建表 stu1，要求其结果和数据均和表 xsjbxxb 一样，即表的备份。

SQL 语句为：

```
create table stu1 select * from xsjbxxb;
```

5.1.3　查看表

数据表创建完成后，可以通过查看表结构或者建表语句，来确认表的定义是否正确。

1．查看表结构

查看表结构的关键字为 DESCRIBE，语法形式如下：

```
DESCRIBE   table_name;
```

其中，table_name 表示数据表的名称。

【例 5-2】 使用“DESCRIBE”命令，查看 xsjbxxb 表结构。

代码如下：

```
mysql> describe xsjbxxb;
```

执行上述命令后，结果如图 5-2 所示。

下面列出查询结果中的参数及其意义。

- Field：表示字段名称。
- Type：表示数据类型。
- Null：表示是否可以存储空值。
- Key：表示是否创建索引，PRI 为主键索引，MUL 为唯一索引。
- Default：表示默认值。
- Extra：表示与字段有关的附加信息。

注意：一般情况下，DESCRIBE 可以简写为 DESC。

2．查看建表语句

使用 SHOW CREATE TABLE 命令可以查看表的建表语句，语法形式如下：

```
SHOW CREATE TABLE table_name;
```

【例 5-3】 使用 SHOW CREATE TABLE 命令，查看 xsjbxxb 表的建表语句。

代码如下：

```
mysql> show create table xsjbxxb;
```

执行结果如图 5-3 所示。

```
mysql> describe xsjbxxb;
+-------+-------------+------+-----+---------+-------+
| Field | Type        | Null | Key | Default | Extra |
+-------+-------------+------+-----+---------+-------+
| xh    | varchar(20) | NO   | PRI | NULL    |       |
| xm    | varchar(50) | YES  |     | NULL    |       |
| xb    | char(2)     | YES  |     | NULL    |       |
| csrq  | date        | YES  |     | NULL    |       |
| bjbh  | varchar(20) | YES  | MUL | NULL    |       |
| zzmm  | varchar(12) | YES  |     | NULL    |       |
| mz    | varchar(15) | YES  |     | NULL    |       |
| jg    | varchar(20) | YES  |     | NULL    |       |
| xy    | varchar(10) | YES  | MUL | NULL    |       |
| zymc  | varchar(30) | YES  |     | NULL    |       |
| nj    | char(8)     | YES  |     | NULL    |       |
| age   | int(2)      | YES  |     | 18      |       |
| jl    | varchar(50) | YES  |     | NULL    |       |
+-------+-------------+------+-----+---------+-------+
13 rows in set (0.08 sec)
```

图 5-2　查看 xsjbxxb 表结构

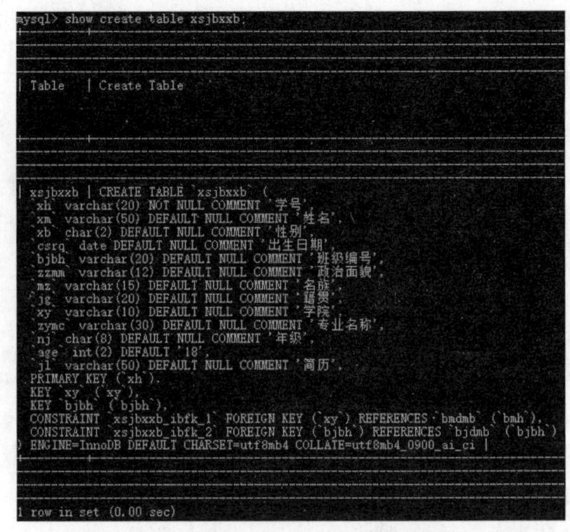

```
mysql> show create table xsjbxxb;
| Table   | Create Table
| xsjbxxb | CREATE TABLE `xsjbxxb` (
  `xh` varchar(20) NOT NULL COMMENT '学号',
  `xm` varchar(50) DEFAULT NULL COMMENT '姓名',
  `xb` char(2) DEFAULT NULL COMMENT '性别',
  `csrq` date DEFAULT NULL COMMENT '出生日期',
  `bjbh` varchar(20) DEFAULT NULL COMMENT '班级编号',
  `zzmm` varchar(12) DEFAULT NULL COMMENT '政治面貌',
  `mz` varchar(15) DEFAULT NULL COMMENT '名族',
  `jg` varchar(20) DEFAULT NULL COMMENT '籍贯',
  `xy` varchar(10) DEFAULT NULL COMMENT '学院',
  `zymc` varchar(30) DEFAULT NULL COMMENT '专业名称',
  `nj` char(8) DEFAULT NULL COMMENT '年级',
  `age` int(2) DEFAULT '18',
  `jl` varchar(50) DEFAULT NULL COMMENT '简历',
  PRIMARY KEY (`xh`),
  KEY `xy` (`xy`),
  KEY `bjbh` (`bjbh`),
  CONSTRAINT `xsjbxxb_ibfk_1` FOREIGN KEY (`xy`) REFERENCES `bmdmb` (`bmh`),
  CONSTRAINT `xsjbxxb_ibfk_2` FOREIGN KEY (`bjbh`) REFERENCES `bjdmb` (`bjbh`)
) ENGINE=InnoDB DEFAULT CHARSET=utf8mb4 COLLATE=utf8mb4_0900_ai_ci |
1 row in set (0.00 sec)
```

图 5-3　查看 xsjbxxb 表的建表语句

5.1.4　修改数据库表

为实现数据库中表规范化设计的目的，有时需要对已经创建的表进行结构修改或者调整。在 MySQL 中可以使用 ALTER TABLE 语句来改变原有表的结构，如增加或删减列、创建或取消索引、更改原有列类型、重新命名列或表等。

修改表是指修改数据库中已经存在的数据表结构。MySQL 使用 ALTER TABLE 命令修改表，常用的操作有修改表名、修改字段数据类型或字段名、增加和删除字段、修改字段的排列位置、更改表的存储引擎、删除表的外键约束等。

常用的语法格式如下：

```
ALTER TABLE <表名> [修改选项]
```

修改选项的语法格式如下：

```
{ ADD COLUMN <列名> <类型>
| CHANGE COLUMN <旧列名> <新列名> <新列类型>
| ALTER COLUMN <列名> { SET DEFAULT <默认值> | DROP DEFAULT }
| MODIFY COLUMN <列名> <类型>
| DROP COLUMN <列名>
| RENAME TO <新表名> }
```

1. 添加字段

随着业务的变化，可能需要在已存在的表中添加新的字段，一个完整的字段包括字段名、数据类型、完整性约束。

添加字段的语法格式如下：

```
ALTER TABLE <表名> ADD <新字段名> <数据类型> [约束条件] [FIRST|AFTER  已存在的字段名];
```

其中，新字段名为需要添加的字段的名称；FIRST 为可选参数，其作用是将新添加的字段设置为表的第一个字段；AFTER 为可选参数，其作用是将新添加的字段添加到指定的已存在字段名的后面。

【例 5-4】 使用 ALTER TABLE 命令修改表 xsjbxxb 的结构，添加一个 int 类型的字段 tel。

代码及执行结果如下：

```
mysql> ALTER TABLE XSJBXXB ADD COLUMN tel int(11);
Query OK, 0 rows affected, 1 warning (0.52 sec)
Records: 0    Duplicates: 0    Warnings: 1
```

使用 describe 命令查看表结构，输入下面命令：

```
mysql> DESC    xsjbxxb;
```

执行上述命令后，结果如图 5-4 所示。

2．修改字段数据类型

修改字段的数据类型就是把字段的数据类型转换成另一种数据类型。

在 MySQL 中修改字段数据类型的语法格式为：

```
ALTER TABLE <表名> MODIFY <字段名> <数据类型>;
```

其中，表名为要修改数据类型的字段所在表的名称，字段名为需要修改的字段，数据类型为修改后字段的新数据类型。

【例 5-5】 使用 ALTER TABLE 命令修改表 xsjbxxb 的结构，将 nj 字段的数据类型由 CHAR(8)修改成 VARCHAR(8)。

代码及执行结果如下：

```
mysql> ALTER TABLE XSJBXXB
-> MODIFY nj varchar(8);
Query OK, 0 rows affected (1.17 sec)
Records: 0    Duplicates: 0    Warnings: 0
```

使用 describe 命令查看表的结构，输入下面命令：

```
mysql> DESC xsjbxxb;
```

执行上述命令后，结果如图 5-5 所示。

mysql> DESC xsjbxxb;

Field	Type	Null	Key	Default	Extra
xh	varchar(20)	NO	PRI	NULL	
xm	varchar(50)	YES		NULL	
xb	char(2)	YES		NULL	
csrq	date	YES		NULL	
bjbh	varchar(20)	YES	MUL	NULL	
zzmm	varchar(12)	YES		NULL	
mz	varchar(15)	YES		NULL	
jg	varchar(20)	YES		NULL	
xy	varchar(10)	YES	MUL	NULL	
zymc	varchar(30)	YES		NULL	
nj	char(8)	YES		NULL	
age	int(2)	YES		18	
jl	varchar(50)	YES		NULL	
tel	int(11)	YES		NULL	

14 rows in set (0.00 sec)

图 5-4 添加字段

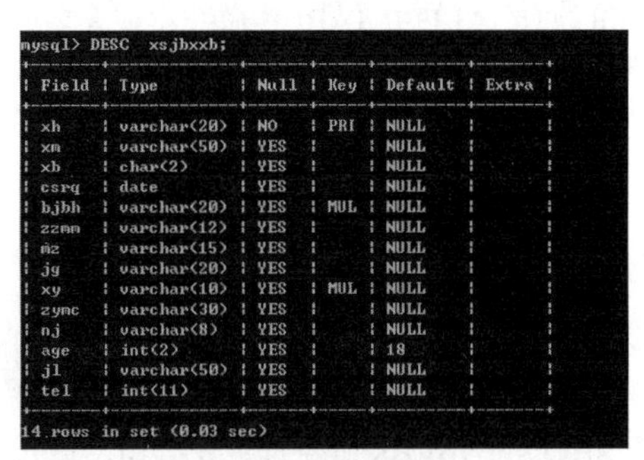

mysql> DESC xsjbxxb;

Field	Type	Null	Key	Default	Extra
xh	varchar(20)	NO	PRI	NULL	
xm	varchar(50)	YES		NULL	
xb	char(2)	YES		NULL	
csrq	date	YES		NULL	
bjbh	varchar(20)	YES	MUL	NULL	
zzmm	varchar(12)	YES		NULL	
mz	varchar(15)	YES		NULL	
jg	varchar(20)	YES		NULL	
xy	varchar(10)	YES	MUL	NULL	
zymc	varchar(30)	YES		NULL	
nj	varchar(8)	YES		NULL	
age	int(2)	YES		18	
jl	varchar(50)	YES		NULL	
tel	int(11)	YES		NULL	

14 rows in set (0.03 sec)

图 5-5 修改字段

3．删除字段

删除字段是将数据表中的某个字段从表中移除，语法格式为：

```
ALTER TABLE <表名> DROP <字段名>;
```

其中，字段名指需要从表中删除的字段名称。

【例 5-6】 使用 ALTER TABLE 修改表 xsjbxxb 的结构，并删除 tel 字段。

代码及执行结果如下：

```
mysql> ALTER TABLE xsjbxxb
    -> DROP tel;
Query OK, 0 rows affected (1.14 sec)
Records: 0    Duplicates: 0    Warnings: 0
```

使用 describe 命令查看表结构，输入下面命令：

```
mysql> DESC xsjbxxb;
```

执行上述命令后，结果如图 5-6 所示。

4．修改字段名称

MySQL 中修改表字段名的语法格式为：

```
ALTER TABLE  <表名>  CHANGE  <旧字段名> <新字段名> <新数据类型>;
```

其中，旧字段名指修改前的字段名，新字段名指修改后的字段名，新数据类型指修改后的数据类型，如果不需要修改字段的数据类型，可以将新数据类型设置成与原来一样，但数据类型不能为空。

【例 5-7】 使用 ALTER TABLE 命令修改 xsjbxxb 的结构，将 csrq 字段名称改为 csny。

代码及执行结果如下：

```
mysql> ALTER TABLE xsjbxxb
-> CHANGE csrq csny date;
Query OK, 0 rows affected (0.34 sec)
Records: 0    Duplicates: 0    Warnings: 0
```

使用 describe 命令查看表结构，输入下面命令：

```
mysql> DESC xsjbxxb;
```

执行上述命令后，结果如图 5-7 所示。

```
mysql> DESC  xsjbxxb;
+-------+-------------+------+-----+---------+-------+
| Field | Type        | Null | Key | Default | Extra |
+-------+-------------+------+-----+---------+-------+
| xh    | varchar(20) | NO   | PRI | NULL    |       |
| xm    | varchar(50) | YES  |     | NULL    |       |
| xb    | char(2)     | YES  |     | NULL    |       |
| csrq  | date        | YES  |     | NULL    |       |
| bjbh  | varchar(20) | YES  | MUL | NULL    |       |
| zzmm  | varchar(12) | YES  |     | NULL    |       |
| mz    | varchar(15) | YES  |     | NULL    |       |
| jg    | varchar(20) | YES  |     | NULL    |       |
| xy    | varchar(10) | YES  | MUL | NULL    |       |
| zymc  | varchar(30) | YES  |     | NULL    |       |
| nj    | varchar(8)  | YES  |     | NULL    |       |
| age   | int(2)      | YES  |     | 18      |       |
| jl    | varchar(50) | YES  |     | NULL    |       |
+-------+-------------+------+-----+---------+-------+
13 rows in set (0.00 sec)
```

图 5-6　删除字段

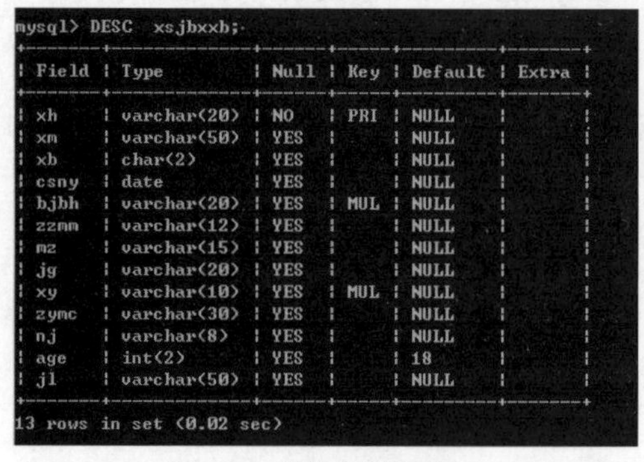

```
mysql> DESC  xsjbxxb;
+-------+-------------+------+-----+---------+-------+
| Field | Type        | Null | Key | Default | Extra |
+-------+-------------+------+-----+---------+-------+
| xh    | varchar(20) | NO   | PRI | NULL    |       |
| xm    | varchar(50) | YES  |     | NULL    |       |
| xb    | char(2)     | YES  |     | NULL    |       |
| csny  | date        | YES  |     | NULL    |       |
| bjbh  | varchar(20) | YES  | MUL | NULL    |       |
| zzmm  | varchar(12) | YES  |     | NULL    |       |
| mz    | varchar(15) | YES  |     | NULL    |       |
| jg    | varchar(20) | YES  |     | NULL    |       |
| xy    | varchar(10) | YES  | MUL | NULL    |       |
| zymc  | varchar(30) | YES  |     | NULL    |       |
| nj    | varchar(8)  | YES  |     | NULL    |       |
| age   | int(2)      | YES  |     | 18      |       |
| jl    | varchar(50) | YES  |     | NULL    |       |
+-------+-------------+------+-----+---------+-------+
13 rows in set (0.02 sec)
```

图 5-7　修改字段名称

5. 修改表名

MySQL 通过 ALTER TABLE 命令实现表名的修改，语法格式为：

```
ALTER   TABLE <旧表名>   RENAME   [TO]   <新表名>;
```

其中，TO 为可选参数，使用与否均不影响结果。

【例 5-8】 使用 ALTER TABLE 命令将数据表 xsjbxxb 改名为 student。

代码及执行结果如下：

```
mysql> ALTER TABLE xsjbxxb
    -> RENAME student;
Query OK, 0 rows affected (0.42 sec)
```

使用 SHOW TABLES;命令查看表结构，输入下面命令：

```
mysql> SHOW TABLES;
```

执行上述命令后，结果如图 5-8 所示。

```
mysql> SHOW TABLES;
+----------------+
| Tables_in_jwgl |
+----------------+
| bjdmb          |
| bmdmb          |
| jsjbxxb        |
| kcdmb          |
| student        |
| tb_emp6        |
| tb_emp7        |
| tb_emp8        |
| xsxkb          |
+----------------+
9 rows in set (0.03 sec)
```

图 5-8　修改表名称

5.1.5　删除表

需要删除一个表时可以使用 DROP TABLE 命令。

语法格式为：

```
DROP TABLE [IF EXISTS]  表名;
```

使用 DROP TABLE 命令可将表的描述、表的完整性约束、索引及和表相关的权限等一并删除。

【例 5-9】 删除表 xsjbxxb。

SQL 语句为：

```
drop table if exists xsjbxxb;
```

执行该 SQL 语句后，如果表 xsjbxxb 存在，则被删除。

5.2　表的数据操作

数据在表中以一条条记录的形式存在，用户可以使用 DML（DataManipulation Language，数据操作语言）语句对数据执行操作，包括插入数据、修改数据、删除数据和查询数据，查询操作将在后面章节中介绍。

5.2.1　表记录的插入

数据插入操作可以向表中添加记录，MySQL 中执行数据插入操作的关键字是 INSERT。

常见的数据插入操作包括向表中所有字段插入数据、向表中指定字段插入数据、同时插入多条数据和将其他表的数据插入表中，下面分别进行介绍。

1．向表中所有字段插入数据

向表中所有字段插入数据有两种方式：一种是指定所有字段及其相对应的值；另一种是不指定字段只列出字段值。

（1）指定字段及其值

语法形式为：

```
INSERT INTO    table_name(col_name1,col _name2,…,col_name)
VALUES(value1,value2,…,valuen)
```

其中，table_name 是指要插入数据的表名，col_name 是指要插入数据的字段名，value 是指要在列中插入的数据。

【例 5-10】 向表 xsjbxxb 中插入一条记录。

步骤如下。

① 执行以下语句，选择数据库 jwgl。

```
USE jwgl;
```

② 执行以下语句，向表 xsjbxxb 中插入一条记录。

```
insert into xsjbxxb(xh,xm,xb,csrq,bjbh,zzmm,mz,jg,xy,zymc,nj) values("201820605110","张红远","男","1999-9-22","2018206051","团员","汉族","四川","06","信息管理与信息系统","2018");
```

③ 插入成功后执行 SQL 语句，查看表中插入的记录。

```
mysql> select * from xsjbxxb where xh='201820605110';
```

执行上述命令后，结果如图 5-9 所示。

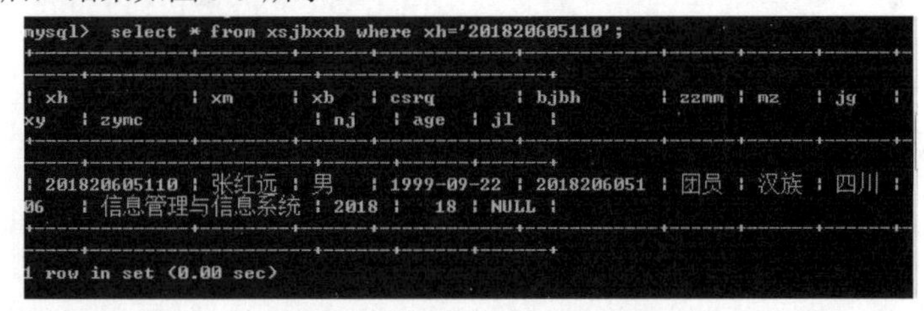

图 5-9　指定字段插入记录

（2）不指定字段插入数据

语法形式为：

```
INSERT INTO table_name VALUES (valuel, value2,…, valuen)
```

【例 5-11】 向表 xsjbxxb 中插入一条新记录。

① 选择数据库 jwgl 后执行以下 SQL 语句。

```
insert into xsjbxxb values("201820109105","李明","男","2001-5-8","2018201091","群众","白族","甘肃","01","电子科学与技术","2018",18,NULL);
```

② 插入成功后查看数据。

```
mysql> select * from xsjbxxb where xh='201820109105';
```

执行上述命令后，结果如图 5-10 所示。

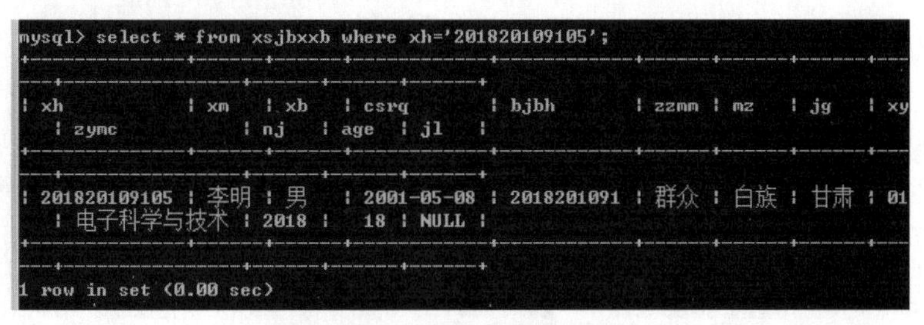

图 5-10　不指定字段插入记录

向表中所有字段插入数据时，应注意以下几点：

- 指定所有字段及其对应的值时，字段可以不按照表中字段的顺序排列，但字段和值要一一对应。
- 不指定字段只列出字段值时，值的顺序要与表中字段的顺序相同，当表中的字段顺序发生改变时，值的插入顺序也要随之改变。

2．同时插入多条数据

使用 INSERT 关键字还可以同时向数据表中插入多条数据，语法形式为：

```
INSERT INTO table_name(col_namel, col_name2,…,col namen)
VALUES(value1, value2,…, valuen),
…
( value1, value2,…, valuen);
```

【例 5-12】 向 xsjbxxb 表中插入多条新记录。

（1）选择数据库 jwgl 后执行以下 SQL 语句。

```
insert into xsjbxxb(xh,xm,xb,csrq,bjbh,zzmm,mz,jg,xy,zymc,nj)
values("201920609105","肖玲","女","1999-2-11","2019206091","团员","汉族","四川","06","物流管理","2018"),
("201820605105","余权","男","1998-6-26","2018206051","团员","汉族","贵州","06","信息管理与信息系统","2018"),
("201720701105","曾薇","女","1998-8-4","2017207011","群众","汉族","四川","07","英语","2018");
```

（2）插入成功后输入 select 命令查看数据。

```
mysql> SELECT * FROM xsjbxxb
    -> WHERE xh='201820605105' or xh='201920609105' or xh='201720701105';
```

执行结果如图 5-11 所示。

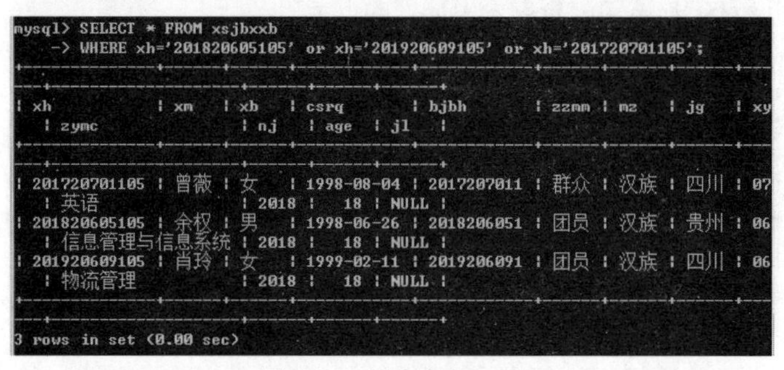

图 5-11　插入多条记录

3．将其他表的数据插入表中

在实际应用中，有时需要将一张表的数据插入到另一张表中，此项操作也可以使用 INSERT 关键字实现，语法形式为：

```
INSERT INTO table _name l(table_namel_ co1_ list)
SELECT table_name2_col_list FROM table_name2
```

其中，在上述语句中，table_namel_ co1_ list 表示字段列表，列表中的字段使用逗号隔开，语句的意义是，将从表 2 中查询出指定字段的值，插入表 1 的指定字段中。

【例 5-13】 创建 xsjbxxb_bak 表，并将表 xsjbxxb 中 nj 为 2017 级的学生插入新表中。

（1）选择数据库 jwgl 后，执行以下语句创建 xsjbxxb_bak 表，其结构与 xsjbxxb 相同。

代码如下：

```
mysql> CREATE TABLE xsjbxxb_bak
    -> (
    ->     xh          varchar(20) NOT NULL PRIMARY KEY comment '学号',
    ->     xm          varchar(50) comment '姓名',
    ->     xb          char(2) comment '性别',
    ->     csrq        date comment '出生日期',
    ->     bjbh        varchar(20) comment '班级编号',
    ->     zzmm        varchar(12) comment '政治面貌',
    ->     mz          varchar(15) comment '民族',
    ->     jg          varchar(20) comment '籍贯',
    ->     xy          varchar(10) comment '学院',
    ->     zymc        varchar(30) comment '专业名称',
    ->     nj          char(8) comment '年级',
```

```
    ->    age             INT(2) DEFAULT 18,
    ->    jl              varchar(50) comment '简历',
    ->    FOREIGN KEY(xy) references bmdmb(bmh) ,
    ->    FOREIGN KEY(bjbh) references bjdmb(bjbh)
    -> )engine = innodb;
```

或者输入下面 SQL 语句：

```
create table xsjbxxb_bak like xsjbxxb;
```

（2）执行以下 SQL 语句，将表 xsjbxxb 中 nj 为 2017 的数据插入到 xsjbxxb_bak 表中。

```
mysql>INSERT INTO xsjbxxb_bak(xh,xm,xb,csrq,bjbh,zzmm,mz,jg,xy,zymc,nj,age,jl)
SELECT xh,xm,xb,csrq,bjbh,zzmm,mz,jg,xy,zymc,nj,age,jl FROM xsjbxxb WHERE nj='2017';
```

（3）执行成功后查看数据。

```
mysql> SELECT * FROM xsjbxxb_bak;
```

执行上述命令后，结果如图 5-12 所示。

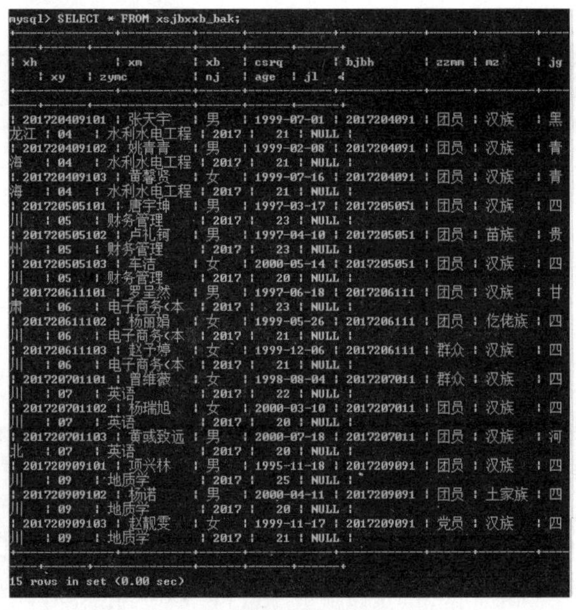

mysql> SELECT * FROM xsjbxxb_bak;

xh	xm	xb	csrq	bjbh	zzmm	mz	jg	xy	zymc	nj	age	jl
201720409101	张天宇	男	1999-07-01	2017204091	团员	汉族	黑龙江	04	水利水电工程	2017	21	NULL
201720409102	姚青青	男	1999-02-08	2017204091	团员	汉族	青海	04	水利水电工程	2017	21	NULL
201720409103	黄馨贤	女	1999-07-16	2017204091	团员	汉族	青海	04	水利水电工程	2017	21	NULL
201720505101	唐宇坤	男	1997-03-17	2017205051	团员	汉族	四川	05	财务管理	2017	23	NULL
201720505102	卢礼钶	男	1997-04-10	2017205051	团员	苗族	贵州	05	财务管理	2017	23	NULL
201720505103	车洁	女	2000-05-14	2017205051	团员	汉族	四川	05	财务管理	2017	20	NULL
201720611101	罗呈然	男	1997-06-18	2017206111	团员	汉族	甘肃	06	电子商务<本	2017	23	NULL
201720611102	杨丽娟	女	1999-05-26	2017206111	团员	仡佬族	四川	06	电子商务<本	2017	21	NULL
201720611103	赵子婷	女	1999-12-06	2017206111	群众	汉族	四川	06	电子商务<本	2017	21	NULL
201720701101	曾维薇	女	1998-08-04	2017207011	群众	汉族	四川	07	英语	2017	22	NULL
201720701102	杨瑞旭	女	2000-03-10	2017207011	团员	汉族	四川	07	英语	2017	20	NULL
201720701103	黄彧致远	男	2000-07-18	2017207011	团员	汉族	河北	07	英语	2017	20	NULL
201720909101	项兴林	男	1995-11-18	2017209091	团员	汉族	四川	09	地质学	2017	25	NULL
201720909102	杨诺	男	2000-04-11	2017209091	团员	土家族	四川	09	地质学	2017	20	NULL
201720909103	赵靓雯	女	1999-11-17	2017209091	党员	汉族	四川	09	地质学	2017	21	NULL

15 rows in set (0.00 sec)

图 5-12　通过其他表插入记录

5.2.2　表记录的修改

在 MySQL 中，可以使用 UPDATE 命令来修改、更新一个或多个表的数据。

语法格式为：

```
UPDATE <表名> SET 字段 1=值 1 [,字段 2=值 2… ] [WHERE 子句 ] [LIMIT 子句];
```

参数说明如下。

- <表名>：指定要更新的表名称。
- SET 字段：指定表中要修改的列名及其列值。其中，每个指定的列值可以是表达式，也可以是该列对应的默认值。如果指定的是默认值，可使用关键字 DEFAULT 表示列值。
- WHERE 子句：可选项，用于限定表中要修改的行。若不指定，则修改表中所有的行。
- LIMIT 子句：可选项。用于限定被修改的行数。

注意：修改一行数据的多个列值时，SET 字段的每个值都使用逗号分开。

【例 5-14】 将 xsjbxxb 表中 xm 为“张天宇”的学生 jg 修改为“四川乐山”。

（1）选择数据库 jwgl 后，执行以下语句完成修改。

```
mysql> UPDATE xsjbxxb SET JG='四川乐山' where xm='张天宇';
```

（2）执行成功后查看数据。

```
mysql> SELECT * FROM XSJBXXB    where xm='张天宇';
```

执行上述命令后，结果如图 5-13 所示。

```
mysql> SELECT * FROM XSJBXXB  WHERE xm='张天宇';
+--------------+--------+------+------------+------------+------+------+----------
+------+------------+------+------+------+
| xh           | xm     | xb   | csrq       | bjbh       | zzmm | mz   | jg
  | xy   | zymc       | nj   | age  | jl   |
+--------------+--------+------+------------+------------+------+------+----------
+------+------------+------+------+------+
| 201720409101 | 张天宇 | 男   | 1999-07-01 | 2017204091 | 团员 | 汉族 | 四川乐
山 | 04   | 水利水电工程 | 2017 |   21 | NULL |
+--------------+--------+------+------------+------------+------+------+----------
+------+------------+------+------+------+
1 row in set (0.00 sec)
```

图 5-13　查看修改记录

5.2.3　表记录的删除

在 MySQL 中，可以使用 DELETE 命令来删除表的一行或者多行数据，也可以使用 TRUNCATE TABLE 命令删除表中的全部记录。

1．使用 DELETE 命令删除数据

语法格式为：

```
DELETE FROM <表名> [WHERE 子句] [ORDER BY 子句] [LIMIT 子句];
```

参数说明如下。

- <表名>：指定要删除数据的表名。
- ORDER BY 子句：可选项，表示删除时，表中各行将按照子句中指定的顺序进行删除。
- WHERE 子句：可选项，表示为删除操作限定删除条件，若省略该子句，则代表删除该表中的所有行。
- LIMIT 子句：可选项，用于告知服务器在控制命令被返回到客户端前被删除行的最大值。

注意：在不使用 WHERE 条件时，将删除所有数据。

【例 5-15】　删除 xsjbxxb 表中 xm 字段为“张天宇”的学生记录。

（1）选择数据库 jwgl 后，执行以下语句完成删除。

```
mysql> DELETE FROM xsjbxxb WHERE xm='张天宇';
```

（2）执行成功后查看数据。

```
mysql> SELECT * FROM xsjbxxb WHERE xm='张天宇';
```

执行上述命令后，结果如图 5-14 所示。

```
mysql> SELECT * FROM xsjbxxb WHERE xm='张天宇';
Empty set (0.00 sec)
```

图 5-14　查看删除记录

2．使用 TRUNCATE TABLE 命令删除表中全部数据

删除表中全部的数据也可以使用 TRUNCATE TABLE 命令。在删除表中记录时需要做备份，以避免数据的丢失。

TRUNCATE TABLE 的语法格式为：

```
truncate table 表名;
```

例如，要删除 xsjbxxb 表的全部数据，只需输入 truncate table xsjbxxb;即可实现。

5.3　利用 MySQL Workbench 管理数据表

5.3.1　数据表的创建、查看、修改和删除

1．创建数据表

【例 5-16】　利用 MySQL Workbench 图形化管理工具在 jwgl 数据库中创建部门代码表 bmdmb。

步骤如下。

（1）打开 MySQL Workbench，在 SCHEMAS 列表中展开当前默认的 jwgl 数据库，选择“Tables”的“Create Table”选项，如图 5-15 所示。

（2）弹出创建数据表对话框，在 Table Name 文本框中输入数据表的名称，在图中的方框部分编辑数据表的列信息，编辑完成后，单击“Apply”按钮，如图 5-16 所示。

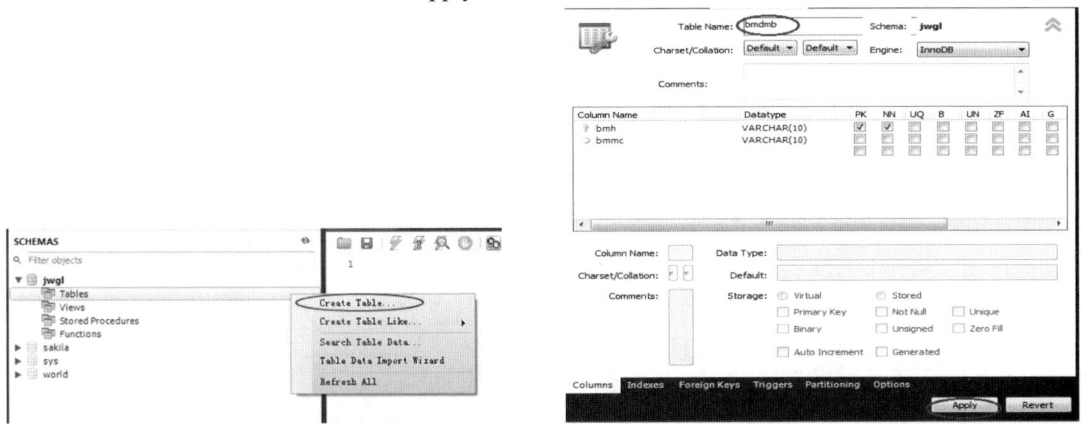

图 5-15　选择数据库创建表　　　　图 5-16　编辑 bmdmb 表的列信息

（3）在随后出现的对话框中，可以预览当前操作的 SQL 脚本，如图 5-17 所示，然后单击 “Apply”按钮，最后在下一个弹出的对话框中直接单击“Finish”按钮，即可完成 bmdmb 表的创建。

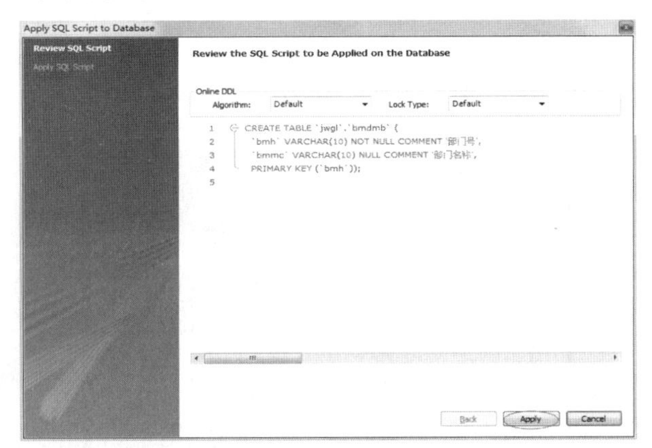

图 5-17　查看 bmdmb 表的创建语句

2．查看数据表

成功创建数据表后，可以查看数据表的结构信息。

【例 5-17】 利用 MySQL Workbench 图形化管理工具在 jwgl 数据库中查看部门代码表 bmdmb。

步骤如下。

（1）在需要查看表结构的 bmdmb 表上右击，选择“Table Inspector”选项，即可查看数据表的结构，如图 5-18 所示。

（2）在查看数据表的对话框中，Info 选项卡显示了该数据表的表名、存储引擎、列数、表空间大小、创建时间、更新时间、字符集、校对规则等信息，如图 5-19 所示。

（3）Columns 选项卡显示了该表数据列的信息，包括列名、数据类型、默认值、非空标识、字符集、校对规则和使用权限等信息，如图 5-20 所示。

3．修改数据表

【例 5-18】 利用 MySQL Workbench 图形化管理工具在 jwgl 数据库中修改部门代码表 bmdmb。

步骤如下。

（1）在 SCHEMAS 窗格的 jwgl 数据库中，右击需要修改表结构的数据表 bmdmb，选择“Alter Table”选项，如图 5-21 所示，即可打开修改数据表的基本信息和数据表结构的窗口。

（2）在修改数据表的对话框中，如图 5-22 所示，在 Table Name 框中可以修改数据表的名称，其中的方框部分可编辑数据表的列信息，包括编辑列名、编辑数据类型、新建列、删除列，通过上下拖曳可以调整列的顺序，在数据列上右击，选择“Delete Selected”选项，即可删除该列。编辑完成后，单击“Apply”按钮。

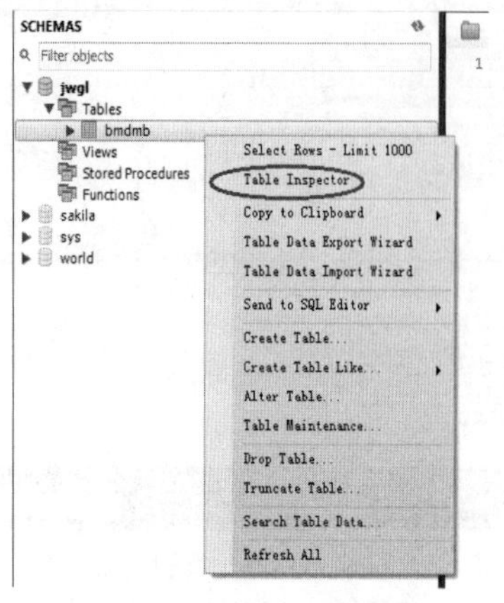

图 5-18　查看 bmdmb 表

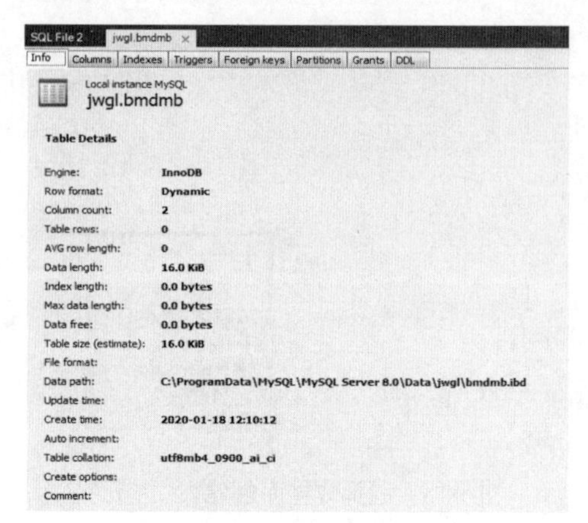

图 5-19　bmdmb 表的详细信息

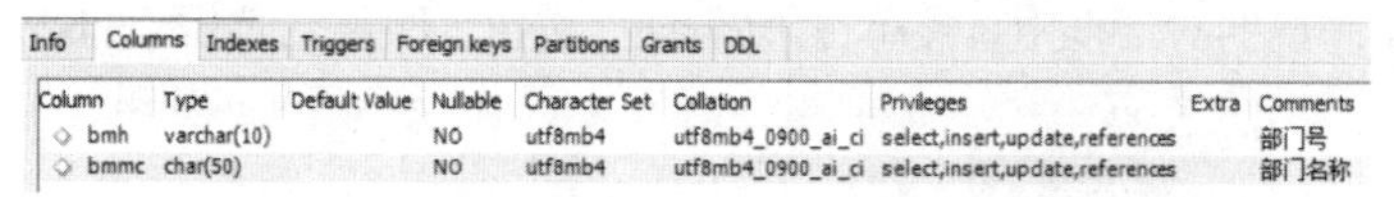

Info | Columns | Indexes | Triggers | Foreign keys | Partitions | Grants | DDL

Column	Type	Default Value	Nullable	Character Set	Collation	Privileges	Extra	Comments
bmh	varchar(10)		NO	utf8mb4	utf8mb4_0900_ai_ci	select,insert,update,references		部门号
bmmc	char(50)		NO	utf8mb4	utf8mb4_0900_ai_ci	select,insert,update,references		部门名称

图 5-20　bmdmb 表的列信息

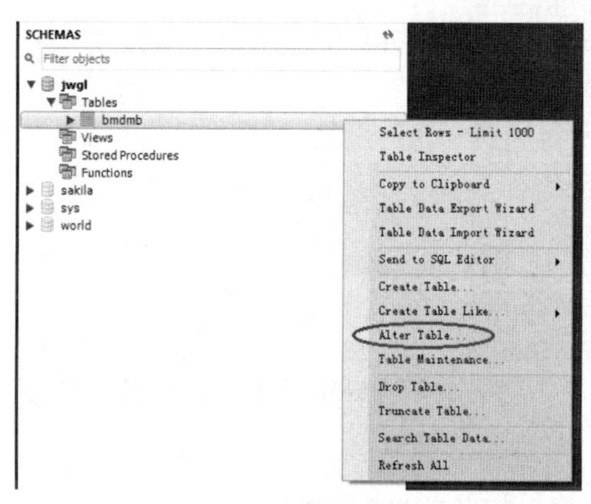

图 5-21　修改数据表

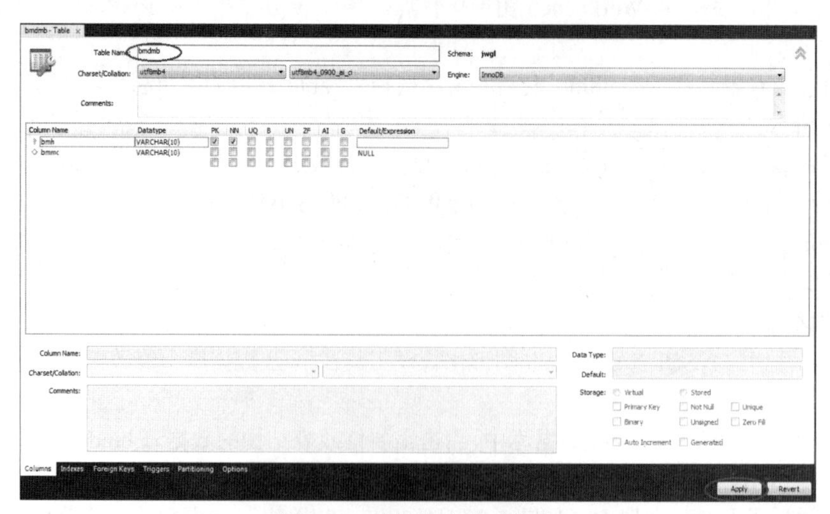

图 5-22　编辑修改的列信息

（3）打开如图 5-23 所示的对话框，可以预览当前操作的 SQL 脚本，然后单击“Apply”按钮，最后在下一个弹出的对话框中直接单击“Finish”按钮，即可完成 bmdmb 表的修改。

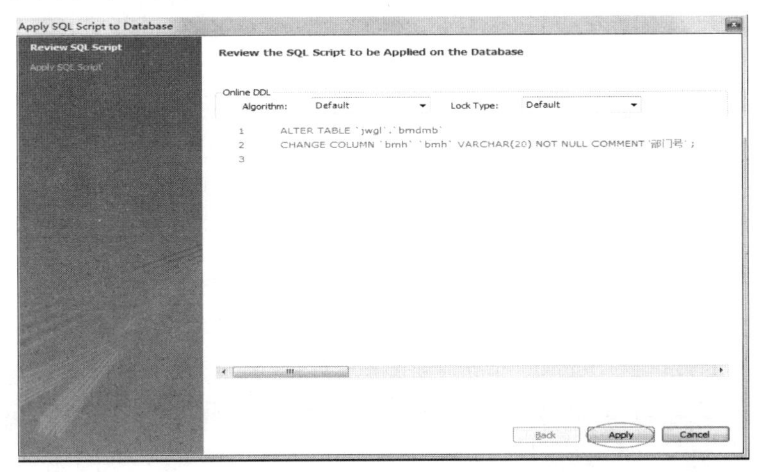

图 5-23　查看 bmdmb 表的修改语句

4．删除数据表

【例 5-19】 利用 MySQL Workbench 图形化管理工具在 jwgl 数据库中删除部门代码表 bmdmb。

步骤如下。

（1）在 SCHEMAS 窗口中的 jwgl 数据库的 Tables 列表中删除数据表，右击需要删除的数据表 bmdmb，选择“Drop Table”选项，如图 5-24 所示。

（2）在弹出的对话框中选择“Drop Now”选项，可以直接删除数据表，如图 5-25 所示。若在弹出的对话框中选择“Review SQL”选项，则可以显示删除操作对应的 SQL 语句，单击“Execute”按钮就可以执行删除操作了。

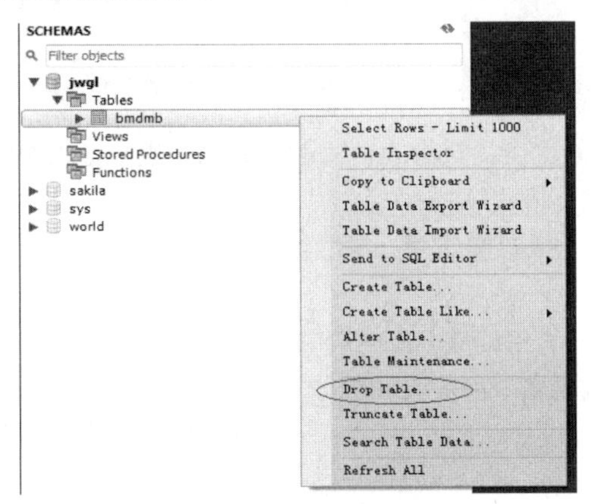

图 5-24　选择要删除的表

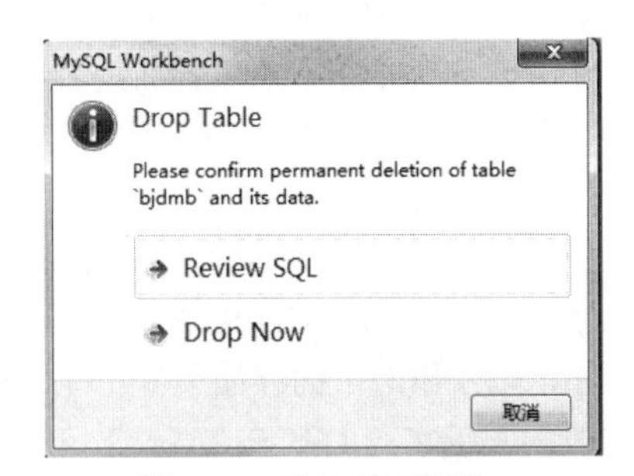

图 5-25　确认是否删除

5.3.2　编辑数据

以学生基本信息表 xsjbxxb 为例，介绍使用 MySQL Workbench 软件编辑数据的方法，步骤如下。

（1）在 SCHEMAS 列表中展开当前默认的 jwgl 数据库，展开 Tables 菜单，右击 xsjbxxb 表，选择“Select Rows－Limit 1000”选项，即可对 xsjbxxb 表中的数据进行编辑操作，如图 5-26 所示。

（2）在弹出的对话框中，Edit 菜单栏包含三个按钮，分别为“修改”、“插入”和“删除”，如图 5-27 所示。进行数据的更改后，单击“Apply”按钮。

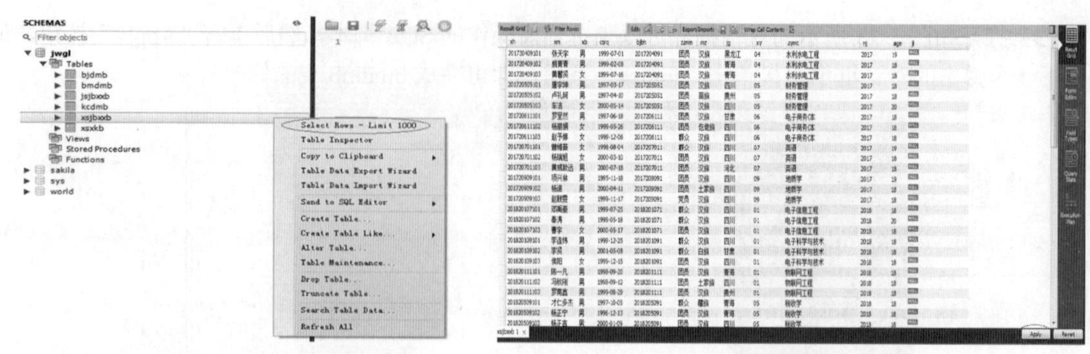

图 5-26　选择需要编辑的数据表　　　　图 5-27　编辑数据

（3）在随后出现的对话框中，可以预览当前操作的 SQL 脚本，然后单击“Apply”按钮，最后在下一个弹出的对话框中直接单击“Finish”按钮，即可完成对 xsjbxxb 表中数据的修改，如图 5-28 所示。

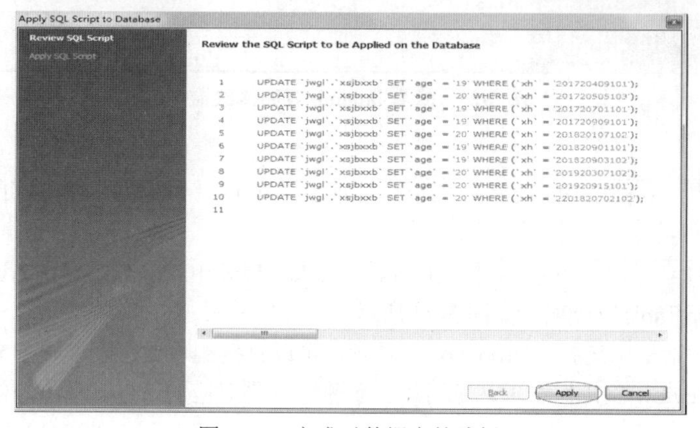

图 5-28　完成对数据表的编辑

5.4　小结

本章主要讲解如何对数据表进行操作，包括创建表、查看表、修改表和删除表、插入数据、修改数据和删除数据。在学完本章内容后读者应重点掌握以下知识：

创建表的关键字为 CREATE，可设置的约束包括主键约束、自增约束、非空唯一性约束、无符号约束、默认约束和外键约束；

使用关键字 DESCRIBE 可以查看表结构，使用 SHOW CREATE T 可以查看建表语句；

修改表的关键字为 ALTER，使用它可以修改表名、字段名和数据类型，添加、删除字段，修改字段排列顺序，以及修改表的存储引擎；

删除表的关键字为 DROP；

插入数据的关键字为 INSERT，执行插入数据操作时，可以指定字段和其对应的值，也可以不指定字段，只列出字段值，但此时应注意值的顺序要与表中字段的顺序相同；

修改数据的关键字为 UPDATE，可以修改全部数据，也可以添加 WHERE 条件修改指定数据；

删除数据的关键字为 DELETE，可以删除全部数据，也可以添加 WHERE 条件删除指定数据。

实训 5

1．实训目的

（1）掌握数据表的创建方法。

（2）掌握数据表的约束使用。

（3）掌握数据表的数据操作。

2．实训准备

复习 5.1～5.3 节的内容。

（1）熟悉表操作命令的基本语法格式。

（2）能利用 MySQL Workbench 进行表操作。

3．实训内容及步骤

（1）利用 MySQL Workbench 或 SQL 语言创建满足以下要求的数据库：①数据库存在于连接 MySQL 中；②数据库名称为 xsgl；③字符集选择 utf8；排序规则选择 utf8_general_ci。

（2）在数据库 xsgl 中，利用 MySQL Workbench 或 SQL 语言创建以下表格：

① 表格名为 xs(学生基本情况表)；

② 表格中各个属性的定义如表 5-9 所示。

表 5-9　xs 表结构

列　名	含　义	数据类型	长　度	能否取空值	备　注
xh	学号	int		no	主码
xm	姓名	char	8	yes	
xb	性别	char	2	yes	
nl	年龄	tinyint		yes	
zy	专业	char	16	yes	
jtzz	家庭住址	char	50	yes	

（3）按照以下步骤向表 xs 中添加如表 5-10 所示记录。

表 5-10　xs 表数据

xh（学号）	xm（姓名）	xb（性别）	nl（年龄）	zy（专业）	jtzz（家庭住址）
200809412	庄小燕	女	24	计算机	上海市中山北路 12 号
200809415	洪波	男	25	计算机	青岛市解放路 105 号
200109102	肖辉	男	23	计算机	杭州市凤起路 111 号
200109103	柳嫣红	女	22	计算机	上海市邯郸路 1066 号
200307121	张正正	男	20	应用数学	上海市延安路 123 号
200307122	李丽	女	21	应用数学	杭州市解放路 56 号

（4）利用 MySQL Workbench 或 SQL 语言向表 xs 中增加“入学时间”属性列，其列名为 rxsj，数据类型为 datetime 型。

（5）利用 MySQL Workbench 或 SQL 语言将表 xs 中 nl（年龄）列的数据类型改为 int 型。

（6）在数据库 xsgl 中，利用 SQL 语言创建以下表格：

① 表格名为 kc（课程情况表）；

② 表格中各个属性的定义如表 5-11 所示。

表 5-11　kc 表结构

列　名	含　义	数据类型	长　度	能否取空值	备　注
kch	课程号	char	4	no	主码
kcm	课程名	char	20	yes	
xss	学时数	int		yes	
xf	学分	int		yes	

（7）利用 SQL 语言修改 kc 表。

① 增加“成绩”一列 cj，类型为 int 型，允许为空值，默认为 0。

```
ALTER TABLE kc ADD COLUMN cj INT DEFAULT 0;
```

② 修改cj列的类型为char。

```
ALTER TABLE kc CHANGE COLUMN cj cj CHAR(4);
```

③ 修改cj列的列名为mark。

```
ALTER TABLE kc CHANGE cj mark CHAR(4) DEFAULT 0;
```

④ 删除mark列。

```
ALTER TABLE kc DROP COLUMN mark;
```

（8）利用MySQL Workbench和SQL语言两种方式删除表kc。

```
DROP TABLE kc;
```

（9）利用SQL将表xs重命名为Students。

```
RENAME TABLE xsgl.xs TO xsgl.Students;
```

4．提交实训报告

按照要求提交实训报告作业。

习题5

一、单选题

1．下面MySQL的数据类型中，可以存储整数数值的是（　　）。

A．FLOAT　　B．DOUBLE　　C．MEDIUMINT　　D．VARCHAR

2．下面有关DECIMAL（6,2）的描述中，正确的是（　　）。

A．它不可以存储小数

B．6表示数据的长度，2表示小数点后的长度

C．6代表最多的整数位数，2代表小数点后的长度

D．总共允许最多存储8位数字

3．下列选项中，定义字段非空约束的基本语法格式是（　　）。

A．字段名数据类型 IS NULL;　　B．字段名数据类型 NOT NULL;

C．字段名数据类型 IS NOT NULL;　　D．字段名 NOT NULL 数据类型;

二、填空题

1．设置主键约束、自增约束、非空约束、唯一性约束、无符号约束、默认约束和外键约束的关键字分别是________、________、________、________、________、________、________。

2．查看表结构的语法形式为________。

3．查看建表语句的语法形式为________。

4．修改字段名的语法形式为________。

5．在表的最后一列添加字段的语法形式为________。

6．插入数据、修改数据和删除数据的关键字分别是________、________、________。

7．向表中所有字段插入数据的语法形式为________。

8．修改所有数据的语法形式为________。

9．删除指定数据的语法形式为________。

三、判断题

1．MySQL数据库一旦安装成功，创建的数据库编码也就确定了，是不可以更改的。

2．在MySQL中，如果添加的日期类型不合法，系统将报错。

3．在删除数据表时，如果表与表之间存在关系，就会导致删除失败。

4．一个数据表中可以有多个主键约束。

四、简答题

1．简述非空约束，并写出其基本语法格式。

2．简要概述默认约束，并写出其基本语法格式。

第 6 章　表的数据完整性

学习目标：

- 了解数据完整性的理论知识。
- 掌握主键约束的创建和删除。
- 掌握外键约束的创建和删除。
- 掌握唯一性约束的创建和删除。
- 掌握非空约束的创建和删除。
- 掌握检查约束的创建和删除。
- 默认值约束的创建和删除。

数据完整性约束指的是为了防止不符合规范的数据进入数据库，在用户对数据表进行插入、修改、删除等操作时，DBMS 自动按照一定的约束条件对数据进行监测，使不符合规范的数据不能进入数据库，以确保数据库中存储的数据正确、有效、相容。在 MySQL 中，定义了一些维护数据库完整性规则，即表的约束。常见表的约束有主键约束（PRIMARY KEY CONSTRAINT）、外键约束（FOREIGN KEY CONSTRAINT）、唯一性约束（UNIQUE CONSTRAINT）、非空约束（NOT NULL CONSTRAINT）、默认值约束（DEFAULT CONSTRAINT）和检查约束（CHECK CONSTRAINT）。这些约束可以针对表中字段进行限制，从而保证数据库表中数据的正确性和唯一性。

数据完整性约束可以分为表级完整性约束（表级约束）和列级完整性约束（列级约束）。列级约束是对某一个特定列的约束，包含在列定义中，直接跟在该列的其他定义之后，用空格分隔，不需指定列名。表级约束与列定义相互独立，不包括在列定义中，通常用于对多个列一起进行约束，与列定义用“,”分隔，定义表约束时必须指出要约束列的名称。

如果完整性约束涉及该表的多个属性列，必须定义在表级上，否则，既可以定义在列级也可以定义在表级上。

6.1　主键约束

主键（主码）由表中的一个字段或多个字段组成，可以唯一地标识表中的一条记录。主键的取值不能为 NULL，且取值唯一，不能重复，以此来保证实体的完整性。在查询中使用主键时，可以实现对数据的快速访问。

主键约束由关键字 PRIMARY KEY 标识，可以分为单一主键和复合主键，每个数据表中最多只能有一个主键约束。

主键可以通过创建表时创建，也可以对已存在的表添加主键。

6.1.1　创建表时创建主键

1．单一主键

作为列级完整性约束时，只需在定义列时，在列后面加上关键字 PRIMARY KEY。基本语法格式为：

```
字段名 数据类型 PRIMARY KEY
```

【例 6-1】 创建学生表 stu1，将学号定义为主键。

SQL 语句为：

```
create table stu1(
        sid varchar(12) primary key,
```

```
        sname varchar(10) not null,
        sex varchar(2),
        birth date);
```

上述 SQL 语句执行后，sid 字段被定义为主键。输入命令 desc stu1;后，可以看到 sid 字段的 Key 值为 PRI，PRI 就是主键的标识。如图 6-1 所示。

输入下面数据进行验证：

```
mysql> insert into stu1 values('10001','张三','男','2000-1-1');
```

执行结果：Query OK, 1 row affected (0.03 sec)

数据正常插入进去，再输入同样的一条数据到表 stu1。

```
mysql> insert into stu1 values('10001','张三','男','2000-1-1');
```

执行结果：ERROR 1062 (23000): Duplicate entry '10001' for key 'PRIMARY'

添加失败，因为对于主键约束来说'10001'的值是重复的，违反了主键约束，所以插入失败。主键约束的取值唯一保证了实体的完整性。

2．复合主键

作为表级完整性约束时，需要在表定义语句后，加上一条 PRIMARY KEY(字段名 1,字段名 2,…,字段名 n)子句。基本语法格式为：

```
PRIMARY KEY (字段名 1,字段名 2,…,字段名 n)
```

【例 6-2】 创建成绩表 sc，将学号和课程号设置成复合主键。

SQL 语句为：

```
create table sc(
        sid varchar(12) not null,
        cid varchar(6) not null,
        score tinyint,
        primary key(sid,cid)
      );
```

上述 SQL 语句执行后，sid 和 cid 两个字段被定义为复合主键。

输入命令 desc sc;后，可以看到 sid 字段和 cid 字段的 Key 值都是 PRI，如图 6-2 所示。

mysql> desc stu1;

Field	Type	Null	Key	Default	Extra
sid	varchar(12)	NO	PRI	NULL	
sname	varchar(10)	NO		NULL	
sex	varchar(2)	YES		NULL	
birth	date	YES		NULL	

4 rows in set (0.01 sec)

图 6-1　sid 字段被设置成主键

mysql> desc sc;

Field	Type	Null	Key	Default	Extra
sid	varchar(12)	NO	PRI	NULL	
cid	varchar(6)	NO	PRI	NULL	
score	tinyint(4)	YES		NULL	

3 rows in set (0.00 sec)

图 6-2　sid 字段和 cid 字段被设置成复合主键

注意：

（1）如果 PRIMARY KEY 约束是由多列来定义的，则某个列的值可以重复，但 PRIMARY KEY 约束定义中所有列的组合值必须唯一。

（2）当主键只有一个字段时，既可以将主键定义为列级完整性约束，也可以定义为表级完整性约束。当主键由多个字段组成时，只能将主键定义为表级完整性约束。

6.1.2　为已存在的表添加主键

1．单一主键

基本语法格式为：

```
ALTER TABLE 表名 MODIFY 字段名 数据类型 PRIMARY KEY;
```

【例 6-3】 删除表 stu1，然后重新创建表 stu1，使用 ALTER TABLE 语句将 stu1 表的 sid 字段设置成主键。

SQL 语句为：

```
drop table stu1;
create table stu1(
```

```
    sid varchar(12) not null,
    sname varchar(10) not null,
    sex varchar(2),
    birth date);
```

修改表 stu1，为 sid 字段添加主键。SQL 语句为：

```
alter table stu1 modify sid varchar(12) not null primary key;
```

执行上述 SQL 语句后，输入 desc stu1;验证，可以看到 sid 字段的 Key 值为 PRI，如图 6-3 所示。

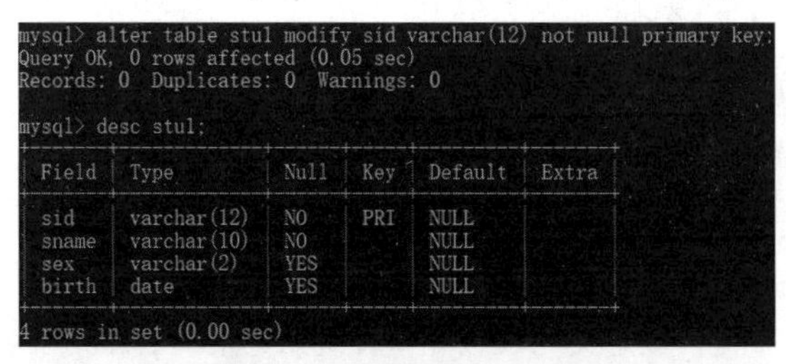

```
mysql> alter table stu1 modify sid varchar(12) not null primary key;
Query OK, 0 rows affected (0.05 sec)
Records: 0  Duplicates: 0  Warnings: 0

mysql> desc stu1;
+-------+-------------+------+-----+---------+-------+
| Field | Type        | Null | Key | Default | Extra |
+-------+-------------+------+-----+---------+-------+
| sid   | varchar(12) | NO   | PRI | NULL    |       |
| sname | varchar(10) | NO   |     | NULL    |       |
| sex   | varchar(2)  | YES  |     | NULL    |       |
| birth | date        | YES  |     | NULL    |       |
+-------+-------------+------+-----+---------+-------+
4 rows in set (0.00 sec)
```

图 6-3　添加主键验证结果

2．复合主键

基本语法格式为：

```
ALTER TABLE 表名 ADD PRIMARY KEY(字段名 1,字段名 2,…,字段名 n);
```

【例 6-4】 删除成绩表 sc，然后重新创建成绩表 sc，使用 ALTER TABLE 语句为表 sc 设置复合主键（sid,cid）。

SQL 语句为：

```
drop table sc;
create table sc(
    sid varchar(12) not null,
    cid varchar(6) not null,
    score tinyint
   );
```

上述 SQL 语句执行后，sid 和 cid 两个字段被定义为复合主键。

修改表 sc，为 sid 字段和 cid 字段添加复合主键。SQL 语句为：

```
alter table sc add primary key(sid,cid);
```

执行上述 SQL 语句后，输入 desc sc;验证，可以看到 sid 字段和 cid 字段的 Key 值都变成了 PRI，如图 6-4 所示。

```
mysql> alter table sc add primary key(sid,cid);
Query OK, 0 rows affected (0.05 sec)
Records: 0  Duplicates: 0  Warnings: 0

mysql> desc sc;
+-------+-------------+------+-----+---------+-------+
| Field | Type        | Null | Key | Default | Extra |
+-------+-------------+------+-----+---------+-------+
| sid   | varchar(12) | NO   | PRI | NULL    |       |
| cid   | varchar(6)  | NO   | PRI | NULL    |       |
| score | tinyint(4)  | YES  |     | NULL    |       |
+-------+-------------+------+-----+---------+-------+
3 rows in set (0.00 sec)
```

图 6-4　添加复合主键验证结果

6.1.3　删除主键约束

由于主键约束由关键字 PRIMARY KEY 标识，所以删除主键约束基本语法格式为：

```
ALTER TABLE 表名 DROP PRIMARY KEY;
```

【例 6-5】 删除 stu1 表的主键约束。

SQL 语句为

```
alter table stu1 drop primary key;
```

执行上述 SQL 语句后，输入 desc stu1;验证，可以看到 sid 字段的 Key 值为 NULL，主键约束已经被删除，如图 6-5 所示。

```
mysql> alter table stu1 drop primary key;
Query OK, 0 rows affected (0.06 sec)
Records: 0  Duplicates: 0  Warnings: 0

mysql> desc stu1;
+-------+-------------+------+-----+---------+-------+
| Field | Type        | Null | Key | Default | Extra |
+-------+-------------+------+-----+---------+-------+
| sid   | varchar(12) | NO   |     | NULL    |       |
| sname | varchar(10) | NO   |     | NULL    |       |
| sex   | varchar(2)  | YES  |     | NULL    |       |
| birth | date        | YES  |     | NULL    |       |
+-------+-------------+------+-----+---------+-------+
4 rows in set (0.00 sec)
```

图 6-5　删除主键执行结果

6.2　外键约束

外键是指引用另一个表中的一列或多列，被引用的列应该具有主键约束或唯一性约束，其中，包含外键的表称为子表，包含外键所引用的主键的表称为父表。表在外键上的取值要么是父表中某个主键值，要么取空值，以此保证两个表之间的连接，确保实体的参照完整性。

一个表可以有一个或多个外键，也可以在创建表或修改表时定义外键。

6.2.1 创建表时创建外键

语法格式为：

```
CREATE TABLE [IF NOT EXISTS] 表名(
    ([ 列定义 ], ... | [ 索引定义] ) ]
    PRIMARY KEY [索引类型] (索引列名...)        /*主键*/
    ...
| FOREIGN KEY   [索引名] (索引列名...)[参照性定义]  /*外键*/
REFERENCES 表名 [(索引列名 ... )]
            [ON DELETE   {RESTRICT | CASCADE | SET NULL | NO ACTION}]
            [ON UPDATE   {RESTRICT | CASCADE | SET NULL | NO ACTION}]
```

其中：

（1）FOREIGN KEY：外键，被定义为表级完整性约束。索引名即约束名，默认情况下系统自动为外键命名一个外键约束名。

（2）REFERENCES：参照性，定义中包含了外键所参照的表和列。

（3）ON DELETE | ON UPDATE：可以为每个外键定义参照动作。

对于参照动作只有两种 ON DELETE 和 ON UPDATE，其更新和删除参数如下。

① RESTRICT：更新或删除父表中的数据时，可使子表中的外键违反参照完整性，拒绝对父表的删除或更新操作。

② CASCADE：当父表中被引用列的数据被更新或删除时，子表中的相应的数据也被更新或删除。

③ SET NULL：当父表数据被更新或删除时，子表中的相应数据会被设置成 NULL 值，前提是子表中的相应列允许取 NULL 值。

④ NO ACTION：不采取动作，更新或删除父表中的数据时，如果会使子表中的外键违反参照完整性，则会拒绝对父表的删除或更新操作。

【例 6-6】 创建成绩表 sc1，将学号设置成外键，参考表 stu1 的 sid 字段。

SQL 语句为：

```
create table sc1(
        sid varchar(12) not null,
        cid varchar(6) not null,
        score tinyint,
        primary key(sid,cid),
foreign key(sid) references stu1(sid)
    );
```

上述 SQL 语句执行后，输入 show create table sc1;，可以看到 sc1 表和 stu1 表通过 sid 字段建立了关联，如图 6-6 所示。

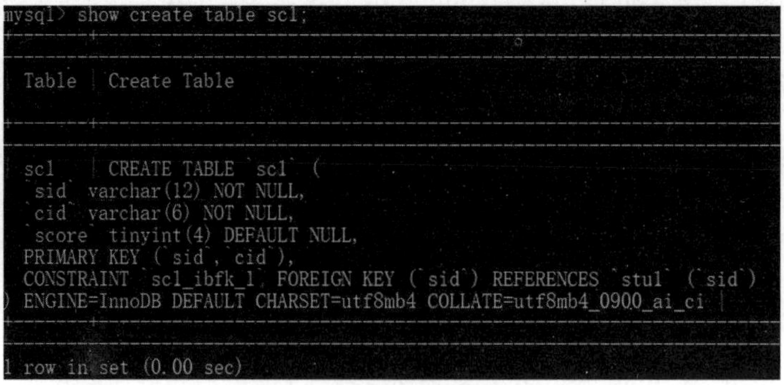

```
mysql> show create table sc1;
+-------+--------------
| Table | Create Table
+-------+--------------
| sc1   | CREATE TABLE `sc1` (
  `sid` varchar(12) NOT NULL,
  `cid` varchar(6) NOT NULL,
  `score` tinyint(4) DEFAULT NULL,
  PRIMARY KEY (`sid`,`cid`),
  CONSTRAINT `sc1_ibfk_1` FOREIGN KEY (`sid`) REFERENCES `stu1` (`sid`)
) ENGINE=InnoDB DEFAULT CHARSET=utf8mb4 COLLATE=utf8mb4_0900_ai_ci |
+-------+--------------
1 row in set (0.00 sec)
```

图 6-6 查看表创建外键

注意：在创建外键约束时，如果引用父表的参考字段没有设置主键或唯一键约束，则创建外键将会失败。

下面进行验证外键约束。

（1）首先查询 stu1 表中的数据，结果如下。

```
mysql> select * from stu1;
+-------+-------+------+------------+
| sid   | sname | sex  | birth      |
+-------+-------+------+------------+
| 10001 | 张三  | 男   | 2000-01-01 |
+-------+-------+------+------------+
```

（2）在 sc 表中插入一条记录，执行结果如下。

```
mysql> insert into sc values('10002','C001',85);
ERROR 1452 (23000): Cannot add or update a child row: a foreign key constraint fails ('jwgl'. 'sc', CONSTRAINT 'sc_ibfk_1' FOREIGN KEY ('sid') REFERENCES 'stu1' ('sid'))
```

可以看到数据添加失败，原因是违反了外键参照完整性约束，sid 字段的取值'10002'在父表 stu1 的 sid 字段中不存在。在本例中，外键的取值只能取父表（被参照表）中参考字段 sid 的已有值，不可以取空值，因为 sid 字段是主属性字段。

6.2.2 为已存在的表添加外键

修改表时添加外键，基本语法格式为：

```
ALTER TABLE 子表名 ADD [CONSTRAINT 约束名] FOREIGN KEY(字段名) REFERENCES 父表(字段名);
```

说明：CONSTRAINT 为外键约束名，如果省略，系统自动会为外键定义一个外键名。

【例 6-7】 利用例 6-1 和例 6-2 创建的 stu1 表和 sc 表，为 sc 表的 sid 字段创建外键约束。

SQL 语句为：

```
alter table sc add foreign key(sid) references stu1(sid);
```

在这条语句执行后，输入 show create table sc;，可以看到 sc 表和 stu1 表通过 sid 字段建立了关联。系统自动为外键命名为 sc_ibfk_1，如图 6-7 所示。

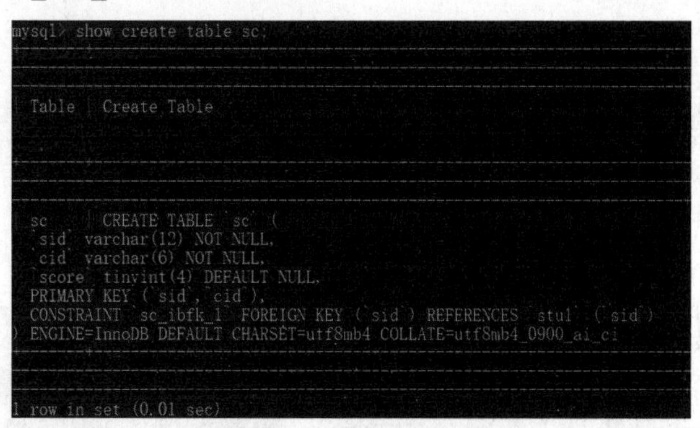

图 6-7 查看表添加外键

当指定一个外键时，应注意以下几点。

（1）在创建表时创建外键，必须先创建父表，再创建子表。或者必须是当前正在创建的表，在这种情况下，子表（参照表）是同一个表。如果外键相关的被参照表和参照表是同一个表，则为自参照表，这种结构称为自参照完整性。

（2）必须为父表定义主键，父表名后面指定列名（或列名的组合）。这个列（或列组合）必须是这个表的主键或唯一键。

（3）外键中的列数据类型必须和被参照表的主键中的列数据类型一致或兼容，且含义一样。

6.2.3 删除外键约束

基本语法格式为：

```
ALTER TABLE 子表名 DROP FOREIGN KEY 外键名;
```

说明：如果创建外键时，没有指定外键名，则此处的外键名是系统指定的外键名。

【例 6-8】 删除 sc1 表 sid 字段的外键 sc_ibfk_1。

SQL 语句为：

```
alter table sc1 drop foreign key sc1_ibfk_1;
```

在这条语句执行后，输入 show create table sc1;，可以看到 sc 表和 stu1 表之间已经没有了关联关系。如图 6-8 所示。

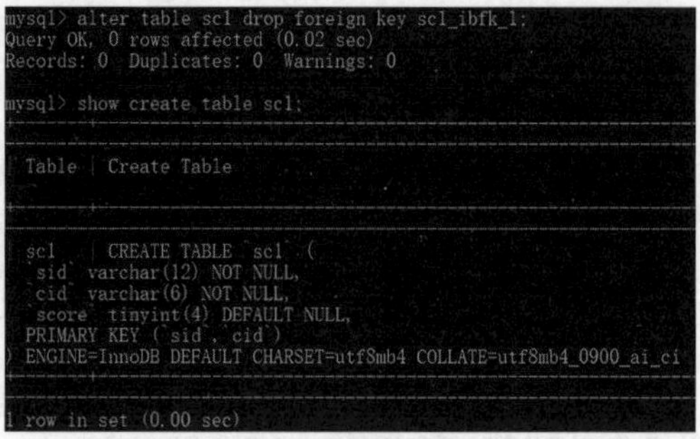

```
mysql> alter table sc1 drop foreign key sc1_ibfk_1;
Query OK, 0 rows affected (0.02 sec)
Records: 0  Duplicates: 0  Warnings: 0

mysql> show create table sc1;
+------+--------------------------------------------
| Table | Create Table
+------+--------------------------------------------
| sc1   | CREATE TABLE `sc1` (
  `sid` varchar(12) NOT NULL,
  `cid` varchar(6) NOT NULL,
  `score` tinyint(4) DEFAULT NULL,
  PRIMARY KEY (`sid`,`cid`)
) ENGINE=InnoDB DEFAULT CHARSET=utf8mb4 COLLATE=utf8mb4_0900_ai_ci
+------+--------------------------------------------
1 row in set (0.00 sec)
```

图 6-8　删除外键

6.3　唯一性约束

唯一性约束是用于保证表中字段取值的唯一性。像主键一样，唯一键字段可以是表的一列或多列，它们的值在任何时候都是唯一的。定义唯一性约束的关键字是 UNIQUE。

一个表可以有一个或多个唯一性约束键，可以在创建表或修改表时定义。

6.3.1　创建表时创建唯一性约束

（1）定义成列级完整性约束，基本语法格式为：

```
字段名 数据类型 UNIQUE
```

（2）定义成表级完整性约束，基本语法格式为：

```
UNIQUE(字段名)
```

说明：对于创建单字段唯一性约束，这两种方式都可以使用。但是，对于多字段组成的唯一性约束，只能使用第二种方式，即将其定义成表级完整性约束。

【例 6-9】 创建学生 stu3 表，将姓名(sname)字段设置成唯一键。

SQL 语句如下：

```
create table stu3(
    sid varchar(12) primary key,
    sname varchar(10) not null unique,
    sex varchar(2) not null,
    birth date not null
);
```

或者

```
create table stu3(
    sid varchar(12) primary key,
    sname varchar(10) not null,
    sex varchar(2) not null,
    birth date not null,
    unique(sname)
);
```

执行该 SQL 语句后，输入 desc stu3;查看，可以发现字段 sname 的 Key 值为 UNI，UNI 是唯一键的标识，如图 6-9 所示。

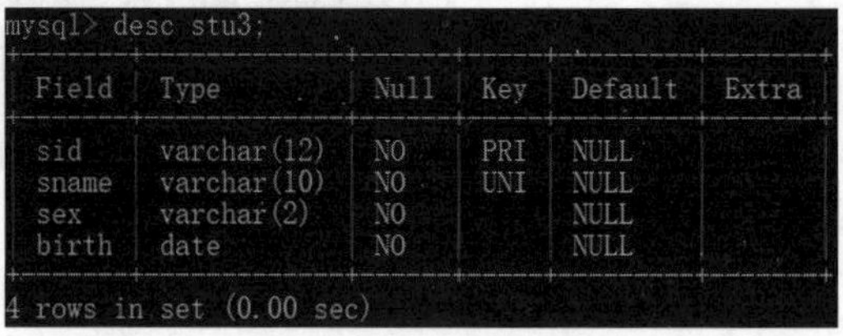

```
mysql> desc stu3;
+-------+-------------+------+-----+---------+-------+
| Field | Type        | Null | Key | Default | Extra |
+-------+-------------+------+-----+---------+-------+
| sid   | varchar(12) | NO   | PRI | NULL    |       |
| sname | varchar(10) | NO   | UNI | NULL    |       |
| sex   | varchar(2)  | NO   |     | NULL    |       |
| birth | date        | NO   |     | NULL    |       |
+-------+-------------+------+-----+---------+-------+
4 rows in set (0.00 sec)
```

图 6-9　唯一键示例

输入数据验证唯一性约束。

```
mysql> insert into stu3 values('10002','李四','男','2000-8-10');
Query OK, 1 row affected (0.01 sec)
```

将数据正常添加到表中后，再添加下面的一条数据到表 stu3，执行结果如下。

```
mysql> insert into stu3 values('10003','李四','男','2010-5-10');
ERROR 1062 (23000): Duplicate entry '李四' for key 'sname'
```

执行失败，数据并没有插入 stu3 表中，原因就是 sname 字段的值重复了，即违反了 sname 字段的唯一性约束。

注意：

（1）查看唯一性约束除可以使用 describe 命令外，还可以使用 show create table 表名;或 show index from 表名;命令来查看，如本例中也可以输入下列命令来查看表 stu3 的唯一性约束信息。

```
show create table stu3;
```

或

```
show index from stu3;
```

（2）创建多字段组成的唯一性约束，如创建 stud1 表，将姓名和出生日期字段定义成唯一性约束。SQL 命令如下：

```
create table stud1(
    sid varchar(12) primary key,
    sname varchar(10) not null,
    sex varchar(2) not null,
    birth date not null,
    unique(sname,birth)
);
```

执行该命令后，将创建一个由 sname 字段和 birth 字段共同组成的唯一性约束。

6.3.2 为已存在的表添加唯一性约束

基本语法格式为：

```
ALTER TABLE 表名 MODIFY 字段名 数据类型 UNIQUE;
```

或

```
ALTER TABLE 表名 ADD [CONSTRAINT 约束名] UNIQUE(字段名 1,字段名 2,…,字段名 n);
```

说明：CONSTRAINT 约束名，如果省略，系统自动会为唯一性定义一个约束名。使用前一种方式只能用来创建单一字段的唯一性约束，而使用后面一种方式不仅可以创建单字段的唯一性约束，也可以创建多字段的唯一性约束。

【例 6-10】 为 stu1 表的 sname 字段添加唯一性约束。

SQL 语句为：

```
alter table stu1 modify sname varchar(10) not null unique;
```

执行上述 SQL 语句后，输入 desc stu1;验证，可以看到 sname 字段的 Key 值为 UNI，如图 6-10 所示。

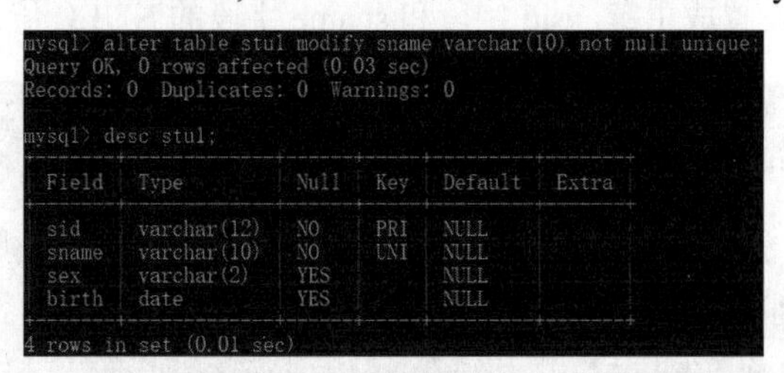

图 6-10 为已存在的表创建唯一性约束

6.3.3 删除唯一性约束

基本语法格式为：

```
ALTER TABLE 表名 DROP INDEX 唯一性约束名;
```

说明：当在创建唯一性约束时，省略了约束名，则系统字段会为创建唯一性定义一个约束名。可以输入命令：

```
SHOW INDEX FROM 表名;
```

查看当前表的完整性约束信息。

【例 6-11】 删除 stu1 表的 sname 字段的唯一性约束。

SQL 语句为：

```
alter table stu1 drop index sname;
```

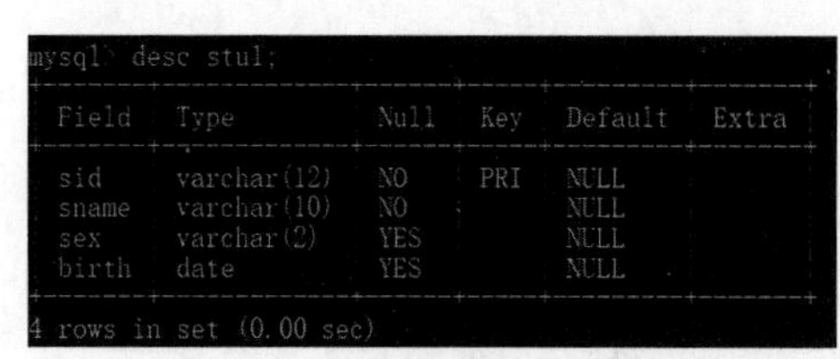

mysql> desc stu1;

Field	Type	Null	Key	Default	Extra
sid	varchar(12)	NO	PRI	NULL	
sname	varchar(10)	NO		NULL	
sex	varchar(2)	YES		NULL	
birth	date	YES		NULL	

4 rows in set (0.00 sec)

图 6-11　删除唯一性约束示例

执行上述 SQL 语句后，输入 desc stu1;验证，可以看到 sname 字段的 Key 值为 NULL，唯一性约束已经被删除，如图 6-11 所示。

在 MySQL 中，唯一键和主键的主要区别如下。

（1）在一个数据表中，只能定义一个主键，但可以有若干个 UNIQUE 键。

（2）主键字段的值不允许为 NULL，而 UNIQUE 字段的值可取 NULL，但是必须使用 NULL 声明，只是 NULL 值最多有一个。

（3）一般创建 PRIMARY KEY 约束时，系统会自动产生 PRIMARY KEY 索引；创建 UNIQUE 约束时，系统会自动产生 UNIQUE 索引。

6.4　非空约束

非空约束是指字段的值不能为 NULL，在 MySQL 中，非空约束是通过 NOT NULL 定义的。

6.4.1　创建表时添加非空约束

基本语法格式如下：

```
字段名 数据类型 NOT NULL
```

【例 6-12】 创建学生表 stu2，将姓名(sname)字段设置成非空约束。

SQL 语句如下：

```
create table stu2(
        sid varchar(12) primary key,
        sname varchar(10) not null,
        sex varchar(2),
        birth date
);
```

上面 SQL 命令执行后，输入 desc stu2;进行验证，看到 stu2 表中包含 sid、sname、sex 和 birth 四个字段。其中，sid 字段被设置成主键，sid 字段和 sname 字段的 NULL 值为 NO，如图 6-12 所示。

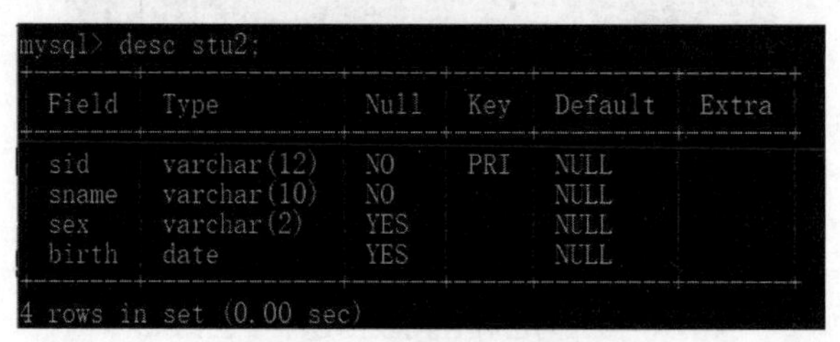

mysql> desc stu2;

Field	Type	Null	Key	Default	Extra
sid	varchar(12)	NO	PRI	NULL	
sname	varchar(10)	NO		NULL	
sex	varchar(2)	YES		NULL	
birth	date	YES		NULL	

4 rows in set (0.00 sec)

图 6-12　设置非空约束

在一张表中，非空字段可以定义多个，但只能定义为列级约束。

下面输入一条数据进行验证，结果如下。

```
mysql> insert into stu2 values('10001',null,null,null);
ERROR 1048 (23000): Column 'sname' cannot be null
```

数据添加失败，原因是 sname 字段的取值不能为空值，而在数据添加时 sname 字段的值是 NULL，所以添加失败。

6.4.2　为已存在的表添加非空约束

基本语法格式为：

```
ALTER TABLE 表名 MODIFY 字段名 数据类型 NOT NULL;
```

【例 6-13】 为 stu2 表的 sex 字段添加非空约束。

SQL 语句为：

```
alter table stu2 modify sex varchar(2) not null;
```

上面 SQL 命令执行后，输入 desc stu2;进行验证，sex 字段的 NULL 值为 NO，如图 6-13 所示。

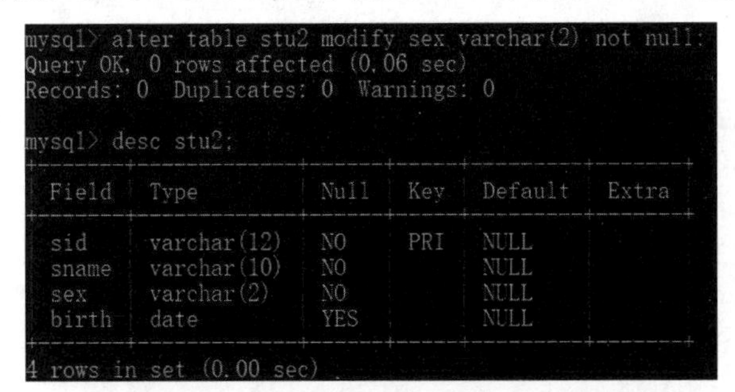

```
mysql> alter table stu2 modify sex varchar(2) not null;
Query OK, 0 rows affected (0.06 sec)
Records: 0  Duplicates: 0  Warnings: 0

mysql> desc stu2;
+-------+-------------+------+-----+---------+-------+
| Field | Type        | Null | Key | Default | Extra |
+-------+-------------+------+-----+---------+-------+
| sid   | varchar(12) | NO   | PRI | NULL    |       |
| sname | varchar(10) | NO   |     | NULL    |       |
| sex   | varchar(2)  | NO   |     | NULL    |       |
| birth | date        | YES  |     | NULL    |       |
+-------+-------------+------+-----+---------+-------+
4 rows in set (0.00 sec)
```

图 6-13　为已存在的表添加非空约束

6.4.3　删除非空约束

基本语法格式为：

```
ALTER TABLE 表名 MODIFY 字段名 数据类型;
```

【例 6-14】 删除 stu2 表的 sex 字段的非空约束。

SQL 语句为：

```
alter table stu2 modify sex varchar(2);
```

上面 SQL 命令执行后，输入 desc stu2;进行验证，sex 字段的 NULL 值为 YES，如图 6-14 所示。

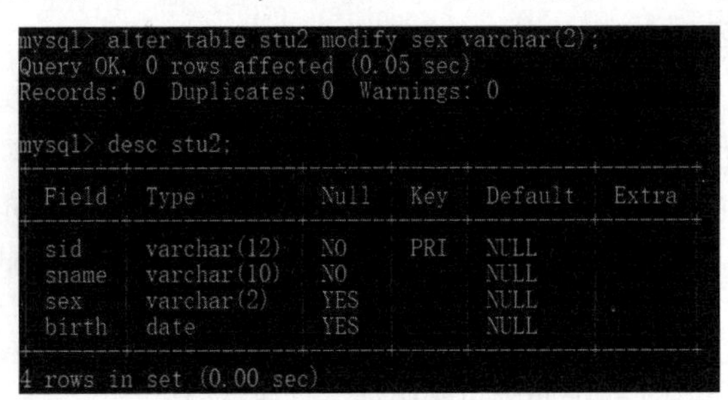

```
mysql> alter table stu2 modify sex varchar(2);
Query OK, 0 rows affected (0.05 sec)
Records: 0  Duplicates: 0  Warnings: 0

mysql> desc stu2;
+-------+-------------+------+-----+---------+-------+
| Field | Type        | Null | Key | Default | Extra |
+-------+-------------+------+-----+---------+-------+
| sid   | varchar(12) | NO   | PRI | NULL    |       |
| sname | varchar(10) | NO   |     | NULL    |       |
| sex   | varchar(2)  | YES  |     | NULL    |       |
| birth | date        | YES  |     | NULL    |       |
+-------+-------------+------+-----+---------+-------+
4 rows in set (0.00 sec)
```

图 6-14　删除非空约束

6.5　检查约束

CHECK 完整性约束在创建表的定义，可为列级完整性约束，也可为表级完整性约束。

6.5.1　创建表时添加检查约束

基本语法格式为：

```
CHECK (expr)
```

说明：expr 是一个表达式，指定需要检查的条件，在更新表数据时，MySQL 会检查更新后的数据行是否满足 CHECK 的条件。

注意：当检查约束定义为列级完整性约束时，需要紧跟在该列定义之后。当检查约束定义为表级完整性约束时，需要在所有的列定义之后，单独成行添加。如果检查约束涉及两个及以上字段，只能定义成表级完整性约束。

【例 6-15】 创建表 student，对于性别(sex)字段的取值只能是男或女，出生日期必须是 1990 年 1 月 1 日以后的。

SQL 语句为：

```
create   table   student(
    sid      varchar(12) not null,
```

```
    sname varchar(10) not null,
    sex     char(1) not null    check(sex in ('男', '女')),        -- 列级约束
    birth date not null,
check(birth>'1990-1-1')                                         -- 表级约束
);
```

执行上述 SQL 语句后，输入下面数据进行验证：

```
mysql> insert into student values('1001','张三','男','2000-4-9');
```

执行结果：Query OK, 1 row affected (0.01 sec)

```
mysql> insert into student values('1002','李四','没','1989-5-6');
```

执行结果：ERROR 3819 (HY000): Check constraint 'student_chk_1' is violated.

```
mysql> insert into student values('1003','李四','女','1989-5-6');
```

执行结果：ERROR 3819 (HY000): Check constraint 'student_chk_2' is violated.

如图 6-15 所示。

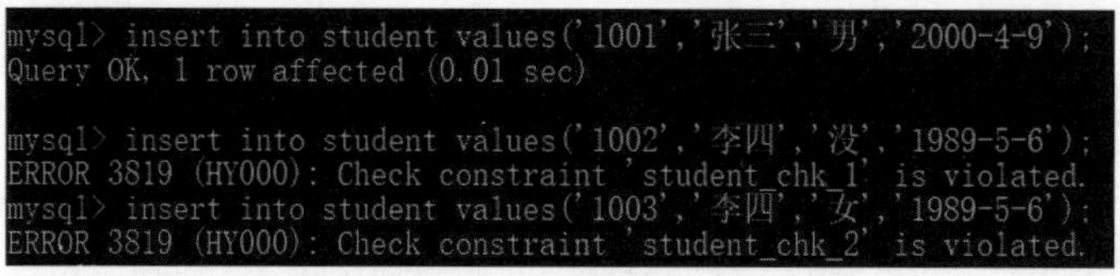

```
mysql> insert into student values('1001','张三','男','2000-4-9');
Query OK, 1 row affected (0.01 sec)

mysql> insert into student values('1002','李四','没','1989-5-6');
ERROR 3819 (HY000): Check constraint 'student_chk_1' is violated.
mysql> insert into student values('1003','李四','女','1989-5-6');
ERROR 3819 (HY000): Check constraint 'student_chk_2' is violated.
```

图 6-15　验证 CHECK 约束的结果

注意：CHECK 约束在 MySQL 8.0.16 版本中才实现了自动对写入的数据进行约束检查。创建的检查约束可以输入 show create table 命令来查看。

6.5.2　为已存在的表添加检查约束

基本语法格式为：

```
ALTER TABLE  表名  ADD [CONSTRAINT  约束名] CHECK(表达式);
```

说明：创建检查约束时，如果没有为约束命名，则系统会自动为约束定义一个名字。

【例 6-16】 为 student 表的 sid 字段添加一个检查约束，要求取值范围限定在'1001'～'1009'。

SQL 语句为：

```
alter table student add check(sid between '1001' and '1009');
```

执行上述 SQL 语句后，输入下面数据进行验证：

```
insert into student values('1010','王五','男','2001-1-10');
```

执行结果：ERROR 3819 (HY000): Check constraint 'student_chk_3' is violated.

其中，'student_chk_3'是系统自动为约束定义的约束名，如图 6-16 所示。

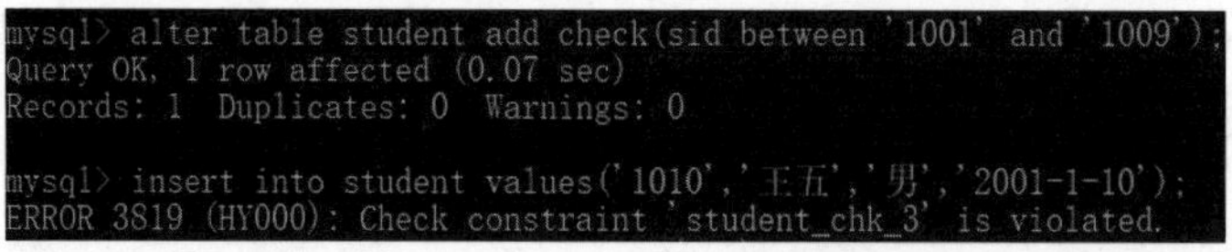

```
mysql> alter table student add check(sid between '1001' and '1009');
Query OK, 1 row affected (0.07 sec)
Records: 1  Duplicates: 0  Warnings: 0

mysql> insert into student values('1010','王五','男','2001-1-10');
ERROR 3819 (HY000): Check constraint 'student_chk_3' is violated.
```

图 6-16　为已存在的表添加检查约束

6.5.3　删除检查约束

基本语法格式为：

```
ALTER TABLE  表名  DROP CHECK  检查约束名;
```

【例 6-17】 删除 student 表 sid 字段的检查约束 student_chk_3。

SQL 语句为：

（1）首先输入命令查看 student 表的检查约束。

```
show create table student;
```

（2）删除检查约束。

```
alter table student drop check student_chk_3;
```

（3）查看删除后 student 表的检查约束。

```
show create table student;
```

执行上述 SQL 语句后，结果如图 6-17 所示，可以看到 sid 字段的约束已经被删除了。

```
mysql> show create table student;
+---------+----------------------------------------------------------------------+
| Table   | Create Table                                                         |
+---------+----------------------------------------------------------------------+
| student | CREATE TABLE `student` (
  `sid` varchar(12) NOT NULL,
  `sname` varchar(10) NOT NULL,
  `sex` char(1) NOT NULL,
  `birth` date NOT NULL,
  CONSTRAINT `student_chk_1` CHECK ((`sex` in (_utf8mb4'男',_utf8mb4'女'))),
  CONSTRAINT `student_chk_2` CHECK ((`birth` > _gbk'1990-1-1')),
  CONSTRAINT `student_chk_3` CHECK ((`sid` between _gbk'1001' and _gbk'1009'))
) ENGINE=InnoDB DEFAULT CHARSET=utf8mb4 COLLATE=utf8mb4_0900_ai_ci |
+---------+----------------------------------------------------------------------+
1 row in set (0.00 sec)

mysql> alter table student drop check student_chk_3;
Query OK, 0 rows affected (0.01 sec)
Records: 0  Duplicates: 0  Warnings: 0

mysql> show create table student;
+---------+----------------------------------------------------------------------+
| Table   | Create Table                                                         |
+---------+----------------------------------------------------------------------+
| student | CREATE TABLE `student` (
  `sid` varchar(12) NOT NULL,
  `sname` varchar(10) NOT NULL,
  `sex` char(1) NOT NULL,
  `birth` date NOT NULL,
  CONSTRAINT `student_chk_1` CHECK ((`sex` in (_utf8mb4'男',_utf8mb4'女'))),
  CONSTRAINT `student_chk_2` CHECK ((`birth` > _gbk'1990-1-1'))
) ENGINE=InnoDB DEFAULT CHARSET=utf8mb4 COLLATE=utf8mb4_0900_ai_ci |
+---------+----------------------------------------------------------------------+
1 row in set (0.00 sec)
```

图 6-17　删除并查看检查约束

6.6　默认值约束

默认值约束用于给表中的字段指定默认值，即当在表中插入一条新记录时，如果没有给这个字段赋值，那么，DBMS 就会自动为这个字段插入默认值。默认值约束只能定义为列级约束，定义默认值约束的关键字是 DEFAULT。

6.6.1　创建表时添加默认值约束

基本语法格式为：

```
字段名 数据类型 DEFAULT 默认值
```

【例 6-18】 为 stu4 表的性别(sex)字段设置默认值为“男”。

SQL 语句如下：

```
create table stu4(
        sid varchar(12) primary key,
        sname varchar(10) not null ,
        sex varchar(2) not null default '男',
        birth date not null
    );
```

上述 SQL 语句执行后，输入 desc stu4;命令后，可以看到 sex 字段的 Default 值已经变为“男”了，说明设置成功，如图 6-18 所示。

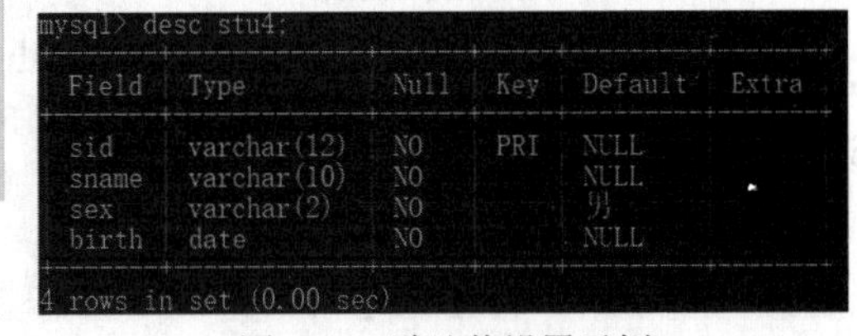

```
mysql> desc stu4;
+-------+-------------+------+-----+---------+-------+
| Field | Type        | Null | Key | Default | Extra |
+-------+-------------+------+-----+---------+-------+
| sid   | varchar(12) | NO   | PRI | NULL    |       |
| sname | varchar(10) | NO   |     | NULL    |       |
| sex   | varchar(2)  | NO   |     | 男      |       |
| birth | date        | NO   |     | NULL    |       |
+-------+-------------+------+-----+---------+-------+
4 rows in set (0.00 sec)
```

图 6-18　默认值设置示例

现在添加记录的语句进行验证，首先输入下面两条 SQL 语句：

```
insert into stu4 values('1101','王明','','2000-4-8');
insert into stu4(sid,sname,birth) values('1102','王明','2000-4-8');
```

执行这两条 SQL 语句后，输入查询命令：

```
select * from stu4;
```

结果如下所示：

```
mysql> select * from stu4;
+------+-------+-----+------------+
| sid  | sname | sex | birth      |
+------+-------+-----+------------+
| 1101 | 王明  |     | 2000-04-08 |
| 1102 | 王明  | 男  | 2000-04-08 |
+------+-------+-----+------------+
```

可以看到在第一条记录中，因为 sex 字段输入的是空字符串''，所以显示为空白。在第二条记录中只输入了“sid，sname，birth”字段的值，sex 字段的值是没有输入的，但是显示记录中 sex 字段的值为男，说明该记录自动使用了 sex 字段的默认值。

6.6.2 为已存在的表添加默认值约束

基本语法格式为：

```
ALTER TABLE 表名 MODIFY 字段名 数据类型 DEFAULT 默认值;
```

【例 6-19】 为学生 stu4 表的 birth 字段设置默认值为“1990-1-1”。

SQL 语句如下：

```
alter table stu4 modify birth date default '1990-1-1';
```

上述 SQL 语句执行后，输入 desc stu4;命令，可以看到 birth 字段的 Default 值已经变为 1990-1-1，说明设置成功，如图 6-19 所示。

```
mysql> desc stu4;
+-------+-------------+------+-----+------------+-------+
| Field | Type        | Null | Key | Default    | Extra |
+-------+-------------+------+-----+------------+-------+
| sid   | varchar(12) | NO   | PRI | NULL       |       |
| sname | varchar(10) | NO   |     | NULL       |       |
| sex   | varchar(2)  | NO   |     | 男         |       |
| birth | date        | YES  |     | 1990-01-01 |       |
+-------+-------------+------+-----+------------+-------+
4 rows in set (0.00 sec)
```

图 6-19 为已存在的表添加默认值

现在输入一条数据进行验证，SQL 语句如下：

```
insert into stu4(sid,sname) values('1103','章红');
```

结果如下所示：

```
mysql> select * from stu4;
+------+-------+-----+------------+
| sid  | sname | sex | birth      |
+------+-------+-----+------------+
| 1101 | 王明  |     | 2000-04-08 |
| 1102 | 王明  | 男  | 2000-04-08 |
| 1103 | 章红  | 男  | 1990-01-01 |
+------+-------+-----+------------+
```

可以看到刚刚添加的记录，sex 字段和 birth 字段的值都使用了默认值。

6.6.3 删除默认值约束

基本语法格式为：

```
ALTER TABLE 表名 MODIFY 字段名 数据类型;
```

【例 6-20】 删除学生 stu4 表的 birth 字段设置的默认值。

SQL 语句如下：

```
alter table stu4 modify birth date;
```

上述 SQL 语句执行后，输入 desc stu4;命令，可以看到 birth 字段的 Default 值已经没有了，说明删除成功，如图 6-20 所示。

现在输入一条数据进行验证，SQL 语句如下：

```
insert into stu4(sid,sname ) values ('1104','李强');
```

结果如下所示：

```
mysql> select * from stu4;
+------+-------+-----+------------+
| sid  | sname | sex | birth      |
+------+-------+-----+------------+
| 1101 | 王明  |     | 2000-04-08 |
| 1102 | 王明  | 男  | 2000-04-08 |
| 1103 | 章红  | 男  | 1990-01-01 |
| 1104 | 李强  | 男  | NULL       |
+------+-------+-----+------------+
```

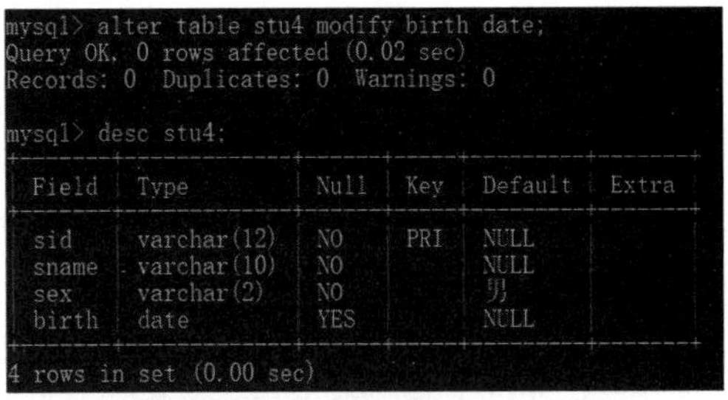

```
mysql> alter table stu4 modify birth date;
Query OK, 0 rows affected (0.02 sec)
Records: 0  Duplicates: 0  Warnings: 0

mysql> desc stu4;
+-------+-------------+------+-----+---------+-------+
| Field | Type        | Null | Key | Default | Extra |
+-------+-------------+------+-----+---------+-------+
| sid   | varchar(12) | NO   | PRI | NULL    |       |
| sname | varchar(10) | NO   |     | NULL    |       |
| sex   | varchar(2)  | NO   |     | 男      |       |
| birth | date        | YES  |     | NULL    |       |
+-------+-------------+------+-----+---------+-------+
4 rows in set (0.00 sec)
```

图 6-20　删除默认值约束

可以看到刚刚添加的记录，sex 字段使用的是默认值，而 birth 字段的默认值已经被删除了，所以 birth 字段的值为 NULL。

6.7　使用 MySQL Workbench 管理数据完整性约束

打开 MySQL Workbench，登录“Local instance MySQL 80”，展开 jwgl 数据库，定位到 student1 表，右击选择“Alter Table”选项，打开 student1 表结构如图 6-21 所示。

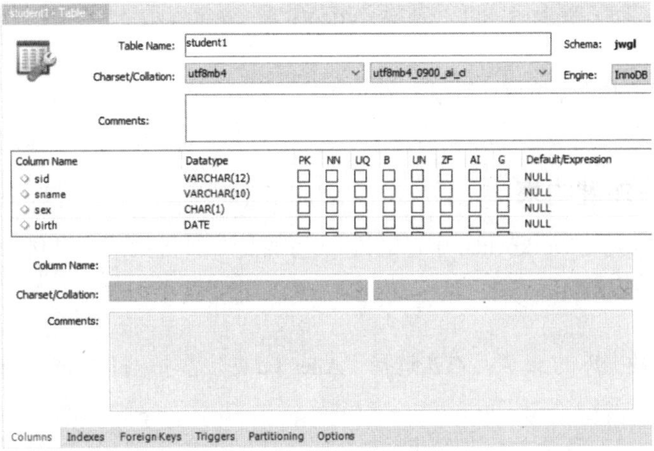

图 6-21　student1 表结构

其中字段中 PK、NN、UQ、UN、ZF、AI 等基本字段类型标识及含义如表 6-1 所示。

表 6-1　字段标识及含义

字 段 标 识	含　义
PK	primary key 主键
NN	not null 非空
UQ	unique 唯一索引
B(BIN)	binary 二进制数据
UN	unsigned 无符号（非负数）
ZF	zero fill 填充 0
AI	auto increment 自增
Default/Expression	默认值

6.7.1　创建和删除主键约束

【例 6-21】 为 student1 表的 sid 字段先创建主键约束，然后删除。

步骤如下。

（1）选择 sid 字段，勾选 PK 和 NN 下方的复选框。

（2）关闭 student1 表结构的窗口，出现如图 6-22 所示对话框，选择“Save”选项进行保存，在后续出现的窗口中依次单击“Apply”和“Finish”按钮。

（3）重新定位到 student1 表，右击选择“Alter Table”选项，打开 student1 表结构如图 6-23 所示，可以看到 sid 字段已经创建了主键约束，即 sid 字段前出现了钥匙标识。

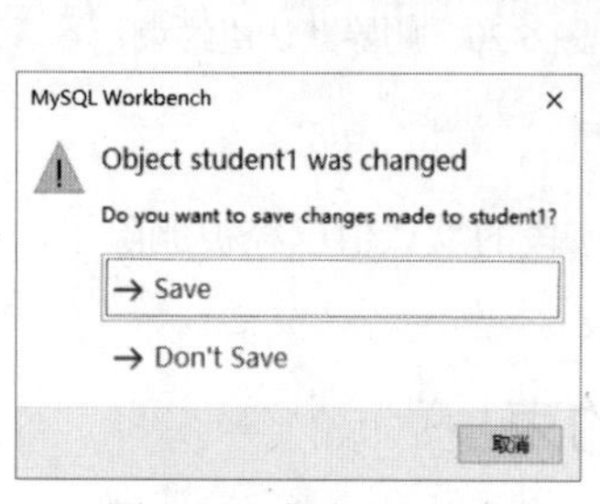

图 6-22　保存对话框

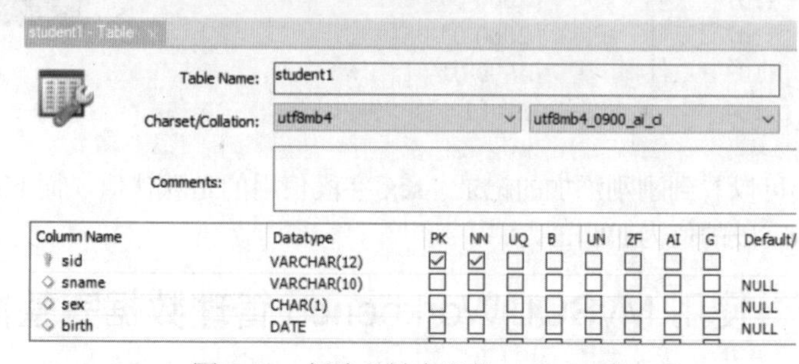

图 6-23　创建主键字段的 student1 表

（4）选择 sid 字段，勾选 PK 下的复选框，其中的√便会消失。

（5）重复第（2）、（3）步骤后，可以发现 student1 表 sid 字段前的钥匙标识已经消失，说明删除主键成功。

说明：非空约束、唯一性约束、默认值约束的管理同主键约束的操作类似，此处不再赘述，读者可自行练习。

6.7.2　创建和删除外键约束

【例 6-22】 在 MySQL Workbench 中，通过 sid 字段添加外键约束，建立 sc 表和 stu1 表的关联关系，然后再删除该外键约束。

步骤如下。

（1）定位到 jwgl 数据库的 sc 表，右击选择“Alter Table”选项，打开 sc 表结构如图 6-24 所示。

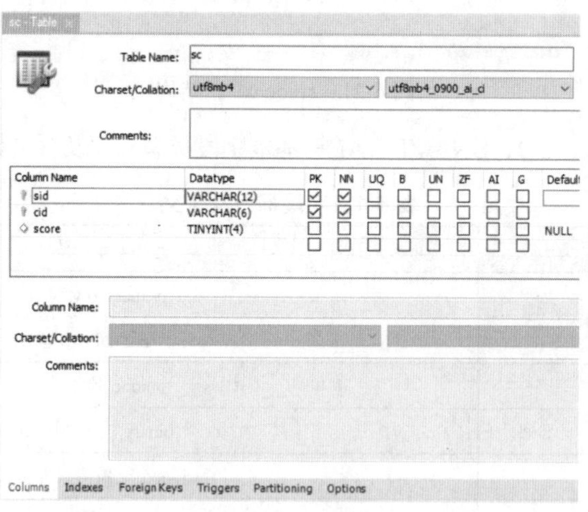

图 6-24　sc 表结构

（2）选择底部的“Foreign Keys”选项卡，打开如图 6-25 所示窗口。

（3）在 Foreign Key Name 文本框中输入外键名称 sc_stu_fk_sid，在 Referenced Table 中选择“jwgl.stu1”表，然后在右侧窗口 Column 下勾选 sid 复选框，在 Referenced Column 的列表框中选择 sid 字段。

（4）在 Foreign Key Options 窗口中，在 On Update 下拉列表中选择“RESTRICT”选项，并在 On Delete

下拉列表中选择“RESTRICT”选项，如图 6-26 所示。

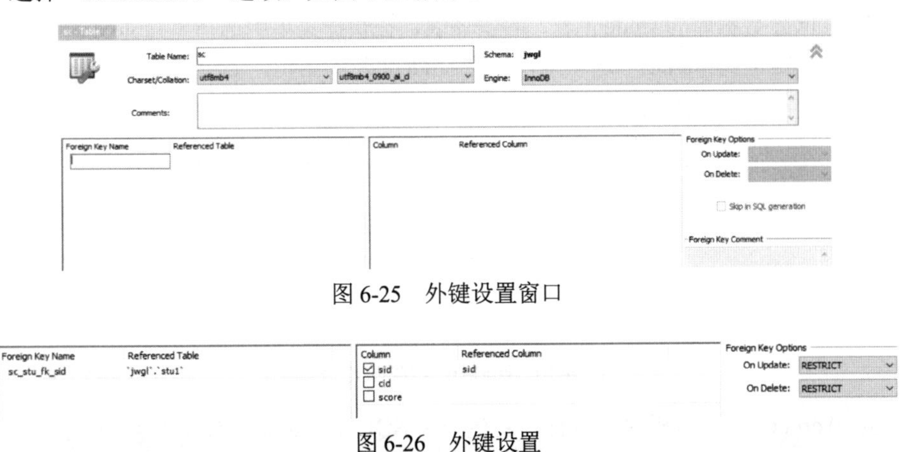

图 6-25　外键设置窗口

图 6-26　外键设置

（5）单击“Apply”按钮，如图 6-27 所示。

（6）最后在弹出的对话框中单击“Finish”按钮，完成外键设置。此时可以看到外键窗口中有一个外键 sc_stu_fk_sid，如图 6-28 所示。

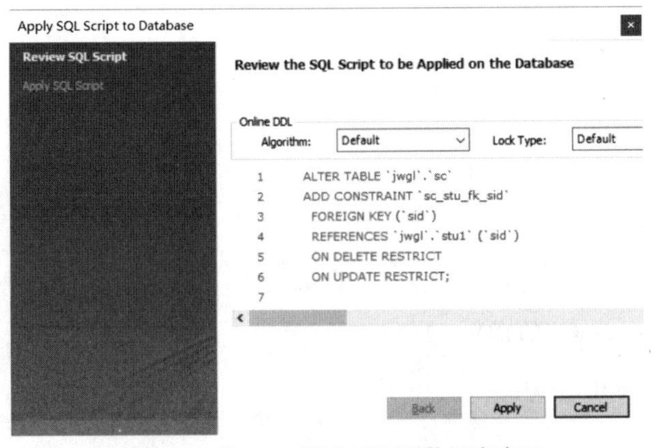

图 6-27　将 SQL 脚本写入到数据库窗口

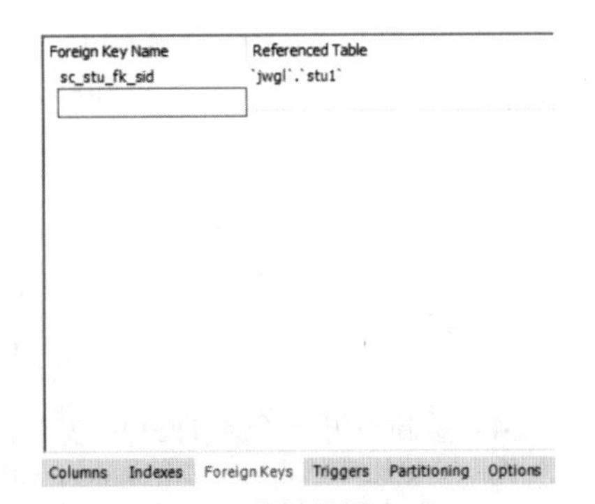

图 6-28　外键设置完成

（7）右击外键 sc_stu_fk_sid，在弹出的快捷菜单中选择“Delete selected”→“Apply”，出现如图 6-29 所示对话框，继续单击“Apply”按钮，最后在弹出的对话框中单击“Finish”按钮，即可删除所选外键。

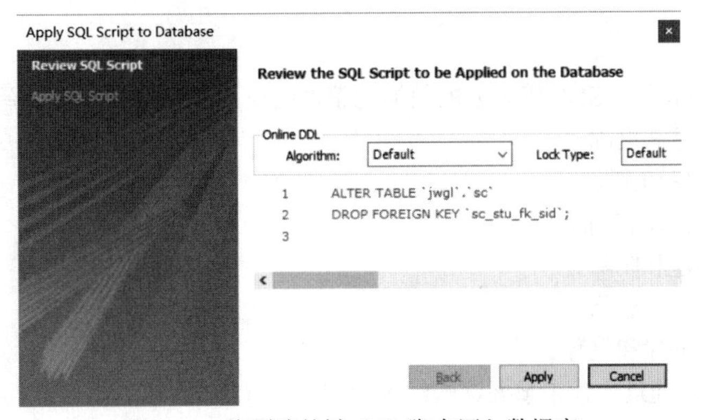

图 6-29　将删除外键 SQL 脚本写入数据库

6.7.3　创建和删除检查约束

【例 6-23】 以 student 表为例，在 MySQL Workbench 中管理检查约束。

步骤如下。

（1）定位到 jwgl 数据库的 student 表，右击该表，在快捷菜单中选择“Table Inspector”选项，在打开的 student 表中定位到“DDL”选项卡，查看 student 表的结构，如图 6-30 所示。

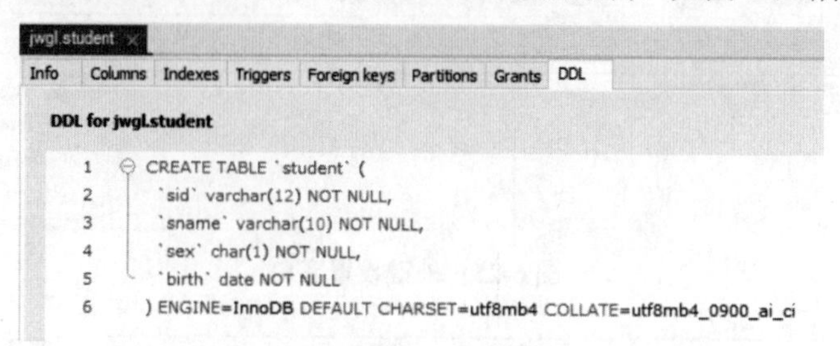

图 6-30 student 表的 DDL（1）

（2）单击 Workbench 工具栏的图标，新建一个 SQL 窗口，输入如下 SQL 语句：

```
alter table student add check(sex in('男','女'));
```

单击 SQL 语句执行按钮。

（3）重新打开 student 表的 Table Inspector，定位到 DDL 选项卡，查看 student 表的结构，如图 6-31 所示，可以看到多了一条 CHECK 约束命令，说明检查约束添加成功。

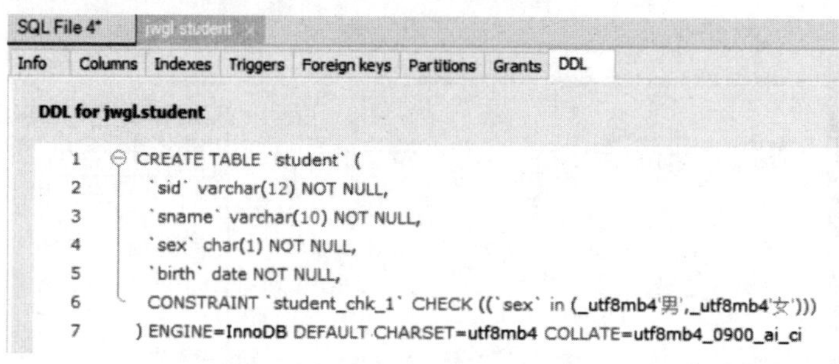

图 6-31 student 表的 DDL（2）

（4）重新打开一个新的 SQL 窗口，输入 SQL 语句：

```
alter table student drop check student_chk_1;
```

单击 SQL 语句执行按钮。

（5）重新打开 student 表的 Table Inspector，定位到 DDL 选项卡，查看 student 表的结果，可以看到检查约束已经被成功删除。

6.8 小结

本章主要介绍了利用 MySQL 管理表的数据完整性约束，学习本章后要掌握的主要内容有：

- 主键约束的创建和删除。
- 外键约束的创建和删除。
- 唯一性约束的创建和删除。
- 非空约束的创建和删除。
- 检查约束的创建和删除。
- 默认值约束的创建和删除。

读者可多加练习，通过实践来掌握这些约束的使用。

实训 6

1. 实训目的

（1）掌握主键约束的使用方法。

（2）掌握外键约束的使用方法。

（3）掌握唯一性约束的使用方法。

（4）掌握非空约束的使用方法。

（5）掌握检查约束的使用方法。

（6）掌握默认值约束的使用方法。

2．实训准备

复习 6.1～6.7 节的内容。

熟悉表的数据完整性约束的相关操作。

3．实训内容

根据 jwgl 数据库，完成下面实训内容。

（1）根据学生基本信息表（xsjbxxb）和学生选课表（xsxkb）创建学生表（xsb）和选课表（xkb）。步骤如下。

在 MySQL Command Line 下，输入下面 SQL 语句：

```
mysql> use jwgl;
mysql> create table xsb
    -> as
    -> select * from xsjbxxb;
mysql> create table xkb
    -> as
    -> select * from xsxkb;
```

（2）根据 xsb 表和 xkb 表，完成以下各题。

① 对 xsb 表的 xh 字段添加单一主键，对 xkb 表的 xh 字段和 kcdm 字段创建复合主键。

② 对 xkb 表的 xh 字段创建外键约束，建立 xsb 表和 xkb 表的关联关系。

③ 针对 xsb 表的 xm、bjbh、xy 等字段添加非空约束。

④ 针对 xsb 表的 xm 字段添加唯一性约束。

⑤ 针对 xsb 表的 xb 字段添加检查约束，要求只能取值男或女。

⑥ 针对 xsb 表的 xb 字段添加默认值：男。

⑦ 删除创建的外键约束。

⑧ 删除创建的主键约束。

⑨ 删除创建的唯一性约束。

⑩ 删除创建的非空约束。

⑪ 删除创建的默认值约束。

⑫ 删除创建的检查约束。

4．提交实训报告

按照要求提交实训报告作业。

习题 6

一、单选题

1．为了使索引键的取值唯一，在创建索引时应保留关键字（　　）。

A．UNIQUE　　B．DISTINCT　　C．UNION　　D．COUNT

2．创建表时，不允许某列为空可以使用（　　）。

A．NOT NULL　　B．NO NULL　　C．NOT BLANK　　D．NO BLANK

3．UNIQUE 索引的作用是（　　）。

A．保证各行在该索引上的值不能为 NULL

B．保证各行在该索引上的值都不能重复

C．保证唯一索引不能被删除

D．保证参加唯一索引的各列不能再参加其他的索引

4．一个表的主键个数为（　　）。

A．没有限制　　B．至多 1 个　　C．至多 2 个　　D．至多 3 个

5．关系数据库中，主键是（　　）。

A．创建唯一的索引，允许空值　　B．只允许以表中第 1 字段建立

C．一个表中允许有多个主键　　D．为标识表中唯一的记录

二、简答题

常见的约束有哪些？作用及使用方法是什么？

第 7 章　数据查询

学习目标：

- 掌握 select 查询语句的基本格式
- 掌握基本的无条件查询
- 掌握条件查询的使用
- 掌握使用聚合函数实现数据的统计
- 掌握分组和排序查询的使用
- 掌握多表查询的使用
- 掌握子查询的使用
- 掌握正则表达式的模糊查询

7.1　基本查询语句

数据查询是数据库应用中最基本的重要操作。为满足用户对数据的查看、计算、统计等要求，需要从数据表中提取所需的数据。

查询是从数据库表中筛选出符合条件的数据，查询得到的结果集也是关系模式，以表的形式组织和显示数据。查询的结果集一般不被存储，每次查询都会从数据库表中提取数据，并按照要求进行计算、分组和统计等。

在 MySQL 中使用 SELECT 语句来实现数据查询，其基本语法格式如下：

```
SELECT [ALL | DISTINCT | DISTINCTROW ] select_expr [, select_expr ...]
[FROM table_references
[WHERE where_condition]
[GROUP BY {col_name | expr | position}, ... [WITH ROLLUP]]
[HAVING where_condition]
[ORDER BY {col_name | expr | position} [ASC | DESC], ... [WITH ROLLUP]]
[LIMIT {[offset,] row_count | row_count OFFSET offset}]
[INTO OUTFILE 'file_name' | INTO DUMPFILE 'file_name' | INTO var_name [, var_name]]
```

语法说明如下。

SELECT ：表示从表中查询指定的列，其中 ALL 为默认显示全部数据，包括重复的；DISTINCT | DISTINCTROW 为去掉重复的行；select_expr 为要查询的字段或表达式。

FROM：表示查询的数据源，其中 table_references 可以是表或视图。

WHERE：用于指定查询筛选条件，其中 where_condition 为筛选条件。

GROUP BY：用于将查询结果按指定的列进行分组，其中 col_name | expr | position 可以是列名或表达式或字段在查询列表中的次序；WITH ROLLUP 为分类汇总，其中 HAVING 为可选参数，用于对分组后的结果集进行筛选。

ORDER BY：用于对查询结果集按指定的列进行排序，其中 col_name | expr | position 可以是列名或表达式或字段在查询列表中的次序；ASC | DESC 为升序或降序。

LIMIT：用于限制查询结果集的行数，其中参数 offset 为偏移量，当 offset 值为 0 时，表示从查询结果的第 1 条记录开始。当 OFFSET 为 1 时，表示查询结果从第 2 条记录开始。row_count 为要显示的记录总数。

INTO 子句用于保存查询结果，其中 INTO OUTFILE 用于将查询结果全部保存到文件中，INTO DUMPFILE 只保存一行，INTO var_name 用于将查询结果保存到变量 var_name 中。

7.2 单表查询

单表查询是指从一张表中查询所需要的数据，它是最基本的数据查询，其查询的数据源只涉及数据库中的一张表，所以查询操作比较简单。

7.2.1 查询所有字段数据

查询所有字段是指查询表中所有字段的数据，在 MySQL 中可以使用“*”来代表所有的列。查询所有字段的语法格式如下：

```
SELECT * FROM 表名;
```

【例 7-1】 查询班级代码表的全部数据。

SQL 语句如下：

```
select * from bjdmb;
```

也可以用下面的 SQL 语句实现：

```
select bjbh,bmh,bjzwmc
from bjdm;
```

执行结果如图 7-1 所示。

```
mysql> select * from bjdmb;
+-------------+------+------------------------------+
| bjbh        | bmh  | bjzwmc                       |
+-------------+------+------------------------------+
| 2017204091  | 04   | 2017级水利水电工程1班        |
| 2017205051  | 05   | 2017级财务管理1班            |
| 2017206111  | 06   | 2017级电子商务(本)1班        |
| 2017207011  | 07   | 2017级英语1班                |
| 2017209091  | 09   | 2017级地质学1班              |
| 2018201071  | 01   | 2018级电子信息工程1班        |
| 2018201091  | 01   | 2018级电子科学与技术1班      |
| 2018201111  | 01   | 2018级物联网工程1班          |
| 2018205091  | 05   | 2018级税收学1班              |
| 2018205111  | 05   | 2018级资产评估1班            |
| 2018206051  | 06   | 2018级信息管理与信息系统1班  |
| 2018209011  | 09   | 2018级土木工程1班            |
| 2018209031  | 09   | 2018级工程管理1班            |
| 2018209171  | 09   | 2018级地理信息科学1班        |
| 2018209191  | 09   | 2018级测绘工程1班            |
| 2019201051  | 01   | 2019级通信工程1班            |
| 2019203051  | 03   | 2019级电气工程及其自动化1班  |
| 2019203071  | 03   | 2019级自动化1班              |
| 2019204051  | 04   | 2019级应用物理学1班          |
| 2019206091  | 06   | 2019级物流管理1班            |
| 2019208091  | 08   | 2019级产品设计1班            |
| 2019209151  | 09   | 2019级给排水科学与工程1班    |
| 22018201101 | 01   | 2018级大数据技术与应用1班    |
| 22018207021 | 07   | 2018级应用英语1班            |
+-------------+------+------------------------------+
24 rows in set (0.00 sec)
```

图 7-1　查询班级代码表的全部数据

注意：用“*”来表示表中所有列时，查询出来的字段顺序应与表中字段顺序一致，如果要求显示的字段顺序与表中字段顺序不一致，则只能用后一种方法实现。

7.2.2 查询指定字段数据

查询表中指定字段，只要在 SELECT 后面指定要查询的列名即可，多列之间用“,”分隔。

【例 7-2】 查询班级代码表、班级编号和班级中文名称字段。

SQL 语句如下：

```
select bjbh,bjzwmc from bjdmb;
```

执行结果如图 7-2 所示。

```
mysql> select bjbh,bjzwmc from bjdmb;
+-------------+------------------------------+
| bjbh        | bjzwmc                       |
+-------------+------------------------------+
| 2017204091  | 2017级水利水电工程1班        |
| 2017205051  | 2017级财务管理1班            |
| 2017206111  | 2017级电子商务(本)1班        |
| 2017207011  | 2017级英语1班                |
| 2017209091  | 2017级地质学1班              |
| 2018201071  | 2018级电子信息工程1班        |
| 2018201091  | 2018级电子科学与技术1班      |
| 2018201111  | 2018级物联网工程1班          |
| 2018205091  | 2018级税收学1班              |
| 2018205111  | 2018级资产评估1班            |
| 2018206051  | 2018级信息管理与信息系统1班  |
| 2018209011  | 2018级土木工程1班            |
| 2018209031  | 2018级工程管理1班            |
| 2018209171  | 2018级地理信息科学1班        |
| 2018209191  | 2018级测绘工程1班            |
| 2019201051  | 2019级通信工程1班            |
| 2019203051  | 2019级电气工程及其自动化1班  |
| 2019203071  | 2019级自动化1班              |
| 2019204051  | 2019级应用物理学1班          |
| 2019206091  | 2019级物流管理1班            |
| 2019208091  | 2019级产品设计1班            |
| 2019209151  | 2019级给排水科学与工程1班    |
| 22018201101 | 2018级大数据技术与应用1班    |
| 22018207021 | 2018级应用英语1班            |
+-------------+------------------------------+
24 rows in set (0.00 sec)
```

图 7-2　查询班级代码表、班级编号和班级中文名称字段

7.2.3 去掉重复记录

如果希望查询结果没有重复值，可以使用 DISTINCT 关

键字或 DISTINCTROW 关键字从结果集中除去重复的行，基本语法如下：

```
SELECT DISTINCT|DISTINCTROW 字段名 FROM 表名;
```

【例 7-3】 查询学生选课表中学生的学号，并去掉重复记录。

SQL 语句如下：

```
select distinct xh from xsxkb;
```

执行结果如图 7-3 所示。

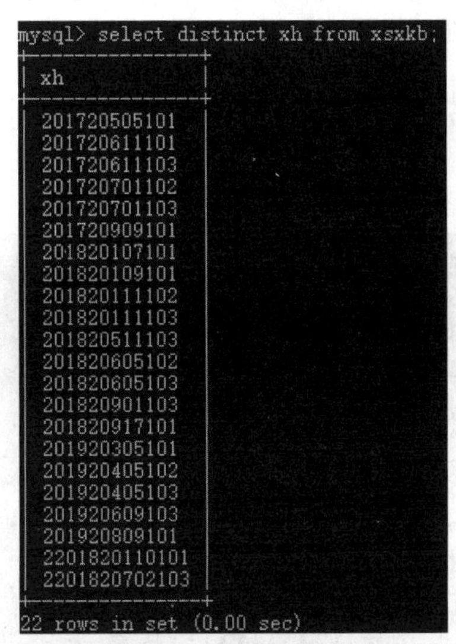

图 7-3 去掉重复的学号

7.2.4 表达式查询

在使用 SELECT 进行查询时，可以使用表达式作为查询的结果列，基本语法如下：

```
SELECT 表达式 ...FROM 表名
```

【例 7-4】 查询每个女生的姓名和年龄。

SQL 语句如下：

```
select xm,year(now())-year(csrq) from xsjbxxb where xb='女';
```

执行结果如图 7-4 所示。

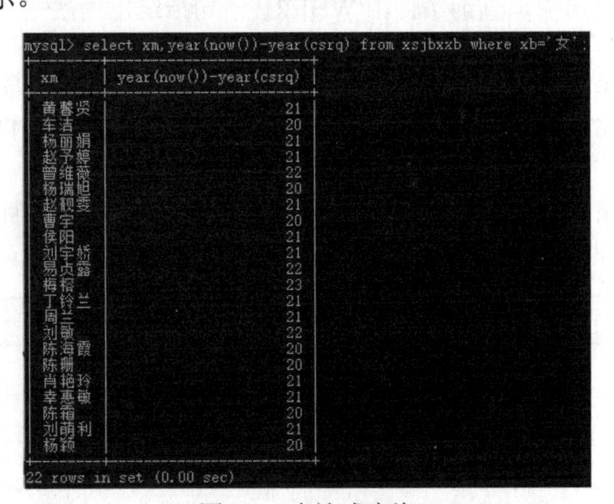

图 7-4 表达式查询

7.2.5 设置别名

默认情况下，结果集显示的列标题就是查询列的名称，当希望查询结果中的列显示时使用自己选择的列标题，可以在列名之后使用 AS 子句。

AS 子句用于为其前面的字段、表达式、函数等设置别名，也可省略 AS 子句使用空格代替，基本语法如下：

（1）为字段设置别名

```
SELECT 字段 1 [AS] 别名 1, 字段 2 [AS] 别名 2 [, …] FROM 表名
```

（2）为表设置别名

```
SELECT 表别名.字段 [, …] FROM 表名 [AS] 表别名
```

【例 7-5】要求使用别名显示班级代码表的班级编号、部门号、班级名称。

代码如下：

```
mysql> select bjbh as 班级编号,bmh as 部门号,bjzwmc as 班级名称
    -> from bjdmb;
```

执行结果如图 7-5 所示。

```
mysql> select bjbh as 班级编号,bmh as 部门号,bjzwmc as 班级名称
    -> from bjdmb;
+-------------+--------+----------------------------------+
| 班级编号    | 部门号 | 班级名称                         |
+-------------+--------+----------------------------------+
| 2017204091  | 04     | 2017级水利水电工程1班            |
| 2017205051  | 05     | 2017级财务管理1班                |
| 2017206111  | 06     | 2017级电子商务(本)1班            |
| 2017207011  | 07     | 2017级英语1班                    |
| 2017209091  | 09     | 2017级地质学1班                  |
| 2018201071  | 01     | 2018级电子信息工程1班            |
| 2018201091  | 01     | 2018级电子科学与技术1班          |
| 2018201111  | 01     | 2018级物联网工程1班              |
| 2018205091  | 05     | 2018级税收学1班                  |
| 2018205111  | 05     | 2018级资产评估1班                |
| 2018206051  | 06     | 2018级信息管理与信息系统1班      |
| 2018209011  | 09     | 2018级土木工程1班                |
| 2018209031  | 09     | 2018级工程管理1班                |
| 2018209171  | 09     | 2018级地理信息科学1班            |
| 2018209191  | 09     | 2018级测绘工程1班                |
| 2019201051  | 01     | 2019级通信工程1班                |
| 2019203051  | 03     | 2019级电气工程及其自动化1班      |
| 2019203071  | 03     | 2019级自动化1班                  |
| 2019204051  | 04     | 2019级应用物理学1班              |
| 2019206091  | 06     | 2019级物流管理1班                |
| 2019208091  | 08     | 2019级产品设计1班                |
| 2019209151  | 09     | 2019级给排水科学与工程1班        |
| 22018201101 | 01     | 2018级大数据技术与应用1班        |
| 22018207021 | 07     | 2018级应用英语1班                |
+-------------+--------+----------------------------------+
24 rows in set (0.01 sec)
```

图 7-5 使用别名查询数据

注意：当自定义的列标题中含有空格时，必须使用引号将标题引起来。

7.2.6 查询指定记录

在实际应用中要获取需要的数据，通常会指定查询条件，以筛选出所需的数据，这种查询方式称为条件查询。在 SELECT 语句中，查询条件由 WHERE 子句指定，语法格式如下：

```
WHERE where_condition
```

其中，where_condition 为筛选条件表达式，该表达式可以由列名、常量、变量、函数及子查询组成。使用的运算符包括比较运算符、逻辑运算符，以及 IN、LIKE、BETWEEN AND、IS NULL 等运算符。

比较运算符是比较常用的运算符，可以比较两个表达式的大小，常用的比较运算符如表 7-1 所示。

表 7-1 比较运算符

运 算 符	含 义	运 算 符	含 义
=	等于	<>、!=	不等于
>	大于	<	小于
>=	大于或等于	<=	小于或等于
<=>	相等或都等于空		

使用比较运算符限定查询条件时，基本语法格式如下：

```
WHERE 表达式 1 比较运算符 表达式 2
```

【例 7-6】查询学生基本信息表中姓名为曹宇的学号、姓名、性别与出生日期。

代码如下：

```
mysql> select xh,xm,xb,csrq
    -> from xsjbxxb
    -> where xm='曹宇';
```

执行结果如图 7-6 所示。

【例 7-7】 查询 2000 年以后出生的学生学号、姓名、性别与出生日期。

代码如下：

```
mysql> select xh,xm,xb,csrq
    -> from xsjbxxb
    -> where csrq>='2000-1-1';
```

执行结果如图 7-7 所示。

```
mysql> select xh,xm,xb,csrq
    -> from xsjbxxb
    -> where xm='曹宇';
+--------------+------+------+------------+
| xh           | xm   | xb   | csrq       |
+--------------+------+------+------------+
| 201820107103 | 曹宇 | 女   | 2000-05-17 |
+--------------+------+------+------------+
1 row in set (0.01 sec)
```

图 7-6　查询姓名为曹宇的信息

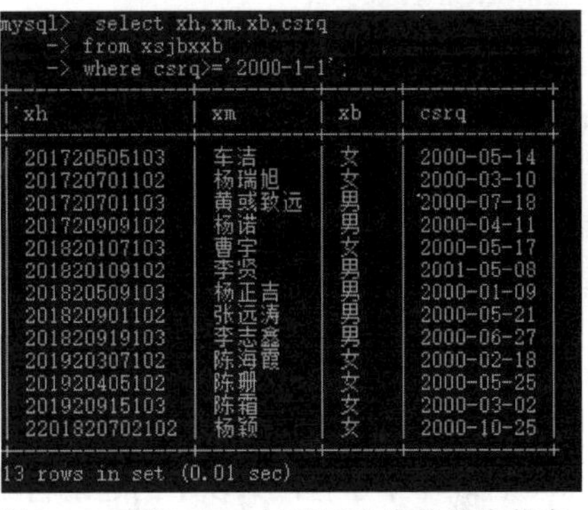

```
mysql> select xh,xm,xb,csrq
    -> from xsjbxxb
    -> where csrq>='2000-1-1';
+---------------+--------+------+------------+
| xh            | xm     | xb   | csrq       |
+---------------+--------+------+------------+
| 201720505103  | 车洁   | 女   | 2000-05-14 |
| 201720701102  | 杨瑞旭 | 女   | 2000-03-10 |
| 201720701103  | 黄彧致远 | 男 | 2000-07-18 |
| 201720909102  | 杨诺   | 男   | 2000-04-11 |
| 201820107103  | 曹宇   | 女   | 2000-05-17 |
| 201820109102  | 李贤   | 男   | 2001-05-08 |
| 201820509103  | 杨正吉 | 男   | 2000-01-09 |
| 201820901102  | 张远涛 | 男   | 2000-05-21 |
| 201820919103  | 李志鑫 | 男   | 2000-06-27 |
| 201920307102  | 陈海霞 | 女   | 2000-02-18 |
| 201920405102  | 陈珊   | 女   | 2000-05-25 |
| 201920915103  | 陈霜   | 女   | 2000-03-02 |
| 2201820702102 | 杨颖   | 女   | 2000-10-25 |
+---------------+--------+------+------------+
13 rows in set (0.01 sec)
```

图 7-7　查询 2000 年以后出生的学生信息

7.2.7　带 IN 关键字的查询

IN 关键字可以判断某个字段的值是否在指定的集合中。如果字段的值在集合中，则满足查询条件，该记录将被查询出来；如果不在集合中，则不满足查询条件。语法格式如下：

```
SELECT 查询输出列表 FROM 表名 WHERE 字段名 [NOT] IN(元素 1,元素 2,…,元素 n);
```

其中，NOT 是可选参数，表示不在指定的集合中，多个元素间用逗号间隔，字符型数据要加单引号。

【例 7-8】 查询选修了课程代码为 00202117 或 00202118 的学生选课信息。

代码如下：

```
mysql> select xh,kcdm,cj
    -> from xsxkb
    -> where kcdm in('00202117','00202118');
```

执行结果如图 7-8 所示。

注意：使用 IN 运算符比较，等价由 OR 运算符连接多个表达式，但使用 IN 构建搜索条件的语法更简化。不允许在值列表中出现 NULL 值数据。

上面示例也可写成：

```
mysql> select xh,kcdm,cj
    -> from xsxkb
    -> where kcdm ='00202117' or kcdm='00202118';
```

执行结果是一样的。

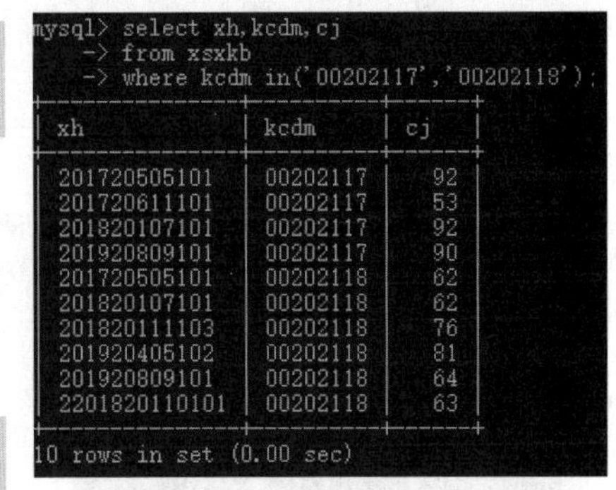

```
mysql> select xh,kcdm,cj
    -> from xsxkb
    -> where kcdm in('00202117','00202118');
+---------------+----------+------+
| xh            | kcdm     | cj   |
+---------------+----------+------+
| 201720505101  | 00202117 |   92 |
| 201720611101  | 00202117 |   53 |
| 201820107101  | 00202117 |   92 |
| 201920809101  | 00202117 |   90 |
| 201720505101  | 00202118 |   62 |
| 201820107101  | 00202118 |   62 |
| 201820111103  | 00202118 |   76 |
| 201920405102  | 00202118 |   81 |
| 201920809101  | 00202118 |   64 |
| 2201820110101 | 00202118 |   63 |
+---------------+----------+------+
10 rows in set (0.00 sec)
```

图 7-8　IN 关键字示例

7.2.8　带 BETWEEN AND 关键字的查询

BETWEEN AND 关键字可以判断某个字段的值是否在指定的范围内。如果字段的值在指定范围内，则满足查询条件，该记录将被查询出来。如果不在指定范围内，则不满足查询条件。其语法如下：

```
SELECT 查询输出列表 FROM 表名 WHERE 字段名 [NOT] BETWEEN 取值 1 AND 取值 2;
```

其中，取值 1 和取值 2 是包含在内的；NOT 是可选参数，表示不在指定的范围内。

【例 7-9】 查询选修了成绩在 80～90 分的学生学号、课程代码和成绩信息。

代码如下：

```
mysql> select xh,kcdm,cj
       -> from xsxkb
       -> where cj between 80 and 90;
```

执行结果如图 7-9 所示。

```
mysql> select xh,kcdm,cj
    -> from xsxkb
    -> where cj between 80 and 90;
+---------------+----------+------+
| xh            | kcdm     | cj   |
+---------------+----------+------+
| 201720505101  | 00202119 |   85 |
| 201720611101  | 0801d107 |   83 |
| 201720909101  | 00202201 |   82 |
| 201720909101  | 00202202 |   89 |
| 201720909101  | 00202203 |   81 |
| 201720909101  | 00202204 |   84 |
| 201820107101  | 00202205 |   83 |
| 201820109101  | 00202204 |   85 |
| 201820605103  | 00202201 |   83 |
| 201820901103  | 0801d107 |   81 |
| 201820917101  | 00202201 |   82 |
| 201820917101  | 00202203 |   89 |
| 201920305101  | 00202202 |   81 |
| 201920305101  | 00202203 |   84 |
| 201920305101  | 00202205 |   85 |
| 201920405102  | 00202118 |   81 |
| 201920405103  | 00202203 |   85 |
| 201920809101  | 00202117 |   90 |
| 201920809101  | 00202119 |   85 |
| 2201820110101 | 00202202 |   82 |
+---------------+----------+------+
20 rows in set (0.00 sec)
```

图 7-9　BETWEEN AND 关键字的查询示例

注意：BETWEEN AND 关键字查询，可以等价转换为 AND 运算符连接两个表达式；NOT BETWEEN AND 关键字的查询，可以等价转换为 OR 运算符连接两个表达式。

上面示例也可以写成：

```
mysql> select xh,kcdm,cj
    -> from xsxkb
    -> where cj>=80 and cj<=90;
```

执行结果是一样的。

7.2.9　带 LIKE 的模糊查询

实际中当需要查询的条件只能提供不完全确定的部分信息时，就需要使用 LIKE 运算符实现字符串的模糊查询。基本语法格式为：

```
WHERE 列名 [NOT] LIKE '字符串' [ESCAPE '转义字符']
```

使用 LIKE 进行模式匹配时，常使用通配符_和%，可进行模糊查询。其中“%”代表 0 个或多个字符，“_”代表单个字符，如以下的通配符示例。

（1）LIKE 'AB%'：匹配以“AB”开始的任意字符串。

（2）LIKE '%AB'：匹配以“AB”结束的任意字符串。

（3）LIKE '%AB%'：匹配包含“AB”的任意字符串。

（4）LIKE '_AB'：匹配以“AB”结束的三个字符的字符串。

由于 MySQL 默认不区分大小写，要区分大小写时需要更换字符集的校对规则。

【例 7-10】 查找学生基本信息表中姓“张”的学生学号、姓名和性别。

代码如下：

```
mysql> select xh,xm,xb
    -> from xsjbxxb
    -> where xm like '张%';
```

执行结果如图 7-10 所示。

【例 7-11】 查找课程代码表中课程名称中倒数第 2 个字符是“技”的课程信息。

代码如下：

```
mysql> select *
    -> from kcdmb
    -> where kcmc like '%技_';
```

执行结果如图 7-11 所示。

```
mysql> select xh,xm,xb
    -> from xsjbxxb
    -> where xm like '张%';
+--------------+--------+------+
| xh           | xm     | xb   |
+--------------+--------+------+
| 201720409101 | 张天   | 男   |
| 201820901102 | 张远涛 | 男   |
| 201920405103 | 张淇   | 男   |
+--------------+--------+------+
3 rows in set (0.01 sec)
```

图 7-10　模糊查询结果（1）

```
mysql> select *
    -> from kcdmb
    -> where kcmc like '%技_';
+----------+--------------------+-----+----+--------+------+
| kcdm     | kcmc               | xf  | xs | jsh    | kkxy |
+----------+--------------------+-----+----+--------+------+
| 00202118 | 网络数据库应用技术 | 3.0 | 48 | 030002 | 03   |
| 00202202 | 计算机接口技术     | 4.5 | 72 | 070002 | 07   |
| 00202203 | 计算机操作系统技术 | 3.0 | 48 | 090001 | 09   |
| 00202204 | 计算机网络技术     | 3.0 | 48 | 010001 | 01   |
| 00202205 | internet技术       | 2.0 | 32 | 060001 | 06   |
+----------+--------------------+-----+----+--------+------+
5 rows in set (0.00 sec)
```

图 7-11　模糊查询结果（2）

当查询的字符串中含通配符时，MySQL 可采用转义字符来实现，默认的转义字符为“\”。

【例 7-12】 查询学生基本信息表中名字包含下画线的学生学号和姓名。

代码如下：

```
mysql> select xh,xm
    -> from xsjbxxb
-> where xm like '%\_%';
```

执行结果：Empty set。因为本表中没有满足条件的结果，则返回空记录集。

注意：在 MySQL 默认的转义字符为“\”，如果使用其他转义字符时，需要加关键字 ESCAPE。如上例使用“@”进行转义的代码如下：

```
mysql> select xh,xm
    -> from xsjbxxb
    -> where xm like '%@_%' escape '@';
```

7.2.10 带 IS NULL 空值查询

IS NULL 关键字可以用来判断字段的值是否为空值（NULL）。如果字段的值是空值，则满足查询条件，该记录将被查询出来。如果字段的值不是空值，则不满足查询条件。其语法格式如下：

```
WHERE 表达式 IS [NOT] NULL
```

当不使用 NOT 时，若表达式的值为空值，返回 TRUE，否则返回 FALSE；当使用 NOT 时，结果刚好相反。

【例 7-13】 查询学生选课表中成绩为空的记录。

代码如下：

```
mysql> select *
    -> from xsxkb
    -> where cj is null;
```

执行结果：Empty set。

注意：一个字段值是空值或者不是空值，要表示为“is null”或“is not null”。不能表示为“=null”或“<>null”。如果写成“字段=null”或“字段<>null”，系统的运行结果都会直接处理为 NULL 值，但按照 False 处理则不报错。

7.2.11 带 AND|OR 的多条件查询

AND|OR 关键字可以用来联合多个条件进行查询。

使用 AND 关键字时，只有同时满足所有查询条件的记录才会被查询出来。AND 关键字的语法格式如下：

```
SELECT 查询输出列表 FROM 数据表名 WHERE 条件 1 AND 条件 2 [...AND 条件表达式 n];
```

带 OR 的多条件查询，是指只要符合多条件中的一个，记录就会被搜索出来；如果不满足这些查询条件中的任何一个，这样的记录将被排除掉。OR 关键字的语法格式如下：

```
SELECT 查询输出列表 FROM 数据表名 WHERE 条件 1 OR 条件 2 [...OR 条件表达式 n];
```

【例 7-14】 查找学生基本信息表中 2000 年以后出生的男生学号、姓名、性别和出生日期。

代码如下：

```
mysql> select xh,xm,xb,csrq
    -> from xsjbxxb
    -> where xb='男' and csrq>='2000-1-1';
```

执行结果如图 7-12 所示。

【例 7-15】 查找学生基本信息表中女生或者 2001 年以后出生的学生学号、姓名、性别和出生日期。

代码如下：

```
mysql> select xh,xm,xb,csrq
    -> from xsjbxxb
    -> where xb='女' or csrq>='2001-1-1';
```

执行结果如图 7-13 所示。

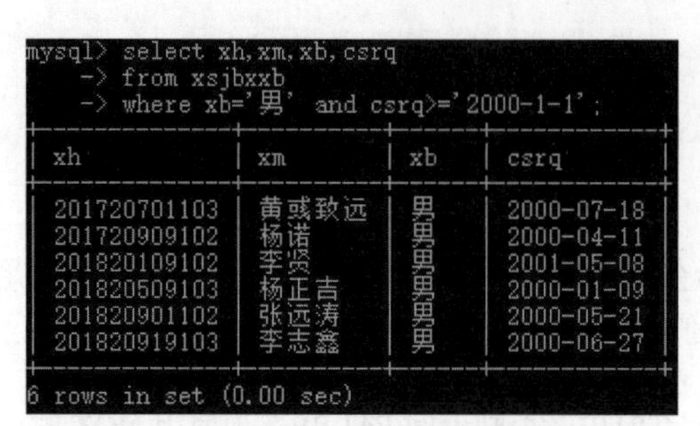

```
mysql> select xh,xm,xb,csrq
    -> from xsjbxxb
    -> where xb='男' and csrq>='2000-1-1';
+--------------+----------+------+------------+
| xh           | xm       | xb   | csrq       |
+--------------+----------+------+------------+
| 201720701103 | 黄彧致远 | 男   | 2000-07-18 |
| 201720909102 | 杨诺     | 男   | 2000-04-11 |
| 201820109102 | 李贤     | 男   | 2001-05-08 |
| 201820509103 | 杨正吉   | 男   | 2000-01-09 |
| 201820901102 | 张远涛   | 男   | 2000-05-21 |
| 201820919103 | 李志鑫   | 男   | 2000-06-27 |
+--------------+----------+------+------------+
6 rows in set (0.00 sec)
```

图 7-12　2000 年以后出生的男生信息

```
mysql> select xh,xm,xb,csrq
    -> from xsjbxxb
    -> where xb='女' or csrq>='2001-1-1';
+---------------+--------+------+------------+
| xh            | xm     | xb   | csrq       |
+---------------+--------+------+------------+
| 201720409103  | 黄馨贤 | 女   | 1999-07-16 |
| 201720505103  | 车洁   | 女   | 2000-05-14 |
| 201720611102  | 杨丽娟 | 女   | 1999-05-26 |
| 201720611103  | 赵予婷 | 女   | 1999-12-06 |
| 201720701101  | 曾维薇 | 女   | 1998-08-04 |
| 201720701102  | 杨瑞旭 | 女   | 2000-03-10 |
| 201720909103  | 赵靓雯 | 女   | 1999-11-17 |
| 201820107103  | 曹宇   | 女   | 2000-05-17 |
| 201820109102  | 李贤   | 男   | 2001-05-08 |
| 201820109103  | 侯阳   | 女   | 1999-12-15 |
| 201820511102  | 刘宇娇 | 女   | 1999-08-28 |
| 201820901101  | 易贞露 | 女   | 1998-07-28 |
| 201820903101  | 梅榕   | 女   | 1997-11-15 |
| 201820903103  | 丁铃兰 | 女   | 1999-08-29 |
| 201820917103  | 周兰   | 女   | 1999-10-09 |
| 201920305103  | 刘敏   | 女   | 1998-08-01 |
| 201920307102  | 陈海霞 | 女   | 2000-02-18 |
| 201920405102  | 陈珊   | 女   | 2000-05-25 |
| 201920609101  | 肖艳玲 | 女   | 1999-02-11 |
| 201920809103  | 幸惠敏 | 女   | 1999-05-29 |
| 201920915103  | 陈霜   | 女   | 2000-03-02 |
| 2201820110103 | 刘萌利 | 女   | 1999-08-30 |
| 2201820702102 | 杨颖   | 女   | 2000-10-25 |
+---------------+--------+------+------------+
23 rows in set (0.00 sec)
```

图 7-13　女生或 2001 年以后出生的学生信息

7.2.12　聚合函数查询

SELECT 的输出列还可以包含聚合函数。聚合函数常常用于对一组值进行计算，然后返回单个值。除 COUNT 函数外，聚合函数都会忽略空值。MySQL 的常用聚合函数包括 COUNT()、SUM()、AVG()、MAX()和 MIN()等。常用的聚合函数用法和功能如表 7-2 所示，其中，对于非数值型数据，SUM()和 AVG()的值为 0。

表 7-2　常用的聚合函数

函　数　名	用　　法	功　　能
COUNT	COUNT (*|[ALL | DISTINCT] <表达式>)	统计满足条件的记录数
SUM	SUM ([ALL | DISTINCT] <表达式>)	计算表达式中所有值的和
AVG	AVG ([ALL | DISTINCT] <表达式>)	计算组中各值的平均值
MAX	MAX ([ALL | DISTINCT] <表达式>)	计算表达式的最大值
MIN	MIN ([ALL | DISTINCT] <表达式>)	计算表达式的最小值

1. COUNT()

函数用于统计组中满足条件的行数或总行数，返回 SELECT 语句检索到的行中非 NULL 值的数目，若找不到匹配的行，则返回 0。

语法格式为：

```
COUNT ( { [ ALL | DISTINCT ] 表达式 } | * )
```

其中，表达式的数据类型可以是除 BLOB 或 TEXT 外的任何类型。ALL 表示对所有值进行运算，DISTINCT 表示去除重复值，默认为 ALL。参数“*”表示返回选择集合中所有行的数目，包含 NULL 值的行。对于除“*”外的任何参数，返回所选择集合中非 NULL 值的行数目。

【例 7-16】 查询学生基本信息表的记录总数。

代码如下：

```
mysql> select count(*) as 学生人数 from xsjbxxb;
```

执行结果如图 7-14 所示。

```
mysql> select count(*) as 学生人数 from xsjbxxb;
+----------+
| 学生人数 |
+----------+
|       71 |
+----------+
1 row in set (0.01 sec)
```

图 7-14　学生基本信息表的记录总数

2. SUM()和 AVG()

SUM()和 AVG()分别用于计算表达式中所有值项的总和与平均值，语法格式为：

```
SUM / AVG ( [ ALL | DISTINCT ] 表达式 )
```

【例 7-17】 计算学号为“201820107101”的学生所选课程的总成绩。

代码如下：

```
mysql> select sum(cj) as 总成绩
    -> from xsxkb
    -> where xh='201820107101';
```

执行结果如图 7-15 所示。

【例 7-18】 计算学号为“201820107101”的学生所选课程的平均成绩。

代码如下：

```
mysql> select avg(cj) as 平均成绩
    -> from xsxkb
    -> where xh='201820107101';
```

执行结果如图 7-16 所示。

图 7-15 总成绩

图 7-16 平均成绩

3．MAX()和 MIN()

MAX()和 MIN()分别用于计算表达式中所有值项的最大值与最小值，语法格式为：

```
MAX / MIN ( [ ALL | DISTINCT ] 表达式 )
```

【例 7-19】 计算课程号为“00202117”的课程最高成绩。

代码如下：

```
mysql> select max(cj)
    -> from xsxkb
    -> where kcdm='00202117';
```

执行结果如图 7-17 所示。

【例 7-20】 查询学生基本信息表中年龄最大学生的出生日期。

代码如下：

```
mysql> select min(csrq)
    -> from xsjbxxb;
```

执行结果如图 7-18 所示。

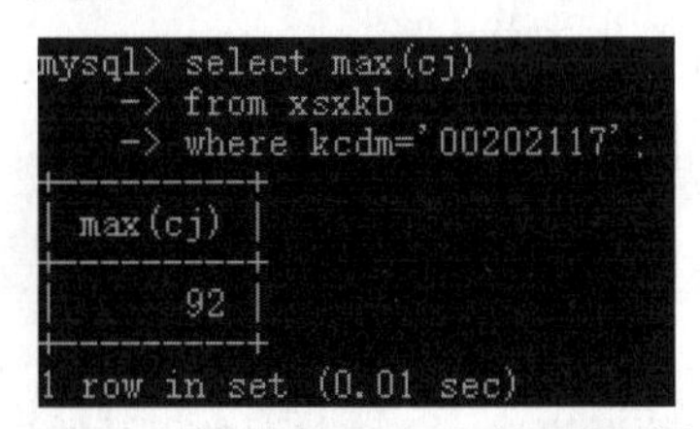

图 7-17 课程号为“00202117”的课程最高成绩

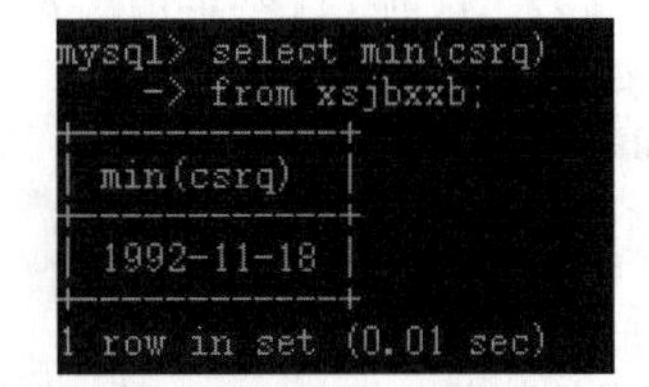

图 7-18 年龄最大学生的出生日期

分析：年龄最大的学生即出生日期最早的学生，因日期型数据是按照数值大小进行比较的，所以本题用 MIN()来实现。

7.2.13 GROUP BY 分组查询

如果需要按某列数据的值进行分组，在分组的基础上再进行查询，就要使用 GROUP BY 子句，其语法格式如下：

```
GROUP BY <组合表达式> [WITH ROLLUP]] [HAVING where_condition]
```

其中，组合表达式可以是字段名、表达式、查询列的次序。WITH ROLLUP 表示对分组的数据进行分类汇总。HAVING 表示可选参数，用于对分组后的结果集进行筛选。where_condition 表示筛选条件。

通常 GROUP BY 和聚合函数一起使用，可以统计出某个分组中的项数、最大或最小值等。

【例 7-21】 查询学生基本信息表中男生和女生的人数。

代码如下：

```
mysql> select xb as 性别,count(*) as 人数
    -> from xsjbxxb
    -> group by xb;
```

执行结果如图 7-19 所示。

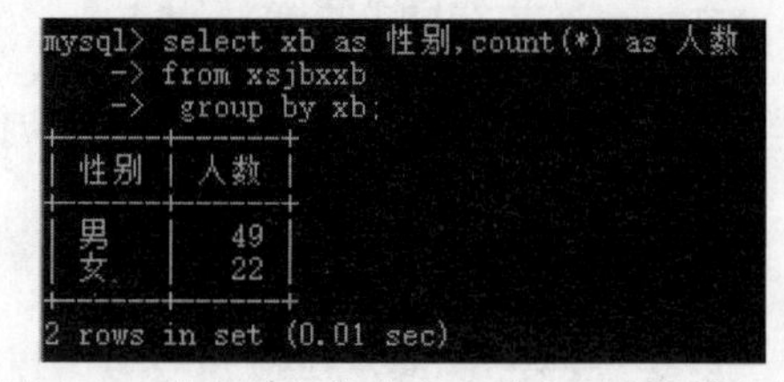

图 7-19 学生基本信息表中男生和女生的人数

注意：如果 MySQL 中全局变量 sql_mode 的值包含 ONLY_FULL_GROUP_BY，对于 GROUP BY 聚合操作，如果在 SELECT 中的列，没有在 GROUP BY 分组中出现，那么这个 SQL 语句就是不合法的，因为列不在 GROUP BY 子句中。简而言之，在查询中，查询的列除聚合函数外，其余列必须包含在分组的列中。SELECT 查询的字段列表只能是 GROUP BY 分组的字段，或使用了聚合函数的非分组字段。本题也可以用下面代码实现。

（1）代码如下。

```
mysql> select xb as 性别,count(*) as 人数
    -> from xsjbxxb
    -> group by 1;
```

其中数字 1 代表 xb 字段在 SELECT 查询列表中的次序。

（2）代码如下。

```
mysql> select xb as 性别,count(*) as 人数
    -> from xsjbxxb
    -> group by 性别;
```

其中性别为字段 xb 的别名。

GROUP BY 和 WITH ROLLUP 一起使用，可以输出每个类分组的汇总值。

【例 7-22】 查询每个学生的选课门数。

代码如下：

```
mysql> select xh as 学号,count(*) as 选课门数
    -> from xsxkb
    -> group by xh;
```

执行结果如图 7-20 所示。

【例 7-23】 查询学生基本信息表中男生和女生的人数及学生的总人数。

代码如下：

```
mysql> select xb as 性别,count(*) as 人数
    -> from xsjbxxb
    -> group by xb with rollup;
```

执行结果如图 7-21 所示。

对查询的数据分组时，可以利用 HAVING 根据条件进行数据筛选，它与前面学习过的 WHERE 功能相同，但是在实际运用时两者是有一定区别的。

（1）WHERE 操作是从数据表中获取数据符合条件的数据，而 HAVING 是根据条件对已分组的数据进行操作。

（2）HAVING 位于 GROUP BY 子句后，而 WHERE 位于 GROUP BY 子句之前。

（3）HAVING 关键字后可以使用聚合函数，且只能跟 GROUP BY 一起使用，而 WHERE 则不可以。通常情况下，HAVING 关键字与 GROUP BY 一起使用，并对分组后的结果进行筛选过滤。

当一个语句中同时出现 WHERE 子句、GROUP BY 子句和 HAVING 子句时，执行顺序如下。

（1）执行 WHERE 子句，从数据表中选取满足条件的数据行。

（2）GROUP BY 子句对选取的数据行进行分组。

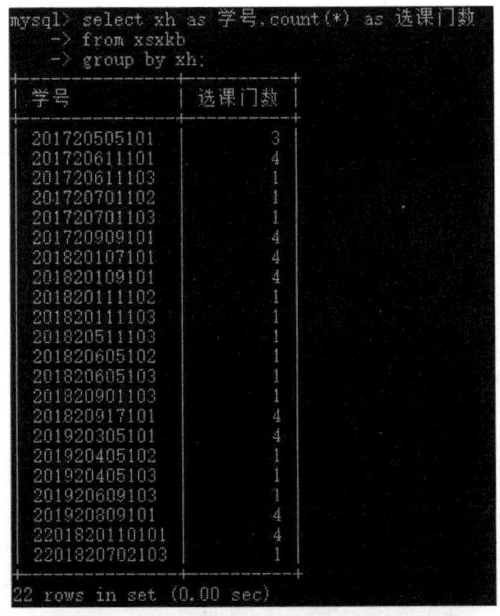

```
mysql> select xh as 学号,count(*) as 选课门数
    -> from xsxkb
    -> group by xh;
```

学号	选课门数
201720505101	3
201720611101	4
201720611103	1
201720701102	1
201720701103	1
201720909101	4
201820107101	4
201820109101	4
201820111102	1
201820111103	1
201820511103	1
201820605102	1
201820605103	1
201820901103	1
201820917101	4
201920305101	4
201920405102	1
201920405103	1
201920609103	1
201920809101	4
2201820110101	4
2201820702103	1

22 rows in set (0.00 sec)

图 7-20　每个学生的选课门数

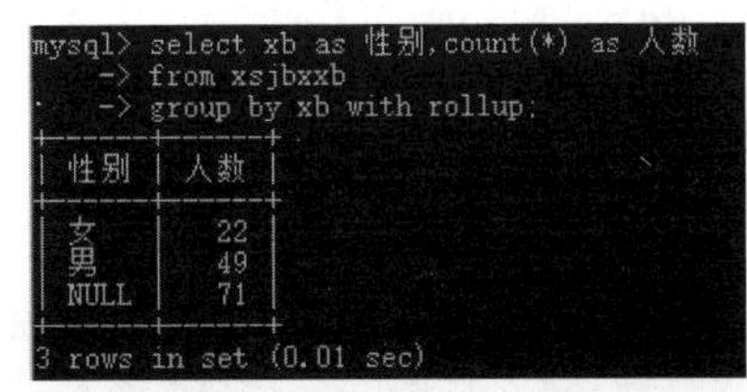

```
mysql> select xb as 性别,count(*) as 人数
    -> from xsjbxxb
    -> group by xb with rollup;
```

性别	人数
女	22
男	49
NULL	71

3 rows in set (0.01 sec)

图 7-21　查询男生和女生的人数及学生的总人数

（3）执行聚合函数。

（4）执行 HAVING 子句，选取满足条件的分组。

【例 7-24】 查询选修 3 门及以上课程的男生学号及选课门数。

代码如下：

```
mysql> select xsxkb.xh as 学号,count(*) as 选课门数
      -> from xsxkb ,xsjbxxb
      -> where xsxkb.xh=xsjbxxb.xh
      -> and xb='男'
      -> group by xsxkb.xh
      -> having count(*)>=3;
```

执行结果如图 7-22 所示。

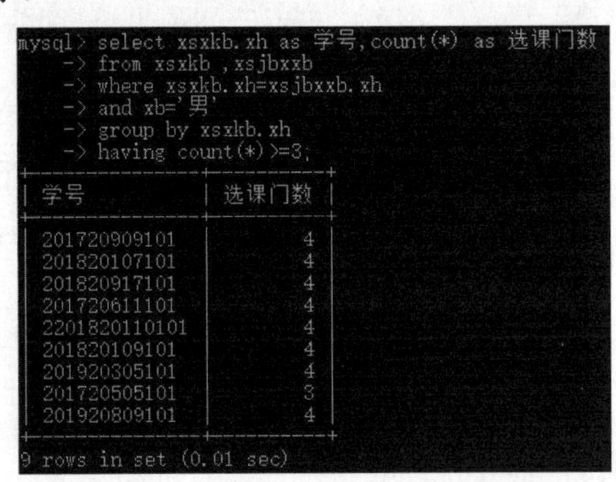

```
mysql> select xsxkb.xh as 学号,count(*) as 选课门数
    -> from xsxkb ,xsjbxxb
    -> where xsxkb.xh=xsjbxxb.xh
    -> and xb='男'
    -> group by xsxkb.xh
    -> having count(*)>=3;
```

学号	选课门数
201720909101	4
201820107101	4
201820917101	4
201720611101	4
2201820110101	4
201820109101	4
201920305101	4
201720505101	3
201920809101	4

9 rows in set (0.01 sec)

图 7-22　选修 3 门及以上课程的男生学号及选课门数

7.2.14　ORDER BY 排序查询

使用 ORDER BY 可以对查询的结果进行升序（ASC）和降序（DESC）排列，在默认情况下，ORDER BY 按升序输出结果。如果要按降序排列可以使用 DESC 来实现，语法格式如下：

```
ORDER BY <组合表达式> [ASC|DESC];
```

其中，组合表达式可以是字段名、表达式、查询列的次序。

【例 7-25】 查询学生基本信息表中女生的信息，要求显示学号、姓名、性别、出生日期，并按出生日期降序排序。

代码如下：

```
mysql> select xh,xm,xb,csrq
    -> from xsjbxxb
    -> where xb='女'
    -> order by csrq desc;
```

执行结果如图 7-23 所示。

本例也可以使用 csrq 字段查询列表中的次序来实现，代码如下：

```
mysql> select xh,xm,xb,csrq
    -> from xsjbxxb
    -> where xb='女'
    -> order by 4 desc;
```

如果 csrq 字段有设置别名，同样可以按照别名进行排序，执行后结果是一样的。

```
mysql> select xh,xm,xb,csrq
    -> from xsjbxxb
    -> where xb='女'
    -> order by csrq desc;
```

xh	xm	xb	csrq
2201820702102	杨颖	女	2000-10-25
201920405102	陈珊	女	2000-05-25
201820107103	曹宇	女	2000-05-17
201720505103	车洁	女	2000-05-14
201720701102	杨瑞旭	女	2000-03-10
201920915103	陈霜	女	2000-03-02
201920307102	陈海霞	女	2000-02-18
201820109103	侯阳	女	1999-12-15
201720611103	赵予婷	女	1999-12-06
201720909103	赵靓雯	女	1999-11-17
201820917103	周兰	女	1999-10-09
2201820110103	刘萌利	女	1999-08-30
201820903103	丁铃兰	女	1999-08-29
201820511102	刘宇娇	女	1999-08-28
201720409103	黄馨滢	女	1999-07-16
201920809103	幸惠敏	女	1999-05-29
201720611102	杨丽娟	女	1999-05-26
201920609101	肖艳玲	女	1999-02-11
201720701101	曾维薇	女	1998-08-04
201920305103	刘敏	女	1998-08-01
201820901101	易贞露	女	1998-07-28
201820903101	梅榕	女	1997-11-15

22 rows in set (0.00 sec)

图 7-23　按出生日期降序排序显示女生的信息

7.2.15　LIMIT 限制结果集返回的行数

查询数据时可能会查询出很多记录，而用户需要的记录可能只是很少的一部分，这样就需要来限制查询结果的数量。LIMIT 子句可以对查询结果的记录条数进行限定，控制其输出行数，语法格式如下：

```
LIMIT [OFFSET,] N;
```

其中，N 表示限定获取的最大记录数量。仅含此参数时，表示从第 1 条记录开始获取 N 条数据。

OFFSET 表示偏移量，用于设置从哪条记录开始，默认第 1 条记录的偏移量值为 0，第 2 条记录的偏移量值为 1，以此类推。

【例 7-26】 查询学生基本信息表中年龄最大学生的出生日期。

代码如下：

```
mysql> select csrq
    -> from xsjbxxb
    -> order by csrq
    -> limit 1;
```

执行结果如图 7-24 所示。

分析：与例 7-20 不同，本题通过按照出生日期升序排序取第 1 条记录，可得到一样的结果。

【例 7-27】 查询每个学生的课程平均成绩，并显示平均成绩最高的前 3 名的学生学号和平均成绩。

代码如下：

```
mysql> select xh,avg(cj)
    -> from xsxkb
    -> group by xh
    -> order by avg(cj) desc
    -> limit 3;
```

执行结果如图 7-25 所示。

【例 7-28】 显示部门代码表中第 4～7 条的记录。

代码如下：

```
mysql> select * from bmdmb
    -> limit 3,4;
```

执行结果如图 7-26 所示。

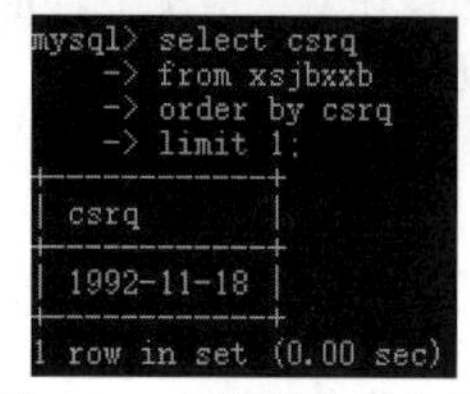

```
mysql> select csrq
    -> from xsjbxxb
    -> order by csrq
    -> limit 1;
```

csrq
1992-11-18

1 row in set (0.00 sec)

图 7-24　年龄最大学生的出生日期

```
mysql> select xh,avg(cj)
    -> from xsxkb
    -> group by xh
    -> order by avg(cj) desc
    -> limit 3;
```

xh	avg(cj)
201920609103	96.0000
201720701103	92.0000
201920405103	85.0000

3 rows in set (0.01 sec)

图 7-25　平均成绩最高的前 3 名学生的信息

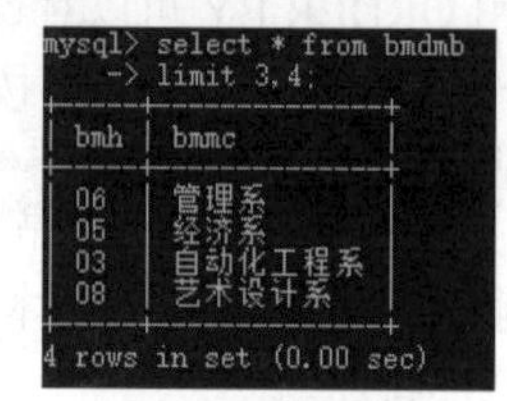

```
mysql> select * from bmdmb
    -> limit 3,4;
```

bmh	bmmc
06	管理系
05	经济系
03	自动化工程系
08	艺术设计系

4 rows in set (0.00 sec)

图 7-26　部门代码表的第 4～7 条的记录

7.3 多表查询

在实际应用中，很多情况下用户需要的数据并不全在一张表中，而是存在于多个不同的表中，这时就需要用到多表查询。多表查询是通过各个表间的相关列，从两个或多个表中检索数据。多表查询首先要在这些表中建立连接，再在连接的生成结果集中进行筛选。

多表连接查询需要指定连接条件，即指定每个表中要用于连接的列。典型的连接条件是在一个表中指定外键，在另一个表中指定与其关联的键。

基本的语法格式为：

```
SELECT [ALL | DISTINCT ] * | 查询输出列表
FROM 表 1 [别名 1] 连接类型 表 2 [别名 2]
[ON 表 1.相关列=表 2.相关列]
[ WHERE 条件表达式 ];
```

其中，连接类型有以下几种：

（1）INNER JOIN：内连接。结果只包含满足条件的行，INNER 关键字可以省略。

（2）OUTER JOIN：外连接。

LEFT OUTER JOIN：左外连接。结果集中除包括满足连接条件的行外，还包括左表中不满足条件的记录行。当左表中不满足条件的记录与右表记录进行组合时，则右表相应列值为 NULL。

RIGHT OUTER JOIN：右外连接。结果集中除包括满足连接条件的行外，还包括右表中不满足条件的记录行。当右表中不满足条件的记录与左表记录进行组合时，左表相应列值为 NULL。

左外连接和右外连接中的 OUTER 关键字均可省略。

（3）CROSS JOIN：交叉连接。结果只包含两个表中所有行的组合，指明两表间的笛卡儿积操作。

7.3.1 内连接

内连接是一种常见的连接查询，只返回满足连接条件的数据行。两个表在进行连接时，连接字段的名称可以不同，但要求必须具有相同的数据类型、长度和精度，且表达同一范畴的意义，连接列字段一般是数据表的主键和外键。内连接是系统默认的，可以省略 INNER 关键字。

内连接有以下两种语法格式：

（1）格式如下：

```
SELECT  输出列表
FROM    表 1 [INNER] JOIN 表 2
ON  表 1.字段名 比较运算符 表 2.字段名;
```

（2）格式如下：

```
SELECT  输出列表
FROM    表 1,表 2
WHERE  表 1.字段名 比较运算符 表 2.字段名;
```

内连接包括 3 种类型：等值连接、非等值连接和自然连接。

（1）等值连接：当比较运算符为“=”时，则查询结果中包含被连接表的所有字段，并包括重复字段。通常使用“表 1.主键=表 2.外键”的形式。

（2）非等值连接：在连接中使用除等号外的比较运算符（>、>=、<、<=、!=）来比较连接字段的值。

（3）自然连接：一种特殊的等值连接，但是其结果集中且不包括重复字段。

【例 7-29】 查询学号为“201820107101”的学生选课信息，输出学号、姓名、课程名和成绩。

代码如下：

```
mysql> select xs.xh,xm,kcmc,cj
    -> from xsjbxxb as xs join xsxkb
    -> on xs.xh=xsxkb.xh
```

```
    -> join kcdmb on xsxkb.kcdm=kcdmb.kcdm
    -> where xs.xh='201820107101';
```

执行结果如图 7-27 所示。

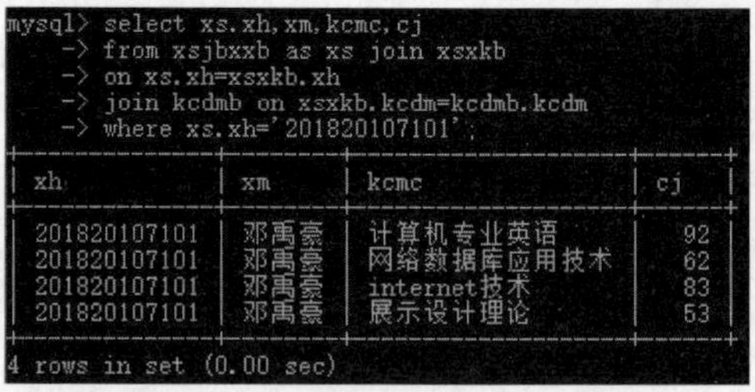

本例也可以用下面代码来实现：

```
mysql> select xs.xh,xm,kcmc,cj
    -> from xsjbxxb as xs,xsxkb,kcdmb
    -> where xs.xh=xsxkb.xh
    -> and xsxkb.kcdm=kcdmb.kcdm
    -> and xs.xh='201820107101';
```

```
mysql> select xs.xh,xm,kcmc,cj
    -> from xsjbxxb as xs join xsxkb
    -> on xs.xh=xsxkb.xh
    -> join kcdmb on xsxkb.kcdm=kcdmb.kcdm
    -> where xs.xh='201820107101';
+--------------+--------+--------------------+----+
| xh           | xm     | kcmc               | cj |
+--------------+--------+--------------------+----+
| 201820107101 | 邓禹豪 | 计算机专业英语     | 92 |
| 201820107101 | 邓禹豪 | 网络数据库应用技术 | 62 |
| 201820107101 | 邓禹豪 | internet技术       | 83 |
| 201820107101 | 邓禹豪 | 展示设计理论       | 53 |
+--------------+--------+--------------------+----+
4 rows in set (0.00 sec)
```

图 7-27　内连接查询示例执行结果

结果也是一样的。

注意：如果要输出的字段是表 1 和表 2 中都有的字段，则必须要在输出的字段名前加上表名进行区分，用“表名.字段名”表示。

如果要连接的表中有列名相同，并且连接的条件就是列名相等，那么 ON 条件也可以换成 USING 子句。USING（两表中相同的列名）子句用于为同系列的列进行命名。

该例题也可以用下列代码来实现：

```
mysql> select xs.xh,xm,kcmc,cj
    -> from xsjbxxb as xs join xsxkb using(xh)
    -> join kcdmb using(kcdm)
    -> where xs.xh='201820107101';
```

执行结果也是一样的。

7.3.2　外连接

外连接返回的结果集除包括符合条件的记录外，还会返回 FROM 子句中至少一个表中的所有行，不满足条件的数据行将显示为空值，又分为左外连接、右外连接和全外连接。

LEFT JOIN：左外连接。结果集中除包括满足连接条件的行外，还包括左表中不满足条件的记录行。当左表中不满足条件的记录与右表记录进行组合时，右表相应列值为 NULL。

RIGHT JOIN：右外连接。结果集中除包括满足连接条件的行外，还包括右表中不满足条件的记录行。当右表中不满足条件的记录与左表记录进行组合时，左表相应列值为 NULL。

语法格式为：

```
SELECT 输出列表
FROM 表名 1 LEFT|RIGHT JOIN 表名 2
ON 表名 1.字段名 1=表名 2.字段名 2;
```

【例 7-30】 利用左外连接查询学号为“201820901102”的学生选课信息，输出学号、姓名、课程编码和成绩。

代码如下：

```
mysql> select xs.xh,xm,kcdm,cj
    -> from xsjbxxb as xs left join xsxkb
    -> on xs.xh=xsxkb.xh
    -> where xs.xh='201820901102';
```

执行结果如图 7-28 所示。

【例 7-31】 利用右外连接查询女生的选课信息，输出学号、课程编码和成绩。

代码如下：

```
mysql> select xs.xh,kcdm,cj
    -> from xsxkb right join xsjbxxb as xs
    -> on xsxkb.xh=xs.xh
    -> where xb='女';
```

执行结果如图 7-29 所示。

```
mysql> select xs.xh,xm,kcdm,cj
    -> from xsjbxxb as xs left join xsxkb
    -> on xs.xh=xsxkb.xh
    -> where xs.xh='201820901102';
+--------------+--------+------+------+
| xh           | xm     | kcdm | cj   |
+--------------+--------+------+------+
| 201820901102 | 张远涛 | NULL | NULL |
+--------------+--------+------+------+
1 row in set (0.00 sec)
```

图 7-28　左外连接查询示例执行结果

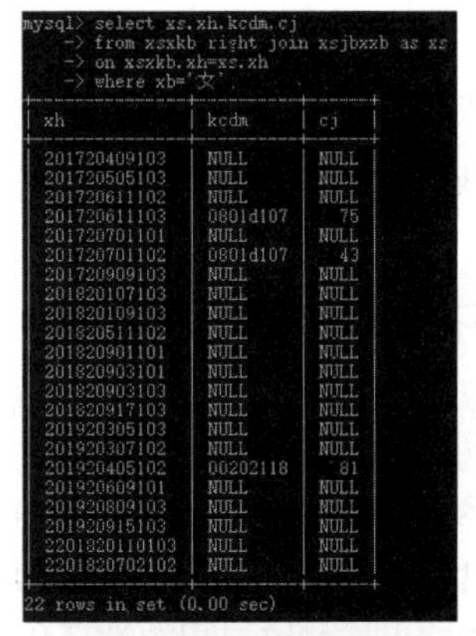

```
mysql> select xs.xh,kcdm,cj
    -> from xsxkb right join xsjbxxb as xs
    -> on xsxkb.xh=xs.xh
    -> where xb='女';
```

xh	kcdm	cj
201720409103	NULL	NULL
201720505103	NULL	NULL
201720611102	NULL	NULL
201720611103	0801d107	75
201720701101	NULL	NULL
201720701102	0801d107	43
201720909103	NULL	NULL
201820107103	NULL	NULL
201820109103	NULL	NULL
201820511102	NULL	NULL
201820901101	NULL	NULL
201820903101	NULL	NULL
201820903103	NULL	NULL
201820917103	NULL	NULL
201920305103	NULL	NULL
201920307102	NULL	NULL
201920405102	00202118	81
201920609101	NULL	NULL
201920809103	NULL	NULL
201920915103	NULL	NULL
2201820110103	NULL	NULL
2201820702102	NULL	NULL

22 rows in set (0.00 sec)

图 7-29　右外连接查询示例执行结果

7.3.3　交叉连接

交叉连接是在没有 WHERE 子句的情况下，产生表的笛卡儿积。两个表进行交叉连接时，结果集大小为二者行数之积。该种方式在实际过程中用得很少。其语法格式如下：

```
SELECT 字段名列表
FROM 表 1 CROSS JOIN 表 2;
```

【例 7-32】 对部门代码表和教师基本情况表进行交叉连接。

代码如下：

```
mysql> select *
    -> from bmdmb cross join jsjbxxb;
```

执行结果有 152 条记录（部门代码表有 8 条记录，教师基本情况表有 19 条记录）。

7.3.4　自连接

自连接就是一个表的两个副本之间的内连接，即同一个表名在 FROM 子句中出现两次，为了区别，必须对表指定不同的别名，字段名前也要加上表的别名进行区分。

【例 7-33】 查询与魏志强同一个专业的学生学号和姓名。

代码如下：

```
mysql> select xs1.xh,xs1.xm
    -> from xsjbxxb as xs1,xsjbxxb as xs2
    -> where xs1.zymc=xs2.zymc and xs2.xm='魏志强'
    -> and xs1.xm!='魏志强';
```

执行结果如图 7-30 所示。

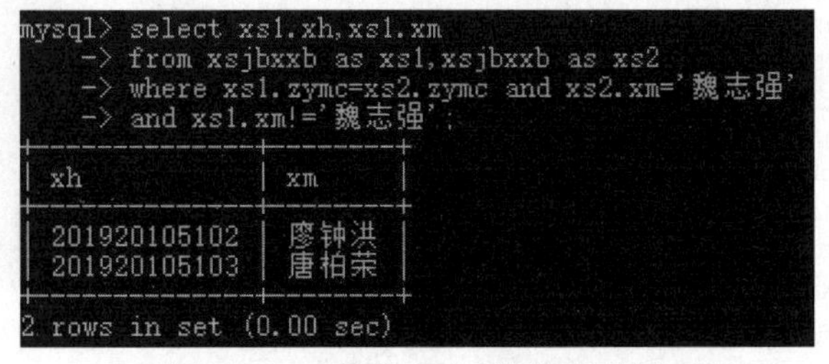

```
mysql> select xs1.xh,xs1.xm
    -> from xsjbxxb as xs1,xsjbxxb as xs2
    -> where xs1.zymc=xs2.zymc and xs2.xm='魏志强'
    -> and xs1.xm!='魏志强';
```

xh	xm
201920105102	廖钟洪
201920105103	唐柏荣

2 rows in set (0.00 sec)

图 7-30　自连接查询示例执行结果

7.4　子查询

子查询是指在一个查询语句中，还包括另一个查询语句。在外一层的查询中使用里面一层查询产生的结果集。外层的查询称为父查询或外层查询，里面嵌套的查询称为子查询或内层查询，所以子查询也叫嵌套查询。它可以嵌套在 SELECT、INSERT、UPDATE、DELETE 等语句或其他的子查询语句中。

子查询的执行过程：首先执行子查询中的语句，并将返回的结果作为外层查询的过滤条件，然后再执行外部查询。在子查询中通常要使用比较运算符、IN、ANY、EXISTS 等关键字，根据使用的运算符，将子查询分为比较子查询、IN 子查询、批量比较子查询和 EXISTS 子查询。

子查询是一个 SELECT 命令，需要用圆括号将 SELECT 语句括起来。

7.4.1 比较子查询

当子查询的结果返回为单个值时，通常可以用比较运算符为外层查询提供比较操作。语法格式如下：

```
WHERE 表达式 比较运算符 (子查询)
```

【例 7-34】 查询选修“微机原理与应用”课程的学生学号和成绩。

提示：首先通过子查询找出“微机原理与应用”的课程代码，然后以该课程代码作为查询条件，在学生选课表中找出选修该课程的学号和成绩。

代码如下：

```
mysql> select xh,cj
    -> from xsxkb
    -> where kcdm=(select kcdm
    -> from kcdmb
    -> where kcmc='微机原理与应用');
```

执行结果如图 7-31 所示。

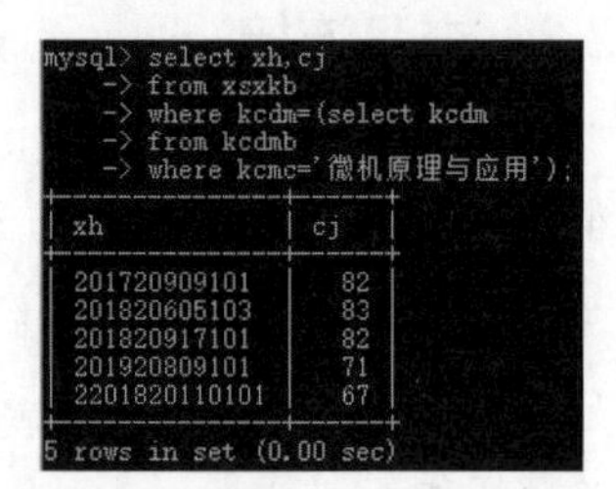
```
mysql> select xh,cj
    -> from xsxkb
    -> where kcdm=(select kcdm
    -> from kcdmb
    -> where kcmc='微机原理与应用');
+--------------+----+
| xh           | cj |
+--------------+----+
| 201720909101 | 82 |
| 201820605103 | 83 |
| 201820917101 | 82 |
| 201920809101 | 71 |
| 2201820110101| 67 |
+--------------+----+
5 rows in set (0.00 sec)
```

图 7-31 例 7-34 的执行结果

该子查询也可以转换成连接查询，代码如下：

```
mysql> select xh,cj
    -> from xsxkb,kcdmb
    -> where xsxkb.kcdm=kcdmb.kcdm
    -> and kcmc='微机原理与应用';
```

执行结果是一样的。

7.4.2 带 IN 关键字的子查询

当子查询的结果返回为单列的集合时，可以使用 IN 关键字来判断外层查询中一个给定值是否在子查询的结果集中，基本语法格式如下：

```
WHERE 表达式 [NOT] IN (子查询)
```

【例 7-35】 查询选修成绩在 90 分以上的学生学号和姓名。

提示：首先在学生选课表中将成绩在 90 分以上的学生学号找出来，然后根据找到的学号在学生基本信息表中查找其姓名。

代码如下：

```
mysql> select xh,xm
    -> from xsjbxxb
    -> where xh in (select xh
    -> from xsxkb
    -> where cj>90);
```

执行结果如图 7-32 所示。

```
mysql> select xh,xm
    -> from xsjbxxb
    -> where xh in (select xh
    -> from xsxkb
    -> where cj>90);
+--------------+--------+
| xh           | xm     |
+--------------+--------+
| 201720505101 | 唐宇坤 |
| 201720611101 | 罗昱然 |
| 201720701103 | 黄彧致远 |
| 201820107101 | 邓禹豪 |
| 201820109101 | 李连炜 |
| 201920609103 | 许桓瑞 |
+--------------+--------+
6 rows in set (0.00 sec)
```

图 7-32 例 7-35 的执行结果

该子查询也可以转换成连接查询，代码如下：

```
mysql> select xsjbxxb.xh,xm
    -> from xsjbxxb,xsxkb
    -> where xsjbxxb.xh=xsxkb.xh
    -> and cj>90;
```

执行结果是一样的。

7.4.3 批量比较子查询

ALL 运算、SOME 运算和 ANY 运算都是对比较运算进行限制的子查询，其中 ALL 指定表达式要与子查询结果集中的每个值进行比较，只有当表达式与每个值都满足比较关系时，才能返回 true，否则返回 false。

SOME 和 ANY 是同义词，表示表达式只要与子查询结果集中的某个值满足比较关系时，就会返回 true，否则返回 false。

语法格式如下：

```
WHERE 表达式 比较运算符 {ANY|SOME|ALL} (子查询)
```

【例 7-36】 查询考试成绩小于 60 分的学生姓名。

代码如下：

```
mysql> select xm from xsjbxxb
    -> where xh=some(select xh from xsxkb where cj<60);
```

执行结果如图 7-33 所示。

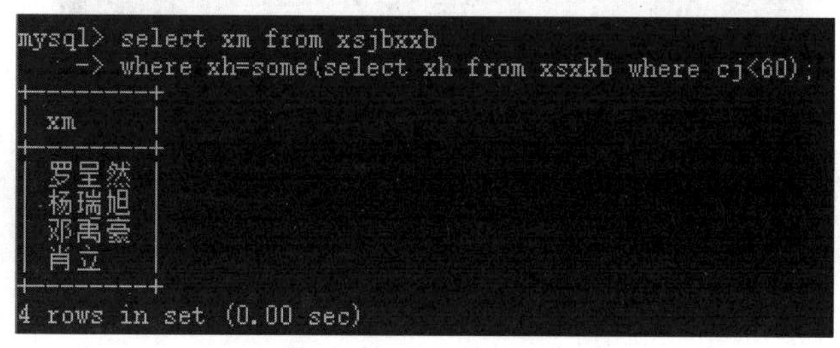

图 7-33　例 7-36 的执行结果

该实例还可以用 IN 子查询来实现，代码如下：

```
mysql> select xm from xsjbxxb
    -> where xh in (select xh from xsxkb where cj<60);
```

本例还可以使用多表连接查询实现，读者可自行尝试编写。

【例 7-37】 查询学生基本信息表中年龄最大的学生姓名。

代码如下：

```
mysql> select xm
    -> from xsjbxxb
    -> where csrq<=all(select csrq from xsjbxxb);
```

执行结果如图 7-34 所示。

```
mysql> select xm
    -> from xsjbxxb
    -> where csrq<=all(select csrq from xsjbxxb);
+--------+
| xm     |
+--------+
| 刘金鑫 |
+--------+
1 row in set (0.00 sec)
```

图 7-34　例 7-37 的执行结果

该实例也可以用下面代码实现：

```
mysql> select xm
    -> from xsjbxxb
    -> where csrq=(select min(csrq) from xsjbxxb);
```

7.4.4 EXISTS 子查询

使用 EXISTS 子查询不需要返回任何实际数据，只是返回一个逻辑值。当内层查询语句查询到满足条件的记录时，就返回一个真值(true)，否则返回一个假值(false)。当返回的值为 true 时，外层查询语句将进行查询；当返回的值为 false 时，外层查询语句则不进行查询或者查询不出任何记录，语法格式如下：

```
WHERE [NOT] EXISTS (子查询)
```

【例 7-38】 查询选修了课程的学生姓名。

代码如下：

```
mysql> select xm
    -> from xsjbxxb
    -> where exists(select * from xsxkb where xsjbxxb.xh=xsxkb.xh);
```

执行结果如图 7-35 所示。

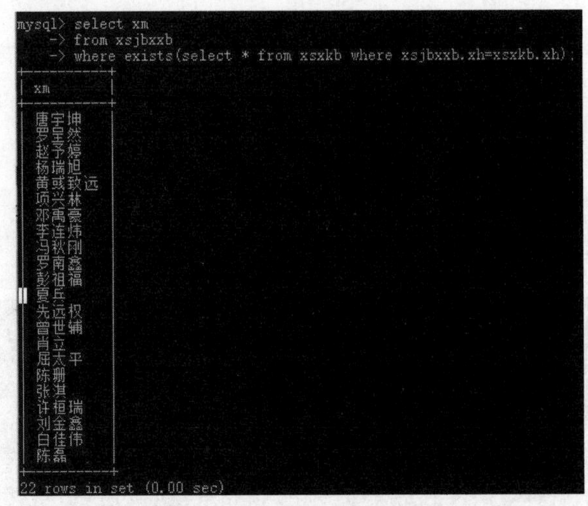

图 7-35　例 7-38 的执行结果

注意：子查询和连接查询在很多情况下可以互换，互换原则参考如下。

（1）如果查询语句要输出的字段来自多个表时，常用连接查询。

（2）如果查询语句要输出的字段来自一个表，但其 WHERE 子句涉及另一个表时，常用子查询。

（3）如果查询语句要输出的字段和 WHERE 子句都只涉及一个表，但是 WHERE 子句的查询条件涉及聚合函数进行数值比较时，一般使用子查询。

7.4.5　利用子查询插入、更新与删除数据

利用子查询修改表数据，就是利用一个嵌套在 INSERT 语句、UPDATE 语句或 DELETE 语句的子查询进行成批添加、更新和删除表中数据的。

1．利用子查询插入记录

INSERT 语句中的 SELECT 子查询可用于将一个或多个其他表或视图的数据添加到表中。使用 SELECT 子查询可同时插入多行数据。

【例 7-39】 将学生基本信息表中 2000 年出生的学生记录添加到 xs 表中。

分析：子查询的选择列表必须与 INSERT 语句列的列表匹配。如果 INSERT 语句没有指定列的列表，则选择列表必须与正向其插入表或视图列相匹配且顺序一致。

（1）创建 xs 表，结构与 xsjbxxb 表的结构一致。

```
mysql> create table xs like xsjbxxb;
Query OK, 0 rows affected (0.07 sec)
```

（2）复制数据，代码和执行结果如下：

```
mysql> insert into xs
    -> select * from xsjbxxb
    -> where year(csrq)=2000;
Query OK, 12 rows affected (0.01 sec)
Records: 12    Duplicates: 0    Warnings: 0
```

或者输入下面代码：

```
mysql> insert into xs
    -> select * from xsjbxxb
    -> where csrq between '2000-1-1' and '2000-12-31';
```

执行后也可以实现将 2000 年出生的学生记录添加到 xs 表中。

2．利用子查询更新数据

UPDATE 语句中的 SELECT 子查询可用于将一个或多个其他的表或视图的数据进行更新。使用 SELECT 子查询可同时更新多行数据。实际上是通过将子查询的结果作为更新条件表达式中的一部分。

【例 7-40】 将学生选课表中成绩在 90 分以上的学生，在 xs 表的简历字段填上“优秀”。

代码和执行结果如下：

```
mysql> update xs
    -> set jl='优秀'
    -> where xh in(select xh from xsxkb where cj>90);
Query OK, 1 rows affected (0.01 sec)
Rows matched: 1    Changed: 1    Warnings: 0
```

3．利用子查询删除数据

在 DELETE 语句中利用子查询同样可以删除符合条件的行。实际上也是通过将子查询的结果作为删除条件表达式中的一部分。

【例 7-41】 删除 xs 表中，学生选课表的成绩在 60 分以下的学生记录。

代码和执行结果如下：

```
mysql> delete from xs
    -> where xh in(select xh from xsxkb where cj<60);
Query OK, 1 row affected (0.01 sec)
```

7.5 使用正则表达式进行模糊查询

正则表达式通常用来检索或替换符合某个模式的文本内容，根据指定的匹配模式匹配文本中符合要求的特殊字符串，如从一个文本文件中提取电话号码、查找一篇文章中重复的单词、替换用户输入的某些词语等。正则表达式的查询能力比普通通配符的查询能力更强大，且更加灵活，可以应用于非常复杂的查询。

REGEXP 是正则表达式的缩写，但它不是 SQL 标准的一部分。REGEXP 运算符的一个同义词是 RLIKE，两者可以互换，其基本语法为：

```
WHERE 字段名 [ NOT ][ REGEXP | RLIKE ] 表达式
```

其中，表达式表示以哪种方式来进行匹配查询。表达式中参数支持的模式匹配字符如表 7-3 所示。

表 7-3　正则表达式的常用字符

匹 配 字 符	说　明	示　例
^	匹配字符串的开始字符	^a 匹配以字母 a 开头的字符串，如 abc
$	匹配字符串的结束字符	ing$匹配以 ing 结尾的字符串，如 string
.	匹配任意单个字符，包括回车和换行	b.g 匹配任何 b 和 g 之间有一个字符，如 big
*	匹配星号之前的 0 个或多个字符	*c 匹配字符 c 前面有任意多个字符，如 abc、 bc
+	匹配该字符前面的字符 1 次或多次	p+hp 匹配以 hp 结尾的前面至少有一个 p，如 php
<字符串>	匹配包含指定字符串的文本	fa 字符串至少要包含 fa，如 fan
[字符集合]	匹配字符集合中的任何一个字符	[abc]匹配 a 或 b 或 c，如 banana、color
[a-z]	匹配方括号里出现 a～z 的 1 个字符	[a-z]匹配 a～z 的任意小写字母字符
[^]	匹配不在括号中的任何字符	[^abc]匹配任何不包含 a、b 或 c 的字符串
字符串{n}	匹配确定的 n 次	o{2}不能匹配 Bob 中的 o，但是能匹配 good 中的两个 o
字符串{n,}	匹配单面的字符串至少 n 次	b{2,}匹配两个或更多的 b，如 bb、bbb
字符串{m,n}	匹配前面的字符串至少 m 次，至多 n 次。如果 n 为 0，则 m 为可选参数	b{2,4}匹配至少 2 个 b，最多 4 个 b，如 bb、bbbb、bbb

1．查询以特定字符或字符串开头的记录

使用字符“^”可以匹配以特定字符或字符串开头的记录。

【例 7-42】 查找学生基本信息表中姓“张”的学生学号、姓名和性别。

代码如下：

```
mysql> select xh,xm,xb
    -> from xsjbxxb
    -> where xm regexp '^张';
```

```
mysql> select xh,xm,xb
    -> from xsjbxxb
    -> where xm regexp '^张';
+--------------+--------+------+
| xh           | xm     | xb   |
+--------------+--------+------+
| 201720409101 | 张天宇 | 男   |
| 201820901102 | 张远涛 | 男   |
| 201920405103 | 张淇   | 男   |
+--------------+--------+------+
3 rows in set (0.03 sec)
```

图 7-36　例 7-42 的执行结果

执行结果如图 7-36 所示。

本例也可以使用下面代码实现：

```
mysql> select xh,xm,xb
    -> from xsjbxxb
    -> where xm like '张%';
```

执行后查询结果是一样的。

2. 查询以特定字符或字符串结尾的记录

使用字符“$”可以匹配以特定字符或字符串结尾的记录。

【例 7-43】 查找课程代码表中课程名称以“技术”为结束字符串的课程名称。

代码如下：

```
mysql> select kcmc
    -> from kcdmb
    -> where kcmc regexp '技术$';
```

执行结果如图 7-37 所示。

本例也可以使用下面代码实现：

```
mysql> select kcmc
    -> from kcdmb
    -> where kcmc like '%技术';
```

执行后查询结果是一样的。

3. 匹配指定字符串

正则表达式可以匹配字符串。当表中的记录包含这个字符串时，就可以将该记录查询出来。如果指定多个字符串时，则需要用符号“|”隔开。只要匹配这些字符串中的任意一个即可。

【例 7-44】 查找学生学号中包含“2010”或“2030”的学生信息，显示其学号、姓名、专业。

代码如下：

```
mysql> select xh,xm,zymc
    -> from xsjbxxb
    -> where xh regexp '2010|2030';
```

执行结果如图 7-38 所示。

图 7-37　例 7-43 的执行结果

```
mysql> select xh,xm,zymc
    -> from xsjbxxb
    -> where xh regexp '2010|2030';
+--------------+--------+--------------------+
| xh           | xm     | zymc               |
+--------------+--------+--------------------+
| 201820107101 | 邓禹豪 | 电子信息工程       |
| 201820107102 | 秦涛   | 电子信息工程       |
| 201820107103 | 曹宇   | 电子信息工程       |
| 201820109101 | 李连炜 | 电子科学与技术     |
| 201820109102 | 李贤   | 电子科学与技术     |
| 201820109103 | 侯阳   | 电子科学与技术     |
| 201920105101 | 魏志强 | 通信工程           |
| 201920105102 | 廖钟洪 | 通信工程           |
| 201920105103 | 唐柏荣 | 通信工程           |
| 201920305101 | 屈太平 | 电气工程及其自动化 |
| 201920305102 | 吴优   | 电气工程及其自动化 |
| 201920305103 | 刘敏   | 电气工程及其自动化 |
| 201920307101 | 李霆   | 自动化             |
| 201920307102 | 陈海霞 | 自动化             |
+--------------+--------+--------------------+
14 rows in set (0.00 sec)
```

图 7-38　例 7-44 的执行结果

本例也可以使用下面代码实现：

```
mysql> select xh,xm,zymc
    -> from xsjbxxb
    -> where xh like '%2010%' or xh like '%2030%';
```

执行后查询结果是一样的。

7.6 合并结果集

UNION 可以将多个 SELECT 语句的返回结果组合到一个结果集中。当要检索的数据在不同的结果集中，并且不能利用一个单独的查询语句得到时，可以使用 UNION 合并多个结果集，基本语法格式如下：

```
SELECT 语句 1   UNION[ALL]   SELECT 语句 2
[UNION [ALL]< SELECT 语句 3>][...n]
```

将两个或更多查询的结果合并为单个结果集时，该结果集包含联合查询中的所有查询的全部行。UNION 运算不同于使用 UNION 合并两个表中的列的运算，使用 UNION 合并两个查询结果集时，所有查询中的列数和列的顺序必须相同且数据类型必须兼容。其中，ALL 是指查询结果包括所有的行，如果不使用 ALL，则系统可自动删除重复行。查询结果的列标题是指第一个查询语句中的列标题。

【例 7-45】 查询部门号为 01 和 03 的班级信息。

代码如下：

```
mysql> select bjbh,bmh,bjzwmc
    -> from bjdmb
    -> where bmh='01'
    -> union
    -> select bjbh,bmh,bjzwmc
    -> from bjdmb
    -> where bmh='03';
```

执行结果如图 7-39 所示。

```
mysql> select bjbh,bmh,bjzwmc
    -> from bjdmb
    -> where bmh='01'
    -> union
    -> select bjbh,bmh,bjzwmc
    -> from bjdmb
    -> where bmh='03';
+-------------+-----+------------------------------+
| bjbh        | bmh | bjzwmc                       |
+-------------+-----+------------------------------+
| 2018201071  | 01  | 2018级电子信息工程1班        |
| 2018201091  | 01  | 2018级电子科学与技术1班      |
| 2018201111  | 01  | 2018级物联网工程1班          |
| 2019201051  | 01  | 2019级通信工程1班            |
| 22018201101 | 01  | 2018级大数据技术与应用1班    |
| 2019203051  | 03  | 2019级电气工程及其自动化1班  |
| 2019203071  | 03  | 2019级自动化1班              |
+-------------+-----+------------------------------+
7 rows in set (0.00 sec)
```

图 7-39　例 7-45 的执行结果

7.7 小结

本章介绍了 MySQL 数据库常见的查询方法，包括条件查询、分组查询、使用 LIMIT 关键字来限制查询结果的条数、多表连接查询、子查询等，具体需要掌握的内容如下。

- SELECT 语句的一般格式及各个子句的作用。
- 在条件查询中使用 IN、LIKE、BETWEEN AND 等关键字。
- SELECT 语句中利用聚合函数实现计算和统计等。
- 多表连接查询的应用。
- 子查询的应用。
- 正则表达式的查询应用。

实训 7-1

1．实训目的

（1）掌握 SELECT 语句的使用方法。

（2）掌握单表查询中，WHERE 子句的 LIKE、IN、BETWEEN AND、IS 等逻辑运算符的使用。

（3）掌握聚合函数的使用。

（4）掌握分组和排序查询。

2．实训准备

复习 7.1 节和 7.2 节的内容。

（1）熟悉 SELECT 命令的基本语法格式。

（2）SELECT 命令中 WHERE 子句的各种使用方式。

3．实训内容

利用教务管理系统（jwgl）数据库完成下面的实训内容。

1）无条件查询

（1）查询课程代码表的数据。

代码和执行结果如下：

```
mysql> select * from kcdmb;
+----------+------------------+-----+----+--------+------+
| kcdm     | kcmc             | xf  | xs | jsh    | kkxy |
+----------+------------------+-----+----+--------+------+
| 00202117 | 计算机专业英语      | 2.0 | 32 | 030001 | 03   |
| 00202118 | 网络数据库应用技术   | 3.0 | 48 | 030002 | 03   |
| 00202119 | 微机原理与汇编语言   | 2.0 | 32 | 050001 | 05   |
| 00202201 | 微机原理与应用      | 3.0 | 48 | 060001 | 06   |
| 00202202 | 计算机接口技术      | 4.5 | 72 | 070002 | 07   |
| 00202203 | 计算机操作系统技术   | 3.0 | 48 | 090001 | 09   |
| 00202204 | 计算机网络技术      | 3.0 | 48 | 010001 | 01   |
| 00202205 | internet 技术     | 2.0 | 32 | 060001 | 06   |
| 0801d107 | 展示设计理论       | 3.0 | 48 | 010001 | 01   |
+----------+------------------+-----+----+--------+------+
9 rows in set (0.00 sec)
```

（2）在学生基本信息表中查询每个学生的姓名及专业信息。

代码如下：

```
mysql> select xm,zymc
    -> from xsjbxxb;
```

2）条件查询

（1）查询学生基本信息表中男生的基本信息。

（2）查询 2000 年出生的女生信息。

（3）查询考试成绩在 80～90 分的学生学号、课程号和成绩。

（4）查询选修课程代码 00202117 或 00202118 的学生选课信息。

（5）查询选修课程名中包含“数据库”的选课信息。

（6）查询学号为 201820107101 的学生的课程选课信息，输出学号和平均成绩。

代码和执行结果如下：

```
mysql> select xh,avg(cj)
    -> from xsxkb
    -> where xh='201820107101';
+--------------+---------+
| xh           | avg(cj) |
+--------------+---------+
| 201820107101 | 72.5000 |
+--------------+---------+
1 row in set (0.00 sec)
```

（7）查询考试成绩前 3 名学生的选课信息。

代码和执行结果如下：

```
mysql> select *
    -> from xsxkb
    -> order by cj desc
    -> limit 3;
+--------------+----------+------+
| xh           | kcdm     | cj   |
+--------------+----------+------+
| 201920609103 | 00202119 |   96 |
| 201820109101 | 00202205 |   96 |
| 201720611101 | 00202204 |   96 |
+--------------+----------+------+
3 rows in set (0.00 sec)
```

（8）查询教师基本信息表的第 3～6 条记录。

（9）查询每门课程的平均成绩，并显示平均成绩最高的前 3 门的课程代码、课程名称、平均成绩。

（10）统计每个学生的成绩平均分，并按降序排序。

（11）统计学生基本信息表中女生的人数。

（12）按性别分组，求每组学生的平均年龄。

（13）查找选修课程超过 2 门且每门成绩都在 80 分以上的学生学号。

4．提交实训报告

按照要求提交实训报告作业。

实训 7-2

1．实训目的

（1）掌握 SELECT 连接查询的使用方法。

（2）掌握子查询的使用。

（3）学会正则表达式的使用。

2．实训准备

复习 7.3～7.6 节的内容。

（1）熟悉 SELECT 连接查询的各种方式。

（2）熟悉 SELECT 子查询的使用。

（3）熟悉正则表达式的使用。

3．实训内容

（1）查找学生基本信息表中年龄最大男生的所有信息。

（2）查询学生的选课信息，输出学号、姓名、课程名称、成绩。

（3）统计每个学生的成绩平均分信息，输出学号、姓名、平均成绩。

（4）统计每门课程的平均成绩信息，输出课程编码、课程名称、平均成绩。

（5）查询每个学生选修的课程成绩信息，要求显示学号、姓名、课程代码、成绩。

（6）查询每个学生选修的课程成绩信息，要求只显示成绩在 90 分（包含 90 分）以上的学生学号、姓名、课程名称、成绩。

（7）查询每个学生选修的课程成绩信息，要求只显示平均成绩在 90 分（包含 90 分）以上的学生学号，姓名，课程名称，成绩。

（8）查看每个同学的选课信息，包括未选课的学生信息，要求显示学号、姓名、课程代码、成绩。

（9）查看每门课程的选课信息，包括没有人选修的课程，要求只显示课程代码、课程名、成绩。

（10）查找学号为 201820919102 和学号为 201820511102 的两位同学信息。

（11）查找课程“电子信息工程”平均成绩在 70 分以上的学生学号和平均成绩。

代码和执行结果如下：

```
mysql> select xh,avg(cj) as '平均成绩'
    -> from xsxkb
    -> where xh in
    -> (select xh from xsjbxxb where zymc='电子信息工程')
    -> group by xh
    -> having avg(cj)>=70;
+--------------+----------+
| xh           | 平均成绩 |
+--------------+----------+
| 201820107101 |  72.5000 |
+--------------+----------+
1 row in set (0.00 sec)
```

（12）查找与学号为 201820917101 学生性别相同、专业相同的学生学号和姓名。

（13）从 xsjbxxb 表中查找所有女学生的姓名、学号，以及与学号为 201820917101 学生的年龄差距。

（14）查找选修了全部课程的同学的姓名。

代码和执行结果如下：

```
mysql> select xm
    ->      from xsjbxxb
    ->      where not exists
```

```
    ->        (
    ->              select *
    ->                    from kcdmb
    ->                    where not exists
    ->                    ( select *
    ->                          from xsxkb
    ->                          where xh=xsjbxxb.xh and kcdm=kcdmb.kcdm
    ->                    )
    ->        );
Empty set (0.01 sec)
```

（15）查找选修代码为 00202118 课程的学生姓名。

（16）查找选修“计算机接口技术”课程的学生学号、姓名。

（17）查找 xsjbxxb 表中，比所有土木工程专业学生年龄都大的学生学号、姓名、专业名称、出生日期字段。

（18）查询姓李的学生学号、姓名和专业名称。

（19）查询学号里包含 4、5、6 的学生学号、姓名和专业名称。

代码和执行结果如下：

```
（1）mysql> select xh,xm,zymc
    -> from xsjbxxb
    -> where xh regexp '[4,5,6]';
（2）mysql> select xh,xm,zymc
    -> from xsjbxxb
    -> where xh regexp '[4-6]';
+--------------+----------+--------------------+
| xh           | xm       | zymc               |
+--------------+----------+--------------------+
| 201720409101 | 张天宇   | 水利水电工程       |
| 201720409102 | 姚青青   | 水利水电工程       |
| 201720409103 | 黄馨贤   | 水利水电工程       |
| 201720505101 | 唐宇坤   | 财务管理           |
| 201720505102 | 卢礼钶   | 财务管理           |
| 201720505103 | 车洁     | 财务管理           |
| 201720611101 | 罗呈然   | 电子商务           |
| 201720611102 | 杨丽娟   | 电子商务           |
| 201720611103 | 赵予婷   | 电子商务           |
| 201820509101 | 才仁多杰 | 税收学             |
| 201820509102 | 杨正宁   | 税收学             |
| 201820509103 | 杨正吉   | 税收学             |
| 201820511101 | 李俊霖   | 资产评估           |
| 201820511102 | 刘宇娇   | 资产评估           |
| 201820511103 | 彭祖福   | 资产评估           |
| 201820605101 | 余权珂   | 信息管理与信息系统 |
| 201820605102 | 夏兵     | 信息管理与信息系统 |
| 201820605103 | 先远权   | 信息管理与信息系统 |
| 201920105101 | 魏志强   | 通信工程           |
| 201920105102 | 廖钟洪   | 通信工程           |
| 201920105103 | 唐柏荣   | 通信工程           |
| 201920305101 | 屈太平   | 电气工程及其自动化 |
| 201920305102 | 吴优     | 电气工程及其自动化 |
| 201920305103 | 刘敏     | 电气工程及其自动化 |
| 201920405101 | 罗绒登巴 | 应用物理学         |
| 201920405102 | 陈珊     | 应用物理学         |
| 201920405103 | 张淇     | 应用物理学         |
| 201920609101 | 肖艳玲   | 物流管理           |
| 201920609102 | 高铭     | 物流管理           |
| 201920609103 | 许桓瑞   | 物流管理           |
```

```
| 201920915101 | 方品清    | 给排水科学与工程    |
| 201920915102 | 骆科武    | 给排水科学与工程    |
| 201920915103 | 陈霜      | 给排水科学与工程    |
+--------------+----------+--------------------+
33 rows in set (0.00 sec)
```

（20）查询学号以 2018 开头并以 101 结尾的学生学号、姓名和专业名称。

4．提交实训报告

按照要求提交实训报告作业。

习题 7

一、单选题

1．在 MySQL 中，通常使用（　　）语句进行数据的检索和输出操作。

A．SELECT　　B．INSERT　　C．UPDATE　　D．DELETE。

2．SELECT * FROM student 该代码中的*号，表示的正确含义是（　　）。

A．普通的字符　　B．错误的符号　　C．模糊查询　　D．所有的列

3．在 SELECT 语句中 WHERE 子句表示（　　）。

A．指定查询条件　　B．逻辑运算　　C．在哪里　　D．模糊查询

4．从学生表 student 中的姓名字段 name 查找姓“王”的学生，可以使用如下代码：select * from student where（　　）。

A．name='王_'　　B．name = '%王%'

C．name like '王%'　　D．name like '王_'

5．降序排序的关键字是（　　）。

A．ASC　　B．ESC　　C．DESC　　D．DSC

6．查找条件为姓名字段 NAME 不是 NULL 的记录（　　）。

A．WHERE NAME ! NULL　　B．WHERE NAME NOT NULL

C．WHERE NAME IS NOT NULL　　D．WHERE NAME!=NULL

7．在 SQL 语言中，子查询是（　　）。

A．选取单表中字段子集的查询语句　　B．选取多表中字段子集的查询语句

C．返回单表中数据子集的查询语言　　D．嵌入到另一个查询语句之中的查询语句

8．下列（　　）不属于连接种类。

A．左外连接　　B．内连接　　C．中间连接　　D．交叉连接

9．关于语句 limit 5,10，说法正确的是（　　）。

A．表示检索出第 5 行开始的 10 条记录　　B．表示检索出第 5～10 行的记录

C．表示检索出第 6 行开始的 10 条记录　　D．表示检索出第 6 行开始的 5 条记录

10．在 SELECT 语句的 WHERE 子句中，使用正则表达式过滤数据的关键字是（　　）。

A．like　　B．against　　C．match　　D．regexp

11．SQL 语言的数据操纵语句包括 SELECT、INSERT、UPDATE、DELETE 等。其中最重要的，也是使用最频繁的语句是（　　）。

A．UPDATE　　B．SELECT　　C．DELETE　　D．INSERT

12．在 SELECT 语句中，使用关键字（　　）可以去掉重复行。

A．TOP　　B．ALL　　C．UNION　　D．DISTINCT

13．以下聚合函数求平均数的是（　　）。

A．COUNT　　B．MAX　　C．AVG　　D．SUM

14．以下聚合函数求数据总和的是（　　）。

A．MAX　　B．SUM　　C．COUNT　　D．AVG

15．以下聚合函数求个数的是（　　）。

A．MAX　　B．SUM　　C．COUNT　　D．AVG

16．有 3 个表，它们的记录行数分别是 10 行、4 行和 5 行，3 个表进行交叉连接后，结果集中共有（　　）行数据。

A．19　　B．30　　C．200　　D．不确定

17．从 GROUP BY 分组的结果集中再次用条件表达式进行筛选的子句是（　　）。

A．FROM　　B．ORDER BY　　C．HAVING　　D．WHERE

18．用来排序的关键字是（　　）。

A．ORDERED BY　　B．ORDER BY

C．GROUP BY　　D．GROUPED BY

19．以下哪项用于左连接（　　）。

A．JOIN　　B．RIGHT JOIN

C．LEFT JOIN　　D．INNER JOIN

20．条件“BETWEEN 20 AND 30”表示年龄在 20～30 岁之间，且（　　）。

A．包括 20 岁不包括 30 岁　　B．不包括 20 岁包括 30 岁

C．不包括 20 岁和 30 岁　　D．包括 20 岁和 30 岁

21．使用 LIKE 关键字实现模糊查询时，常用的通配符包括（　　）。

A．%与*　　B．*与?　　C．%与_　　D．_与*

22．在正则表达式中，匹配任意一个字符的符号是（　　）。

A．.　　B．*　　C．?　　D．-

23．以下匹配'1 abc'、'2 abc'和'3 abc'的正则表达式是（　　）。

A．'123 abc'　　B．'1,2,3 abc'　　C．'[123] abc'　　D．'1|2|3 abc'

24．条件“学分 IN(2,3,4)”表示（　　）。

A．学分在 2～4 之间　　B．学分在 2～3 之间

C．学分是 2 或 3 或 4　　D．学分在 3～4 之间

25．正则表达式中，字符“*”表示（　　）。

A．无匹配　　B．只匹配 1 个　　C．0 至多个匹配　　D．无数个匹配

26．在 SELECT 语句中，可以使用（　　）子句，将结果集中的数据行根据选择列的值进行逻辑分组，以便能汇总表内容的子集，即实现对每个组的聚集计算。

A．LIMIT　　B．GROUP BY　　C．WHERE　　D．ORDER BY

27．在子查询中，（　　）关键字表示满足其中任意一个条件。

A．IN　　B．ANY　　C．ALL　　D．EXISTS

二、填空题

1．MySQL 中可以使用________代表所有的列，即可查出所有的字段。

2．使用________关键字时，内层查询语句不返回查询的记录，而是返回一个真假值。

3．________关键字可以判断某个字段的值是否在指定的集合中。

4．________关键字能够将两个或多个 SELECT 语句的结果连接起来。

5．用 SELECT 进行模糊查询时，可以使用________或%等通配符来配合查询。

6．用 SELECT 进行模糊查询时，可以使用________匹配符。

7．使用 ORDER BY 对查询的结果进行排序，其中升序使用________表示；降序使用________表示。

8．使用________关键字可以去除查询结果中的重复记录。

9．________子句可以对查询结果的记录条数进行限定，以控制其输出行数。

10．在 MySQL 中，使用________关键字来匹配查询正则表达式。

第 8 章　索引和视图

学习目标：

- 理解索引的概念、作用和分类。
- 掌握索引的创建。
- 理解视图的概念。
- 掌握视图的创建、管理视图，通过视图修改数据。

在 MySQL 数据库中，索引（Index）是影响数据性能的重要因素之一，设计高效的、合理的索引可以显著提高数据信息的查询速度和应用程序的性能。

视图（View）是一个存储指定查询语句的虚拟表，视图中数据来源于由定义视图所引用的表，并且能够实现动态引用，即表中数据发生变化，视图中的数据也随之变化。

8.1　索引

8.1.1　索引概述

MySQL 的索引是为了加速对数据进行检索而创建的一种分散的、物理的数据结构。索引是根据表中一列或多列按照一定顺序建立的列值与记录行之间的对应关系表。利用索引可以快速查询数据库表中的特定记录信息。在 MySQL 中，所有的数据类型都可以被索引。

数据库中的索引与图书的目录类似，索引的功能就像图书目录可提供快速查找图书的内容一样，不必扫描整个数据表就能找到想要的数据行。

1. 索引的分类

按照分类标准不同，MySQL 的索引有多种类型，通常包括普通索引、唯一索引、主键索引、全文索引和空间索引等。

（1）普通索引（INDEX）

普通索引是 MySQL 中基本的索引类型，允许在定义索引的字段中插入重复值和空值。

（2）唯一索引（UNIQUE）

唯一索引字段的值必须唯一且允许有空值。如果是组合索引，则字段值的组合必须唯一。在一个表上可以创建多个唯一索引。

（3）主键索引（PRIMARY KEY）

主键索引是一种特殊的唯一索引，要求其取值唯一且不允许有空值。它一般是在创建表时创建，也可通过修改表时添加主键索引，但是一张表只能有一个主键索引。

（4）全文索引（FULLTEXT）

全文索引是指在定义索引的字段上支持值的全文查找。该索引允许在这些索引字段中插入重复值和空值。全文索引只支持 InnoDB 表和 MyISAM 表，并且只能在 CHAR、VARCHAR 和 TEXT 等类型的字段上创建。索引总是在整个字段上创建，不支持字段前缀索引，如果指定了任何前缀长度，则将忽略该索引。

（5）空间索引（SPATIAL）

空间索引是在空间数据类型字段上建立的索引。对于索引空间列，MyISAM 表可和 InnoDB 表同时支持空间索引和非空间索引。空间列上的空间索引具有以下特征：仅适用于 InnoDB 表和 MyISAM 表；从 MySQL 8.0.12 版本开始，空间列上的索引必须是空间索引，并且仅适用于单个空间列，禁止使用列前缀长度，不能在多个空间列上创建空间索引；索引列不能为空，也不允许用于主键或唯一索引。

如果按照创建索引键值的列数分类，索引还可以分为单列索引和复合索引。

如果按照存储方式分类，可以分为 BTREE 索引和 HASH 索引。

2. 设置索引的原则

在数据表中创建索引时，为使索引的使用效率更高，必须考虑在哪些字段上创建索引和创建什么类型的索引。设计索引时，应该考虑以下原则。

（1）索引并非越多越好，一个表创建大量索引，不仅占有磁盘空间，还会影响 INSERT、UPDATE 和 DELETE 的语句性能。

（2）避免对经常更新的表创建过多的索引，对经常查询的字段应该建立索引。

（3）经常需要排序、分组和联合操作的字段一定要建立索引。

（4）尽量不要对数据库中某个含有大量重复值的字段建立索引，可能会降低数据库的性能。

（5）数据量小的表尽量不要建立索引。

需要注意的是，索引并不是越多越好，只有科学地设计索引才能提高数据库的性能。

8.1.2 创建索引

创建索引通常有 3 种命令方式，即创建表时创建索引、对已存在的表使用 ALTER TABLE 创建索引和使用 CREATE INDEX 语句创建索引。当然利用 MySQL Workbench 等工具也可以实现可视化方式创建索引。

1. 创建表时创建索引

用 CREATE TABLE 命令创建表时创建索引，基本语法格式如下：

```
CREATE TABLE 表名
(字段名  数据类型[完整性约束条件],
 ...
字段名 数据类型[完整性约束条件],
PRIMARY KEY [索引类型] (索引字段名...)          /*主键*/
| FOREIGN KEY (索引字段名...)[参照性定义]             /*外键*/
[UNIQUE|FULLTEXT|SPATIAL]   INDEX|KEY [索引名] (字段名[(长度)]) [ASC|DESC]);
```

参数说明：

UNIQUE：表示创建唯一索引。

FULLTEXT：表示创建全文索引。

SPATIAL：表示创建空间索引。

INDEX|KEY：表示索引的关键字。

索引名：表示创建索引的名称。若省略，则单列索引默认用创建索引的字段名为索引名称。

长度：表示用指定字段内容中用于创建索引的长度。若省略，则默认用整个字段内容创建索引。

ASC|DESC：表示创建索引时的排序方式，其中 ASC 为升序排列，DESC 为降序排列。默认为升序排列。

【例 8-1】 创建 course 表，在 cname（课程名）字段上建立普通索引。

代码如下：

```
mysql> create table course(
    -> cid varchar(6) not null,
    -> cname varchar(20) not null,
    -> credit float(3,1),
    -> semester int(1),
    -> index(cname)
    -> );
```

执行命令后，输入 show index from course;进行查看，运行结果如图 8-1 所示，可以看到 course 表在 cname 字段上已经创建了一个名为 cname 的索引。

```
mysql> show index from course;
+--------+------------+----------+--------------+-------------+-----------+-------------+
| Table  | Non_unique | Key_name | Seq_in_index | Column_name | Collation | Cardinality |
+--------+------------+----------+--------------+-------------+-----------+-------------+
| course |          1 | cname    |            1 | cname       | A         |           0 |
+--------+------------+----------+--------------+-------------+-----------+-------------+
1 row in set (0.01 sec)
```

图 8-1　查看 course 表索引

输入 explain select * from course where cname='计算机基础';后，执行结果如图 8-2 所示。可以看到 possible_keys 和 key 字段的值都是 cname，说明 cname 索引已经存在且被使用了。

```
mysql> explain select * from course where cname='计算机基础';
+----+-------------+--------+------------+------+---------------+-------+---------+-------+------+----------+-------+
| id | select_type | table  | partitions | type | possible_keys | key   | key_len | ref   | rows | filtered | Extra |
+----+-------------+--------+------------+------+---------------+-------+---------+-------+------+----------+-------+
|  1 | SIMPLE      | course | NULL       | ref  | cname         | cname | 82      | const |    1 |   100.00 | NULL  |
+----+-------------+--------+------------+------+---------------+-------+---------+-------+------+----------+-------+
1 row in set, 1 warning (0.01 sec)
```

图 8-2　索引被使用

【例 8-2】 创建 course1 表，在 cname（课程名）字段上建立唯一索引，并按降序排序。

代码如下：

```
mysql> create table course1(
    -> cid varchar(6) not null,
    -> cname varchar(20) not null,
    -> credit float(3,1),
    -> semester int(1),
    -> unique index index_cname(cname desc)
    -> );
```

执行命令后，输入 show index from course1;进行查看，运行结果如图 8-3 所示，可以看到 course1 表在 cname 字段上已经创建了一个名为 index_cname 的索引，并且 Non_unique 的值为 0，表示唯一索引，Collation 的值为 D，表示按降序排序。

```
mysql> show index from course1;
+---------+------------+-------------+--------------+-------------+-----------+
| Table   | Non_unique | Key_name    | Seq_in_index | Column_name | Collation |
+---------+------------+-------------+--------------+-------------+-----------+
| course1 |          0 | index_cname |            1 | cname       | D         |
+---------+------------+-------------+--------------+-------------+-----------+
1 row in set (0.01 sec)
```

图 8-3　查看 course1 表索引

也可以输入 show create table course1;进行查看，运行结果如图 8-4 所示，可以看到表中有语句：UNIQUE KEY 'index_cname' ('cname' DESC)，也表明索引创建成功。

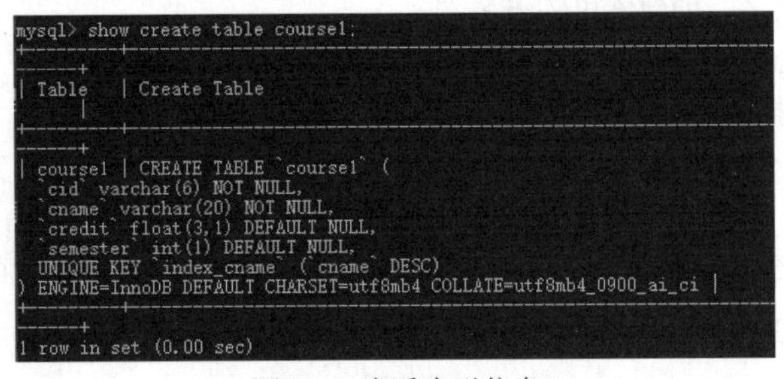

```
mysql> show create table course1;
+---------+--------------------------------------------------------------------
| Table   | Create Table
+---------+--------------------------------------------------------------------
| course1 | CREATE TABLE `course1` (
  `cid` varchar(6) NOT NULL,
  `cname` varchar(20) NOT NULL,
  `credit` float(3,1) DEFAULT NULL,
  `semester` int(1) DEFAULT NULL,
  UNIQUE KEY `index_cname` (`cname` DESC)
) ENGINE=InnoDB DEFAULT CHARSET=utf8mb4 COLLATE=utf8mb4_0900_ai_ci |
+---------+--------------------------------------------------------------------
1 row in set (0.00 sec)
```

图 8-4　查看索引信息

2. 对已存在的表使用 ALTER TABLE 创建索引

基本语法格式如下：

```
ALTER TABLE 表名
ADD [UNIQUE|FULLTEXT|SPATIAL] INDEX [索引名](字段名[(长度)] [ASC|DESC]);
```

【例 8-3】 在 jwgl 数据库的学生基本信息表上，对 xm 字段建立普通索引。

代码如下：

```
mysql> alter table xsjbxxb
    -> add index index_xm(xm);
```

执行命令后，输入 show index from xsjbxxb;后，运行结果如图 8-5 所示。可以看到 xsjbxxb 表在 xm 字段上已经创建了一个名为 index_xm 的索引，并且 Collation 的值为 A，表示按升序排序。

```
mysql> show index from xsjbxxb;
+---------+------------+----------+--------------+-------------+-----------+
| Table   | Non_unique | Key_name | Seq_in_index | Column_name | Collation |
+---------+------------+----------+--------------+-------------+-----------+
| xsjbxxb |          0 | PRIMARY  |            1 | xh          | A         |
| xsjbxxb |          1 | xy       |            1 | xy          | A         |
| xsjbxxb |          1 | bjbh     |            1 | bjbh        | A         |
| xsjbxxb |          1 | index_xm |            1 | xm          | A         |
+---------+------------+----------+--------------+-------------+-----------+
4 rows in set (0.02 sec)
```

图 8-5　查看 xsjbxxb 表索引

【例 8-4】 在 jwgl 数据库的 kcdmb 表上，对 kcmc 字段的前 8 个字符建立唯一索引。

代码如下：

```
mysql> alter table kcdmb
    -> add unique index index_kcmc_8(kcmc(8));
```

执行命令后，输入 show index from kcdmb;进行查看，运行结果如图 8-6 所示。可以看到 kcdmb 表在 kcmc 字段上已经创建了一个名为 index_kcmc_8 的降序排序的索引。

```
mysql> show index from kcdmb;
+-------+------------+--------------+--------------+-------------+-----------+-------------+----------+
| Table | Non_unique | Key_name     | Seq_in_index | Column_name | Collation | Cardinality | Sub_part |
+-------+------------+--------------+--------------+-------------+-----------+-------------+----------+
| kcdmb |          0 | PRIMARY      |            1 | kcdm        | A         |           9 |     NULL |
| kcdmb |          0 | index_kcmc_8 |            1 | kcmc        | A         |           9 |        8 |
| kcdmb |          1 | jsh          |            1 | jsh         | A         |           7 |     NULL |
+-------+------------+--------------+--------------+-------------+-----------+-------------+----------+
3 rows in set (0.01 sec)
```

图 8-6　查看 kcdmb 表索引

3．使用 CREATE INDEX 语句创建索引

如果数据表已经创建完毕，就可以使用 CREATE INDEX 语句建立索引。

基本语法格式为：

```
CREATE [UNIQUE | FULLTEXT | SPATIAL] INDEX index_name
    [index_type]
    ON tbl_name (col_name [(length)] | (expr)} [ASC | DESC]);
```

参数说明：

（1）UNIQUE | FULLTEXT | SPATIAL：指创建的是唯一索引|全文索引|空间索引。

（2）index_name：指索引名，必不可少，且同一个表中名字是唯一的。

（3）tbl_name：指表名，创建索引的表名。

（4）col_name [(length)]：指字段名[长度]，创建索引的字段名。

（5）ASC | DESC：指升序|降序，默认是创建升序索引。

（6）index_type：指索引类型，即 BTREE 和 HASH，其中 BTREE 为二叉树方式，HASH 为哈希方式。

【例 8-5】 在 jwgl 数据库的学生基本信息表上，对 xm 和 nj 的字段建立复合索引，其中 xm 字段降序，nj 字段升序。

代码如下：

```
mysql> create index index_xm_bj on xsjbxxb(xm desc,nj asc);
```

执行命令后，输入 show index from xsjbxxb;进行查看，运行结果如图 8-7 所示，可以看到 xsjbxxb 表在 xm 和 nj 的字段上已经创建了一个名为 index_xm_bj 的索引。

说明：

（1）索引的名称必须符合 MySQL 的命名规则，且在表中必须是唯一的。

（2）主键索引必须是唯一的，但唯一索引不一定是主键索引。一张表上只能有一个主键索引，但

可以有一个或者多个唯一索引。

```
mysql> show index from xsjbxxb;
+---------+------------+-------------+--------------+-------------+-----------+
| Table   | Non_unique | Key_name    | Seq_in_index | Column_name | Collation |
+---------+------------+-------------+--------------+-------------+-----------+
| xsjbxxb |          0 | PRIMARY     |            1 | xh          | A         |
| xsjbxxb |          1 | xy          |            1 | xy          | A         |
| xsjbxxb |          1 | bjbh        |            1 | bjbh        | A         |
| xsjbxxb |          1 | index_xm    |            1 | xm          | A         |
| xsjbxxb |          1 | index_xm_bj |            1 | xm          | D         |
| xsjbxxb |          1 | index_xm_bj |            2 | nj          | A         |
+---------+------------+-------------+--------------+-------------+-----------+
6 rows in set (0.01 sec)
```

图 8-7　查看 xsjbxxb 表索引

（3）创建主键约束时可自动生成主键索引，创建唯一性约束时，MySQL 也会自动创建唯一索引。创建主键索引或唯一索引时，应保证创建索引的字段满足主键约束或唯一约束的条件，如果不满足，则必须先将不满足的数据删除，否则索引不能被创建成功。

8.1.3　查看索引

若要查看表中已经创建索引的情况，可以使用下面语句实现。

（1）SHOW INDEX | KEYS FROM 表名;

（2）SHOW CREATE TABLE 表名;

索引的使用情况可以用 EXPLAIN 语句来查看，其格式如下：

```
explain select * from 表名 where 条件表达式;
```

此处的条件表达式是关于需要包含要查看索引字段的条件表达式，具体使用方式请参看 8.1.2 节。

8.1.4　删除索引

删除不再需要的索引，既可以通过 DROP INDEX 语句，也可以用 ALTER TABLE 语句来删除。

1. 使用 DROP INDEX 语句删除索引

基本语法格式为：

```
DROP INDEX 索引名 ON 表名;
```

【例 8-6】 删除 kcdmb 表 kcmc 字段上的 index_kcmc_8 索引。

代码如下：

```
mysql> drop index index_kcmc_8 on kcdmb;
```

执行命令后，输入 show index from kcdmb;进行查看，运行结果如图 8-8 所示，可以看到 kcdmb 表中已经没有该索引了，说明删除成功。

```
mysql> show index from kcdmb;
+-------+------------+----------+--------------+-------------+-----------+
| Table | Non_unique | Key_name | Seq_in_index | Column_name | Collation |
+-------+------------+----------+--------------+-------------+-----------+
| kcdmb |          0 | PRIMARY  |            1 | kcdm        | A         |
| kcdmb |          1 | jsh      |            1 | jsh         | A         |
+-------+------------+----------+--------------+-------------+-----------+
2 rows in set (0.00 sec)
```

图 8-8　查看 kcdmb 表索引

2. 使用 ALETR TABLE 语句删除索引

基本语法格式为：

```
ALTER TABLE 表名
DROP INDEX 索引名 | DROP PRIMARY KEY | DROP FOREIGN KEY 外键名;
```

【例 8-7】 删除学生基本信息表复合索引 index_xm_bj。

代码如下：

```
mysql> alter table xsjbxxb
    -> drop index index_xm_bj ;
```

执行命令后，输入 show index from xsjbxxb;进行查看，运行结果如图 8-9 所示，可以看到 xsjbxxb

表中已经没有该索引了，说明删除成功。

```
mysql> show index from xsjbxxb;
+---------+------------+----------+--------------+-------------+-----------+
| Table   | Non_unique | Key_name | Seq_in_index | Column_name | Collation |
+---------+------------+----------+--------------+-------------+-----------+
| xsjbxxb |          0 | PRIMARY  |            1 | xh          | A         |
| xsjbxxb |          1 | xy       |            1 | xy          | A         |
| xsjbxxb |          1 | bjbh     |            1 | bjbh        | A         |
| xsjbxxb |          1 | index_xm |            1 | xm          | A         |
+---------+------------+----------+--------------+-------------+-----------+
4 rows in set (0.00 sec)
```

图 8-9　查看 xsjbxxb 表索引

8.1.5　利用 MySQL Workbench 管理索引

1．利用 MySQL Workbench 创建索引

【例 8-8】　在 jwgl 数据库中，对 bjdmb 表的 bjzwmc 字段创建唯一索引。

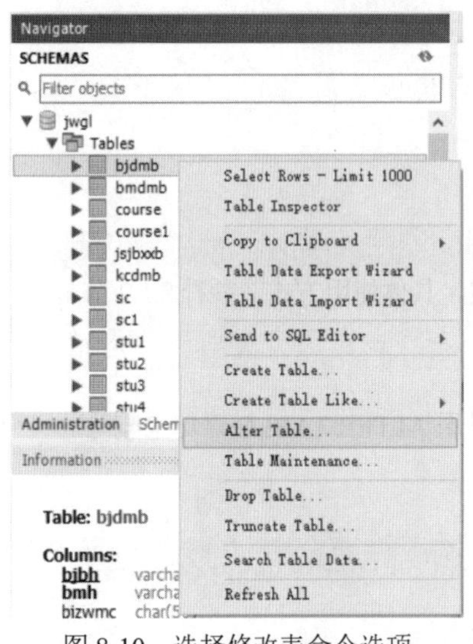

图 8-10　选择修改表命令选项

步骤如下：

（1）启动 MySQL Workbench，单击实例 Local instance mysql80。在导航区 Navigator 下的 SCHEMAS 区域，选择当前数据库 jwgl。

（2）在 jwgl 数据库中选择“Tables”选项并展开，选择 bjdmb 表，并右击 bjdmb 表，在弹出菜单中选择“Alter Table”选项，如图 8-10 所示。

（3）在 bjdmb 表界面，选择 index 选项卡，在如图 8-11 所示的界面中，Index Name 是索引名，可以查看前面创建的主键索引 PRIMARY 和普通索引 bmh。其后依次是 Type（索引类型）、Index Columns（索引字段）、Index Options（索引参数）和 Index Comment（索引注释）等。

（4）在 Index Name 的文本框中输入 index_bjzwmc，选择索引类型为 UNIQUE，表示创建唯一索引。右侧的 Index Columns 会自动显示 bjdmb 表中的所有字段，勾选“bjzwmc”复选框字段。存储类型为“BTREE”，如图 8-12 所示。

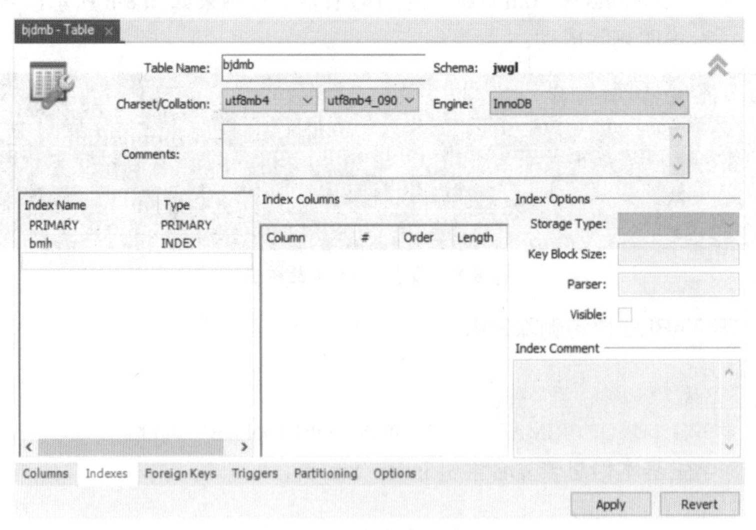

图 8-11　创建索引窗口

（5）单击“Apply”按钮，出现如图 8-13 所示，将脚本写入数据库后，单击“Apply”按钮，在随

后出现的对话框中，单击“Finish”按钮，就完成了在 bjdmb 表上唯一索引 index_bjzwmc 的创建。

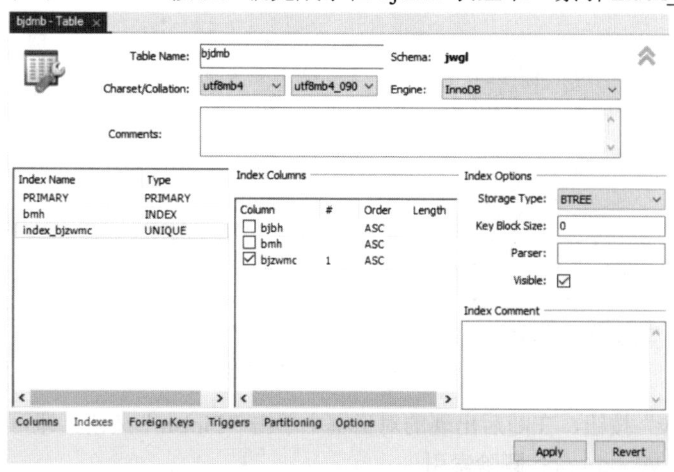

图 8-12　设置索引参数窗口

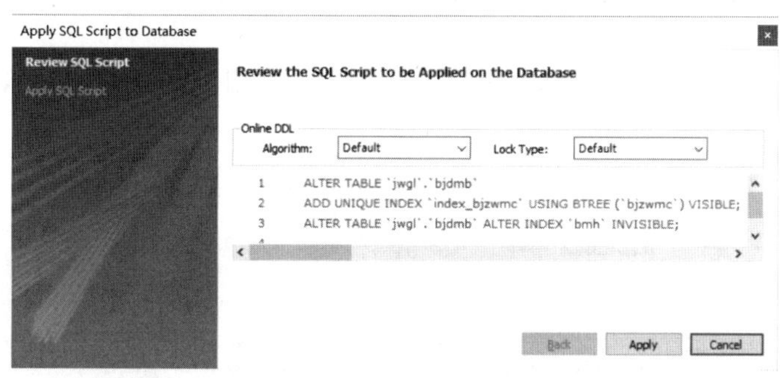

图 8-13　将脚本写入数据库

注意：在 MySQLWorkbench 中创建其他索引的操作步骤基本相同。

2．利用 MySQL Workbench 修改索引

利用 MySQL Workbench 可以修改索引的名字、类型、索引字段和索引参数等。

【例 8-9】 将 bjdmb 表中的 index_bjzwmc 唯一索引修改为普通索引 bjzwmc，索引类型改为 index，且为降序排列。

步骤如下：

（1）双击 index_bjzwmc 索引名，将其修改为“bjzwmc”，Type 改为“INDEX”，Order 改为“DESC”，如图 8-14 所示。

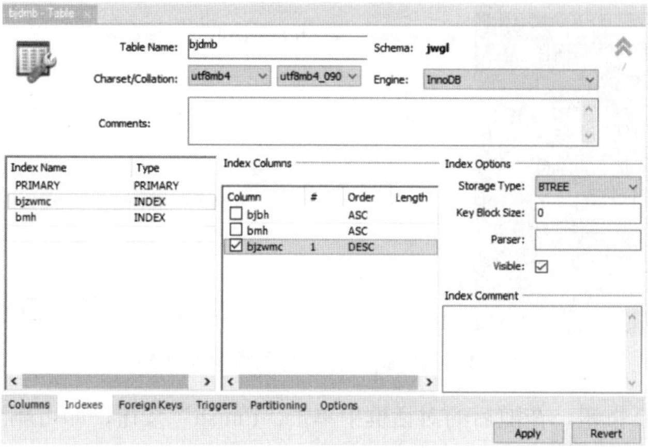

图 8-14　修改索引界面

（2）单击“Apply”按钮，出现如图 8-15 所示的对话框。

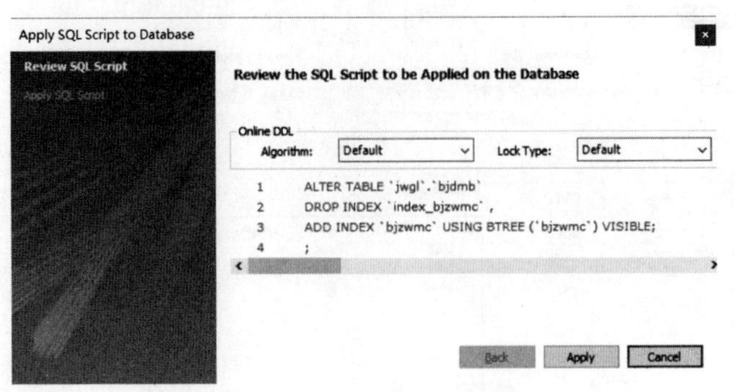

图 8-15　将 SQL 脚本写入数据库（1）

（3）单击“Apply”按钮，在随后出现的对话框中单击“Finish”按钮，即可完成索引的修改。

3．利用 MySQL Workbench 删除索引

【例 8-10】 删除 bjdmb 表的普通索引 bjzwmc。

步骤如下：

（1）右击索引 bjzwmc，选择“Delete Selected”选项，索引 bjzwmc 即从列表中消失，如图 8-16 所示。

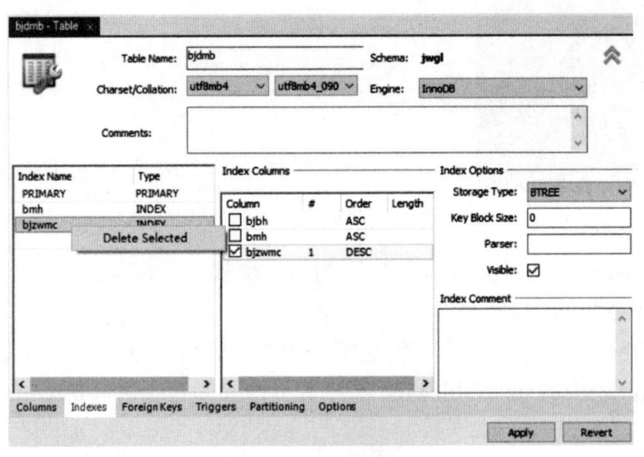

图 8-16　删除索引

（2）单击“Apply”按钮，出现删除索引的应用脚本对话框。如图 8-17 所示。

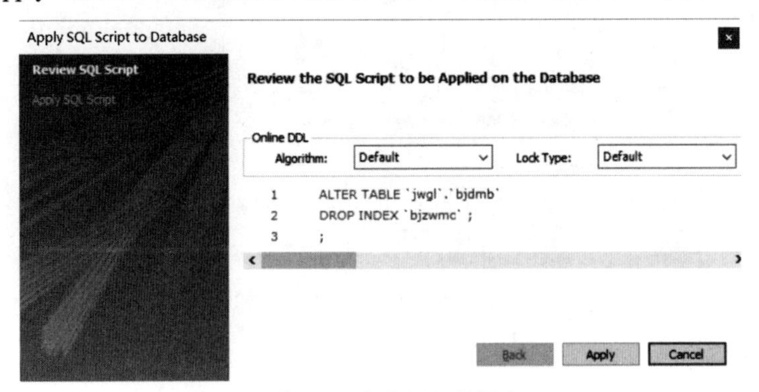

图 8-17　将 SQL 脚本写入数据库（2）

（3）单击“Apply”按钮，在随后的对话框中单击“Finish”按钮，即可删除索引。

8.2 视图

视图是一个虚拟表。它是从一个或者多个表及其他视图中通过 SELECT 语句导出的表，其内容由查询定义派生出视图的表称为基表。同真实的表一样，视图包含一系列带有名称的字段和记录。但是数据库中只存放了视图的定义并没有存放视图中的数据。浏览视图时所对应数据的行和列数据来自定义视图查询所引用的表，并且在引用视图时动态生成。

说明：视图一经定义后就可以像表一样被查询、修改、删除和更新。通过视图进行查询没有任何限制，但是对通过视图实现表的插入、修改、删除操作则有一定的限制条件。

使用视图有下列优点：

（1）简化数据查询和处理

视图可以为用户集中多个表中的数据，简化用户对数据的查询和处理。

（2）屏蔽数据库的复杂性

用户不必了解复杂数据库中的表结构，并且数据库表的更改也不影响用户对数据库的使用。

（3）安全性

建立视图可以防止未授权用户查看特定的行或列。用户只能查询或修改有权限访问的数据，也可以只授予用户访问视图的权限而不授予访问表的权限，这样就提高了数据库的安全性。

8.2.1 创建视图

创建视图是指在指定的数据库表上建立视图。视图可以建立在一张表上，也可以建立在多张表或已有视图上。创建视图要求用户具有针对视图的 CREATE VIEW 权限，以及具有查询涉及列的 SELECT 权限。

在 MySQL 中，使用 CREATE VIEW 语句创建视图，基本语法格式为：

```
CREATE   [OR REPLACE]
    [ALGORITHM = {UNDEFINED | MERGE | TEMPTABLE}]
    [DEFINER = { user | CURRENT_USER }]
    [SQL SECURITY { DEFINER | INVOKER }]
    VIEW view_name [(column_list)]
    AS select_statement
    [WITH [CASCADED | LOCAL] CHECK OPTION]
```

参数说明如下。

（1）OR REPLACE：可选，表示当已具有同名的视图时，将替换已有视图。

（2）ALGORITHM：可选，表示视图算法可影响查询语句的解析方式。

ALGORITHM 取值有如下 3 个。

- UNDEFINED：默认，由 MySQL 自动选择算法。
- MERGE：将视图定义和查询视图时的 SELECT 语句合并起来查询。
- TEMPTABLE：先将视图结果存入临时表，然后用临时表进行查询。

（3）DEFINER：可选，表示定义视图的用户与安全控制有关，默认为当前用户。

（4）SQL SECURITY：可选，表示用于视图的安全控制。

（5）view_name：视图名。

（6）column_list：可选，表示用于指定视图中各个字段的名称。默认与 SELECT 语句查询的字段相同。

（7）select_statement：表示一个完整的查询语句。

（8）WITH CHECK OPTION：可选（对于可更新视图），表示用于视图数据操作时的检查条件。若省略此子句，则不进行检查。

CASCADED 和 LOCAL 两个关键字决定了检查测试的范围。

- CASCADED：默认，表示当在一个视图的基础上创建另一个视图时，进行级联检查。

● LOCAL：表示操作数据时满足该视图本身定义的条件即可。

在默认情况下，新创建的视图保存在当前选择的数据库中。若要明确指定在某个数据库中创建视图，则在创建时应将名称指定为“数据库名.视图名”。

【例 8-11】 在 jwgl 数据库上，创建 xs_1 视图，包括通信工程专业学生的学号、姓名、性别、专业名称字段，要保证对该视图的修改都符合专业名为“通信工程”这个条件。

代码如下：

```
mysql> create view xs_1
    -> as
    -> select xh,xm,xb,zymc
    -> from xsjbxxb
    -> where zymc='通信工程'
    -> with check option;
```

执行上述语句后，使用“select * from xs_1;”命令查询视图，运行结果如图 8-18 所示，可以看到视图中的记录专业名称都是“通信工程”专业。

【例 8-12】 在 jwgl 数据库上，创建一个物联网工程专业学生的选课信息 xs_kc 视图，要求包含学生的学号、姓名、选修的课程名称及成绩字段。要保证对该视图的修改都符合专业名为“物联网工程”这个条件。

代码如下：

```
mysql> create view xs_kc
    -> as
    -> select xsjbxxb.xh,xm,kcmc,cj
    -> from xsjbxxb,xsxkb,kcdmb
    -> where xsjbxxb.xh=xsxkb.xh
    -> and xsxkb.kcdm=kcdmb.kcdm
    -> and zymc='物联网工程'
    -> with check option;
```

执行上述语句后，使用 select * from xs_kc;命令查询视图，运行结果如图 8-19 所示。

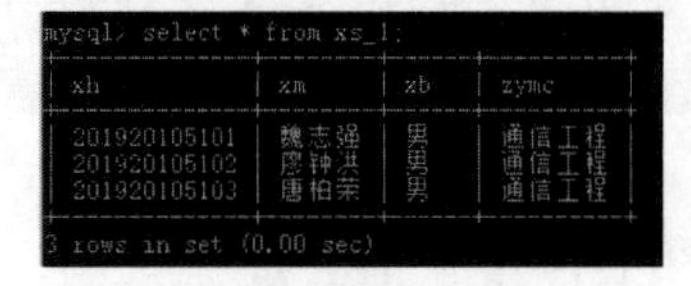

mysql> select * from xs_1;

xh	xm	xb	zymc
201920105101	魏志强	男	通信工程
201920105102	廖钟洪	男	通信工程
201920105103	唐柏荣	男	通信工程

3 rows in set (0.00 sec)

图 8-18　查询 xs_1 视图

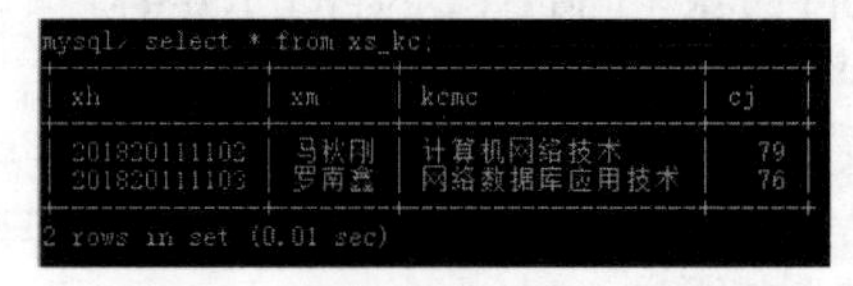

mysql> select * from xs_kc;

xh	xm	kcmc	cj
201820111102	马秋刚	计算机网络技术	79
201820111103	罗南鑫	网络数据库应用技术	76

2 rows in set (0.01 sec)

图 8-19　查询 xs_kc 视图

【例 8-13】 在 jwgl 数据库上，建立一个计算每个专业平均成绩的视图 xs_kc_avg，包括专业名称和平均成绩字段。

代码如下：

```
mysql> create view xs_kc_avg(专业名称,平均成绩)
    -> as
    -> select zymc,avg(cj)
    -> from xsjbxxb,xsxkb
    -> where xsjbxxb.xh=xsxkb.xh
    -> group by zymc;
```

执行上述语句后，使用 select * from xs_kc_avg;命令查询视图，运行结果如图 8-20 所示。

mysql> select * from xs_kc_avg;

专业名称	平均成绩
财务管理	79.6667
电子商务	75.2000
英语	67.5000
地质学	84.0000
电子信息工程	72.5000
电子科学与技术	81.5000
物联网工程	77.5000
资产评估	71.0000
信息管理与信息系统	75.0000
土木工程	81.0000
地理信息科学	72.2500
电气工程及其自动化	81.5000
应用物理学	83.0000
物流管理	96.0000
产品设计	77.5000
大数据技术与应用	70.7500
应用英语	64.0000

17 rows in set (0.00 sec)

图 8-20　查询 xs_kc_avg 视图

8.2.2　查看视图

查看视图是指查看数据库中已存在的视图定义。查看视图必须要有 SHOW VIEW 权限，MySQL 系统数据库的 USER 表中保存有该信息。

查看视图的方法包括如下 4 种。

1．使用 DESCRIBE 语句查看视图

在 MySQL 中，使用 DESCRIBE 语句可以查看视图的字段信息。

语法格式为：

```
DESCRIBE 视图名;
```

或简写为：

```
DESC 视图名;
```

【例 8-14】 查看视图 xs_1 的基本信息。

SQL 语句为：

```
desc xs_1;
```

执行 SQL 语句后，结果如图 8-21 所示。

```
mysql> desc xs_1;
+-------+-------------+------+-----+---------+-------+
| Field | Type        | Null | Key | Default | Extra |
+-------+-------------+------+-----+---------+-------+
| xh    | varchar(20) | NO   |     | NULL    |       |
| xm    | varchar(50) | YES  |     | NULL    |       |
| xb    | char(2)     | YES  |     | NULL    |       |
| zymc  | varchar(30) | YES  |     | NULL    |       |
+-------+-------------+------+-----+---------+-------+
4 rows in set (0.00 sec)
```

图 8-21 查看 xs_1 视图的基本信息

2．使用 SHOW TABLE STATUS 语句查看视图

语法格式为：

```
SHOW TABLE STATUS LIKE '视图名';
```

说明：“视图名”指要查看的视图名称，可以是一个具体的视图名，也可以包含通配符，要用单引号括起来。

【例 8-15】 查看视图 xs_1 的基本信息。

SQL 语句为：

```
show table status like 'xs_1' \G;     /* \G：以垂直方式显示*/
```

执行 SQL 语句后，结果如图 8-22 所示，可以看到 Engine、Data_length、Index_length 等选项都是 NULL，说明该视图是个虚表。

```
mysql> show table status like 'xs_1' \G;
*************************** 1. row ***************************
           Name: xs_1
         Engine: NULL
        Version: NULL
     Row_format: NULL
           Rows: NULL
 Avg_row_length: NULL
    Data_length: NULL
Max_data_length: NULL
   Index_length: NULL
      Data_free: NULL
 Auto_increment: NULL
    Create_time: 2020-02-17 00:53:24
    Update_time: NULL
     Check_time: NULL
      Collation: NULL
       Checksum: NULL
 Create_options: NULL
        Comment: VIEW
1 row in set (0.00 sec)
```

图 8-22 查看 xs_1 视图的信息

3．使用 SHOW CREATE VIEW 语句查看视图

语法格式为：

```
SHOW CREATE VIEW 视图名;
```

【例 8-16】 查看视图 xs_1 的基本信息。

SQL 语句为：

```
show create view xs_1 \G;   /*\G：以垂直方式显示*/
```

执行 SQL 语句后，结果如图 8-23 所示。

```
mysql> show create view xs_1 \G;
*************************** 1. row ***************************
                View: xs_1
         Create View: CREATE ALGORITHM=UNDEFINED DEFINER=`root
`@`localhost` SQL SECURITY DEFINER VIEW `xs_1` AS select `xsjb
xxb`.`xh` AS `xh`,`xsjbxxb`.`xm` AS `xm`,`xsjbxxb`.`xb` AS `xb
`,`xsjbxxb`.`zymc` AS `zymc` from `xsjbxxb` where (`xsjbxxb`.`
zymc` = '通信工程') WITH CASCADED CHECK OPTION
character_set_client: gbk
collation_connection: gbk_chinese_ci
1 row in set (0.00 sec)
```

图 8-23　查看 xs_1 视图

4．在 VIEWS 表中查看视图的详细信息

在 MySQL 数据库中，所有视图的定义都存在 INFORMATION_SCHEMA 数据库的 VIEWS 表中。查询 INFORMATION_SCHEMA.VIEWS 表，可以看到数据库中所有视图的详细信息。

【例 8-17】 查看视图 xs_1 的基本信息。

代码如下：

```
mysql> select   table_schema,table_name ,view_definition
    -> from information_schema.views
    -> where table_name='xs_1' \G;
```

执行 SQL 语句后，结果如图 8-24 所示。

```
mysql> select  table_schema,table_name ,view_definition
    -> from information_schema.views
    -> where table_name='xs_1' \G;
*************************** 1. row ***************************
   TABLE_SCHEMA: jwgl
     TABLE_NAME: xs_1
VIEW_DEFINITION: select `jwgl`.`xsjbxxb`.`xh` AS `xh`,`jwgl`.`
xsjbxxb`.`xm` AS `xm`,`jwgl`.`xsjbxxb`.`xb` AS `xb`,`jwgl`.`xs
jbxxb`.`zymc` AS `zymc` from `jwgl`.`xsjbxxb` where (`jwgl`.`x
sjbxxb`.`zymc` = '通信工程')
1 row in set (0.01 sec)
```

图 8-24　在 VIEWS 表中查看视图 xs_1

8.2.3　修改视图

修改视图是指修改数据库中已存在的视图定义。

MySQL 中可通过 CREATE OR REPLACE VIEW 语句和 ALTER VIEW 语句来修改视图。

1．使用 CREATE OR REPLACE VIEW 语句修改视图

语法格式为：

```
CREATE OR REPLACE [ALGORITHM={UNDEFINED|MERGE|TEMPTABLE}]
VIEW  视图名[(字段名列表)]
AS select 语句
[ WITH [CASCADED|LOCAL] CHECK OPTION ]
```

使用 CREATE OR REPLACE VIEW 语句创建视图时，该语句的使用方法非常灵活，如果视图已经存在，则用语句中的视图定义修改已存在的视图。如果视图不存在，则创建一个视图。

2．使用 ALTER VIEW 语句修改视图

语法格式为：

```
ALTER [ALGORITHM={UNDEFINED|MERGE|TEMPTABLE}]
VIEW  视图名[(字段名列表)]
AS
 select 语句
[ WITH [CASCADED|LOCAL] CHECK OPTION ]
```

【例 8-18】 在 jwgl 数据库中，修改 xs_kc 视图，要求在原有字段的基础上加上性别字段。

代码如下：

```
mysql> alter view xs_kc
    -> as
    -> select xsjbxxb.xh,xm,xb,kcmc,cj
    -> from xsjbxxb,xsxkb,kcdmb
    -> where xsjbxxb.xh=xsxkb.xh
    -> and xsxkb.kcdm=kcdmb.kcdm
    -> and zymc='物联网工程'
    -> with check option;
```

执行上述语句后，使用 select * from xs_kc;命令查看视图，运行结果如图 8-25 所示。

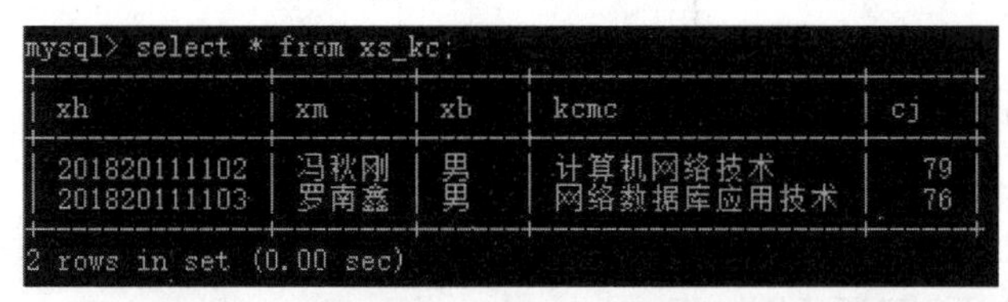

mysql> select * from xs_kc;

xh	xm	xb	kcmc	cj
201820111102	冯秋刚	男	计算机网络技术	79
201820111103	罗南鑫	男	网络数据库应用技术	76

2 rows in set (0.00 sec)

图 8-25 查看 xs_kc 视图

8.2.4 查询视图

当视图定义后就可以像查询基表那样对视图进行查询。

【例 8-19】 查找物联网工程专业男学生的选课信息。

代码如下：

```
mysql> select * from xs_kc
    -> where xb='男';
```

执行结果如图 8-26 所示。

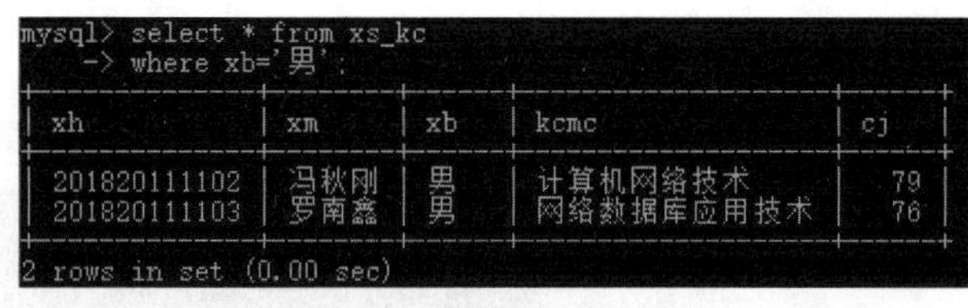

mysql> select * from xs_kc
    -> where xb='男';

xh	xm	xb	kcmc	cj
201820111102	冯秋刚	男	计算机网络技术	79
201820111103	罗南鑫	男	网络数据库应用技术	76

2 rows in set (0.00 sec)

图 8-26 利用视图进行查询

8.2.5 更新视图

更新视图是指通过视图来插入、删除和修改基表中的数据。因为视图是一个虚拟表，其中并没有数据，无论什么时候修改视图的数据，本质上都是通过视图修改基表中的数据。但并不是所有的视图都可以更新，只有满足更新条件的视图才可以更新。

只要视图中包含下列情况的任何一种，视图就不可以更新。

（1）包含 COUNT()等聚合函数。

（2）包含 UNION、UNION ALL、DISTINCT、TOP、GROUP BY 和 HAVING 等关键字。

（3）定义视图的 SELECT 语句中包含子查询。

（4）由不可更新的视图导出的视图。

（5）视图对应的数据表上存在没有默认值且不为空的列，而该列没有包含在视图里。

（6）FROM 子句中包含多个表。

1. 使用 INSERT 语句向视图中插入数据

使用视图插入数据与向基表中插入数据一样，都可以通过 INSERT 语句来实现。

【例 8-20】 通过利用创建的视图 xs_1，向学生的基本信息表中添加数据。

代码如下为：

```
mysql> insert into xs_1
    -> values('201920201101','章明','男','数字媒体技术');
```

执行结果为：ERROR 1369 (HY000): CHECK OPTION failed 'jwgl.xs_1'，这是因为违反了 WITH CHECK OPTION 的条件，必须是通信工程专业的学生，否则插入就会失败。

而将代码修改为：

```
mysql> insert into xs_1
    -> values('201920201101','章明','男','通信工程');
```

执行结果为：Query OK, 1 row affected (0.01 sec)。

执行查询命令：select * from xsjbxxb where xh='201920201101';后，可以看到 xsjbxxb 表中已经有了刚插入的数据，如图 8-27 所示。

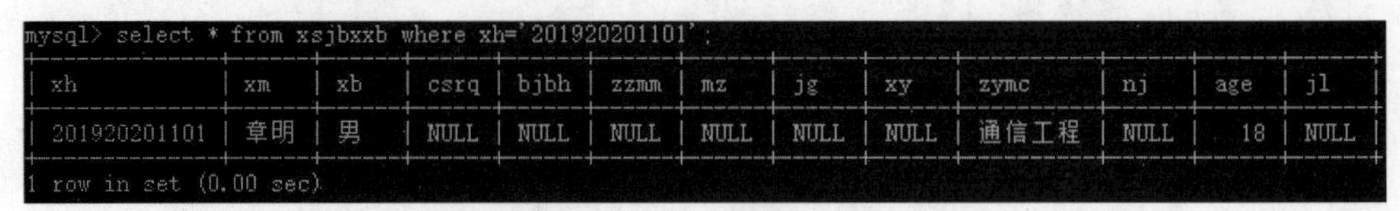

```
mysql> select * from xsjbxxb where xh='201920201101';
```

xh	xm	xb	csrq	bjbh	zzmm	mz	jg	xy	zymc	nj	age	jl
201920201101	章明	男	NULL	NULL	NULL	NULL	NULL	NULL	通信工程	NULL	18	NULL

```
1 row in set (0.00 sec)
```

图 8-27　查询 xsjbxxb 表刚插入的数据

注意：

（1）如果在创建视图的 CREATE VIEW 语句中使用了 WITH CHECK OPTION，那么所有对视图进行修改的语句必须符合 WITH CHECK OPTION 中的限定条件。

（2）对于由多个基表连接查询而生成的视图来说，一次插入操作只能作用于一个基表上。

2．使用 UPDATE 语句更新视图数据

在视图中更新数据与在基表中更新数据一样，可使用 UPDATE 语句。但是当视图是来自多个基表中的数据时，与插入操作一样，每次更新操作只能更新一个基表中的数据。

【例 8-21】　将 xs_kc 视图中姓名为罗南鑫的学生课程成绩改为 80 分。

代码如下：

```
mysql> update xs_kc
    -> set cj=80
    -> where xm='罗南鑫';
```

执行上述语句后，使用 select * from xs_kc;命令查询视图，结果如图 8-28 所示。

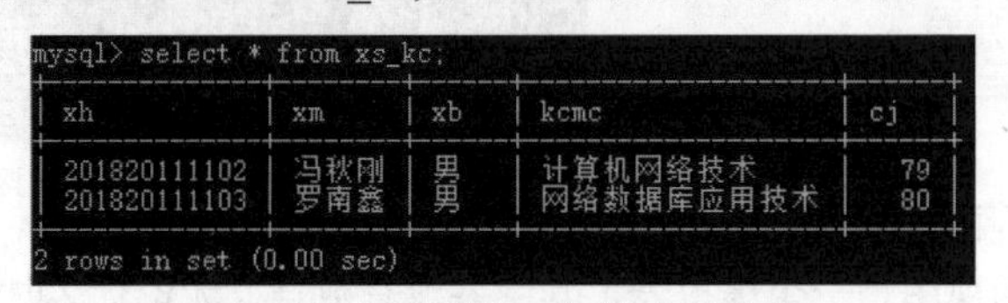

```
mysql> select * from xs_kc;
```

xh	xm	xb	kcmc	cj
201820111102	冯秋刚	男	计算机网络技术	79
201820111103	罗南鑫	男	网络数据库应用技术	80

```
2 rows in set (0.00 sec)
```

图 8-28　更新数据后视图中的数据

也可以通过查询学生选课表的数据来验证结果，代码如下：

```
mysql> select * from xsxkb
    -> where xh=(select xh from xsjbxxb where xm='罗南鑫');
```

执行结果如图 8-29 所示。

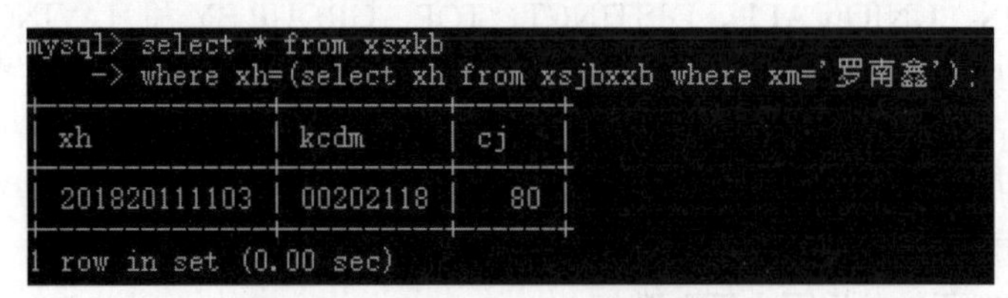

```
mysql> select * from xsxkb
    -> where xh=(select xh from xsjbxxb where xm='罗南鑫');
```

xh	kcdm	cj
201820111103	00202118	80

```
1 row in set (0.00 sec)
```

图 8-29　更新数据后 xsxkb 表的数据

3．使用 DELETE 语句删除视图数据

通过视图删除数据与在基表中删除数据的方式一样，可使用 DELETE 语句。在视图中删除的数据同时基表中的数据也被删除。当一个视图连了两个以上的基表时，对数据的删除操作是不会成功的。

【例 8-22】　删除视图 xs_kc_avg 中应用物理学专业的数据。

代码如下：

```
mysql> delete from xs_kc_avg
    -> where 专业名称='应用物理学';
```

执行结果如下：

```
ERROR 1288 (HY000): The target table xs_kc_avg of the DELETE is not updatable
```

因为视图 xs_kc_avg 涉及两张表，所以删除失败。

【例 8-23】 删除视图 xs_1 中学号为 201920201101 的学生信息。

代码如下：

```
mysql> delete from xs_1
    -> where xh='201920201101';
```

执行上述语句后，使用 select * from xs_1;命令查询视图，结果如图 8-30 所示，可以在视图中看到数据已经被成功删除。

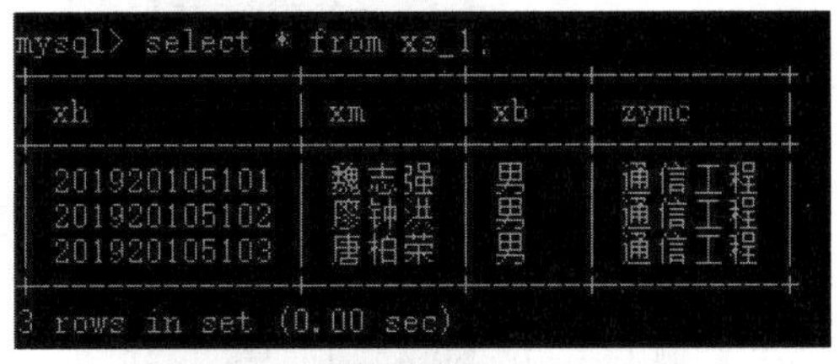

mysql> select * from xs_1;

xh	xm	xb	zymc
201920105101	魏志强	男	通信工程
201920105102	廖钟洪	男	通信工程
201920105103	唐柏荣	男	通信工程

3 rows in set (0.00 sec)

图 8-30　执行删除命令后的视图

8.2.6　删除视图

当视图不再需要时可以将视图删除。删除视图只是将视图的定义删除，并不会影响基表中的数据。

删除视图语法格式为：

```
DROP VIEW [IF EXISTS]  视图名 1[,视图名 2]...[RESTRICT|CASCADE];
```

参数说明：

（1）IF EXISTS：如果存在指定视图，则将视图删除。

（2）视图名可以有一或多个，可同时删除一个或多个视图，视图名之间用逗号分隔。删除视图必须有 DROP VIEW 权限。

（3）RESTRICT|CASCADE：可以加上，但是没有什么影响。

【例 8-24】 删除视图 xs_kc。

SQL 语句为：

```
drop view xs_kc;
```

执行 SQL 语句后，输入“desc xs_kc”命令，结果为 ERROR 1146 (42S02): Table 'jwgl.xs_kc' doesn't exist，说明视图被成功删除。

注意：虽然可以通过更新视图操作基表的数据，但是限制较多，实际使用时，最好将视图仅作为查询数据的虚表，尽量不要通过视图更新数据。

8.2.7　利用 MySQL Workbench 创建和管理视图

1．利用 MySQL Workbench 创建视图

【例 8-25】 在 jwgl 数据库中创建视图 xs_xk_2，显示 2000 年出生的女学生的选课信息，可输出学号、姓名、性别、出生日期、课程代码和成绩字段。

步骤如下：

（1）启动 MySQL Workbench，单击实例 Local instance mysql80。在导航区 Navigator 下的 SCHEMAS 区域，选择当前的数据库 jwgl。

（2）在 jwgl 数据库中选择 Views 选项，并右击 Views，在如图 8-31 所示的快捷菜单中，选择“Create View”选项。

（3）在文本编辑区，输入创建视图 xs_xk_2 的内容，如图 8-32 所示。

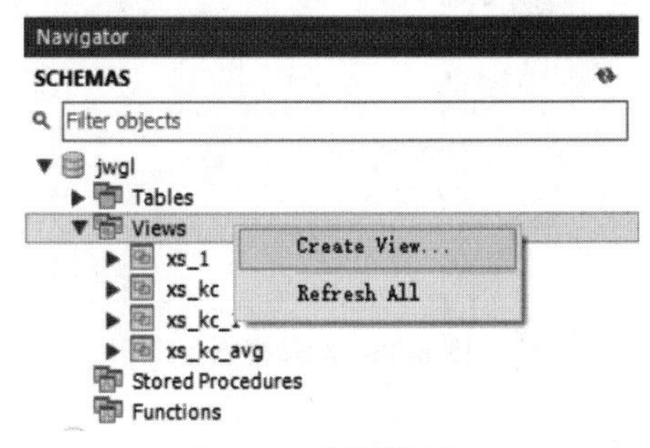

图 8-31　创建视图

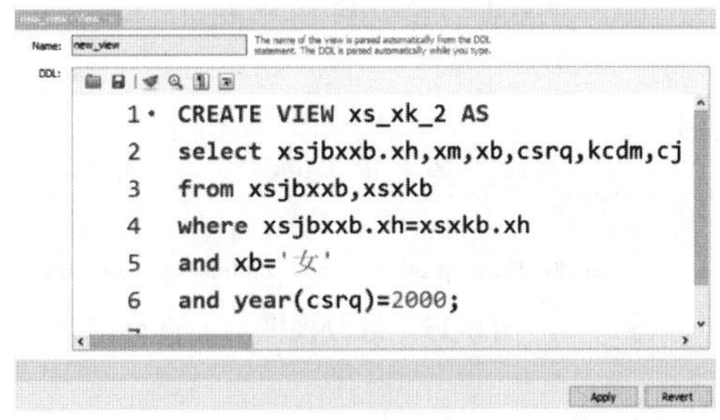

图 8-32　视图代码编辑窗口

（4）单击“Apply”按钮，打开如图 8-33 所示的对话框。

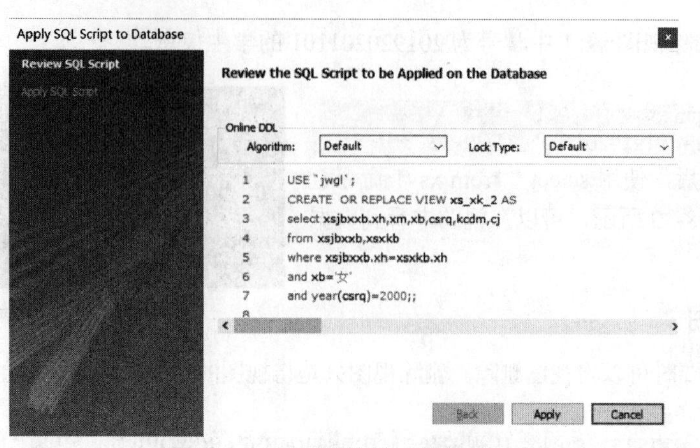

图 8-33　SQL 代码写入数据库窗口

（5）单击“Apply”按钮，在随后出现的对话框中，单击“Finish”按钮完成视图创建过程。

（6）在展开的 Views 中找到视图 xs_xk_2，右击选择“Select Rows-Limit 1000”选项，即可看到视图的查询结果，如图 8-34 所示。

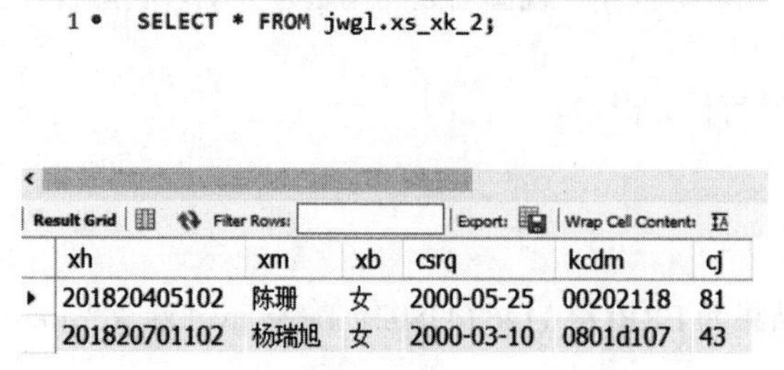

图 8-34　视图查询结果

2. 利用 MySQL Workbench 修改视图

【例 8-26】 修改视图 xs_xk_2，将原女生改为男生。

步骤如下：

（1）右击视图 xs_xk_2，在快捷菜单中选择“Alter View”选项。

（2）输入修改 SQL 语句“xb='男'”，单击“Apply”按钮。

（3）依次在随后的对话框中单击“Apply”按钮和“Finish”按钮即可完成视图的修改过程。

（4）在展开的 Views 中找到视图 xs_xk_2 后，右击选择“Select Rows-Limit 1000”选项，即可看到视图的查询结果，如图 8-35 所示。

3. 利用 MySQL Workbench 删除视图

【例 8-27】 删除视图 xs_xk_2。

步骤如下：

右击要删除的视图 xs_xk_2， 在快捷菜单中选择“Drop View”选项，在如图 8-36 所示的对话框中，选择“Drop Now”选项，就可以完成删除视图的操作。

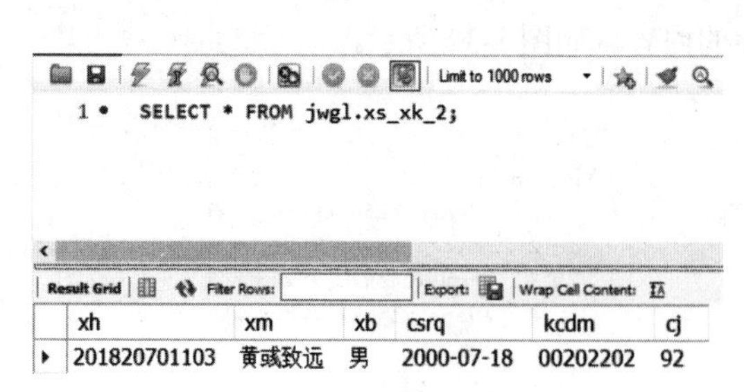

图 8-35　修改视图后的查询结果

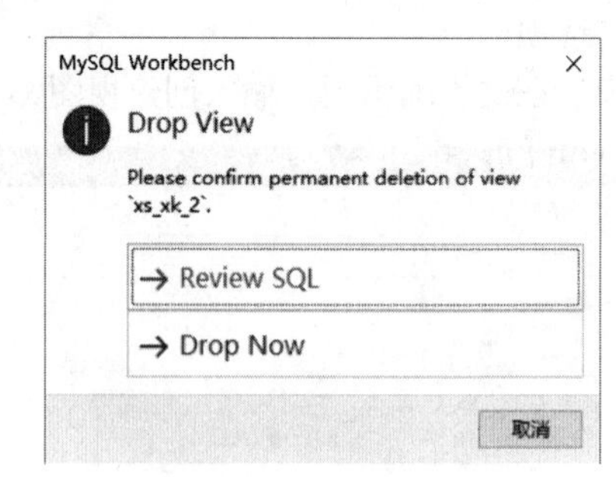

图 8-36　删除视图窗口

8.3　小结

本章介绍了 MySQL 数据库的创建和管理索引的基础知识，以及创建、查看和删除索引的方法。

还介绍了视图的定义、创建、修改、查询、更新及删除的方法。学完本章读者应掌握以下内容：

（1）索引、视图的作用和用途；

（2）索引、视图的创建、管理和删除的方法；

（3）索引、视图的常用命令；

（4）利用视图对数据表的数据修改；

（5）利用 MySQL Workbench 工具创建和管理数据库对象，如视图和索引。

实训 8

1. 实训目的

（1）掌握索引的创建、查看及删除的方法。

（2）掌握视图的创建及管理的方法。

2. 实训准备

复习 8.1 节和 8.2 节的内容。

熟悉数据表的索引和视图的相关操作。

3. 实训内容

根据 jwgl 数据库，完成下面实训内容。

（1）对学生基表 xsjbxxb 的籍贯 jg 字段，建立全文索引 index_jg，并验证索引的建立。

代码如下：

```
create fulltext index_jg on    xsjbxxb(jg);
```

验证：

输入 show index from xsjbxxb;命令，

结果如图 8-37 所示。

```
mysql> show index from xsjbxxb;
+---------+------------+----------+--------------+-------------+-----------+-------------+
| Table   | Non_unique | Key_name | Seq_in_index | Column_name | Collation | Cardinality |
+---------+------------+----------+--------------+-------------+-----------+-------------+
| xsjbxxb |          0 | PRIMARY  |            1 | xh          | A         |          71 |
| xsjbxxb |          1 | xy       |            1 | xy          | A         |           8 |
| xsjbxxb |          1 | bjbh     |            1 | bjbh        | A         |          24 |
| xsjbxxb |          1 | index_xm |            1 | xm          | A         |          71 |
| xsjbxxb |          1 | index_jg |            1 | jg          | A         |           8 |
+---------+------------+----------+--------------+-------------+-----------+-------------+
5 rows in set (0.00 sec)
```

图 8-37　查看创建索引结果（1）

或者输入 show create table xsjbxxb;命令，

执行结果如图 8-38 所示。

（2）对学生基表 xsjbxxb 的 xm 字段和 bjbh 字段，建立复合索引 index_xm_bjbh，并验证索引的建立。

（3）对部门代码表 bmdmb 的部门名称 bmmc 字段，建立唯一降序索引 index_bmmc，并验证索引的建立。

（4）建立视图 v_xs_1，要求包含男生的学号、姓名、性别、出生日期、班级编号、专业名称字段，并要求视图在操作数据时进行检查。

（5）建立一个学院教师的视图 v_xyjs，包含部门编号、部门名称、教师姓名字段。

（6）在 jwgl 数据库中，创建学生的选课信息视图 v_xs_xk，包括学生的学号、姓名、性别、专业名称、课程名称、成绩字段。

（7）创建一个计算每门课程平均成绩的视图 v_kc_avg，包含课程名称、课程平均成绩字段。

（8）通过视图 v_xs_xk，查询男同学的选课信息。

（9）修改视图 v_xs_xk，要求视图包含 2000 年及以后出生的男生信息。

（10）利用视图查询“计算机原理与应用”这门课程的平均分数。

（11）输入一条数据，验证视图 v_xs_1 的 WITH CHECK OPTION 功能。

```
mysql> show create table xsjbxxb;
+---------+--------------------------------------------------------------
| Table   | Create Table
+---------+--------------------------------------------------------------
| xsjbxxb | CREATE TABLE `xsjbxxb` (
  `xh` varchar(20) NOT NULL COMMENT '学号',
  `xm` varchar(50) DEFAULT NULL COMMENT '姓名',
  `xb` char(2) DEFAULT NULL COMMENT '性别',
  `csrq` date DEFAULT NULL COMMENT '出生日期',
  `bjbh` varchar(20) DEFAULT NULL COMMENT '班级编号',
  `zzmm` varchar(12) DEFAULT NULL COMMENT '政治面貌',
  `mz` varchar(15) DEFAULT NULL COMMENT '名族',
  `jg` varchar(20) DEFAULT NULL COMMENT '籍贯',
  `xy` varchar(10) DEFAULT NULL COMMENT '学院',
  `zymc` varchar(30) DEFAULT NULL COMMENT '专业名称',
  `nj` char(8) DEFAULT NULL COMMENT '年级',
  `age` int(2) DEFAULT '18',
  `jl` varchar(50) DEFAULT NULL COMMENT '简历',
  PRIMARY KEY (`xh`),
  KEY `xy` (`xy`),
  KEY `bjbh` (`bjbh`),
  KEY `index_xm` (`xm`),
  KEY `index_jg` (`jg`),
  CONSTRAINT `xsjbxxb_ibfk_1` FOREIGN KEY (`xy`) REFERENCES `bmdmb` (`bmh`),
  CONSTRAINT `xsjbxxb_ibfk_2` FOREIGN KEY (`bjbh`) REFERENCES `bjdmb` (`bjbh`)
) ENGINE=InnoDB DEFAULT CHARSET=utf8mb4 COLLATE=utf8mb4_0900_ai_ci |
+---------+--------------------------------------------------------------
1 row in set (0.01 sec)
```

图 8-38　查看创建索引结果（2）

（12）删除索引 index_bmmc。

（13）删除视图 v_xyjs。

4．提交实训报告

按照要求提交实训报告作业。

习题 8

一、单选题

1．下面（　　）不是 MySQL 的索引。

A．主键　　B．唯一索引　　C．全文索引　　D．物理索引

2．在 MySQL 中，创建唯一索引的关键字是（　　）。

A．fulltext index　　B．only index　　C．unique index　　D．index

3．在视图上不能完成的操作是（　　）

A．查询　　B．在视图上定义新的视图

C．更新视图　　D．在视图上定义新的表

4．唯一索引的作用是（　　）。

A．保证各行在该索引上的值都不能重复

B．保证各行在该索引上的值都不为 NULL

C．保证参加唯一索引的各列不能再参加其他索引

D．保证唯一索引不能被删除

5．索引可以提高（　　）操作的效率。

A．INSERT　　B．UPDATE　　C．DELETE　　D．SELECT

6．在 SQL 语言中的视图 VIEW 是数据库的（　　）。

A．外模式　　B．存储模式　　C．模式　　D．内模式

7．创建视图的命令是（　　）。

A．alter view　　B．alter table　　C．create table　　D．create view

8．下列不能用于创建索引的是（　　）。

A．使用 CREATE INDEX 语句　　B．使用 CREATE TABLE 语句

C．使用 ALTER TABLE 语句　　D．使用 CREATE DATABASE 语句

9．下面选项中，查看视图需要的权限是（　　）。

A．SELECT VIEW　　B．CREATE VIEW

C．SHOW VIEW　　D．SET VIEW

10．下列（　　）语句可以实现创建视图操作。

A．SHOW VIEW　　B．CREATE VIEW

C．DROP VIEW　　D．DISPLAY VIEW

11．（　　）命令可以查看视图创建语句。

A．SHOW VIEW　　B．SHOW CREATE VIEW

C．SELECT VIEW　　D．DISPLAY VIEW

12．查看创建视图的权限时，（　　）描述是错误的。

A．Selete_priv 属性表示用户是否具有 SELECT 权限

B．Create_view_priv 属性表示用户是否具有 CREATE VIEW 权限

C．Selete_priv 属性值为 Y 时，表示拥有 SELECT 权限

D．Create_view_priv 属性值为 Y 时，表示拥有 SELECT 权限

13．在 MySQL 中，删除视图使用（　　）命令。

A．DELETE VIEW　　B．REMOVE VIEW

C．DROP　VIEW　　D．CLEAR VIEW

二、填空题

1．在 MySQL 中，创建视图是通过________语句实现的。

2．创建唯一索引的关键字是________。

3．视图是一个________，是从数据库中一个或多个表中导出来的表，其内容由查询定义。

4．创建视图需要具有________的权限，同时也应该具有查询涉及列的________权限。

5．在 MySQL 中，可以通过________语句查询视图中的数据。

6．在删除视图时使用________语句。

7．更新视图是指通过视图来________、________、________表中的数据。

三、简答题

1．视图与数据表有何区别？

2．创建表的索引有几种方法？

3．如何查看创建视图的定义？

4．简述何种情况下视图的更新操作不能被执行。

第9章 MySQL编程基础

学习目标：
- 了解常量和变量的相关知识
- 掌握如何使用常量和变量
- 掌握运算符和表达式的使用
- 掌握MySQL各种结构控制语句的使用
- 掌握并能熟练使用MySQL函数

9.1 常量和变量

9.1.1 常量

常量是指在程序运行过程中保持不变的量。在MySQL程序设计中，常量的格式取决于它所表示值的数据类型。MySQL的常量如表9-1所示。

表9-1 MySQL的常量

常量类型	示例
实型常量	12.3、−56.4、12E3
整型常量	342、−32、0×2aef（十六进制）
字符串常量	括在单引号或双引号内的，由大小写字母、数字、符号组成。例如，'ab c#'、'abc%'、"abc def！"
日期/时间常量	'2016-04-20'、'2016/04/21'
布尔值常量	TRUE（对应数值为1）、FALSE（对应数值为0）
NULL值	表示“无数据”，但不同于空字符串和数字0

1．字符串常量

字符串是指用单引号或双引号括起来的字符序列，分为ASCII字符串常量和Unicode字符串常量。

ASCII字符串常量是用单引号括起来的，由ASCII字符构成的符号串。如'hello'、'How are you!'。

Unicode字符串常量与ASCII字符串常量相似，但它前面有一个N标志符，N代表SQL-92标准中的国际语言（National Language），N前缀必须为大写。只能用单引号括起字符串。

如：N'hello'、N'How are you!'

在字符串中不仅可以使用普通的字符，也可使用几个转义序列，它们可表示特殊的字符。

【例9-1】 执行如下语句：

```
SELECT 'This\nIs\nFour\nLines';
```

其中，“\n”表示换行命令。

```
mysql> SELECT 'This\nIs\nFour\nLines';
```

执行结果如图9-1所示。

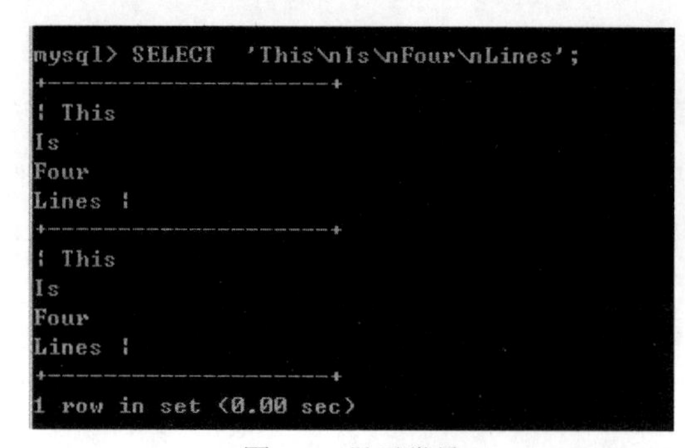

```
mysql> SELECT  'This\nIs\nFour\nLines';
+----------------------+
| This
Is
Four
Lines |
+----------------------+
| This
Is
Four
Lines |
+----------------------+
1 row in set (0.00 sec)
```

图9-1 显示常量

2．数值常量

数值常量可以分为整型常量和实型常量。

3．日期/时间常量

日期时间常量：用单引号将表示日期时间的字符串

括起来的构成。日期型常量包括年、月、日，数据类型为DATE，表示为“1999-06-17”这样的值。

时间常量包括小时数、分钟数、秒数及微秒数，数据类型为 TIME，如“12:30:43.00013”。日期/时间组合的数据类型为DATETIME 或 TIMESTAMP，如“1999-06-17 12:30:43”。

4．布尔值常量

布尔值常量只包含两个可能的值：TRUE 和 FALSE，其中 FALSE 的数字值为“0”，TRUE 的数字值为“1”。

5．NULL 值

NULL 值可适用于各种列类型，通常用来表示“没有值”和“无数据”等意义，并且不同于数字类型的“0”或字符串类型的空字符串。

【例 9-2】 在 SQL 查询中，经常会用到常量。

（1）用于在算术表达式中的数据值。

```
select  cj+10  from xsxkb;
```

（2）作为查询条件使用。

```
select * from xsqk where 学号='2016110101'
```

（3）作为数值赋值给变量。

```
update xsxkb
set cj=75
where xh='2201820110101' and kcdm='00202118';
```

（4）在插入记录的语句中使用。

```
insert into xsjbxxb values("201820109105","李明","男","2001-5-8","2018201091","群众","白族","甘肃","01","电子科学与技术","2018",18,NULL);
```

9.1.2 变量

变量是指在程序执行过程中，其值可以改变的量。变量用于存储程序执行过程中的输入值、中间结果和最后的计算结果，这与数学中的变量概念基本一样，变量在命名时要满足对象标识符的命名规则。

在 MySQL 中有 4 种类型的变量：全局变量、会话变量、用户变量和局部变量。

1．全局变量

全局变量可影响服务器的整体操作，它是由系统定义的。在 MySQL 启动时由服务器自动初始化为默认值，用户不能定义全局变量，全局变量的值可以通过更改 my.ini 文件来修改，需要注意的是，要想更改全局变量，必须具有 SUPER 权限。要想查看一个全局变量，有以下几种方式。

（1）查看所有全局变量的值。

```
mysql> show global variables;
```

（2）指定显示某个全局变量的值。

```
mysql>select @@global.var_name;
```

（3）使用“LIKE”结合通配符“%”查看全局变量的值。

【例 9-3】 查看包含有字符“block”的全局变量。

SQL 语句：

```
show global variables like '%block%';
```

执行结果如图 9-2 所示。

要设置一个全局变量，有如下两种方式。

```
set global var_name = value;
```

或

```
set @@global.var_name = value;
```

【例 9-4】 将全局变量 range_alloc_block_size 的值设为 4000。

```
mysql> set global range_alloc_block_size=4000;
```

注意：这里的 global 不能省略，否则默认为会话变量 session。

在 SQL 语句中调用全局变量时，需要在其名称前加上“@@”符号，如查看当前 MySQL 版本信息的 SQL 语句，如图 9-3 所示。

```
mysql> show global variables like '%block%';
+------------------------------+-------------+
| Variable_name                | Value       |
+------------------------------+-------------+
| block_encryption_mode        | aes-128-ecb |
| innodb_old_blocks_pct        | 37          |
| innodb_old_blocks_time       | 1000        |
| key_cache_block_size         | 1024        |
| query_alloc_block_size       | 8192        |
| range_alloc_block_size       | 4096        |
| transaction_alloc_block_size | 8192        |
+------------------------------+-------------+
7 rows in set, 1 warning (0.00 sec)
```

图 9-2　查看含有 block 字符的全局变量

图 9-3　查看当前 MySQL 版本信息

注意：在调用某些特定的全局变量时需要省略“@@”符号，如系统日期、系统时间、用户名等。

2. 会话变量

会话变量是在每次建立一个新连接时，由 MySQL 服务器将当前所有全局变量值复制一份给会话变量完成初始化的，它与全局变量的区别是会话变量只影响当前的数据连接参数，而全局变量是用于整个 MySQL 服务器的调节参数，它影响的是整个服务器。另外，设置会话变量不需要特殊权限，但客户端只能更改自己的会话变量，而不能更改其他客户端的会话变量。

会话变量的作用域与用户变量一样，仅限于当前连接。若当前连接断开后，其设置的所有会话变量均会失效。

与全局变量一样，设置会话变量有如下 3 种方式。

```
set session var_name = value;
set @@session.var_name = value;
set var_name = value;
```

与全局变量一样，查看一个会话变量也有如下 3 种方式。

```
select @@var_name;
select @@session.var_name;
show session variables like "th%";(查看以字符 th 开头的会话变量)
```

3. 用户变量

用户可以在表达式中使用自己定义的变量，称为用户变量。在使用用户变量前必须定义和初始化。如果使用没有初始化的变量，则其值为 NULL。

定义和初始化一个变量可以使用 SET 语句。

语法格式为：

```
SET   @user_variable1＝expression1
        [,user_variable2= expression2 , …]
```

其中，user_variable1、user_variable2 为用户变量名，变量名可以由当前字符集的字母、数字字符、“.”、“_”和“$”组成。

【例 9-5】 创建用户变量 name 并赋值为“王林”。

```
SET @name='王林';
```

还可以同时定义多个变量，中间用逗号隔开。

【例 9-6】 创建用户变量 user1 并赋值为 1，将 user2 赋值为 2，user3 赋值为 3。

```
SET @user1=1, @user2=2, @user3=3;
```

定义用户变量时变量值可以是一个表达式。

【例 9-7】 创建用户变量 user4，其值为 user3 的值加 1。

```
SET @user4=@user3+1;
```

在一个用户变量被创建后，它可以一种特殊形式的表达式用于其他 SQL 语句中。变量名前面必须加上符号@。

【例 9-8】 创建并查询用户变量 name 的值。

```
SET @name='王林';
SELECT @name;
```

【例 9-9】 使用变量查询学号为“201920405103”的学生信息。

（1）选择数据库后，执行以下语句完成变量赋值。

```
mysql> SET @num='201920405103';
Query OK, 0 rows affected (0.00 sec)
```

（2）执行以下语句完成查询。

```
mysql> SELECT * FROM xsjbxxb WHERE xh=@num;
```

执行结果如图 9-4 所示。

图 9-4　使用变量

4．局部变量

局部变量一般用在 SQL 语句块中，比如存储过程的 begin/end 中。其作用域仅限于该语句块，在该语句块执行完毕后，局部变量就消失了。

declare 语句专门用于定义局部变量，可以使用 default 来说明默认值。

定义局部变量的语法形式为：

```
DECLARE var_name [, var_name]... data_type [ DEFAULT value ];
```

其中，var_name 表示变量名，data_type 表示数据类型，value 表示默认值。

例如，定义局部变量 name，数据类型为 char(6)，默认值为“张三”，代码如下。

```
declare name char(6) default ‘张三’;
```

可以通过 set 语句或 select 语句给局部变量赋值。

（1）使用 set 语句给局部变量 name 赋值为“李四”，代码如下。

```
set name=’李四’;
```

（2）使用 select 语句给局部变量赋值，将学号为“2201820702103”的学生姓名赋值给局部变量 name，代码如下。

```
select xm into name from xsjbxxb where xh='2201820702103';
```

注意：局部变量必须定义在函数、触发器、存储过程等存储程序中，不能单独使用。局部变量的作用范围仅仅局限于存储程序中。

9.2　运算符与表达式

MySQL 数据库中的表结构确立后，表中数据代表的意义就已经确定了。通过 MySQL 运算符进行运算，就可以获取表结构以外的另一种数据。

例如，xsjbxx 表中存在一个 csrq 字段，这个字段表示学生的出生年份，运用 MySQL 的算术运算符将当前年份减去学生出生的年份，得到的就是这个学生的实际年龄数据。

MySQL 支持的 4 种运算符，分别是算术运算符、比较运算符、逻辑运算符和位运算符。

9.2.1　算术运算符

算术运算符包括加、减、乘、除等。它们是 SQL 中最基本的运算符，MySQL 中的算术运算符如表 9-2 所示。

表 9-2　算术运算符

算术运算符	说　明
+	加法运算
−	减法运算
*	乘法运算

续表

算术运算符	说　明
/	除法运算，返回商
%	求余运算，返回余数

9.2.2　比较运算符

比较运算符包括大于、小于、等于和不等于等。它们主要用于数值的比较、字符串的匹配等方面，如 LIKE、IN、BETWEEN AND 和 ISNULL 等都是比较运算符，正则表达式的 REGEXP 也是比较运算符。

MySQL 支持的比较运算符如表 9-3 所示。

表 9-3　比较运算符

比较运算符	说　明
=	等于
<	小于
<=	小于或等于
>	大于
>=	大于或等于
<=>	安全等于，不会返回 UNKNOWN
<> 或!=	不等于
IS NULL 或 ISNULL()	判断一个值是否为 NULL
IS NOTNULL	判断一个值是否不为 NULL
LEAST	当有两个或多个参数时，返回最小值
GREATEST	当有两个或多个参数时，返回最大值
BETWEEN AND	判断一个值是否落在两个值之间
IN	判断一个值是 IN 列表中的任意一个值
NOT IN	判断一个值不是 IN 列表中的任意一个值
LIKE	通配符匹配
REGEXP	正则表达式匹配

下面分别介绍不同比较运算符的使用方法。

1．等于运算符“=”

用来判断数字、字符串和表达式是否相等。如果相等，返回值为 1，否则返回值为 0。

数据进行比较时，有如下规则：

（1）若有一个或两个参数为 NULL，则比较运算的结果为 NULL。

（2）若同一个比较运算中的两个参数都是字符串，则按照字符串进行比较。

（3）若两个参数均为整数，则按照整数进行比较。

（4）若一个字符串和数字进行相等判断，则 MySQL 可以自动将字符串转换成数字。

2．安全等于运算符“<=>”

对于运算符“=”，当两个表达式的值中有一个为空值或者都为空值时，将返回 NULL。

对于运算符“<=>”，当两个表达式彼此相等或都等于空值时，比较结果为 TRUE；若其中一个是空值或者都是非空值但不相等时，则为 FALSE，不会出现 NULL 的情况。

3. 不等于运算符“<>”或者“!=”

“<>”或者“!=”用于数字、字符串、表达式不相等的判断。如果不相等，返回值为 1，否则返回值为 0。这两个运算符不能用于判断空值（NULL）。

4. 小于或等于运算符“<=”

用来判断左边的操作数是否小于或等于右边的操作数。如果小于或等于，返回值为 1，否则返回值为 0。“<=”不能用于判断空值。

5. 小于运算符“<”

用来判断左边的操作数是否小于右边的操作数。如果小于，返回值为 1，否则返回值为 0。“<”不能用于判断空值。

6. 大于或等于运算符“>=”

用来判断左边的操作数是否大于或等于右边的操作数。如果大于或等于，返回值为 1，否则返回值为 0。“>=”不能用于判断空值。

7. 大于运算符“>”

用来判断左边的操作数是否大于右边的操作数。如果大于，返回值为 1，否则返回值为 0。“>”不能用于判断空值。

8. IS NULL（或者 ISNULL()）

IS NULL 或 ISNULL()用于检验一个值是否为 NULL，如果为 NULL，返回值为 1，否则返回值为 0。

9. IS NOTNULL

IS NOTNULL 用于检验一个值是否为非 NULL，如果为非 NULL，返回值为 1，否则返回值为 0。

10. BETWEEN AND

语法格式为：

```
<表达式> BETWEEN <最小值> AND <最大值>
```

若<表达式>大于或等于<最小值>，且小于或等于<最大值>，则返回值为 1，否则返回值为 0。

11. LEAST

语法格式为：

```
LEAST(<值 1>,<值 2>,…,<值 n>)
```

其中，值 n 表示参数列表中有 n 个值。若存在两个或多个参数，则返回最小值。若任意一个自变量为 NULL，则 LEAST()的返回值为 NULL。

12. GREATEST

语法格式为：

```
GREATEST (<值 1>,<值 2>,…,<值 n>)
```

其中，值 n 表示参数列表中有 n 个值。若存在两个或多个参数，则返回最大值。若任意一个自变量为 NULL，则 GREATEST()的返回值为 NULL。

13. IN

用来判断操作数是否为 IN 列表中的一个值。如果是，返回值为 1，否则返回值为 0。

14. NOT IN

用来判断表达式是否为 IN 列表中的一个值。如果不是，返回值为 1，否则返回值为 0。

9.2.3 逻辑运算符

包括与、或、非和异或等逻辑运算符，其返回值为布尔型、真值（1 或 true）和假值（0 或 false）。MySQL 中的逻辑运算符如表 9-4 所示。

表 9-4　逻辑运算符

<table>
<tr><th>逻辑运算符</th><th>说　明</th></tr>
<tr><td>NOT 或者 !</td><td>逻辑非</td></tr>
<tr><td>AND 或者 &&</td><td>逻辑与</td></tr>
<tr><td>OR 或者 ||</td><td>逻辑或</td></tr>
<tr><td>XOR</td><td>逻辑异或</td></tr>
</table>

下面分别介绍不同逻辑运算符的使用方法。

1．NOT 或者!

表示当操作数为 0 时，返回值为 1；当操作数为非零值时，返回值为 0；当操作数为 NULL 时，返回值为 NULL。

2．AND 或者&&

表示当所有操作数均为非 0 值并且不为 NULL 时，返回值为 1；当一个或多个操作数为 0 时，返回值为 0；其余情况返回值为 NULL。

3．OR 或者||

表示当两个操作数均为非 NULL 值且任意一个操作数为非 0 值时，结果为 1，否则结果为 0；当有一个操作数为 NULL 且另一个操作数为非 0 值时，结果为 1，否则结果为 NULL；当两个操作数均为 NULL 时，所得结果为 NULL。

4．XOR

当任意一个操作数为 NULL 时，返回值为 NULL；对于非 NULL 的操作数，若两个操作数都不是 0 或者都是 0 值时，则返回结果为 0；若一个为 0，另一个不为非 0 时，则返回结果为 1。

9.2.4　位运算符

位运算符包括位与、位或、位取反、位异或、位左移和位右移等位运算符。位运算必须先将数据转换为二进制，然后在二进制格式下进行操作，运算完成后，再将二进制的值转换为原来的类型，返回给用户。

MySQL 中提供的位运算符如表 9-5 所示。

表 9-5　位运算符

<table>
<tr><th>位运算符</th><th>说　明</th></tr>
<tr><td>|</td><td>位或</td></tr>
<tr><td>&</td><td>位与</td></tr>
<tr><td>^</td><td>位异或</td></tr>
<tr><td><<</td><td>位左移</td></tr>
<tr><td>>></td><td>位右移</td></tr>
<tr><td>~</td><td>位取反</td></tr>
</table>

下面分别介绍不同的位运算符的使用方法。

1．位或运算符“|”

位或运算的实质是将参与运算的两个数据按对应的二进制数逐位进行逻辑或运算。若对应的二进制位有一个或两个为 1，则该位的运算结果为 1，否则为 0。

2．位与运算符“&”

位与运算的实质是将参与运算的两个数据按对应的二进制数逐位进行逻辑与运算。若对应的二进制位都为 1，则该位的运算结果为 1，否则为 0。

3．位异或运算符“^”

位异或运算的实质是将参与运算的两个数据按对应的二进制数逐位进行逻辑异或运算。对应的二进制位不同时，对应位的结果才为 1。如果两个对应位都为 0 或者都为 1，则对应位的结果为 0。

4．位左移运算符“<<”

位左移运算是将二进制值的所有位都左移指定的位数，使左边高位的数值被移出并丢弃，右边低位空出的位置用 0 补齐。

语法格式为表达式<<n，这里 n 指定值要移位的位数。

5．位右移运算符“>>”

位右移运算是将二进制值的所有位都右移指定的位数，使右边底位的数值被移出并丢弃，左边高位空出的位置用 0 补齐。

语法格式为表达式>>n，这里 n 指定值要移位的位数。

6．位取反运算符“~”

位取反运算的实质是将参与运算的数据按对应的二进制数逐位反转，即 1 取反后变 0，0 取反后变为 1。

9.2.5 运算符与优先级

当一个复杂的表达式有多个运算符时，由运算符的优先级决定执行运算的先后次序。执行的顺序会影响所得到的运算结果，如表 9-6 所示，列出了 MySQL 中的各类运算符及其优先级。

表 9-6 运算符与优先级

优先级由低到高排列	运 算 符
1	=(赋值运算)、:=
2	‖、OR
3	XOR
4	&&、AND
5	NOT
6	BETWEEN、CASE、WHEN、THEN、ELSE
7	=（比较运算）、<=>、>=、>、<=、<、<>、!=、IS、LIKE、REGEXP、IN
8	|
9	&
10	<<、>>
11	-（减号）、+
12	*、/、%
13	^
14	-（负号）、~（位反转）
15	!

可以看出，不同运算符的优先级是不同的。一般情况下，级别高的运算符可优先进行计算，如果级别相同，MySQL 将按表达式的顺序依次计算。

另外，在无法确定优先级的情况下，可以使用圆括号“()”来改变优先级，并且这样可使计算过程更加清晰。

9.2.6 表达式

表达式就是常量、变量、列名、复杂计算、运算符和函数的组合，一个表达式通常可以得到一个值。与常量和变量一样，表达式的值也具有某种数据类型，可能的数据类型有字符类型、数值类型、日期/时间类型。这样，根据表达式值的类型可分为字符型表达式、数值型表达式和日期型表达式。

表达式按照形式还可分为单一表达式和复合表达式。

单一表达式是指一个单一的值，如一个常量或列名。

复合表达式是指由运算符将多个单一表达式连接而成的表达式。

例如，1+2+3、a=b+3、'2008-01-20'+INTERVAL 2 MONTH。

表达式一般用在 SELECT 语句及 SELECT 语句的 WHERE 子句中。

9.3 流程控制语句

流程控制语句是指可以控制程序运行顺序的语句，程序运行顺序主要包括顺序执行、条件执行和循环执行。MySQL 支持的流程控制语句包括 IF 语句、CASE 语句、LOOP 语句、REPEAT 语句、WHLE 语句、LEAVE 语句、ITERATE 语句，下面分别进行介绍。

9.3.1 IF 语句

IF 语句用来进行条件判断，可根据不同条件执行不同的操作。该语句在执行时首先判断 IF 语句后的条件是否为真，为真则执行 THEN 子句后的内容，如果为假则继续判断下一个 IF 语句直到条件为真为止，当以上条件都不满足时则执行 ELSE 子句后的内容。IF 语句表示形式如下：

```
IF search_condition THEN statement_list
[ELSEIF search_condition THEN statement_list]…
[ELSE statement_list]
END IF
```

参数说明：search_condition 为判断条件，statement_list 为相应操作，如果所有的判断条件均不为 TRUE，则执行 ELSE 子句中的操作。

【例 9-10】 建立一个存储过程，该存储过程可通过学生学号（stu_no）和课程编号（cour_no）查询其成绩（grade）、返回成绩和成绩的等级，其中，成绩大于或等于 90 分为 A 级，小于 90 分大于或等于 80 分为 B 级，小于 80 分大于或等于 70 分为 C 级，依次到 E 级。

代码及执行结果如下：

```
mysql> DELIMITER $$
mysql>create procedure getGrade (stu_no varchar(20),cour_no varchar(10))
   ->BEGIN
->declare stu_grade float;
   -> select cj into stu_grade from xsxkb where xh=stu_no and kcdm=cour_no;
-> if stu_grade >=90 then
      -> select stu_grade,'A';
-> elseif stu_grade <90 and stu_grade >=80 then
      ->select stu_grade,'B';
-> elseif stu_grade <80 and stu_grade >=70 then
      ->select stu_grade,'C';
->elseif stu_grade <70 and stu_grade >=60 then
      ->select stu_grade,'D';
-> else
      ->select stu_grade,'E';
->end if;
   ->END $$
Query OK, 0 rows affected (0.06 sec)
mysql> DELIMITER ;
```

调用存储过程 getGrade，结果如图 9-5 所示。

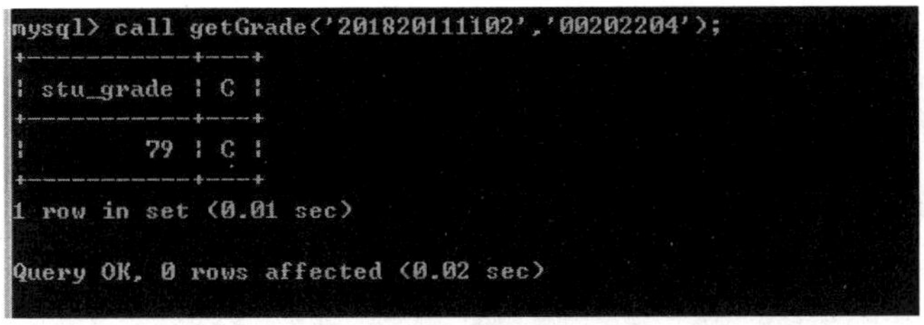

```
mysql> call getGrade('201820111102','00202204');
+-----------+---+
| stu_grade | C |
+-----------+---+
|        79 | C |
+-----------+---+
1 row in set (0.01 sec)

Query OK, 0 rows affected (0.02 sec)
```

图 9-5　IF 语句

9.3.2　CASE 语句

CASE 语句可实现比 IF 语句更复杂的条件构造，它有两种语法形式。

第 1 种语法形式如下：

```
CASE case_expr
WHEN when_value THEN statement_list
[WHEN when_value THEN statement_list]...
[ELSE statement_list]
END CASE
```

参数说明：case_expr 表示判断条件的表达式，将此表达式与每个 WHEN 子句中 when_value 值进行比较，直到与其中一个相等，此时，执行相应 THEN 子句中的 statement_list。如果表达式与所有 when_value 值都不相等，则执行 ELSE 子句中的 statement_list。

第 2 种语法形式如下：

```
CASE
WHEN search_condition THEN statement_list
[WHEN Search_condition THEN statement_list]....
[ELSE Statement_list]
END CASE
```

上述语句中，系统会对每个 WHEN 子句中的 search_condition 表达式进行判断，直到某个 search_condition 表达式为 TRUE，此时将执行其对应的 THEN 子句中的 statement_list。如果所有 search_condition 表达式的值都不为 TRUE，则执行 ELSE 子句中的 statement_list。

【例 9-11】 用 CASE 语句改写例 9-10。

代码及执行结果如下：

```
mysql> DELIMITER $$
mysql>Create    procedure getGradeCase(stu_no varchar(20),cour_no varchar(10))
    ->BEGIN
->declare stu_grade float;
 -> select cj into stu_grade from xsxkb where xh=stu_no and kcdm=cour_no;
-> CASE
-> WHEN stu_grade >=90    THEN
      -> select stu_grade,'A';
-> WHEN stu_grade <90 and stu_grade >=80 THEN
      ->select stu_grade,'B';
-> WHEN    stu_grade <80 and stu_grade >=70    THEN
      ->select stu_grade,'C';
 ->WHEN stu_grade <70 and stu_grade >=60    THEN
      ->select stu_grade,'D';
-> ELSE
      ->select stu_grade,'E';
->END CASE;
 ->END $$
Query OK, 0 rows affected (0.06 sec)
mysql> DELIMITER ;
```

调用存储过程 getGradeCase，执行结果如图 9-6 所示。

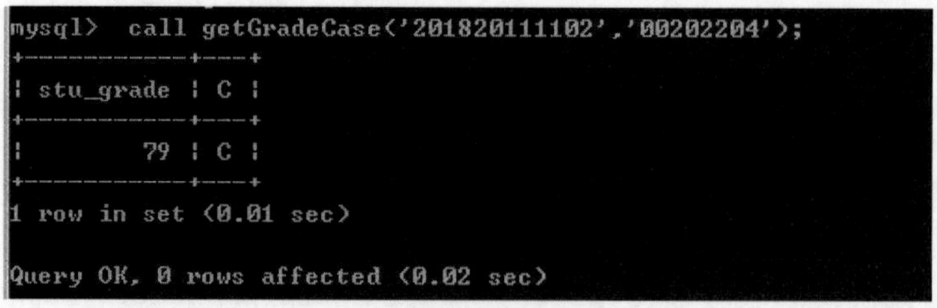

```
mysql>  call getGradeCase('201820111102','00202204');
+-----------+---+
| stu_grade | C |
+-----------+---+
|        79 | C |
+-----------+---+
1 row in set (0.01 sec)

Query OK, 0 rows affected (0.02 sec)
```

图 9-6　CASE 语句

9.3.3　LOOP 语句和 LEAVE 语句

LOOP 语句可以实现简单的循环，使系统能够重复执行循环结构内的语句列表。该语句列表由一条或多条语句组成，每条语句使用分号（;）隔开。语法形式如下：

```
[loop_label:] LOOP
Statement_list
END LOOP [end label]
```

参数说明：loop_label 表示 LOOP 语句的标注名称（可以省略）；Statement_list 表示需要循环执行的 SQL 语句。

如果不在 Statement_list 中增加退出循环的语句，LOOP 语句则可实现简单的死循环。使用 LEAVE 语句退出循环，语法形式如下：

```
LEAVE label;
```

其中，label 参数表示循环的标注名。

【例 9-12】 编写一个存储过程，实现 1 到任意数的累加。

代码及执行结果如下：

```
mysql> DELIMITER $$
mysql>CREATE PROCEDURE addition(a int)
->BEGIN
->DECLARE sum int default 0;
    ->DECLARE i int default 1;
    -> loop_name:LOOP --  循环开始
    -> IF i>a THEN
    ->leave loop_name;    -- 判断条件成立则结束循环
    ->END IF;
    ->SET sum=sum+i;
    -> SET i=i+1;
    -> END LOOP;    -- 循环结束
    ->SELECT sum;    -- 输出结果
    ->END $$
Query OK, 0 rows affected (0.13 sec)
mysql> DELIMITER ;
```

调用存储过程 addition，执行结果如图 9-7 所示。

```
mysql> call addition(100);
+------+
| sum  |
+------+
| 5050 |
+------+
1 row in set (0.00 sec)

Query OK, 0 rows affected (0.01 sec)
```

图 9-7　LOOP 语句

9.3.4　REPEAT 语句

REPEAT 语句可以实现一个带条件判断的循环结构，语法形式如下：

```
[repeat_label:] REPEAT
Statement_list
UNTIL Search_condition
END REPEAT [repeat_label]
```

其中，repeat_label 表示 REPEAT 语句的标注名称（可以省略），每次 SQL 语句 Statement_list 执行完毕后，会对条件 Search_condition 进行判断，如果结果为 TRUE，循环终止，否则继续执行循环中的语句。

【例 9-13】 用 REPEAT 语句改写例 9-12。

代码及执行结果如下：

```
mysql> DELIMITER $$
mysql> create procedure addition2(a int)
    -> begin
    ->declare sum int default 0;
    ->declare i int default 1;
    ->repeat -- 循环开始
    ->set sum=sum+i;
    ->set i=i+1;
    -> until i>a
    -> end repeat; -- 循环结束
    ->select sum; -- 输出结果
    ->end $$
Query OK, 0 rows affected (0.13 sec)
mysql> DELIMITER ;
```

调用存储过程 addition2，结果如图 9-8 所示。

```
mysql> call addition2(100);
+------+
| sum  |
+------+
| 5050 |
+------+
1 row in set (0.00 sec)

Query OK, 0 rows affected (0.00 sec)
```

图 9-8　REPEAT 语句

9.3.5 WHILE 语句

WHLE 语句同样可以实现一个带条件判断的循环结构，但与 REPEAT 语句不同的是，WHILE 语句会先对条件进行判断，如果为 TRUE，才会执行需要循环的操作，否则终止循环，语法形式如下：

```
[while_label: ] WHILE Search_condition DO
Statement_list
END WHILE[Iwhile_label]
```

其中， while_label 为 WHILE 语句的标注名称，Search_condition 为判断条件，Statement_list 为需要循环的操作。

【例 9-14】 用 WHILE 语句改写例 9-12。

代码及执行结果如下：

```
mysql> DELIMITER $$
mysql> create procedure addition3(a int)
    ->  begin
    ->      declare sum int default 0;   -- default 是指定该变量的默认值
    ->      declare i int default 1;
    ->  while i<=a DO -- 循环开始
    ->      set sum=sum+i;
    ->      set i=i+1;
    ->  end while; -- 循环结束
    ->  select sum;   -- 输出结果
    ->  end $$
```

```
Query OK, 0 rows affected (0.12 sec)
mysql> DELIMITER ;
```

调用存储过程 addition3，结果如图 9-9 所示。

```
mysql> call addition3(100);
+--------+
| sum    |
+--------+
| 5050 |
+--------+
1 row in set (0.00 sec)

Query OK, 0 rows affected (0.00 sec)
```

图 9-9　WHILE 语句

9.3.6　ITERATE 语句

ITERATE 语句只能出现在 LOOP 语句、REPEAT 语句和 WHILE 语句中，其含义为再次执行循环，语法形式如下：

```
ITERATE label;
```

上述语句中，label 表示循环的标注名称。

【例 9-15】 创建存储过程，并在存储过程中使用 ITERATE 语句。

在创建存储过程前首先登录 MySQL，并选择数据库 jwgl。

代码及执行结果如下：

```
mysql> DELIMITER $$
mysql> CREATE PROCEDURE proc(p1 int)
->BEGIN
->label1: LOOP
->SET p1=p1+1;
->IF p1<10 THEN
->ITERATE label1;
->END IF;
->LEAVE label1;
->END LOOP label1;
->SET @y=p1;
->END $$;
Query OK, O rows affected (0.00 sec)
mysql> DELIMITER
```

调用存储过程，并输出@y 的值，执行结果如图 9-10 所示。

```
mysql> CALL proc(1);
Query OK, O rows affected (0.01 sec)
mysql>select @y;
```

```
mysql> select @y;
+-------+
| @y    |
+-------+
|    11 |
+-------+
1 row in set (0.00 sec)
```

图 9-10　ITERATE 语句

9.4　函数

MySQL 数据库中提供了很丰富的函数，如常用的聚合函数、数值型函数及字符串处理函数等。SELECT 语句及其条件表达式都可以使用这些函数，函数可以帮助用户更加方便地处理表中的数据，使 MySQL 数据库的功能更加强大。MySQL 函数分为两类：系统内置函数和自定义函数。

9.4.1 系统内置函数

1. 聚合函数

聚合函数是常用于求和、求平均值、最大值、最小值等操作。MySQL 常用的聚合函数如表 9-7 所示。

表 9-7 聚合函数

函数名称	作 用
MAX	查询指定列的最大值
MIN	查询指定列的最小值
COUNT	统计查询结果的行数
SUM	求和，返回指定列的总和
AVG	求平均值，返回指定列数据的平均值

2. 数值型函数

数值型函数主要是对数值型数据进行处理，得到想要的结果，常用的数值型函数如表 9-8 所示。

表 9-8 数值型函数

函数名称	作 用
ABS	求绝对值
SQRT	求二次方根
MOD	求余数
CEIL 和 CEILING	两个函数功能相同，都是返回不小于参数的最小整数，即向上取整
FLOOR	向下取整，返回值转化为一个 BIGINT
RAND	生成一个 0～1 的随机数，传入整数参数是用来产生重复序列的
ROUND	对所传参数进行四舍五入
SIGN	返回参数的符号
POW 和 POWER	两个函数的功能相同，都是所传参数次方的结果值
SIN	求正弦值
ASIN	求反正弦值，与函数 SIN 互为反函数
COS	求余弦值
ACOS	求反余弦值，与函数 COS 互为反函数
TAN	求正切值
ATAN	求反正切值，与函数 TAN 互为反函数
COT	求余切值

下面通过实例讲解这些函数的应用。

（1）ABS()求绝对值。

```
mysql> SELECT ABS(5),ABS(-2.4),ABS(-24),ABS(0);
```

执行 SQL 语句，结果如下：

```
+--------+-----------+----------+--------+
| ABS(5) | ABS(-2.4) | ABS(-24) | ABS(0) |
+--------+-----------+----------+--------+
|      5 |       2.4 |       24 |      0 |
+--------+-----------+----------+--------+
```

（2）取整函数 CEIL(x) 和 CEILING(x) 的意义相同，返回不小于 x 的最小整数值。

```
mysql> SELECT CEIL(-2.5),CEILING(2.5);
```

执行 SQL 语句，结果如下：

```
+-----------+-------------+
| CEIL(-2.5) | CEILING(2.5) |
+-----------+-------------+
|         -2 |            3 |
+-----------+-------------+
```

（3）求余函数 MOD(x,y)，返回 x 被 y 除后的余数。

```
mysql> SELECT MOD(63,8),MOD(120,10),MOD(15.5,3);
```

执行 SQL 语句，结果如下：

```
+----------+------------+------------+
| MOD(63,8) | MOD(120,10) | MOD(15.5,3) |
+----------+------------+------------+
|         7 |           0 |         0.5 |
+----------+------------+------------+
```

（4）RAND()被调用时，可以产生一个在 0 和 1 之间的随机数。

```
mysql> SELECT RAND(), RAND(), RAND();
```

执行 SQL 语句，结果如下：

```
+-------------------+------------------+--------------------+
| RAND()            | RAND()           | RAND()             |
+-------------------+------------------+--------------------+
| 0.24996517063115273 | 0.9559759106077029 | 0.029984071878701515 |
+-------------------+------------------+--------------------+
```

3．字符串函数

字符串函数可以对字符串类型数据进行处理，在程序应用中用处还是比较大的，常用的字符串函数如表 9-9 所示。

表 9-9　字符串函数

函 数 名 称	作　　用
LENGTH	计算字符串长度函数，可返回字符串的字节长度
CONCAT	合并字符串函数，返回结果为连接参数产生的字符串，其参数可以是一个或多个
INSERT	替换字符串函数
LOWER	将字符串中的字母转换为小写
UPPER	将字符串中的字母转换为大写
LEFT	从左侧字截取符串，返回字符串左边的若干个字符
RIGHT	从右侧字截取符串，返回字符串右边的若干个字符
TRIM	删除字符串左右两侧的空格
REPLACE	用字符串替换函数，返回替换后的新字符串
SUBSTRING	截取字符串，返回从指定位置开始指定长度的字符串
REVERSE	字符串反转（逆序）函数，返回与原始字符串顺序相反的字符串

下面通过实例讲解这些函数的应用。

（1）LENGTH(str)的返回值为字符串的字节长度。

```
mysql> SELECT LENGTH('name'),LENGTH('数据库');
```

执行 SQL 语句，结果如下：

```
+--------------+-------------------+
| LENGTH('name') | LENGTH('数据库')     |
+--------------+-------------------+
|             4 |                  9 |
+--------------+-------------------+
```

（2）CONCAT(sl,s2,...)返回结果为连接参数产生的字符串。若有任何一个参数为 NULL，则返回值为 NULL。

```
mysql> SELECT CONCAT('MySQL','5.7'),CONCAT('MySQL',NULL);
```

执行 SQL 语句，结果如下：

```
+----------------------+----------------------+
| CONCAT('MySQL','5.7') | CONCAT('MySQL',NULL) |
+----------------------+----------------------+
| MySQL5.7             |NULL                  |
+----------------------+----------------------+
```

（3）INSERT(s1,x,len,s2)返回字符串 s1，子字符串起始于 x 位置，并且用 len 个字符长的字符串代替 s2。

```
mysql> SELECT INSERT('Football',2,4,'Play') AS col1,
     -> INSERT('Football',-1,4,'Play') AS col2,
     -> INSERT('Football',3,20,'Play') AS col3;
```

执行 SQL 语句，结果如下：

```
+----------+----------+--------+
| col1     | col2     | col3   |
+----------+----------+--------+
| FPlayall | Football | FoPlay |
+----------+----------+--------+
```

（4）UPPER 和 LOWER 是大小写转换函数。

```
mysql> SELECT LOWER('BLUE'),LOWER('Blue'),UPPER('green'),UPPER('Green');
```

执行 SQL 语句，结果如下：

```
+---------------+---------------+----------------+----------------+
| LOWER('BLUE') | LOWER('Blue') | UPPER('green') | UPPER('Green') |
+---------------+---------------+----------------+----------------+
| blue          | blue          | GREEN          | GREEN          |
+---------------+---------------+----------------+----------------+
```

（5）LEFT 和 RIGHT 是截取左边或右边字符串函数。

```
mysql> SELECT LEFT('MySQL',2),RIGHT('MySQL',3);
```

执行 SQL 语句，结果如下：

```
+-----------------+------------------+
| LEFT('MySQL',2) | RIGHT('MySQL',3) |
+-----------------+------------------+
| My              | SQL              |
+-----------------+------------------+
```

（6）REPLACE(s,s1,s2)使用字符串 s2 替换字符串 s 中所有的字符串 s1。

```
mysql> SELECT REPLACE('aaa.mysql.com','a','w');
```

执行 SQL 语句，结果如下：

```
+----------------------------------+
| REPLACE('aaa.mysql.com','a','w') |
+----------------------------------+
| www.mysql.com                    |
+----------------------------------+
```

（7）函数 SUBSTRING(s,n,len)带有 len 参数的格式，从字符串 s 返回一个长度同 len 字符相同的子字符串，起始位置为 n。

```
mysql> SELECT SUBSTRING('computer',3) AS col1,
     -> SUBSTRING('computer',3,4) AS col2,
     -> SUBSTRING('computer',-3) AS col3,
     -> SUBSTRING('computer',-5,3) AS col4;
```

执行 SQL 语句，结果如下：

```
+--------+------+------+------+
| col1   | col2 | col3 | col4 |
+--------+------+------+------+
| mputer | mput | ter  | put  |
+--------+------+------+------+
```

4．日期和时间函数

日期和时间函数主要用于对日期和时间数据进行处理，MySQL 中常见的日期和时间函数如表 9-10 所示。

表 9-10　日期和时间函数

函数名称	作　用
CURDATE 和 CURRENT_DATE	两个函数作用相同，返回当前系统的日期值
CURTIME 和 CURRENT_TIME	两个函数作用相同，返回当前系统的时间值
NOW 和 SYSDATE	两个函数作用相同，返回当前系统的日期和时间值
UNIX_TIMESTAMP	获取 UNIX 时间戳函数，返回一个以 UNIX 时间戳为基础的无符号整数
FROM_UNIXTIME	将 UNIX 时间戳转换为时间格式，与 UNIX_TIMESTAMP 互为反函数
MONTH	获取指定日期中的月份
MONTHNAME	获取指定日期中的月份的英文名称
DAYNAME	获取指定日期中对应星期几的英文名称
DAYOFWEEK	获取指定日期中对应一周的索引位置值
WEEK	获取指定日期是一年中的第几周，返回值的范围为 0～52 或 1～53
DAYOFYEAR	获取指定日期是一年中的第几天，返回值的范围是 1～366
DAYOFMONTH	获取指定日期是一个月中的第几天，返回值的范围是 1～31
YEAR	获取年份，返回值的范围是 1970～2069
TIME_TO_SEC	将时间参数转换为秒数
SEC_TO_TIME	将秒数转换为时间，与 TIME_TO_SEC 互为反函数
DATE_ADD 和 ADDDATE	两个函数功能相同，都是向日期添加指定的时间间隔
DATE_SUB 和 SUBDATE	两个函数功能相同，都是向日期减去指定的时间间隔
ADDTIME	时间加法运算，在原始时间上添加指定的时间
SUBTIME	时间减法运算，在原始时间上减去指定的时间
DATEDIFF	获取两个日期的间隔，返回参数 1 减去参数 2 的值
DATE_FORMAT	格式化指定的日期，根据参数返回指定格式的值
WEEKDAY	获取指定日期在一周内对应的工作日索引

下面通过实例讲解一些函数的应用。

（1）CURDATE()和 CURRENT_DATE()的作用相同，将当前日期按照“YYYY-MM-DD”或“YYYYMMDD”格式的值返回。

```
mysql> SELECT CURDATE(),CURRENT_DATE(),CURRENT_DATE()+0;
```

执行 SQL 语句，结果如下：

```
+-----------+---------------+-----------------+
| CURDATE()  | CURRENT_DATE() | CURRENT_DATE()+0 |
+-----------+---------------+-----------------+
| 2019-10-22 | 2019-10-22       |          20191022 |
+-----------+---------------+-----------------+
```

（2）MONTH(date)返回指定 date 对应的月份。

```
mysql> SELECT MONTH('2017-12-15');
```

执行 SQL 语句，结果如下：

```
+-------------------+
| MONTH('2017-12-15') |
+-------------------+
|                  12 |
+-------------------+
```

（3）DATE_ADD(date,INTERVAL expr type)和 ADDDATE(date,INTERVAL expr type)的作用相同，都是用于执行日期的加运算。

```
mysql> SELECT DATE_ADD('2018-10-31 23:59:59',INTERVAL 1 SECOND) AS C1,
```

```
    -> DATE_ADD('2018-10-31 23:59:59',INTERVAL '1:1' MINUTE_SECOND) AS C2,
    -> ADDDATE('2018-10-31 23:59:59',INTERVAL 1 SECOND) AS C3;
```

执行 SQL 语句，结果如下：

```
+---------------------+---------------------+---------------------+
| C1                  | C2                  | C3                  |
+---------------------+---------------------+---------------------+
| 2018-11-01 00:00:00 | 2018-11-01 00:01:00 | 2018-11-01 00:00:00 |
+---------------------+---------------------+---------------------+
```

（4）DATEDIFF(date1,date2)返回起始时间 date1 和结束时间 date2 之间的天数。

```
mysql> SELECT DATEDIFF('2017-11-30','2017-11-29') AS COL1,
    -> DATEDIFF('2017-11-30','2017-12-15') AS col2;
```

执行 SQL 语句，结果如下：

```
+------+------+
| COL1 | col2 |
+------+------+
|    1 |  -15 |
+------+------+
```

（5）DATE_FORMAT(date,format)根据 format 指定格式显示 date 值。

```
mysql> SELECT DATE_FORMAT('2017-11-15 21:45:00','%W %M %D %Y') AS col1,
    -> DATE_FORMAT('2017-11-15 21:45:00','%h:i% %p %M %D %Y') AS col2;
```

执行 SQL 语句，结果如下：

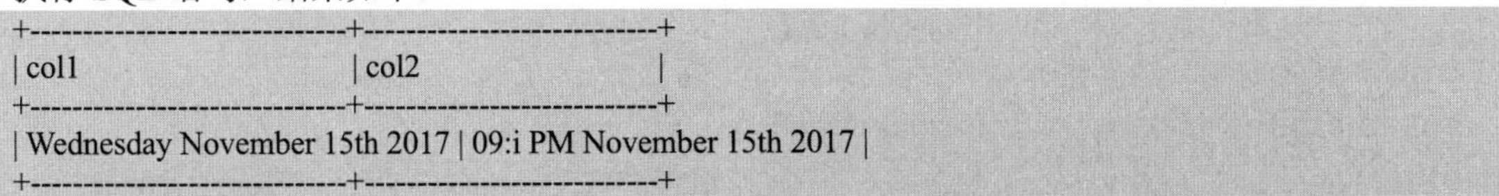

```
+-----------------------------+---------------------------+
| col1                        | col2                      |
+-----------------------------+---------------------------+
| Wednesday November 15th 2017 | 09:i PM November 15th 2017 |
+-----------------------------+---------------------------+
```

5．流程控制函数

流程控制函数可以进行条件操作，用来实现 SQL 的条件逻辑，允许程序开发人员将一些应用程序业务逻辑转换到数据库后台，常见的流程控制函数如表 9-11 所示。

表 9-11　流程控制函数

函数名称	作　用
IF	判断，流程控制
IFNULL	判断是否为空
NULLIF	判断是否相等，如果两个表达式相等，则返回 NULL
CASE WHEN	搜索语句

下面通过实例讲解这些函数的应用。

（1）IF 函数

IF 语句允许根据表达式的某个条件或值的结果来执行一组 SQL 语句。

```
mysql> SELECT IF(1<2,1,0) c1,IF(1>5,'√','×') c2,IF(STRCMP('abc','ab'),'yes','no') c3;
```

执行 SQL 语句，结果如下：

```
+----+----+-----+
| c1 | c2 | c3  |
+----+----+-----+
|  1 | ×  | yes |
+----+----+-----+
```

（2）IFNULL 函数

IFNULL 接受两个参数，如果第 1 个不是 NULL，则返回第 1 个参数。否则，IFNULL 函数返回第 2 个参数。

```
mysql> SELECT IFNULL(5,8),IFNULL(NULL,'OK');
```

执行 SQL 语句，结果如下：

```
+-------------+-------------------+
| IFNULL(5,8) | IFNULL(NULL,'OK') |
```

```
+------------+------------------+
|          5 | OK               |
+------------+------------------+
```

（3）NULLIF 函数

NULLIF(expr1,expr2)函数，如果表达式 expr1 和 expr2 相等，则返回 NULL，否则返回 expr1。

```
mysql> SELECTNULLIF(5,8),NULLIF(8,8);
```

执行 SQL 语句，结果如下：

```
+------------+------------+
|NULLIF(5,8) |NULLIF(8,8) |
+------------+------------+
|          5 |       NULL |
+------------+------------+
```

（4）CASE 语句

```
mysql> SELECT CASE WHEN 1>0 THEN 'true' ELSE 'false' END;
```

执行 SQL 语句的两种用法，结果如下：

```
+--------------------------------------------+
| CASE WHEN 1>0 THEN 'true' ELSE 'false' END |
+--------------------------------------------+
| true                                       |
+--------------------------------------------+
mysql> SELECT CASE 11 WHEN 1 THEN 'one'
    -> WHEN 2 THEN 'two' ELSE 'more' END;
```

执行 SQL 语句，结果如下：

```
+--------------------------------------------------------+
| CASE 11 WHEN 1 THEN 'one'
WHEN 2 THEN 'two' ELSE 'more' END |
+--------------------------------------------------------+
| more                                                   |
+--------------------------------------------------------+
```

6．加密函数

加密函数主要用于对字符串进行加密，常用的加密函数如表 9-12 所示。

表 9-12　加密函数

函 数 名 称	作　　用
MD5()	计算字符串 str 的 MD5 校验和
SHA()	计算字符串 str 的安全散列算法(SHA)校验和
SHA2(str,hash_length)	hash_length 支持的值为 224、256、384、512 或 0。0 等同于 256

下面通过实例讲解这些函数的应用。

（1）MD5()

```
mysql> SELECT MD5('123456');
```

执行 SQL 语句，结果如下：

```
+----------------------------------+
| MD5('123456')                    |
+----------------------------------+
| e10adc3949ba59abbe56e057f20f883e |
+----------------------------------+
```

（2）SHA()

SHA()等同于 SHA1，SHA()加密算法比 MD5()更加安全。

```
mysql> select sha('123456');
+------------------------------------------+
| sha('123456')                            |
+------------------------------------------+
| 7c4a8d09ca3762af61e59520943dc26494f8941b |
+------------------------------------------+
```

```
1 row in set (0.01 sec)
mysql> select sha1('123456');
+------------------------------------------+
| sha1('123456')                           |
+------------------------------------------+
| 7c4a8d09ca3762af61e59520943dc26494f8941b |
+------------------------------------------+
1 row in set (0.00 sec)
```

（3）SHA2(str, hash_length)

```
mysql> select sha2('123456',0) A,sha2('123456',256) B\G;
*************************** 1. row ***************************
A: 8d969eef6ecad3c29a3a629280e686cf0c3f5d5a86aff3ca12020c923adc6c92
B: 8d969eef6ecad3c29a3a629280e686cf0c3f5d5a86aff3ca12020c923adc6c92
1 row in set (0.00 sec)
```

9.4.2 自定义函数

虽然在 MySQL 中已经内置了很多函数，但也可以自定义函数用来实现想要的结果。

1. 创建函数

MySQL 中使用 CREATE function 来创建自定义函数，其语法形式如下：

```
create function  函数名([参数列表]) returns  数据类型
begin
  sql 语句;
return  值;
end;
```

参数说明如下。

- 函数名：合法的标识符，并且不应该与已有的关键字冲突。一个函数应该属于某数据库，可以使用 db_name.funciton_name 的形式执行当前函数所属的数据库，否则默认为当前数据库。
- 参数列表：可以有一个或者多个函数参数，甚至没有参数也可以。对于每个参数，由参数名和参数类型组成。
- returns：返回值，指明返回值类的类型。
- 函数体：自定义函数的函数体由多条可用的 MySQL 语句、流程控制、变量声明等语句构成。需要指明的是函数体中一定要含有 return 返回语句。
- begin…end：函数体的起始和结束符。

2. 调用函数

调用函数的语法格式为：

```
select 函数名();
select 函数名([参数列表]);
```

【例 9-16】 创建一个无参数的自定义函数并调用该函数。

代码及执行结果为：

```
mysql> DELIMITER $$
mysql> DROP FUNCTION IF EXISTS hello;
Query OK, 0 rows affected, 1 warning (0.00 sec)
mysql> DELIMITER $$
mysql> CREATE FUNCTION hello()
    -> RETURNS VARCHAR(255)
    -> BEGIN
    -> RETURN 'Hello    world,i am mysql';
    -> END $$
Query OK, 0 rows affected (0.11 sec)
mysql> DELIMITER ;
```

调用 hello 函数：

```
mysql> SELECT hello();
```

执行结果如图 9-11 所示。

【例 9-17】创建带参数的自定义函数 formatDate，实现简单调用 DATE_FORMAT(date,format)功能，并调用该函数：

```
mysql> DELIMITER $$
mysql> DROP FUNCTION IF EXISTS   formatDate $$
Query OK, 0 rows affected, 1 warning (0.07 sec)
mysql> CREATE FUNCTION     formatDate(fdate datetime)
    -> RETURNS VARCHAR(255)
    -> BEGIN
    -> DECLARE x VARCHAR(255) DEFAULT '';
    -> SET x= date_format(fdate,'%Y 年%m 月%d 日%h 时%i 分%s 秒');
    -> RETURN x;
    -> END $$
Query OK, 0 rows affected (0.11 sec)
mysql> DELIMITER
```

调用 formatDate 函数，输入 SQL 语句：

```
select formatDate(now());
```

执行结果如图 9-12 所示。

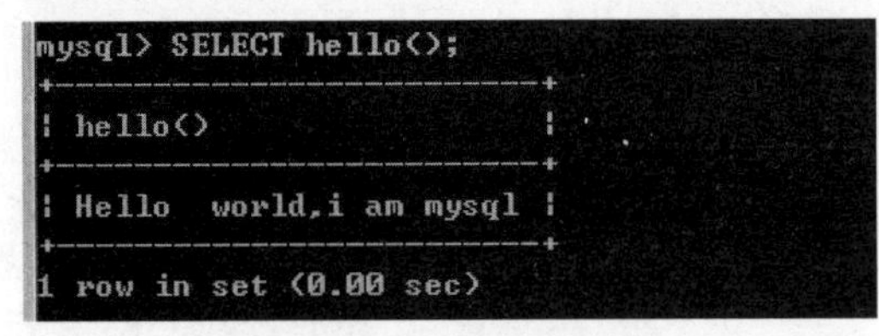

图 9-11　调用无参函数

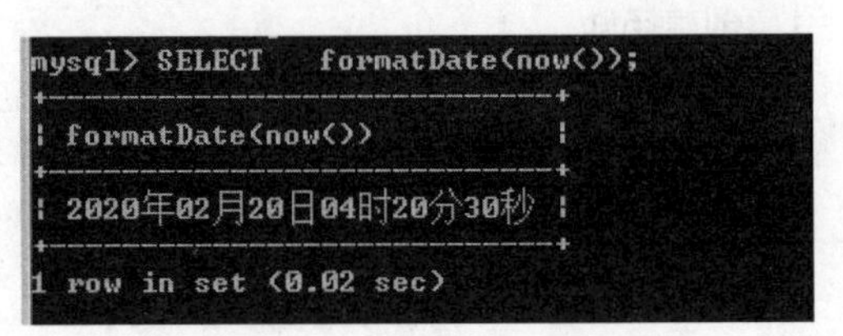

图 9-12　调用有参函数

3．查看函数

查看当前数据库中自定义函数的信息。

```
show create function  函数名;            --查询单个函数
show function status   [like 'pattern'];    --查询所有函数
```

4．修改函数

只能修改函数的注释，不能对函数的内部 SQL 语句和函数的参数列表进行修改。所以，一般要修改函数体时，可以采用先使用 DROP FUNCTION 语句删除函数，然后再使用 CREATE FUNCTION 语句重新定义的方法。

修改函数的语法形式如下：

```
alter function  函数名  选项;/*选项的具体含义见 10.1.5 节中 characteristic 的说明
```

5．删除函数

删除自定义函数可以使用 DROP FUNCTION 语句，语法格式为：

```
drop function  函数名;
```

9.5　小结

本章介绍了 MySQL 中的常用函数，主要包括数值函数、字符串函数、日期与时间函数、条件判断函数和自定义函数等。在学完本章后，读者应重点掌握以下知识：

- 数值函数主要用于处理数值方面的运算，读者应重点掌握常用函数包括 ABS(x)、MOD(x, y)、CEIL(x)、FLOOR(x)、RAND()、ROUND(x)和 TRUNCATE(xy)的应用。
- 字符串函数主要用于处理数据库中字符串类型的数据，读者应重点掌握常用函数 LENGTH(str)、CHAR_LENGTH(str)、CONCAT(strl,str2,…,strn)、CONCAT_ WS(x,str1,str2,…,strn)和 INSERT(str, x,y, instr)等的应用。
- 日期与时间函数用于处理日期与时间类型的数据，包括 CURDATE()、CURTIME()、NOW()、UNIX_TIMESTAMP()和 UTC_DATE()等。
- 条件判断函数又称为流程控制函数，用户可以使用这类函数在 SOL 语句中实现条件选择，包括

IF()、IFNULL()和 CASE 等。

- 掌握自定义函数创建、调用、查看、修改和删除的方法。

实训 9-1

1．实训目的

（1）掌握算术运算符的运用。

（2）掌握比较运算符的运用。

（3）掌握逻辑运算符的运用。

（4）掌握位运算符的运用。

2．实训准备

复习 9.1 节的内容。

运算符和表达式操作。

3．实训内容

（1）运算符准备，执行代码如下。

```
CREATE   TABLE   t1(a INT,s CHAR(10));
INSERT   INTO t1 VALUE(20,'beijing');
```

（2）执行如下 SQL 运算符代码，并分析结果。

① SELECT a,a+5,a*2   FROM t1;

② SELECT a,a/3,a DIV 3,a%5,MOD(a,5) FROM t1;

③ SELECT a,a=24,a<12,a>40,a>=24,a<=24,a!=24,a<>24,a<=>24 FROM t1;

④ SELECT a,a='24','ha'<>'ha','xa'='xa','b'!='b' FROM t1;

⑤ SELECT a,a ISNULL, a IS NOTNULL FROM t1;

⑥ SELECT a,a BETWEEN 15 AND 30,a NOT BETWEEN 15 AND 30 FROM t1;

⑦ SELECT a,a IN(1,2,23),a IN(24,12,22) FROM t1;

⑧ SELECT s,s LIKE 'beijing',s LIKE 'b%g',s LIKE 'bei_',s LIKE '%jing' FROM t1;

⑨ SELECT 2&&2,2&&NULL,2 AND 3,2 AND 2;

⑩ SELECT 2||2,2||NULL,2 OR 3,2 OR 0;

⑪ SELECT !1,!2,!NULL;

4．提交实训报告

按照要求提交实训报告作业。

实训 9-2

1．实训目的

（1）掌握数值函数的用法。

（2）掌握字符串函数的用法。

（3）掌握日期和时间函数的用法。

（4）掌握条件判断函数的用法。

（5）掌握系统函数的用法。

（6）掌握加密函数的用法。

2．实训准备

复习 9.3 节和 9.4 节的内容。

（1）MySQL 内置函数的使用。

（2）自定义函数的编写。

3．实训内容

执行如下的 SQL 语句，并分析结果。

（1）SELECT ABS(0.5), ABS(-0.5), PI();

（2）SELECT SQRT(16), SQRT(3), MOD(13,4);

（3）SELECT CEIL(2.3), CEIL(-2.3), CEILING(2.3), CEILING(-2.3);

（4）SELECT FLOOR(2.3), FLOOR(-2.3);

（5）SELECT RAND(), RAND(2);

（6）SELECT ROUND(2.3), ROUND(2.5), ROUND(2.53,1), ROUND(2.55,1);

（7）SELECT TRUNCATE(2.53,1), TRUNCATE(2.55,1);

（8）SELECT SIGN(-2), SIGN(0), SIGN(2);

（9）SELECT POW(3,2), POWER(3,2);

（10）SELECT RIGHT('nihao',3);

（11）SELECT SUBSTRING_INDEX('HH,MM,SS',',',2);

（12）SELECT SUBSTRING('helloworld',1,5);

（13）SELECT UPPER('hello');

（14）SELECT LOWER('HELLO');

（15）SELECT REVERSE('hello');

（16）SELECT LTRIM('hello');

（17）SELECT LENGTH('helo');

（18）SELECT VERSION();

（19）SELECT CONNECTION_ID();

（20）SELECT DATABASE(), SCHEMA()

（21）SELECT USER(), SYSTEM_USER(), SESSION_USER();

（22）SELECT CURRENT_USER(), CURRENT_USER;

（23）SELECT CHARSET('张三');

（24）SELECT COLLATION('张三');

4．提交实训报告

按照要求提交实训报告作业。

习题 9

一、填空题

1．表达式 1+2*3 的运算结果为________。

2．表达式(1+2)=(2+3)的运算结果为________。

3．表达式 2&&2 的运算结果为________。

4．表达式 283<<1 的运算结果为________。

5．求绝对值的函数为________。

6．获取当前日期和时间的函数为________。

7．函数 CONCAT()的作用是________。

8．计算最大值的函数为________。

9．函数 FLOOR()的作用为________。

10．函数 mysqli_fetch_array()的作用为________。

二、简答题

1．简述存储过程和函数的基本功能和特点。

2．简述存储过程的创建方法和执行方法。

三、操作题

1．使用数学函数进行如下运算。

（1）计算 18 除以 5 的商和余数。

（2）将弧度值 PI/4 转换为角度值。

（3）计算 9 的 4 次方值。

（4）保留浮点数值 3.14159 小数点后面 2 位。

2．使用字符串函数进行如下运算。

（1）分别计算字符串“Hello world!”和“Universitye”的长度。

（2）从字符串“Nice to meet you!”中获取子字符串“meet”。

（3）重复输出 3 次字符串“Cheer!”。

（4）将字符串“voodoo”逆序输出。

3．使用日期和时间函数进行如下运算。

（1）计算当前日期是 1 年中的第几周。

（2）计算当前日期是 1 周中的第几个工作日。

（3）计算“1929-02-14”与当前日期之间相差的年份。

（4）按“07 oct 2017 Saturday”格式输出当前日期。

（5）从当前日期时间值中获取时间值，并将其转换为秒值。

4．使用 My SQL 函数进行如下运算。

（1）使用 SHOW PROCESSLIST 语句查看当前连接状态。

（2）使用加密函数 MD5 对字符串“MySQL”加密。

（3）将十进制的值 100 转换为十六进制值。

（4）将字符串“new string”的字符集改为 gb2312。

5．在 MySQL 中执行如下比较运算。

```
3627,15>=8,40<50,15<=15,NUL<=NULL,
NULL<=>1,5<=5
```

6．在 MySQL 中执行如下逻辑运算。

```
4&&8,2NULL, NULL XOR0,0XOR1,!2
```

7．在 MySQL 中执行如下位运算。

```
13&17,208,14^20,-16
```

第 10 章　存储过程和触发器

学习目标：

- 了解存储过程和函数的相关概念。
- 掌握创建并调用存储过程和函数的方法。
- 掌握变量、条件和处理程序、游标的使用。
- 掌握查看、修改及删除存储过程和函数的方法。
- 了解什么是触发器。
- 掌握创建触发器的方法。
- 掌握查看触发器的方法。
- 掌握使用触发器的方法。
- 掌握删除触发器的方法。

10.1　存储过程

10.1.1　存储过程的基本概念

通过前面章节的学习，相信读者已经能够编写操作单表或者多表的单条 SQL 语句，但是针对表的一个完整操作往往不是单条 SQL 语句就能实现的，而是需要一组 SQL 语句来实现。

例如，要完成一个购买商品订单的处理，一般需要考虑以下几步：

（1）在生成订单之前，先要查看商品库存中是否有相应的商品；

（2）如果商品库存中不存在相应的商品，则需要向供应商订货；

（3）如果商品库存中存在相应的商品，则需要预定商品，并修改库存数量。

对于上述操作过程，显然不是单条 SQL 语句就能实现的。在实际应用中，一个完整的操作会包含多条 SQL 语句，并且在执行过程中还需要根据前面语句的执行结果，有选择地执行后面的语句。为此，可将一个完整操作中所包含的多条 SQL 语句创建为存储过程和函数，以方便应用。

存储过程和函数可以简单地理解为一组经过编译并保存在数据库中 SQL 语句的集合，可以随时被调用。

存储过程和函数具有以下优点。

（1）允许标准组件式编程：存储过程和函数在创建后可以在程序中被多次调用，有效提高了 SQL 语句的重用性、共享性和可移植性。

（2）较快的执行速度：如果某个操作包含大量的事务处理代码，并且被多次执行，其存储过程要比批处理的执行速度快很多。因为存储过程是预编译的，在首次执行一个存储过程时，查询优化器会对其进行分析优化，并将最终执行计划存储在系统中，而批处理的事务处理语句在每次运行时都要进行编译和优化。

（3）减少网络流量：对于大量的 SQL 语句，将其组织成存储过程可比一条一条调用 SQL 语句要大大节省网络流量，降低网络负载。

（4）安全：数据库管理员通过设置执行某个存储过程的权限，从而限制相应数据的访问权限，可避免非授权用户对数据的访问，以保证数据的安全。

除上述优点外，存储过程和函数也存在一定的缺陷。首先，存储过程和函数的编写比单个 SQL 语句的编写要复杂很多，需要用户具有更高的知识技能；其次，在编写存储过程和函数时，需要创建这些数据库对象的权限。

10.1.2 存储过程的创建和调用

存储程序可以分为存储过程和函数。存储过程和函数的操作主要包括创建存储过程和函数、调用存储过程和函数、查看存储过程和函数，以及修改和删除存储过程和函数。本节主要介绍如何创建和调用存储过程。

1．存储过程的创建

创建存储过程使用 CREATE PROCEDURE 语句实现，其语法格式如下：

```
CREATE PROCEDURE proc name( [proc_parameter[，…]])
[characteristic… ] routine_body
```

参数说明如下。

（1）CREATE PROCEDURE 表示创建存储过程的关键字。

（2）proc_name 表示要创建的存储过程名。

（3）proc_parameter 表示存储过程的参数，其形式如下：

```
[IN |OUT| INOUT ] parameter_name  TYPE
```

其中，IN 表示输入参数，可把外界的数据传递到存储过程中；OUT 表示输出参数可把存储过程的运算结果传递到外界；INOUT 表示输入/输出参数，既可以把外界的数据传递到存储过程当中，又可以把存储过程的运算结果传递到外界；parameter_name 表示参数名；TYPE 表示参数的数据类型。

注意：存储过程的参数名不要与数据表中的字段名重复，否则系统会报错。

（4）characteristic 表示存储过程的特性，其意义如下。

① LANGUAGE SQL：表示存储过程的 routine_body 部分是使用 SQL 语言编写的，当前系统支持的语言为 SQL。

② [NOT]DETERMINISTIC：DETERMINISTIC 表示存储过程的执行结果是确定的，即每次输入相同的参数并执行存储过程后，得到的结果是相同的；默认为 NOT DETERMINISTIC，表示执行结果不确定，即相同的输入可能得到不同的结果。

③ {CONTAINS SQL | NO SQL | READS SQL DATA | MODIFIES SQL DATA}：指明子程序使用 SQL 语句的限制，其中，CONTAINS SQL 为默认值，表示子程序包含 SQL 语句，但不包含读或写数据的语句；NO SQL 表示子程序不包含 SQL 语句；READS SQL DATA 表示子程序包含读取数据的语句，但不包含写数据的语句；MODIFIES SQL DATA 表示子程序包含写入数据的语句。

④ SQL SECURITY{DEFINER| INVOKER}：指定可执行存储过程的用户，其中，DEFINER 表示只有创建者才能执行；INVOKER 表示拥有权限的调用者可以执行。

⑤ COMMENT 'string'：表示存储过程或者函数的注释信息。

（5）routine body 表示需要执行的 SQL 语句的集合，可以使用 BEGIN 表示开始，使用 END 表示结束。

【例 10-1】 创建一个名为 proc 的简单存储过程，用于获取表 xsjbxxb 中的记录数。

在创建存储过程前先登录 MySQL，并选择数据库 jwgl。

代码及执行结果为：

```
mysql> DELIMITER $$
mysql> CREATE PROCEDURE proc(OUT num INT)
    -> BEGIN
      -> SELECT COUNT(*) INTO num FROM xsjbxxb;
    -> END $$
Query OK, 0 rows affected (0.23 sec)
mysql> DELIMITER ;
```

注意：“DELIMITER $$”的作用是将语句的结束符“;”修改为“$$”，这样存储过程中的 SQL 语句结束符“;”就不会被 MySQL 解释成语句的结束而提示错误。在存储过程创建完成后，应使用“DELIMITER ;”语句将结束符修改为默认结束符。

2. 存储过程的调用

存储过程必须使用关键字 CALL 语句调用，其语法格式如下：

```
CALL procedure_name([parameter[,…]])
```

其中，parameter 若是输入参数，则需输入具体的数据；若是输出参数，则需要写成变量名的形式。

【例 10-2】 调用例 10-1 创建的存储过程 proc，查看其返回值。

首先登录 MySQL，并选择数据库 jwgl。代码及执行结果为：

```
mysql> CALL proc(@num);
Query OK, 1 row affected (0.09 sec)
```

使用 SELECT 语句输出变量@num 的值，输入语句：

```
mysql> SELECT @num;
```

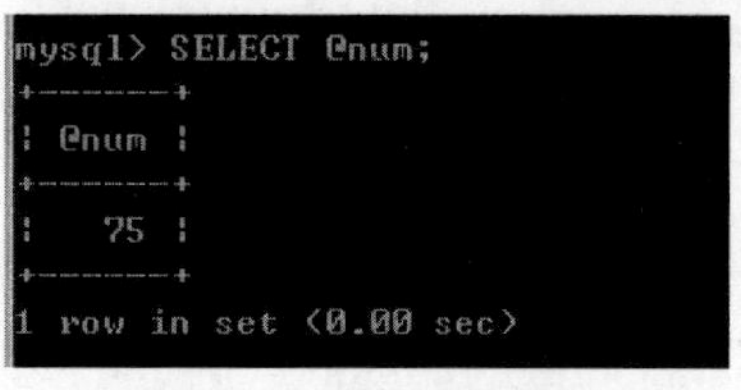

图 10-1 调用存储过程

执行 SQL 语句，运行结果如图 10-1 所示。

上述语句中，使用 CALL proc(@num);语句调用存储过程后，系统会将返回值赋予变量@num;使用 SELECT 语句查看变量@num 值，其结果为 75。

调用存储过程的执行结果与直接执行查询语句 SELECT COUNT(*) FROM xsjbxxb;的执行结果相同，但是存储过程的好处在于处理逻辑都封装在数据库端，调用者不需要了解中间的处理逻辑，当处理逻辑发生变化时，只需要修改存储过程即可，而对调用者的程序完全没有影响。

10.1.3 使用图形化工具创建存储过程

使用 MySQL Workbench 也可以创建存储过程，具体操作如下。

（1）使用 MySQL Workbench 连接 MySQL 后，双击需要操作的数据库 jwgl。

（2）选择“Stored Procedures”的“Create Stored Procedure”选项，如图 10-2 所示。

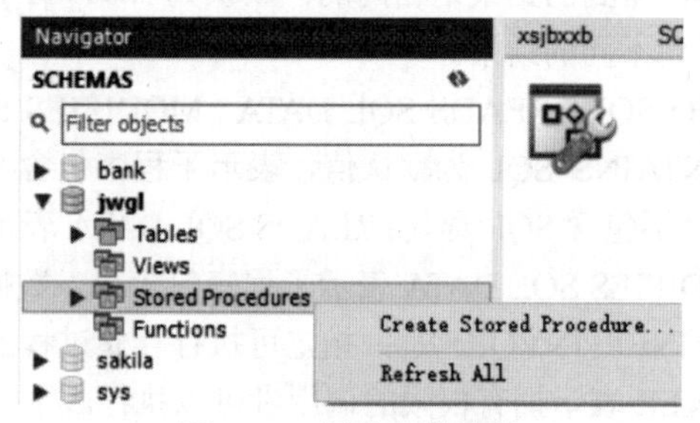

图 10-2 新建存储过程

（3）在编辑区编辑存储过程名及参数，并在 BEGIN…END 之间编辑需要执行的 SQL 语句，最后单击“Apply”按钮，如图 10-3 所示。

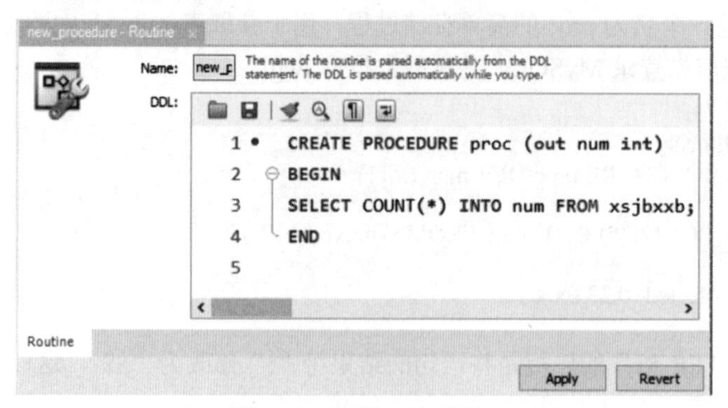

图 10-3 编辑 SQL 语句

（4）进一步检查要应用于数据库的 SQL 脚本，确认没问题后单击“Apply”按钮，在随后出现的对话框中，单击“Finish”按钮，完成存储过程的创建，如图 10-4 所示。

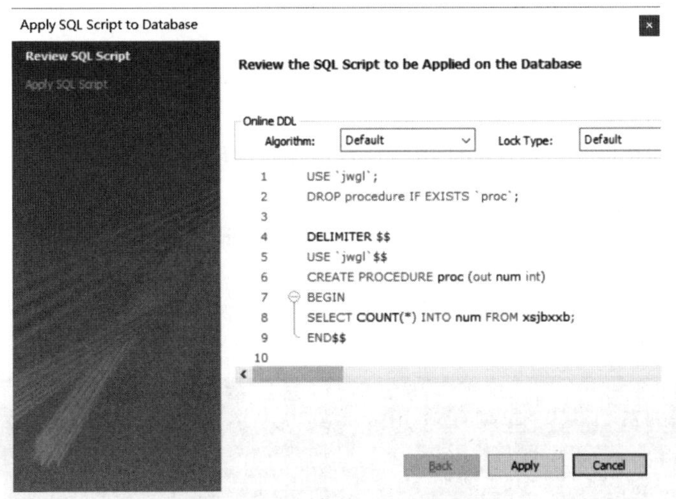

图 10-4 完成存储过程的创建

10.1.4 查看存储过程

创建完存储过程和函数后，MySQL 存储了其状态信息和定义语句，用户可以分别使用 SHOW STATUS 和 SHOW CREATE 语句进行查看，也可以在系统数据库 information_schema 中查看。

1. 查看存储过程的状态

使用 SHOW STATUS 语句查看存储过程和函数的状态，基本语法格式如下：

```
SHOW PROCEDURE|FUNCTION STATUS [LIKE 'pf_name'];
```

其中，PROCEDURE 或 FUNCTION 指定查看是存储过程还是函数，LIKE 语句指定查看存储过程和函数的名称。

【例 10-3】 执行 SQL 语句，查看存储过程 proc 的基本信息。

输入代码如下：

```
mysql> SHOW PROCEDURE STATUS LIKE 'proc' \G;
```

执行结果如图 10-5 所示。

```
mysql> SHOW PROCEDURE STATUS LIKE 'proc' \G;
*************************** 1. row ***************************
                  Db: jwgl
                Name: proc
                Type: PROCEDURE
             Definer: root@localhost
            Modified: 2020-02-20 16:44:44
             Created: 2020-02-20 16:44:44
       Security_type: DEFINER
             Comment:
character_set_client: utf8mb4
collation_connection: utf8mb4_0900_ai_ci
  Database Collation: utf8mb4_0900_ai_ci
1 row in set (0.05 sec)
```

图 10-5 查看存储过程

其中主要参数及其意义如下。

- Db：表示存储过程所属的数据库。
- Name：表示存储过程或函数名。
- Type：表示是存储过程还是函数。
- Definer：表示创建存储过程或函数的用户。
- Modified：表示最后的修改日期。
- Created：表示创建日期。

● Security_type：表示 MySQL 在执行存储过程和函数时，是以创建用户的权限来执行，还是以调用者的权限来执行。

2．查看存储过程的定义

使用 SHOW CREATE 语句可以查看存储过程的定义语句，语法格式如下：

```
SHOW CREATE PROCEDURE|FUNCTION pf_name
```

其中，ROCEDURE 或 FUNCTION 指定查看是存储过程还是函数，pf_name 是指存储过程或函数名。

【例 10-4】 执行 SQL 语句，查看存储过程 proc 的定义语句。

首先登录 MySQL，然后执行 SHOW CREATE 语句。

```
mysql> SHOW CREATE PROCEDURE jwgl.proc \G;
```

执行结果如图 10-6 所示。

```
mysql>  SHOW CREATE PROCEDURE jwgl.proc \G;
*************************** 1. row ***************************
           Procedure: proc
            sql_mode: STRICT_TRANS_TABLES,NO_ENGINE_SUBSTITUTION
    Create Procedure: CREATE DEFINER=`root`@`localhost` PROCEDURE `proc`(OUT num
 INT)
BEGIN
   SELECT COUNT(*) INTO num FROM xsjbxxb;
    END
character_set_client: utf8mb4
collation_connection: utf8mb4_0900_ai_ci
  Database Collation: utf8mb4_0900_ai_ci
1 row in set (0.00 sec)
```

图 10-6　查看存储过程的定义

其中的主要参数及其意义如下。

● Procedure：表示存储过程名。

● sql_mode：表示 SQL 语句的模式。

● Create Procedure：表示存储过程的定义语句。

3．查看存储过程的信息

在 MySQL 中，存储过程和函数的信息都存储在系统数据库 information_schema 的 routines 表中，查看存储过程和函数详细信息的语法格式如下：

```
SELECT * FROM information_schema.routines
WHERE ROUTINE _NAME='pf_name';
```

其中，ROUTINE_NAME 表示存储过程或函数名，如果有存储过程和存储函数的名称相同，还可以使用 ROUTINE_TYPE 指定类型。

【例 10-5】 执行 SQL 语句，查看存储过程 proc 的详细信息。

输入语句：

```
mysql> SELECT * FROM information_schema.routines WHERE ROUTINE_NAME='proc' AND
ROUTINE_TYPE='PROCEDURE'\G;
```

执行上述 SQL 语句，结果如图 10-7 所示。

其中的主要参数及其意义如下。

● ROUTINE_CATALOG：表示存储过程或函数的目录。

● ROUTINE_SCHEMA 表示存储过程或函数所属的数据库。

● ROUTINE_NAME：表示存储过程或函数名

● ROUTINE_TYPE：表示是存储过程还是函数。

● ROUTINE_DEFINITION：表示 BEGIN…END 语句。

● SECURITY_TYPE：表示 MySQL 在执行存储过程和函数时，是以创建用户的权限来执行，还是以调用者的权限来执行的。

```
mysql> SELECT * FROM information_schema.routines WHERE ROUTINE_NAME='proc' AND
ROUTINE_TYPE='PROCEDURE'\G;
*************************** 1. row ***************************
           SPECIFIC_NAME: proc
         ROUTINE_CATALOG: def
          ROUTINE_SCHEMA: jwgl
            ROUTINE_NAME: proc
            ROUTINE_TYPE: PROCEDURE
               DATA_TYPE:
CHARACTER_MAXIMUM_LENGTH: NULL
  CHARACTER_OCTET_LENGTH: NULL
       NUMERIC_PRECISION: NULL
           NUMERIC_SCALE: NULL
      DATETIME_PRECISION: NULL
      CHARACTER_SET_NAME: NULL
          COLLATION_NAME: NULL
          DTD_IDENTIFIER: NULL
            ROUTINE_BODY: SQL
      ROUTINE_DEFINITION: BEGIN
   SELECT COUNT(*) INTO num FROM xsjbxxb;
   END
           EXTERNAL_NAME: NULL
       EXTERNAL_LANGUAGE: SQL
         PARAMETER_STYLE: SQL
        IS_DETERMINISTIC: NO
         SQL_DATA_ACCESS: CONTAINS SQL
                SQL_PATH: NULL
           SECURITY_TYPE: DEFINER
                 CREATED: 2020-02-20 16:44:44
            LAST_ALTERED: 2020-02-20 16:44:44
                SQL_MODE: STRICT_TRANS_TABLES,NO_ENGINE_SUBSTITUTION
         ROUTINE_COMMENT:
                 DEFINER: root@localhost
    CHARACTER_SET_CLIENT: utf8mb4
    COLLATION_CONNECTION: utf8mb4_0900_ai_ci
      DATABASE_COLLATION: utf8mb4_0900_ai_ci
1 row in set (0.02 sec)
```

图 10-7　查看存储过程的详细信息

10.1.5　修改存储过程

在 MySQL 中，使用 ALTER 关键字可以修改存储过程和函数，修改存储过程的基本语法格式如下：

```
ALTER PROCEDURE pf_name[characteristic…];
```

在上述语句中，pf_name 表示存储过程名。characteristic 表示存储过程和函数的特性，其可取值有 CONTAINS SQL、NO SQL、READS SQL DATA、MODIFIES SQL DATA、SQL SECURITY { DEFINER|INVOKER}，各值的意义与创建存储过程时相同。

【例 10-6】 执行 SQL 语句，修改存储过程 proc 的读/写权限和安全类型。

代码及执行结果如下：

```
mysql> ALTER PROCEDURE proc MODIFIES SQL DATA SQL SECURITY INVOKER;
Query OK, 0 rows affected (0.17 sec)
```

查看存储过程修改后的信息，代码及执行结果如下：

```
mysql> SELECT SPECIFIC_NAME, SQL_DATA_ACCESS, SECURITY_TYPE
    -> FROM information_schema.routines
    -> WHERE ROUTINE_NAME='proc' AND ROUTINE_TYPE='PROCEDURE';
```

执行上述 SQL 语句，运行结果如图 10-8 所示。

```
mysql> SELECT SPECIFIC_NAME, SQL_DATA_ACCESS, SECURITY_TYPE
    -> FROM information_schema.routines
    ->  WHERE ROUTINE_NAME='proc' AND ROUTINE_TYPE='PROCEDURE';
+---------------+-------------------+---------------+
| SPECIFIC_NAME | SQL_DATA_ACCESS   | SECURITY_TYPE |
+---------------+-------------------+---------------+
| proc          | MODIFIES SQL DATA | INVOKER       |
+---------------+-------------------+---------------+
1 row in set (0.00 sec)
```

图 10-8　修改存储过程

由查询结果可以看出，存储过程修改成功。

注意： 不能使用关键字 ALTER 更改存储过程的参数或子程序，如果需要修改，则必须删除存储过程后再重新创建。

10.1.6　删除存储过程

在 MySQL 中，删除存储过程可以使用 DROP 语句，语法格式如下：

```
DROP  PROCEDURE [ IF EXISTS] pf_name;
```

上述语句中，pf_name 表示存储过程名。使用 IF EXISTS 可以在执行删除操作时，先判断存储过程是否存在，以避免系统报错。

【例 10-7】 执行 SQL 语句，删除存储过程 proc。

代码及执行结果如下：

```
mysql> DROP PROCEDURE IF EXISTS proc;
Query OK, 0 rows affected (0.08 sec)
```

10.1.7 存储过程与函数的联系与区别

存储过程是用户定义的一系列 SQL 语句的集合，用户可以调用存储过程，而函数通常是数据库已定义的方法，它接收参数并返回某种类型的值并且不涉及特定用户表。函数可视为其他程序服务的，需要在其他语句中调用函数才可以，而存储过程不能被其他语句调用，是自己通过 CALL 语句来执行的。存储过程和函数都是属于某个数据库的。

存储过程与存储函数的区别主要在于：

（1）一般来说，存储过程实现的功能要复杂一点，而函数的实现功能针对性比较强。它的存储过程功能强大，可以执行包括修改表等一系列数据库操作；用户定义函数则不能用于执行一组修改全局数据库状态的操作。

（2）对于存储过程来说可以返回参数，如记录集，而函数则只能返回值或者表对象。函数只能返回一个变量，而存储过程可以返回多个。存储过程的参数可以有 IN、OUT、INOUT 三种类型，而函数只能有 IN 一种类型。存储过程声明时不需要返回类型，而函数声明时则需要描述返回类型，且函数中必须包含一个有效的 RETURN 语句。

（3）存储过程可以使用非确定函数，不允许在用户定义函数主体中内置非确定函数。

（4）存储过程一般是作为一个独立部分来执行（CALL 语句执行）的，而函数则可以作为查询语句的一个部分来调用（SELECT），由于函数可以返回一个表对象，因此它可以在查询语句中位于 FROM 关键字的后面。SQL 语句中不可以使用存储过程，但可以使用函数。

10.1.8 利用 MySQL Workbench 管理存储过程

使用 MySQL Workbench 可以非常方便地查看、修改和删除存储过程，具体操作如下。

（1）使用 MySQL Workbench 连接 MySQL 后，双击需要操作的数据库 jwgl。

（2）在 SCHEMAS 界面中，展开 jwgl 数据库中的 Stored Procedures 目录，在创建的存储过程 proc 上右击，如图 10-9 所示，选择相应的选项，按照步骤操作就可以实现修改存储过程、删除存储过程等操作。

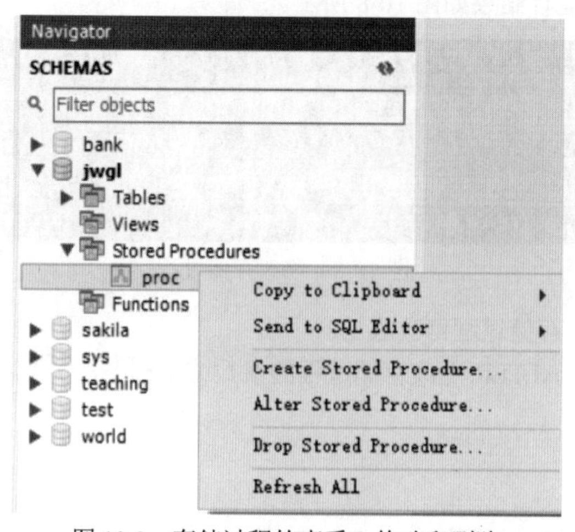

图 10-9　存储过程的查看、修改和删除

10.2 游标

在存储过程和函数中，当查询语句返回多条记录时，可以使用游标对结果集进行逐条读取。下面将介绍定义、打开、使用和关闭游标的方法。

1. 定义游标

在 MySQL 中，使用 DECLARE 关键字来定义游标，其语法形式如下：

```
DECLARE cursor_name CURSOR FOR select_statement;
```

在上述语句中，cursor_name 表示游标名；select_statement 表示 SELECT 语句，返回一个用于创建游标的结果集。

2. 打开游标

打开游标的关键字为 OPEN，其语法形式如下：

```
OPEN cursor_name;
```

注意：在打开一个游标时，游标并不指向第一条记录，而是指向第一条记录的前边。

3. 使用游标

使用游标的关键字为 FETCH，其语法形式如下：

```
FETCH cursor_name INTO var _name，[var_name]…;
```

上述语句的作用是将定义游标 cursor_name 时查询出的数据赋予变量 var _name，FETCH 语句通常与循环结构配合使用，用于遍历表中的所有记录。

4. 关闭游标

关闭游标的关键字为 CLOSE，其语法形式如下：

```
CLOSE cursor_name;
```

【例 10-8】 创建存储过程，并显示前 3 名同学的 xh 和 xm。

首先登录 MSQL，并选择数据库 jwgl。

代码及其执行结果如下：

```
mysql> DELIMITER $$
mysql> CREATE PROCEDURE proc1()
->BEGIN
->DECLARE s_xh VARCHAR(20);
->DECLARE s_name VARCHAR(50);
->DECLARE stu cursor for SELECT xh,xm from xsjbxxb; -- 声明游标
->open stu; -- 打开游标
->FETCH stu into s_xh,s_name; -- 使用游标
->SELECT s_xh,s_name;
->FETCH stu into s_xh,s_name; --使用游标
->SELECT s_xh,s_name;
->FETCH stu into s_xh,s_name; 使用游标
->SELECT s_xh,s_name;
->CLOSE stu;
->END $$
mysql> DELIMITER ;
```

调用存储过程 proc1。

```
mysql>call proc1();
```

执行结果如图 10-10 所示。

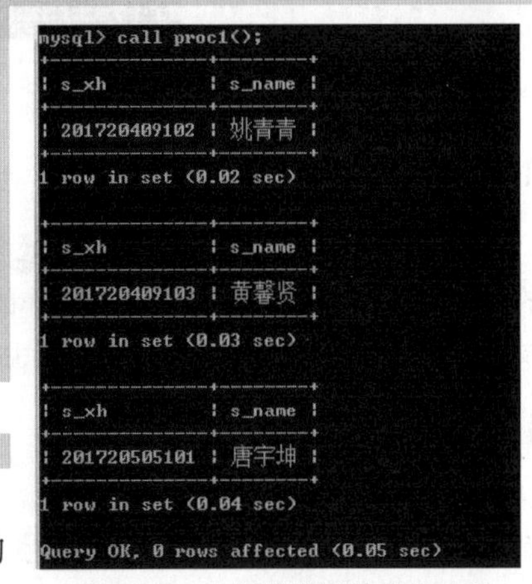
```
mysql> call proc1();
+--------------+--------+
| s_xh         | s_name |
+--------------+--------+
| 201720409102 | 姚青青 |
+--------------+--------+
1 row in set (0.02 sec)

+--------------+--------+
| s_xh         | s_name |
+--------------+--------+
| 201720409103 | 黄馨贤 |
+--------------+--------+
1 row in set (0.03 sec)

+--------------+--------+
| s_xh         | s_name |
+--------------+--------+
| 201720505101 | 唐宇坤 |
+--------------+--------+
1 row in set (0.04 sec)

Query OK, 0 rows affected (0.05 sec)
```

图 10-10 执行带游标的存储过程

【例 10-9】 使用游标，统计 xsjbxxb 表中 age 大于 20 岁的人数。

代码及其执行结果如下：

```
mysql> DELIMITER $$
mysql> CREATE   PROCEDURE   proc2()
     -> begin
     -> -- 创建用于接收游标值的变量
     -> declare total int;
```

```
    -> -- 注意：接收游标值为中文时需要给变量指定字符集为 utf8
    ->        declare id varchar(20) character set utf8;
    -> -- 游标结束的标志
    ->        declare done int default 0;
    ->        -- 声明游标
    ->        declare cur cursor for select xh from xsjbxxb where age > 20;
    ->        -- 指定游标循环结束时的返回值
    ->        declare continue handler for not found set done = 1;
    ->        -- 打开游标
    ->        open cur;
    ->        -- 初始化变量
    ->        set total = 0;
    ->        -- while 循环
    ->        while done != 1 do
    ->            fetch cur into id;
    ->               if done != 1 then
    ->                      set total = total + 1;
    ->               end if;
    ->        end while;
    ->        -- 关闭游标
    ->        close cur;
    ->        -- 输出累计的结果
    ->        SELECT "年龄大于 20 岁有：",total,"人";
    -> End $$
Query OK, 0 rows affected, 1 warning (0.09 sec)
mysql> DELIMITER ;
```

执行存储过程 proc2。

```
call proc2();
```

结果如图 10-11 所示。

```
mysql> call proc2();
+--------------------+-------+----+
| 年龄大于20岁有：   | total | 人 |
+--------------------+-------+----+
| 年龄大于20岁有：   |    57 | 人 |
+--------------------+-------+----+
1 row in set (0.00 sec)

Query OK, 0 rows affected, 1 warning (0.01 sec)
```

图 10-11　遍历记录

10.3　触发器

触发器（TRIGGER）是 MySQL 数据库对象之一，与存储过程类似，它也是一段程序代码。不同的是，触发器是由事件激发某个操作的。当表中出现特定事件时就会激发该对象。下面将主要介绍触发器的概念，以及创建、查看和删除触发器的方法。

10.3.1　认识触发器

MySQL数据库中触发器是一个特殊的存储过程，不同的是执行存储过程要使用CALL语句来调用，而触发器的执行既不需要使用 CALL 语句来调用，也不需要手工启动，只要一个预定义的事件发生就会被 MySQL 自动调用。

引发触发器执行的事件一般如下：

- 增加一条学生记录时，会自动检查年龄是否符合范围要求。
- 每当删除一条学生信息时，会自动删除其成绩表上对应的记录。
- 每当删除一条数据时，会在数据库存档表中保留一个备份副本。

触发器的优点如下：

- 触发器的执行是自动的，当对触发器相关表的数据进行修改后可立即执行。
- 触发器可以通过数据库中相关的表层叠修改另外的表。
- 触发器可以实施比 FOREIGN KEY 约束、CHECK 约束更为复杂的检查和操作。

触发器与表关系密切，主要用于保护表中的数据。特别是当有多个表具有一定的相互联系时，触发器能够让不同的表保持数据的一致性。

在实际使用中，MySQL 所支持的触发器有三种：INSERT 触发器、UPDATE 触发器和 DELETE 触发器。

1．INSERT 触发器

在 INSERT 语句执行之前或之后响应的触发器。

使用 INSERT 触发器需要注意以下几点。

（1）在 INSERT 触发器代码内，可引用一个名为 NEW（不区分大小写）的虚拟表来访问被插入的行。

（2）在 BEFORE INSERT 触发器中，NEW 中的值也可以被更新，即允许更改被插入的值（只要具有对应的操作权限）。

（3）对于 AUTO_INCREMENT 列，NEW 在 INSERT 执行之前包含的值是 0，在 INSERT 执行之后将包含新的自动生成值。

2．UPDATE 触发器

在 UPDATE 语句执行之前或之后响应的触发器。

使用 UPDATE 触发器需要注意以下几点。

（1）在 UPDATE 触发器代码内，可引用一个名为 NEW（不区分大小写）的虚拟表来访问更新的值。

（2）在 UPDATE 触发器代码内，可引用一个名为 OLD（不区分大小写）的虚拟表来访问 UPDATE 语句执行前的值。

（3）在 BEFORE UPDATE 触发器中，NEW 中的值可能也会被更新，即允许更改将要用于 UPDATE 语句中的值（只要具有对应的操作权限）。

（4）OLD 中的值全部是只读的，不能被更新。

注意：当触发器设计对触发表自身更新操作时，只能使用 BEFORE 类型的触发器，AFTER 类型的触发器将不被允许。

3．DELETE 触发器

在 DELETE 语句执行之前或之后响应的触发器。使用时需要注意以下几点。

（1）在 DELETE 触发器代码内，可以引用一个名为 OLD（不区分大小写）的虚拟表来访问被删除的行。

（2）OLD 中的值全部是只读的，不能被更新。

总体来说，触发器使用的过程中，MySQL 会按照以下方式来处理错误。

若对于事务性表，触发程序失败，以及由此导致的整个语句失败，那么该语句所执行的所有更改将回滚；对于非事务性表，则不能执行此类回滚，即使语句失败，失败之前所做的任何更改依然有效。

若 BEFORE 触发程序失败，则 MySQL 将不执行相应行上的操作。若在 BEFORE 或 AFTER 触发程序的执行过程中出现错误，则将导致调用触发程序的整个语句失败。仅当 BEFORE 触发程序和行操作均已被成功执行，MySQL 才会执行 AFTER 触发程序。

10.3.2 创建触发器

在 MySQL 中，可以使用 CREATE TRIGGER 语句创建触发器。

语法格式如下：

```
CREATE TRIGGER <触发器名> < BEFORE | AFTER >|<INSERT | UPDATE | DELETE > ON <表名> FOR EACH ROW <触发器主体>
```

参数说明：

（1）触发器名：表示触发器的名称，触发器在当前数据库中必须具有唯一的名称。如果要在某个特定数据库中创建，名称前面应该加上数据库的名称。

（2）INSERT | UPDATE | DELETE：表示触发事件，用于指定激活触发器的语句的种类。

注意：三种触发器的执行时间如下。

- INSERT：将新行插入表时激活触发器，如 INSERT 的 BEFORE 触发器不仅能被 MySQL 的 INSERT 语句激活，也能被 LOAD DATA 语句激活。
- DELETE：从表中删除某一行数据时激活触发器，如 DELETE 语句和 REPLACE 语句。
- UPDATE：更改表中某一行数据时激活触发器，如 UPDATE 语句。

（3）BEFORE | AFTER：表示触发器被触发的时刻，即在激活其语句之前或之后触发。若希望验证新数据是否满足条件，则使用 BEFORE 选项；若希望在激活触发器的语句执行之后完成几个或更多的改变，则使用 AFTER 选项。

（4）表名：表示与触发器相关联的表名，此表必须是永久性表，不能将触发器与临时表或视图关联起来。在该表上触发事件发生时才会激活触发器。同一个表不能拥有两个具有相同触发时刻和事件的触发器，如对于一张数据表，不能同时有两个 BEFORE UPDATE 触发器，但可以有一个 BEFORE UPDATE 触发器和一个 BEFORE INSERT 触发器，或一个 BEFORE UPDATE 触发器和一个 AFTER UPDATE 触发器。

（5）触发器主体：表示触发器的动作主体，包含触发器激活时要执行的 MySQL 语句。如果要执行多个语句，可使用 BEGIN…END 复合语句结构。

（6）FOR EACH ROW：表示行级触发，对于受触发事件影响的每一行都有激活触发器的动作，如使用 INSERT 语句向某个表中插入多行数据时，触发器会对每一行数据的插入都执行相应的触发器动作。

注意：每个表都支持 INSERT 语句、UPDATE 语句和 DELETE 语句的 BEFORE 触发器与 AFTER 触发器，因此每个表最多可支持 6 个触发器。每个表的每个事件每次只允许有一个触发器，即单一触发器不能与多个事件或多个表关联。

1．创建 BEFORE 类型的触发器

在 jwgl 数据库中，新建数据表 tb_emp8，包含 id 字段、name 字段、deptId 字段和 salary 字段，该数据的表结构如图 10-12 所示。

【例 10-10】 创建一个名为 SumOfSalary 的触发器，触发条件是向表 tb_emp8 中插入数据之前，对新插入的 salary 字段值进行求和计算。

输入的 SQL 语句和执行结果为：

```
mysql> CREATE TRIGGER SumOfSalary
    -> BEFORE INSERT ON tb_emp8
    -> FOR EACH ROW
    -> SET @sum=@sum+NEW.salary;
Query OK, 0 rows affected (0.35 sec)
```

SumOfSalary 触发器创建完成后，向表 tb_emp8 中插入记录时，定义的 sum 值由 0 变成了 1500，即插入值 1000 和 500 的和，如下所示。

```
mysql>SET @sum=0;
Query OK, 0 rows affected (0.05 sec)
mysql> INSERT INTO tb_emp8
    -> VALUES(1,'A',1,1000),(2,'B',1,500);
Query OK, 2 rows affected (0.09 sec)
Records: 2  Duplicates: 0  Warnings: 0
```

执行下述 SQL 语句查询变量的值。

```
mysql> SELECT @sum;
```

执行完毕后，如图 10-13 所示。

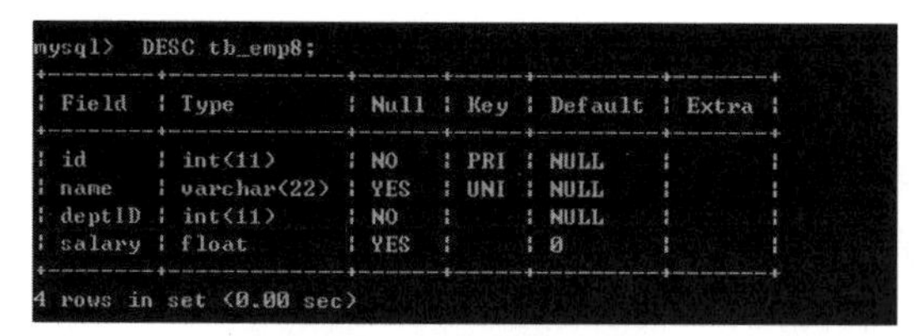

```
mysql> DESC tb_emp8;
+--------+-------------+------+-----+---------+-------+
| Field  | Type        | Null | Key | Default | Extra |
+--------+-------------+------+-----+---------+-------+
| id     | int(11)     | NO   | PRI | NULL    |       |
| name   | varchar(22) | YES  | UNI | NULL    |       |
| deptID | int(11)     | NO   |     | NULL    |       |
| salary | float       | YES  |     | 0       |       |
+--------+-------------+------+-----+---------+-------+
4 rows in set (0.00 sec)
```

图 10-12　tb_emp8 表结构

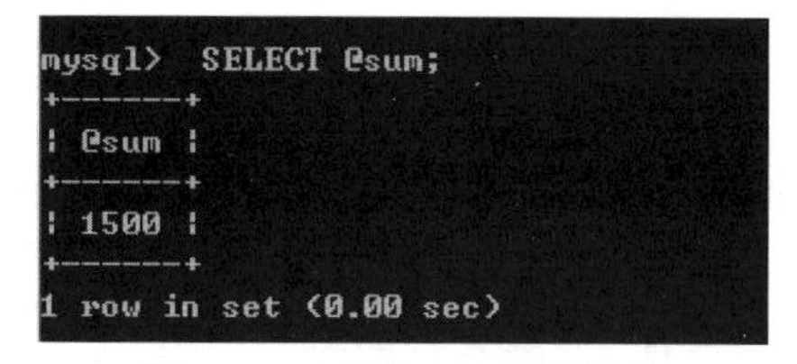

```
mysql> SELECT @sum;
+------+
| @sum |
+------+
| 1500 |
+------+
1 row in set (0.00 sec)
```

图 10-13　查看 sum 变量的值

2. 创建 AFTER 类型的触发器

在 jwgl 数据库中，新建数据表 tb_emp6 和 tb_emp7，其结构分别如 10-14 和图 10-15 所示。

```
mysql> DESC tb_emp6;
+--------+-------------+------+-----+---------+-------+
| Field  | Type        | Null | Key | Default | Extra |
+--------+-------------+------+-----+---------+-------+
| id     | int(11)     | NO   | PRI | NULL    |       |
| name   | varchar(22) | YES  | UNI | NULL    |       |
| deptID | int(11)     | NO   |     | NULL    |       |
| salary | float       | YES  |     | 0       |       |
+--------+-------------+------+-----+---------+-------+
4 rows in set (0.02 sec)
```

图 10-14　表 tb_emp6 的结构

```
mysql> DESC tb_emp7;
+--------+-------------+------+-----+---------+-------+
| Field  | Type        | Null | Key | Default | Extra |
+--------+-------------+------+-----+---------+-------+
| id     | int(11)     | NO   | PRI | NULL    |       |
| name   | varchar(22) | YES  | UNI | NULL    |       |
| deptID | int(11)     | NO   |     | NULL    |       |
| salary | float       | YES  |     | 0       |       |
+--------+-------------+------+-----+---------+-------+
4 rows in set (0.00 sec)
```

图 10-15　表 tb_emp7 的结构

【例 10-11】 创建一个名为 double_salary 的触发器，触发条件是向表 tb_emp6 中插入数据后，再向表 tb_emp7 中插入相同的数据，并且 salary 为 tb_emp6 中新插入的 salary 字段值的 2 倍。

输入的 SQL 语句和执行结果为：

```
mysql> CREATE TRIGGER double_salary
    -> AFTER INSERT ON tb_emp6
    -> FOR EACH ROW
    -> INSERT INTO tb_emp7
    -> VALUES (NEW.id,NEW.name,NEW.deptId,2*NEW.salary);
Query OK, 0 rows affected (0.25 sec)
```

double_salary 触发器创建完成后，向表 tb_emp6 中插入记录时，同时向表 tb_emp7 中插入相同的记录，并且 salary 字段为 tb_emp6 中 salary 字段值的 2 倍，如下所示。

```
mysql> INSERT INTO tb_emp6
    -> VALUES (1,'A',1,1000),(2,'B',1,500);
Query OK, 2 rows affected (0.09 sec)
Records: 2   Duplicates: 0   Warnings: 0
```

执行上述 SQL 语句后，表 tb_emp6 和表 tb_emp7 中的记录分别如图 10-16 和图 10-17 所示。

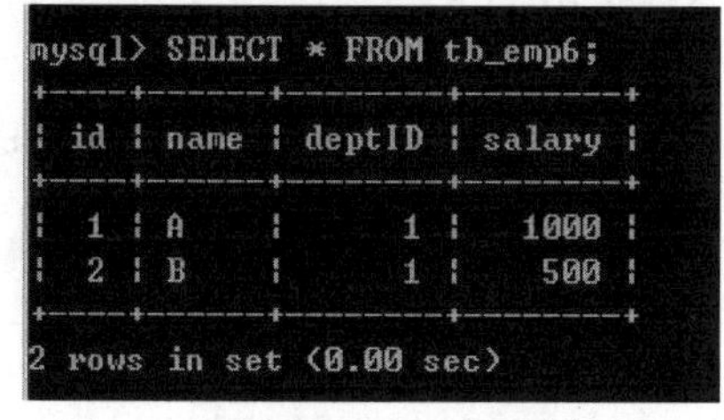

```
mysql> SELECT * FROM tb_emp6;
+----+------+--------+--------+
| id | name | deptID | salary |
+----+------+--------+--------+
|  1 | A    |      1 |   1000 |
|  2 | B    |      1 |    500 |
+----+------+--------+--------+
2 rows in set (0.00 sec)
```

图 10-16　查看表 tb_emp6 中的记录

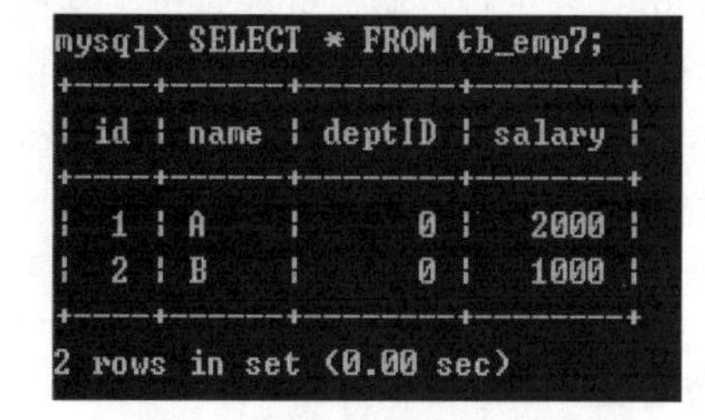

```
mysql> SELECT * FROM tb_emp7;
+----+------+--------+--------+
| id | name | deptID | salary |
+----+------+--------+--------+
|  1 | A    |      0 |   2000 |
|  2 | B    |      0 |   1000 |
+----+------+--------+--------+
2 rows in set (0.00 sec)
```

图 10-17　查看表 tb_em7 中的记录

10.3.3 查看触发器

在 MySQL 中查看触发器有两种方法：一种是使用 SHOW TRIGGERS 语句；另一种是在 information_schema 数据库的 triggers 表中查看触发器的详细信息。

1．查看一个或多个触发器

在 MySQL 中，对同一个表的相同触发时机的相同触发事件，只能定义一个触发器，如对于某个表不同字段的 AFTER 更新触发器时，只能定义成一个触发器，在触发器中可通过判断更新的字段进行相应的处理，所以在创建触发器之前，最好能够查看 MSQL 中是否已经存在该触发器。

（1）查看所有触发器

使用 SHOW TRIGGERS 语句可以查看 MySQL 中已经存在的触发器，基本语法形式如下：

```
SHOW TRIGGERS \G;
```

【例 10-12】 查看 MySQL 中 jwgl 数据库上已经存在的触发器。

代码如下：

```
mysql> SHOW TRIGGERS \G;
```

执行结果如图 10-18 所示。

```
mysql> SHOW TRIGGERS \G;
*************************** 1. row ***************************
             Trigger: double_salary
               Event: INSERT
               Table: tb_emp6
           Statement: INSERT INTO tb_emp7
VALUES (NEW.id,NEW.name,deptId,2*NEW.salary)
              Timing: AFTER
             Created: 2020-02-09 17:46:19.40
            sql_mode: STRICT_TRANS_TABLES,NO_ENGINE_SUBSTITUTION
             Definer: root@localhost
character_set_client: gbk
collation_connection: gbk_chinese_ci
  Database Collation: utf8mb4_0900_ai_ci
*************************** 2. row ***************************
             Trigger: SumOfSalary
               Event: INSERT
               Table: tb_emp8
           Statement: SET @sum=@sum+NEW.salary
              Timing: BEFORE
             Created: 2020-02-09 17:42:56.97
            sql_mode: STRICT_TRANS_TABLES,NO_ENGINE_SUBSTITUTION
             Definer: root@localhost
character_set_client: gbk
collation_connection: gbk_chinese_ci
  Database Collation: utf8mb4_0900_ai_ci
2 rows in set (0.04 sec)
```

图 10-18 查看所有触发器

由执行结果可以看出，执行 SHOW TRIGGERS 语句后，前面定义的所有触发器的信息都显示出来了，由于篇幅原因，此处只给出了前两条信息。查询结果中主要参数及其意义如下：

- Trigger：表示触发器名称。
- Event：表示触发器的激活事件，如 INSERT、UPDATE 或 DELETE。
- Table：表示定义触发器的表。
- Statement：表示触发器体，即触发器激活时执行的语句。
- Timing：表示触发器执行的时机，其值为 BEFORE 或 AFTER。

（2）查看某个表上的触发器

使用 SHOW TRIGGERS 语句不仅可以查看所有触发器，也可以查看某个表上创建的触发器，其基本语法格式如下：

```
SHOW TRIGGERS FROM db_name LIKE 'table_name \G;
```

其中，db_name 表示数据库名；table_name 表示表名。

（3）查看某一个触发器

如果用户需要精确查看某一个触发器，也可以使用 SHOW TRIGGERS 语句。

其基本语法格式如下：

```
SHOW TRIGGERS WHERE 'TRIGGER' LIKE 'trigger name'\G;
```

【例 10-13】 查看触发器 SumOfSalary。

代码如下：

```
mysql> SHOW TRIGGERS WHERE 'TRIGGER' LIKE 'SumOfSalary%' \G;
```

执行结果如图 10-19 所示。

```
mysql> SHOW TRIGGERS WHERE `TRIGGER`  LIKE  'SumOfSalary%' \G;
*************************** 1. row ***************************
             Trigger: SumOfSalary
               Event: INSERT
               Table: tb_emp8
           Statement: SET @sum=@sum+NEW.salary
              Timing: BEFORE
             Created: 2020-02-09 17:42:56.97
            sql_mode: STRICT_TRANS_TABLES,NO_ENGINE_SUBSTITUTION
             Definer: root@localhost
character_set_client: gbk
collation_connection: gbk_chinese_ci
  Database Collation: utf8mb4_0900_ai_ci
1 row in set (0.03 sec)
```

图 10-19　查看触发器 SumOfSalary

注意：精确查找一个触发器时，WHERE 子句中的列名 TRIGGER 需要使用反引号，该符号位于键盘左上角。

2．查看触发器的详细信息

MySQL 中所有触发器的定义都存储在系统数据库 information_schema 中的 Triggers 表中，可以通过查询语句 SELECT 查看，具体语法形式如下：

```
SELECT * FROM  information_schema.triggers  WHERE trigger_name='tri _name';
```

【例 10-14】 通过 SELECT 语句查看触发器 double_salary。

代码如下：

```
mysql>SELECT * FROM information_schema.triggers WHERE trigger_name='double_salary' \G;
```

执行结果如图 10-20 所示。

```
mysql> SELECT * FROM information_schema.triggers WHERE trigger_name='double_sala
ry' \G;
*************************** 1. row ***************************
           TRIGGER_CATALOG: def
            TRIGGER_SCHEMA: jwgl
              TRIGGER_NAME: double_salary
        EVENT_MANIPULATION: INSERT
      EVENT_OBJECT_CATALOG: def
       EVENT_OBJECT_SCHEMA: jwgl
        EVENT_OBJECT_TABLE: tb_emp6
              ACTION_ORDER: 1
          ACTION_CONDITION: NULL
          ACTION_STATEMENT: INSERT INTO tb_emp7
VALUES (NEW.id,NEW.name,deptId,2*NEW.salary)
        ACTION_ORIENTATION: ROW
             ACTION_TIMING: AFTER
ACTION_REFERENCE_OLD_TABLE: NULL
ACTION_REFERENCE_NEW_TABLE: NULL
  ACTION_REFERENCE_OLD_ROW: OLD
  ACTION_REFERENCE_NEW_ROW: NEW
                   CREATED: 2020-02-09 17:46:19.40
                  SQL_MODE: STRICT_TRANS_TABLES,NO_ENGINE_SUBSTITUTION
                   DEFINER: root@localhost
      CHARACTER_SET_CLIENT: gbk
      COLLATION_CONNECTION: gbk_chinese_ci
        DATABASE_COLLATION: utf8mb4_0900_ai_ci
1 row in set (0.00 sec)
```

图 10-20　查看触发器的详细信息

其中的主要参数及其意义如下：

- TRIGGER_SCHEMA：表示触发器所属的数据库。
- TRIGGER_NAME：表示触发器名。
- EVENT_MANIPULATION：表示触发器的激活事件。

- EVENT_OBJECT_TABLE：表示触发器所属的数据表。
- ACTION_ORIENTATION：表示每条记录发生的改变都会激活触发器。
- ACTION_TIMING：表示触发器执行的时机。
- CREATED：表示触发器创建的时间。

10.3.4 删除触发器

使用 DROP TRIGGER 语句可以删除 MySQL 中定义的触发器，基本语法形式如下：

```
DROP TRIGGER data_name.trigger_name;
```

在上述语句中，data_name 表示数据库名；trigger_name 表示触发器名。

【例 10-15】 删除触发器 SumOfSalary。

代码及执行结果为：

```
mysql> DROP TRIGGER jwgl. SumOfSalary;
Query OK, 0 rows affected (0.04 sec)
```

使用 SHOW TRIGGERS 语句查询触发器 SumOfSalary，并验证删除结果，SQL 语句及其执行结果如下：

```
mysql> SHOW TRIGGERS WHERE `TRIGGER`   LIKE   'SumOfSalary%' \G;
Empty set (0.00 sec)
```

10.3.5 利用 MySQL Workbench 管理触发器

打开 MySQL Workbench，在 SCHEMAS 界面中，选择 jwgl 数据库目录，展开 tb_emp6 的 Triggers 目录，可以查看该数据表相关的触发器，如图 10-21 所示。

在 SCHEMAS 界面中，右击 jwgl 数据库，在快捷菜单中选择“Schema Inspector”选项，如图 10-22 所示。

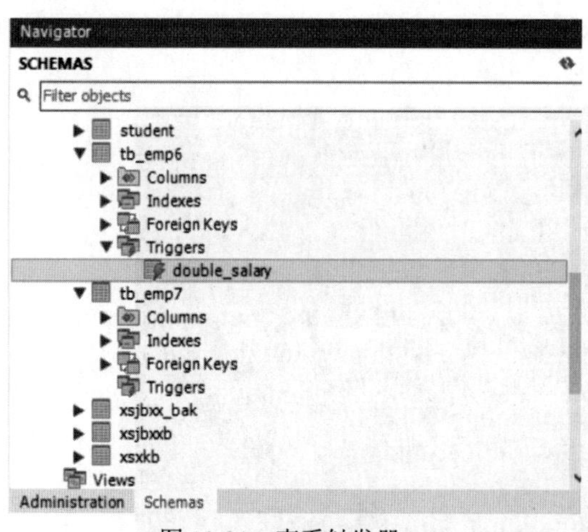

图 10-21　查看触发器

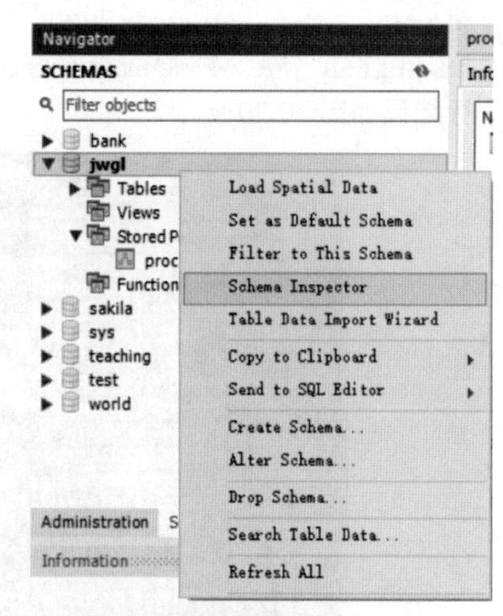

图 10-22　查看数据库详细信息

在弹出的数据库信息列表中，选择“Triggers”选项卡，即可查看触发器的详细信息，包括触发器名称、事件类型、关联的数据表和触发条件等信息，如图 10-23 所示。

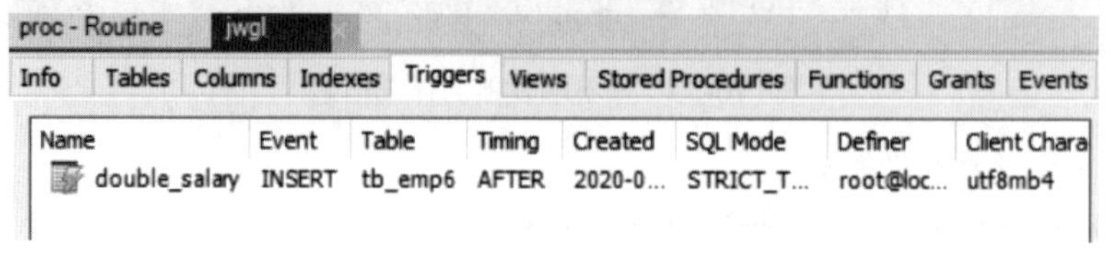

图 10-23　查看 jwgl 数据库中触发器的详细信息

10.4 事件

10.4.1 事件概述

MySQL 事件是指按调度表运行的任务，这些事件可称为“调度事件”。创建事件时，可将其创建为命名数据库对象，其中包含在特定时间执行或定期重复发生的 SQL 语句（或存储过程）。这在概念上与 Linux/UNIX crontab（cron 作业）或 Windows 任务调度程序的理念类似。

事件与触发器既有相同点也有不同点，相同点：两者都是在某些事情发生时启动。不同点：事件基于特定时间周期来触发执行某些任务；触发器基于某个表所产生的事件来触发。

在开启或关闭事件之前，需先查看当前 MySQL 事件的状态，其语法形式为：

```
show  variables like  'event_scheduler';
```

执行结果如下：

```
mysql> show  variables like 'event_scheduler';
+-----------------+-------+
| Variable_name   | Value |
+-----------------+-------+
| event_scheduler | ON    |
+-----------------+-------+
1 row in set, 1 warning (0.00 sec)
```

或者

```
SELECT @@event_scheduler;
```

执行结果如下：

```
mysql> SELECT @@event_scheduler;
+-------------------+
| @@event_scheduler |
+-------------------+
| ON                |
+-------------------+
1 row in set (0.00 sec)
```

ON 代表开启，如果事件没有开启，则需要开启事件，其语法格式为：

```
SET GLOBAL event_scheduler = ON;
SET @@global.event_scheduler = ON;
```

或者

```
SET GLOBAL event_scheduler = 1;
SET @@global.event_scheduler = 1
```

关闭事件语法格式为：

```
SET GLOBAL event_scheduler = OFF;
SET @@global.event_scheduler = OFF;
```

或者

```
SET GLOBAL event_scheduler = 0;
SET @@global.event_scheduler = 0;
```

10.4.2 创建事件

创建事件的语法格式为：

```
CREATE
[DEFINER = { user | CURRENT_USER }]
EVENT [IF NOT EXISTS] event_name
ON SCHEDULE schedule
[ON COMPLETION [NOT] PRESERVE]
[ENABLE | DISABLE | DISABLE ON SLAVE]
[COMMENT 'comment']
DO event_body;
```

其中，schedule 的语法格式为：

```
schedule:
AT timestamp [+ INTERVAL interval] ...
| EVERY interval
  [STARTS timestamp [+ INTERVAL interval]...]
  [ENDS timestamp [+ INTERVAL interval] ...]
```

interval 语法格式为：

```
quantity {YEAR | QUARTER | MONTH | DAY | HOUR| MINUTE |
WEEK | SECOND | YEAR_MONTH |DAY_HOUR |
DAY_MINUTE |DAY_SECOND| HOUR_MINUTE |
HOUR_SECOND| MINUTE_SECOND}
```

参数说明：

① DEFINER：创建者。

② event_name：指定事件名，前面可以添加关键字 IF NOT EXISTS 来修饰。

③ schedule：时间调度，用于指定事件何时发生或者多久发生一次，分别对应下面两个字句。

- AT 字句：用于指定事件在某个时刻发生，其中 timestamp 表示一个具体的时间点，后面可以加一个时间间隔，表示在这个时间间隔后发生的事件；interval 表示这个时间间隔，由一个数值和单位构成；quantity 是指间隔时间的数值。
- EVERY 字句：用于表示事件在指定区间每隔多长时间发生一次，其中 STARTS 子句用于指定开始时间，ENDS 子句用于指定结束时间。

④ ON COMPLETION [NOT] PRESERVE：表示当事件不会再发生的情况下，删除事件（注意特定时间执行的事件，如果设置了该参数，执行完毕后，事件将被删除，不想删除的话可以设置成 ON COMPLETION PRESERVE）。

⑤ ENABLE：表示系统将执行这个事件；DISENABLE 为不执行这个事件。

⑥ event_body：用于指定事件启动时所要求执行的代码。如果包含多条语句，则可以使用 BEGIN…END 复合结构。

【例 10-16】 创建一个事件 event_minute，设定在 2020-02-10 13:40:00 时每分钟向数据表 tb_emp8 插入两条记录，然后创建事件，事件类型分为两种：一种是间隔触发；另一种是特定事件触发。

代码及执行结果为：

```
mysql>DROP EVENT
mysql>IF EXISTS 'event_minute';
mysql> DELIMITER $$
mysql> CREATE DEFINER = 'root' @'localhost' EVENT 'event_minute' ON SCHEDULE EVERY 1 MINUTE STARTS '2020-02-10 13:40:00' ON COMPLETION NOT PRESERVE ENABLE DO
    -> BEGIN
    ->   INSERT INTO tb_emp8
    ->     VALUES(3,'C',1000) ;
    ->   INSERT INTO tb_emp8
    ->     VALUES(4,'D',1000) ;
    -> END$$
Query OK, 0 rows affected (0.10 sec)
```

【例 10-17】 创建一个事件 event_at，设定在 2020-02-10 13:53:00 时向表中插入一条记录。

代码及执行结果为：

```
mysql> DROP EVENT IF EXISTS 'event_at';
Query OK, 0 rows affected, 1 warning (0.01 sec)
mysql> DELIMITER $$
mysql> CREATE DEFINER='root'@'localhost' EVENT 'event_at' ON SCHEDULE AT '2020-02-10 13:53:00' ON COMPLETION NOT PRESERVE ENABLE DO
    -> BEGIN
    ->       INSERT INTO tb_emp8 VALUES(5,'E',1100);
    -> END$$
Query OK, 0 rows affected (0.07 sec)
```

10.4.3 事件的管理

1. 查看事件

在 MySQL 中，查看事件有两种方法：一种是使用 SHOW EVENTS 语句；另一种是在 information_schem 数据库的 events 表中查看事件的详细信息。

（1）使用 SHOW EVENTS 语句查看事件。

使用 SHOW EVENTS 语句可以查看 MySQL 中已经存在的事件，基本语法形式如下：

```
SHOW EVENTS;
```

【例 10-18】 使用 SHOW EVENTS 语句可查看当前 jwgl 数据库中存在的所有事件。

代码及执行结果为：

```
mysql> SHOW EVENTS;
+------+-------------+---------------+-----------+-----------+-------+
| Db    | Name        | Definer          | Time zone | Type     | Execute at | In
terval value | Interval field | Starts                    | Ends | Status    | Originato
r | character_set_client | collation_connection | Database Collation |
+------+-------------+---------------+-----------+-----------+-------+
| jwgl | event_minute | root@localhost | SYSTEM       | RECURRING | NULL              | 1
| MINUTE                  | 2020-02-10 13:40:00 | NULL | ENABLED |
1 | gbk                               | gbk_chinese_ci             | utf8mb4_0900_ai_ci |
+------+-------------+---------------+-----------+-----------+-------+
1 row in set (0.00 sec)
```

（2）通过系统数据库 information_schema 中的 events 表查看事件。

MySQL 中所有触发器的定义都存储在系统数据库 information_schema 的 events 表中，可以通过查询语句 SELECT 进行查看，具体语法形式如下：

```
SELECT * FROM    information_schema.events    WHERE event_name='ev_name';
```

【例 10-19】 使用 SELECT 语句查询 information_schema 数据库中 event minute 事件的详细信息。

代码及执行结果为：

```
mysql>SELECT * FROM information_schema.events WHERE event_name='event_minute';
+--------------+-------------+-------------+---------------+-------+
| EVENT_CATALOG | EVENT_SCHEMA | EVENT_NAME       | DEFINER                 | TIME_ZONE |
EVENT_BODY | EVENT_DEFINITION | EVENT_TYPE | EXECUTE_AT | INTERVAL_VALUE | INTERVAL_FIELD |
SQL_MODE | STARTS| ENDS | STATUS    | ON_COMPLETION | CREATED
| LAST_ALTERED | LAST_EXECUTED | EVENT_COMMENT | ORIGINATOR |
CHARACTER_SET_CLIENT | COLLATION_CONNECTION | DATABASE_COLLATION |
+--------------+-------------+-------------+---------------+-------+
| def | jwgl | event_minute | root@localhost | SYSTEM        | SQL
         | BEGIN
         INSERT INTO tb_emp8
          VALUES(3, 'C'1000) ;
         INSERT INTO tb_emp8
          VALUES(4, 'D'1000) ;
END | RECURRING    | NULL | 1 | MINUTE | STRICT_TRANS_T
ABLES,NO_ENGINE_SUBSTITUTION | 2020-02-10 13:40:00 | NULL | ENABLED | NOT PRESER
VE    | 2020-02-10 13:39:15 | 2020-02-10 13:39:15 | 2020-02-10 06:25:00 |
       | 1 | gbk | gbk_chinese_ci | utf8mb4_0900_
ai_ci |
+--------------+-------------+-------------+---------------+-------+
1 row in set (0.00 sec)
```

2. 删除事件

使用如下语句可显式删除事件，基本语法格式为：

```
DROP EVENT [IF EXISTS] event_name;
```

其中 event_name 表示事件名。

3. 禁用事件

禁用事件的基本语法格式为：

```
ALTER EVENT event_name DSIABLE;
```

其中，event_name 表示事件名。

4．开启事件

开启事件的基本语法格式为：

```
ALTER EVENT event_name ENABLE;
```

其中 event_name 表示事件名。

5．修改事件

修改事件的基本语法格式为：

```
ALTER
    [DEFINER = { user | CURRENT_USER }]
    EVENT event_name
    [ON SCHEDULE schedule]
    [ON COMPLETION [NOT] PRESERVE]
    [RENAME TO new_event_name]
    [ENABLE | DISABLE | DISABLE ON SLAVE]
    [COMMENT 'comment']
    [DO event_body]
```

其参数与创建事件语句相同。

10.5 小结

本章主要讲解存储过程、存储函数、触发器和事件的相关知识，在学完本章后读者应重点掌握以下知识：

- 存储过程和函数是经过编译并保存在数据库中的一条或多条 SQL 语句的集合，具有允许标准组件式编程、执行速度快、减少网络流量及安全的优点。
- 存储过程和函数本质上都是存储程序。函数只能通过 RETURN 语句返回单个值或者表对象；而存储过程不允许执行 RETURN 语句，却可以通过 OUT 参数返回多个值。
- 存储过程和函数中所包含的表达式语句主要由变量、运算符和流程控制语句构成。
- 关键字 ALTER 可以修改存储过程和函数的特性，但不能更改存储过程的参数或子程序。如果必须要修改存储过程的参数或子程序，可以使用 DROP 语句将其删除后再重新创建。
- 使用 CREATE TRIGGER 语句可以创建触发器。触发器由事先定义的事件激活不需要手动调用。
- 触发器可以根据其执行时机分为 AFTER 触发器和 BEFORE 触发器，还可以根据触发事件分为 INSERT 触发器、UPDATE 触发器和 DELETE 触发器。
- 查看触发器可以使用 SHOW TRIGGERS 语句，也可以使用查询语句在 information schema 数据库的 Triggers 表中查看触发器的详细信息。
- 删除触发器使用 DROP TRIGGER 语句。
- 事件是按调度表运行的任务。创建事件时，会将其创建为命名数据库对象，其中包含在特定时间执行或定期重复发生的 SQL 语句，适用于定期收集统计信息。
- 事件主要应用于定期的清除历史数据和数据库检查等。

实训 10-1

1．实训目的

（1）掌握存储过程的概念、了解存储过程的类型。

（2）掌握存储过程的创建方法。

（3）掌握存储过程的执行方法。

（4）掌握存储过程的查看、修改、删除的方法。

2．实训准备

复习 10.1 节的内容。

（1）了解存储过程相关知识。

（2）能够创建、查看、修改和删除存储过程。

3．实训内容

（1）在 jwgl 数据库系统中，创建一个名为 proc_select 的存储过程，实现查询所有的学生基本信息。

（2）在 jwgl 数据库系统中，创建一个名为 proc_kc_cj 的存储过程，要求实现如下功能：根据学生的姓名，查询该学生的选课成绩。调用存储过程，并查询杨丽娟和杨诺的选课成绩。

（3）在 jwgl 数据库系统中创建存储过程，存储过程名为 proc_kc_cjcx，要求实现如下功能：根据课程名称，查询该课程的选课情况，如果该课程没有学生选课，则输出“某课程没有学生选课”信息，否则输出该门课程所有学生选课的相关消息，其中包括学生姓名、班级、课程名称和成绩等。通过调用存储过程 proc_kc_cjcx，显示选修“网络数据库应用技术”课程的学生情况。

（4）删除 jwgl 数据库中的存储过程 proc_kc_cjcx。

4．提交实训报告

按照要求提交实训报告作业。

实训 10-2

1．实训目的

（1）掌握触发器的概念、了解触发器的类型。

（2）掌握触发器的创建方法。

（3）掌握触发器的执行方法。

（4）掌握触发器的查看、修改、删除的方法。

（5）掌握时间的创建。

2．实训准备

复习 10.3 节的内容。

（1）了解触发器相关知识。

（2）能创建、查看、修改和删除触发器。

3．实训内容

（1）在 jwgl 数据库系统创建触发器 trigger_delete，实现如下的功能：当在 jwgl 数据库系统中的表 xsjbxxb 中删除某个学生时，同时更新对应表 xsxkb 中相应学生的选课记录。

（2）查看触发器 trigger_delete 的文本定义。

（3）对表 xsjbxxb 创建名为 trigger_update 的触发器，当修改表 xsjbxxb 中某一条记录时，同时更新对应表 xsxkb 中相应学生的选课记录。

（4）创建一个名为 xsjbxxb_deleted 的触发器，其功能是：当对表 xsjbxxb 进行删除操作时，首先检查表 xsxkb，如果表 xsxkb 中该学生有选课，则不允许删除该学生。

（5）删除触发器 xsjbxxb_deleted。

（6）创建一个事件 event_minute，设定在 2020-02-10 13:40:00 时每分钟向表 xsjbxxb 中插入一条记录。

（7）创建一个事件 event_time 设定在 2019-07-10 15:37:00 时向表中插入一条记录。

4．提交实训报告

按照要求提交实训报告作业。

习题 10

一、填空题

1．创建存储过程的语法形式为________。

2．创建存储函数的语法形式为________。

3．调用存储过程和函数的关键字分别为________和________。

4．变量有三类，分别为________、________和________。

5．定义、打开、使用和关闭游标的 4 个关键字分别为________、________、________和________。

6．MySQL 支持的流程控制语句包括________和________。

7．查看存储过程和函数状态的语法形式为________。

8．修改存储过程和函数的语法形式为________。

9．删除存储过程和函数的语法形式为________。

10．创建触发器的语法形式为________。

11．触发器可以根据其执行时机分为________和________。

12．触发器可以根据触发事件分________、________和________。

13．查看触发器基本信息的语法形式为________。

二、简答题

1．简述存储过程和函数的基本功能和特点。

2．简述存储过程的创建方法和执行的方法。

3．什么是触发器？它与存储过程有什么区别与联系？

4．MySQL 中的触发器可以分为几类？有何作用？

5．对具有触发器的表进行 INSERT、DELETE 和 UPDATE 操作，其中 NEW 表和 OLD 表分别保存何种信息？

第 11 章　事务与锁

学习目标：

- 理解事务的概念和 4 个基本特性。
- 掌握事务的开启、提交和回滚操作。
- 掌握事务的 4 种隔离级别。
- 了解锁机制，理解并掌握锁管理的过程。

11.1　事务概述

11.1.1　事务的概念

所谓的事务是用户定义的一个操作序列。这些操作要么都做，要么都不做，是一个不可分割的工作单元。

事务是一组有着内在逻辑联系的 SQL 命令，可以由一条非常简单的 SQL 语句组成，也可以由一组复杂的 SQL 语句组成。在事务中的操作，要么都执行，要么都不执行，这是事务的重要特征之一。使用事务可以大大提高数据的安全性和执行效率，因为在执行多条 SQL 命令的过程中不必再使用 LOCK 命令锁定整个数据表。

事务是实现数据库中数据一致性的重要技术，如银行交易、股票交易、网上购物、网上购票等，都需要利用事务来控制数据的完整性。例如，在银行转账业务的处理过程中，客户 A 要给客户 B 转账，当转账进行到一半时，发生断电等异常事故，导致客户 A 的钱已经转出，客户 B 的钱还没有转入，这样就会导致数据库中数据不一致，给客户带来损失。而在转账业务中引入事务机制，就可以在发生意外时撤销整个转账业务，恢复数据库到转账之前的状态，从而确保数据的一致性。

【例 11-1】 数据库 bank，里面有一个账户 account 表，现有两个账号张三和李四进行转账。

步骤如下：

（1）创建数据库 bank。

SQL 语句如下：

```
create database bank;
use bank;          /*设置 bank 为当前数据库*/
```

（2）创建账户表 account。

代码如下：

```
mysql> create table account(
    -> id char(6) not null primary key,
    -> name char(10) not null,
    -> money float check(money>=0)
    -> );
```

（3）初始化账户，假设初始两人账户金额均为 2000 元。

SQL 语句如下：

```
insert into account values('100001','张三',2000);
insert into account values('100002','李四',2000);
```

插入数据后，输入下面 SQL 语句：

```
select * from account;
```

查询 account 表，结果如图 11-1 所示。

mysql> select * from account;

id	name	money
100001	张三	2000
100002	李四	2000

2 rows in set (0.00 sec)

图 11-1　初始账户信息

（4）模拟转账操作，假设张三先向李四转账 1500 元，然后又向李四转账 700 元。转账有两步：转入和转出，只有这两个部分都完成才认为转账成功。

创建转账的存储过程 transfer，代码如下：

```
mysql>delimiter $$
mysql> create procedure transfer(IN id_from char(10),IN id_to char(10),IN amount float)
    -> begin
    -> update account set money=money+amount where name=id_to;
    -> update account set money=money-amount where name=id_from;
    -> end $$
mysql>delimiter ;
```

张三先向李四转账 1500 元，调用存储过程，语句如下：

```
call transfer('张三','李四',1500);
```

查询 account 表信息，输入语句：

```
select * from account;
```

执行结果如图 11-2 所示，可以看到张三账户金额少了 1500 元，李四账户金额多了 1500 元。

张三再次向李四转账 700 元，调用存储过程，代码如下：

```
call transfer('张三','李四',700);
```

执行结果为：ERROR 1264 (22003): Out of range value for column 'money' at row 1

再次查询 account 表信息，输入语句：

```
select * from account;
```

执行结果如图 11-3 所示。可以看到张三账户金额未变，李四账户金额却多了 700 元。张三和李四两人的账户总金额由 4000 元变成了 4700 元，多了 700 元，转账前后产生了数据不一致的情况。造成这种情况的原因，就是一条语句出现了异常没有执行，导致两个账户的金额不同步，造成了错误。

```
mysql> select * from account;
+--------+------+-------+
| id     | name | money |
+--------+------+-------+
| 100001 | 张三 |   500 |
| 100002 | 李四 |  3500 |
+--------+------+-------+
2 rows in set (0.00 sec)
```

图 11-2 张三向李四第一次转账后的账户余额

图 11-3 张三向李四第二次转账后的账户余额

为了防止这种情况发生就需要使用 MySQL 中的事务。通过在存储过程中加入事务，将原来独立执行的两条语句绑在一起，要么一起执行，要么都不执行，只要有一条语句执行不成功，两条语句都不执行，就可以保证数据的一致性了。

11.1.2 事务的特性

事务必须具有 ACID 特性，即原子性、一致性、隔离性和持久性。

（1）原子性（Atomicity）

原子性是指一个事务必须被视为一个不可分割的逻辑工作单元，只有事务中所有的操作都执行成功，才算整个事务执行成功。事务中如果有任何一个 SQL 语句执行失败，已经执行成功的 SQL 语句也必须撤销，数据库的状态退回到执行事务前的状态。

（2）一致性（Consistency）

一致性是指在事务前后，无论执行成功还是处理失败，都要保证数据库系统处于一致的状态。

（3）隔离性（Isolation）

隔离性是指当一个事务在执行时，不会受到其他事务的影响，保证了未完成事务的所有操作与数据库系统的隔离，直到事务完成为止，才能看到事务的执行结果。当多个用户并发访问数据库时，数据库为每一个用户开启的事务，不能被其他事务的操作数据所干扰，多个并发事务之间要相互隔离。

（4）持久性（Durability）

持久性是指事务一旦提交，事务对数据库中数据的修改就是永久性的。

11.2 事务的管理

11.2.1 开始事务

在 MySQL 中，使用 START TRANSACTION 命令来标记事务的开始，语法格式为：

```
START TRANSACTION;
```

通常情况下使用 START TRANSACTION 命令后就开始执行具体处理事务的语句，并且在所有要执行的语句完成后，添加事务提交 COMMIT 命令，提交事务。

11.2.2 事务的提交

在进行事务处理过程中，为了能使 SQL 语句执行的修改操作永久保存在数据库中，事务处理结束时必须由用户提交确定（使用 COMMIT 语句），事务的操作才会成功执行。

MySQL 默认采用自动提交（AUTOCOMMIT）模式。也就是说，如果不显式地开启一个事务，则每个 SQL 语句都被当作一个事务执行提交操作。对于需要执行多条 SQL 语句才能完成的事务来说，必须要关闭 MySQL 的自动提交功能。

可以通过下面命令来查看 MySQL 的自动提交功能是否关闭。如果 AUTOCOMMIT 变量的值为 1 或 ON 则表示开启，为 0 或 OFF 则表示关闭，如图 11-4 所示。

查看自动提交功能是否关闭，SQL 语句为：

```
SHOW VARIABLES LIKE 'autocommit';
```

或者使用语句：SELECT @@AUTOCOMMIT;

关闭自动提交功能，可以通过 SET 命令实现，如图 11-5 所示。SQL 语句如下：

```
set autocommit=0;
```

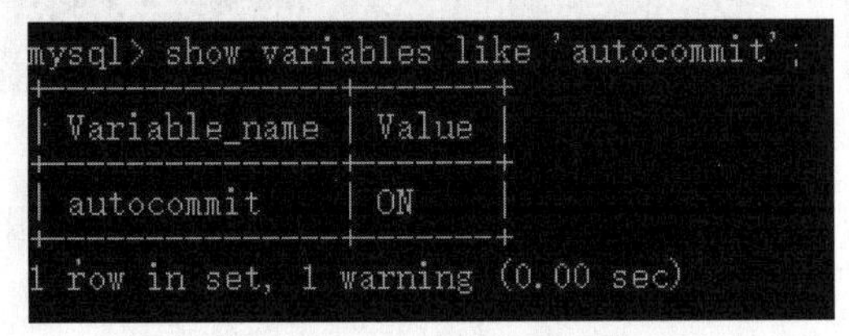
```
mysql> show variables like 'autocommit';
+---------------+-------+
| Variable_name | Value |
+---------------+-------+
| autocommit    | ON    |
+---------------+-------+
1 row in set, 1 warning (0.00 sec)
```

图 11-4 查看自动提交功能是否开启

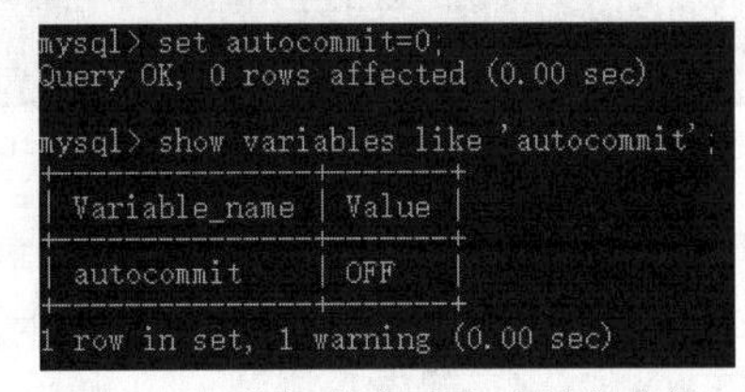
```
mysql> set autocommit=0;
Query OK, 0 rows affected (0.00 sec)

mysql> show variables like 'autocommit';
+---------------+-------+
| Variable_name | Value |
+---------------+-------+
| autocommit    | OFF   |
+---------------+-------+
1 row in set, 1 warning (0.00 sec)
```

图 11-5 关闭并查看自动提交功能

注意：AUTOCOMMIT 是会话变量，只在当前命令行窗口有效。

当使用 START TRANSACTION;命令时，可以自动隐式地关闭自动提交功能，并且不会修改 AUTOCOMMIT 变量的值。

11.2.3 事务的回滚

事务的回滚也叫撤销，当自动提交功能关闭后，如果需要撤销数据的更新操作，就可以使用 ROLLBACK 命令来实现，语法格式为：

```
ROLLBACK;
```

【例 11-2】 利用事务实现转账：第一次张三向李四转账 1500 元，第二次张三向李四转账 700 元。

步骤如下：

（1）使张三和李四两个账户的金额恢复到初始的 2000 元。

SQL 语句如下：

```
update account set money=2000;
```

查询账户余额信息，执行 SQL 语句：

```
select * from account;
```

结果如图 11-6 所示。

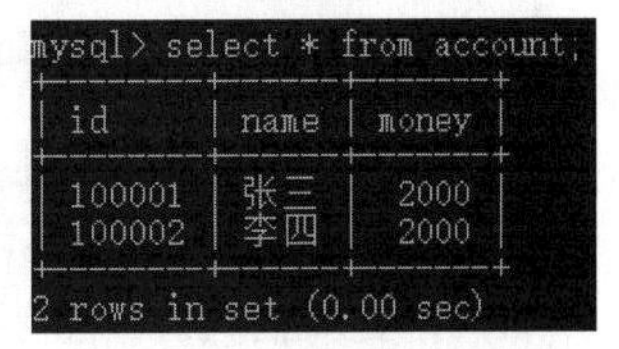
```
mysql> select * from account;
+--------+------+-------+
| id     | name | money |
+--------+------+-------+
| 100001 | 张三 |  2000 |
| 100002 | 李四 |  2000 |
+--------+------+-------+
2 rows in set (0.00 sec)
```

图 11-6 重置账户余额

（2）创建存储过程 transfer1。

代码如下：

```
mysql> delimiter $$
mysql> create procedure transfer1(IN id_from char(10),IN id_to char(10),IN amount float)
    -> begin
    -> declare exit handler for sqlexception rollback;
    -> start transaction;
    -> update account set money=money+amount where name=id_to;
    -> update account set money=money-amount where name=id_from;
    -> commit;
    -> end $$
```

（3）张三第一次向李四转账 1500 元，调用存储过程 transfer1，并查询 account 表，SQL 语句如下：

```
call transfer1('张三','李四',1500);
select * from account;
```

执行结果如图 11-7 所示，可以看到张三账户金额少了 1500 元，李四账户金额多了 1500 元。转账前后两人账户总金额不变，实现了正常转账。

（4）张三第二次向李四转账 700 元，调用存储过程 transfer1，并查询 account 表，SQL 语句如下：

```
call transfer1('张三','李四',700);
select * from account;
```

执行结果如图 11-8 所示，可以看到张三和李四的账户金额都没有变化。这是由于张三向李四转账时，账户金额不足，出现了错误，存储过程对出现的错误进行了处理并进行了事务回滚。

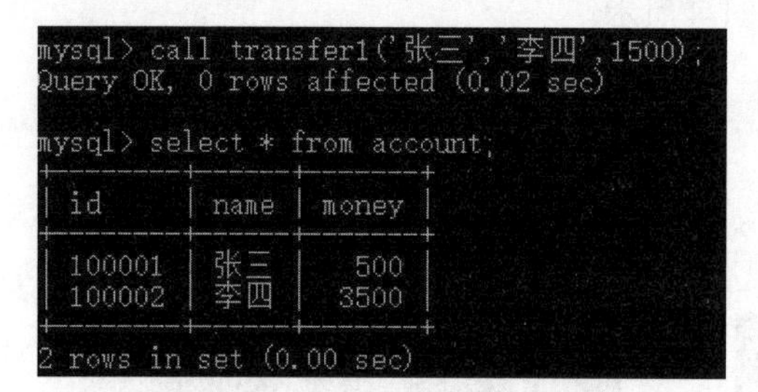

图 11-7　张三向李四第一次转账后的账户余额

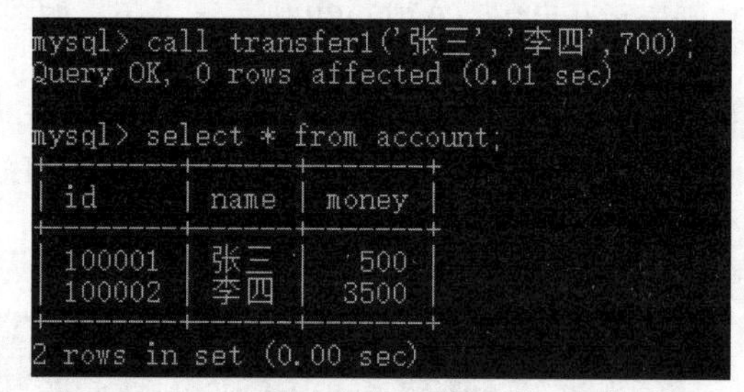

图 11-8　张三向李四第二次转账后的账户余额

在默认情况下，事务一旦回滚，那么事务中的所有更新操作都将被撤销。有时，并不是想要全部撤销，而是只需要撤销其中的一部分，这时可以通过设置保存点来实现，语法格式如下：

```
SAVEPOINT 保存点名;
```

设置保存点后，可以在需要进行事务回滚时，将事务回滚到指定的保存点，语法格式如下：

```
ROLLBACK TO SAVEPOINT 保存点名;
```

若不再需要一个保存点，可以使用如下语句删除。

```
RELEASE SAVEPOINT 保存点名;
```

一个事务中可以创建多个保存点，在提交事务后，事务中的保存点就会被删除。在回滚到某个保存点后，在该保存点之后创建过的保存点也会消失。

11.3　事务的隔离级别

数据库是一个多用户的共享资源，MySQL 允许多线程并发访问，用户可以通过不同的线程执行不同的事务。为了保证这些事务之间不受影响，对事务设置隔离级别是十分必要的。

11.3.1　MySQL 的 4 种隔离级别

MySQL 数据库访问过程中采用的是并发访问方式，在多个线程同时开启事务访问数据库时，可能会出现更新丢失、脏读、不可重复读、幻读等情况，另外，数据库的并发操作还会导致死锁问题的发生。

（1）更新丢失：一个事务的更新覆盖了另一个事务的更新，假设某客户张三进行存取款业务。事务 T1，向银行卡存钱 1000 元。事务 T2，向银行卡存钱 2000 元。T1 和 T2 同时读到银行卡的余额，分别更新余额，后提交的事务 T2 覆盖了事务 T1 的更新。更新丢失本质上是写操作的冲突，解决办法是一个一个地写。

（2）脏读：一个事务读取了另一个事务未提交的数据。事务 T1，李四给张三转账 500 元。事务 T2，张三查询余额。事务 T1 转账后（还未提交），事务 T2 查询多了 500 元。事务 T1 由于某种问题，如超时进行回滚。事务 T2 查询到的数据是假数据。脏读本质上是读/写操作的冲突，解决办法是写完之后再读。

（3）不可重复读：一个事务两次读取同一个数据，两次读取的数据不一致。事务 T1，李四给张三转账 500 元。事务 T2，张三两次查询余额。事务 T2 第一次查询余额，事务 T1 还没有转账，第二次查询余额，事务 T1 已经转账了，导致一个事务中，两次读取同一个数据时，读取的数据不一致。不可重复读本质上是读/写操作的冲突，解决办法是读完再写。

（4）幻读：同一事务中，两次对数据行数进行查询，所得的结果不一致。事务 T1，第一次执行查询操作，查看账户余额为 2000 元。事务 T2，删除本行记录后，事务 T1 第二次执行查询操作，查看账户余额记录为 NULL。事务 T2 插入该行记录后，事务 T1 第三次执行查询操作，又查看到账户余额为 2000 元。

（5）死锁：指两个或两个以上的进程在执行过程中，因争夺资源而造成的一种互相等待对方释放资源而导致双方一直处于等待状态的现象，若无外力作用，它们都将无法推进下去。相互等待对方的数据资源就会产生一个死锁。MySQL 检测到死锁后，会选择一个事务进行回滚。在 MySQL8.0 版本中如果获取不到锁，添加 NOWAIT、SKIP LOCKED 参数可跳过锁等待，或者跳过锁定。

为了避免以上情况的发生，MySQL 设置了事务的 4 种隔离级别，由低到高分别为 READ UNCOMMITTED、READ COMMITTED、REPEATABLE READ、SERIALIZABLE，能够有效地防止脏读、重复读及幻读等情况。

（1）READ UNCOMMITTED（未提交读）

读取未提交内容隔离级别，在该级别下的事务可以读取另一个未提交事务的数据，它是事务中的最低级别。该级别在实际应用中容易出现脏读等情况，因此很少应用。

（2）READ COMMITTED（提交读）

读取已提交内容隔离级别，在该级别下的事务只能在其他事务已经提交的情况下读取数据。这种隔离级别容易出现不可重复读的问题。

（3）REPEATABLE READ（可重复读）

可重复读隔离级别是 MySQL 的默认事务隔离级别，同一事务的多个实例并发读取数据时，读到的数据行是相同的。这种隔离级别容易出现幻读的问题。

（4）SERIALIZABLE（可串行化）

可串行化隔离级别是 MySQL 最高的隔离级别，它通过对事务进行强制性的排序，使这些事务不会相互冲突，从而解决幻读问题。但在这个级别容易出现超时现象和锁竞争。

各个隔离级别可能产生的问题如表 11-1 所示。

表 11-1　各个隔离级别可能产生的问题

隔离级别	脏　读	不可重复读	幻　读
READ UNCOMMITTED	√	√	√
READ COMMITTED、	×	√	√
REPEATABLE READ	×	×	√
SERIALIZABLE	×	×	×

定义隔离级别可以使用 SET TRANSACTION 语句。

其语法格式为：

```
SET [GLOBAL | SESSION] TRANSACTION ISOLATION LEVEL
    SERIALIZABLE | REPEATABLE READ | READ COMMITTED | READ UNCOMMITTED;
```

说明：如果指定 GLOBAL，那么定义的隔离级别将适用于之后所有的会话；如果指定 SESSION，则隔离级别只适用当前会话之后的所有事务；若为默认则表示此语句将应用于当前 SESSION 内的下一个还未开始的事务。MySQL 默认为 REPEATABLE READ 隔离级别。

11.3.2 查看隔离级别

在 MySQL 中通过@@global.transaction_isolation、@@session.transaction_isolation、@@transaction_isolation 系统变量查看隔离级别的值。

【例 11-3】 查看全局的隔离级别。

SQL 语句为：

```
select @@global.transaction_isolation;
```

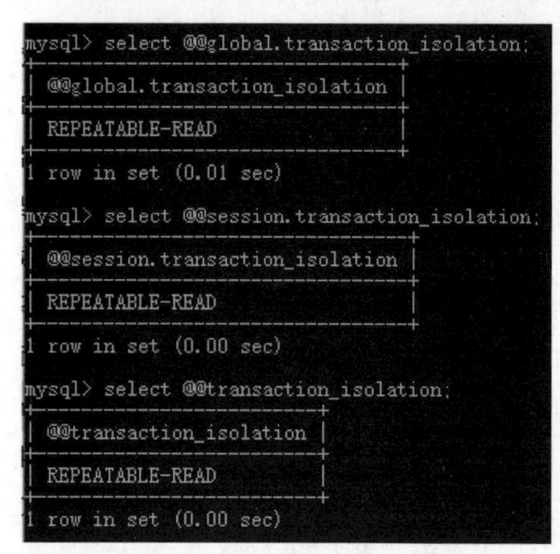
```
mysql> select @@global.transaction_isolation;
+--------------------------------+
| @@global.transaction_isolation |
+--------------------------------+
| REPEATABLE-READ                |
+--------------------------------+
1 row in set (0.01 sec)

mysql> select @@session.transaction_isolation;
+---------------------------------+
| @@session.transaction_isolation |
+---------------------------------+
| REPEATABLE-READ                 |
+---------------------------------+
1 row in set (0.00 sec)

mysql> select @@transaction_isolation;
+-------------------------+
| @@transaction_isolation |
+-------------------------+
| REPEATABLE-READ         |
+-------------------------+
1 row in set (0.00 sec)
```

图 11-9 查看全局、会话和事务的隔离级别

【例 11-4】 查看当前会话中的隔离级别。

SQL 语句为：

```
select @@session.transaction_isolation;
```

【例 11-5】 查看下一个事务的隔离级别。

SQL 语句为：

```
select @@transaction_isolation;
```

注意：

（1）全局的隔离级别：会影响所有连接 MySQL 的用户。

（2）会话的隔离级别：只影响当前正在登录 MySQL 服务器的用户（不会影响其他用户）。

（3）事务的隔离级别：仅对当前用户的下一个事务操作有影响。

默认情况下 3 种方式的隔离级别都是 REPEATABLE-READ。上述 3 条 SQL 语句的执行结果如图 11-9 所示。

11.3.3 修改隔离级别

修改事务的隔离级别可以采用 SET TRANSACTION 语句，也可以使用 SET 语句设置事务的隔离级别。

（1）SET TRANSACTION 设置事务的隔离级别语法格式为：

```
SET [GLOBAL | SESSION] TRANSACTION ISOLATION LEVEL
    SERIALIZABLE | REPEATABLE READ | READ COMMITTED | READ UNCOMMITTED;
```

（2）SET 语句设置事务的隔离级别语法格式为：

```
SET [@@global. transaction_isolation | @@session. transaction_isolation |
@@ transaction_isolation]=[ 'SERIALIZABLE' | 'REPEATABLE-READ' | 'READ-COMMITTED' |
'READ-UNCOMMITTED'];
```

【例 11-6】 修改当前会话的隔离级别为 READ COMMITTED。

SQL 语句为：

```
set session transaction isolation level read committed;
```

执行上述 SQL 语句后，输入下面 SQL 语句：

```
select @@global.transaction_isolation,@@session.transaction_isolation,@@transaction_isolation;
```

查看当前会话的事务隔离级别，如图 11-10 所示，可以看到会话的事务隔离级别及下一个事务的隔离级别都已经被改成了 READ COMMITTED。

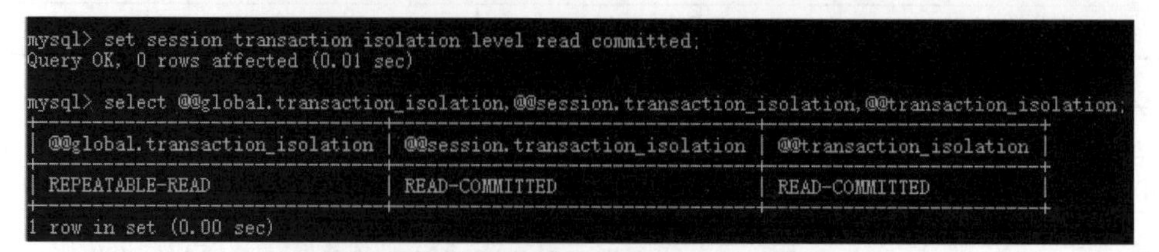
```
mysql> set session transaction isolation level read committed;
Query OK, 0 rows affected (0.01 sec)

mysql> select @@global.transaction_isolation,@@session.transaction_isolation,@@transaction_isolation;
+--------------------------------+---------------------------------+-------------------------+
| @@global.transaction_isolation | @@session.transaction_isolation | @@transaction_isolation |
+--------------------------------+---------------------------------+-------------------------+
| REPEATABLE-READ                | READ-COMMITTED                  | READ-COMMITTED          |
+--------------------------------+---------------------------------+-------------------------+
1 row in set (0.00 sec)
```

图 11-10 查看修改后的事务隔离级别

【例 11-7】 修改当前会话的隔离级别为 READ UNCOMMITTED。

SQL 语句为：

```
set @@session.transaction_isolation='read-uncommitted';
```

执行上述 SQL 语句后，输入下面 SQL 语句：

```
select @@global.transaction_isolation,@@session.transaction_isolation,@@transaction_isolation;
```

查看当前会话的事务隔离级别，如图 11-11 所示，可以看到会话的事务隔离级别及下一个事务的隔离级别都已经被改成了 READ UNCOMMITTED。

图 11-11 查看修改后的事务隔离级别

注意：修改当前会话的事务隔离级别时，不会影响其他会话的事务隔离级别。

11.4 锁机制

多用户同时并发访问同一数据表时，仅仅通过事务机制是无法保证数据一致性的，MySQL 通过锁来防止数据并发操作过程中引起的问题。当多个事务同时修改同一数据时，只允许持有锁的事务修改该数据，其他事务只能排队等待，直到该事务释放其拥有的锁。

锁是防止其他事务访问指定资源的手段，它是实现并发控制的主要方法，是多个用户能够同时操作同一个数据库中的数据而不发生数据不一致性现象的重要保障。

锁粒度是指锁的作用范围，其原则是让锁定对象更有选择性，也就是尽量只锁定部分数据，而不是所有的资源。锁粒度越小越适合做并发更新操作。锁粒度越大越适合做并发查询操作。

数据库引擎具有多粒度锁定，允许一个事务锁定不同类型的资源。为了尽量减少锁定的开销，数据库引擎可自动将资源锁定在适合任务的级别。锁定在较小的粒度（如行）时可以提高并发度，但开销较大，因为如果锁定许多行，则需要持有更多的锁。锁定在较大的粒度（如表）时会降低并发度，因为锁定整个表则限制了其他事务对表中任意部分的访问，但开销较小，因为需要维护的锁较少。

MySQL 支持很多不同的表类型，而且对于不同的类型，锁定机制也是不同的。它最显著的特点是不同的存储引擎可支持不同的锁机制，如 MyISAM 存储引擎和 MEMORY 存储引擎采用的是表级锁（table-level locking）；BDB 存储引擎采用的是页面锁（page-level locking），但也支持表级锁；InnoDB 存储引擎既支持行级锁（row-level locking），也支持表级锁，但默认情况下是采用行级锁。

表级锁（表锁）：表级锁是一个特殊类型的访问，即整个表被锁定。根据锁定的类型，其他用户不能向表中插入记录，甚至从中读数据也会受到限制。表级锁的类型包括读锁（read）和写锁（write）。

行级锁（行锁）：行级锁可以最大限度地支持并发处理，在这种情况下，只有线程使用的行是被锁定的，表中的其他行对于其他线程都是可用的。行级锁定并不是由 MySQL 提供的锁定机制，而是由存储引擎自己实现的，其中 InnoDB 的锁定机制就是行级锁定。行级锁定的类型包括排他锁、共享锁和意向锁。

MySQL 中表级锁、行级锁和页面锁，这 3 种锁的特性可大致归纳如下：

表级锁：开销小，加锁快；不会出现死锁；锁定粒度大，发生锁冲突的概率最高，并发度最低。

行级锁：开销大，加锁慢；会出现死锁；锁定粒度最小，发生锁冲突的概率最低，并发度最高。

页面锁：开销和加锁时间介于表锁和行锁之间；会出现死锁；锁定粒度界于表锁和行锁之间，并发度一般。

11.4.1 锁的分类

在 InnoDB 存储引擎中锁主要有以下几类。

（1）共享锁和排他锁（Shared and Exclusive Locks）：也称读锁（S 锁）和写锁（X 锁）。

共享锁（S 锁）：如果事务 T1 在某一行上加了 S 锁，事务 T1 可以读取该行的数据，事务 T2 也可以在这一行上加 S 锁，但是不可以加 X 锁，所以 S 锁是共享的。

排他锁（X 锁）：如果事务 T1 在某一行上加了 X 锁，T1 可以修改该行的数据，事务 T2 想在这一行上加 S 锁或 X 锁都是不能立刻实现的，相反，事务 T2 必须等待事务 T1 释放了 X 锁之后才可以加锁。所以 X 锁是排他的。

（2）意向锁（Intention Locks）：意向锁是一种表级锁，表示一个事务有意对数据加共享锁或排他锁，其包括意向共享锁（IS 锁）和意向排他锁（IX 锁）。

意向共享锁：事务在给一个数据行加共享锁前必须先取得该表的 IS 锁。

意向排他锁：事务在给一个数据行加排他锁前必须先取得该表的 IX 锁。

S 锁、X 锁、IS 锁和 IX 锁之间的兼容性如表 11-2 所示。

表 11-2 各种锁之间的兼容性

	X 锁	IX 锁	S 锁	IS 锁
X 锁	冲突	冲突	冲突	冲突
IX 锁	冲突	兼容	冲突	兼容
S 锁	冲突	冲突	兼容	兼容
IS 锁	冲突	兼容	兼容	兼容

InnoDB 存储引擎有 3 种锁的算法，分别如下。

（1）Record Locks：行锁。通过对索引行加锁实现。即使表中没有定义任何索引，行锁也总是会锁定索引记录的。如果表在建立时没有设置任何一个索引，那么这时 InnoDB 存储引擎就会使用隐式主键进行锁定。

（2）Gap Locks：间隙锁。锁定索引的记录间隙，确保索引记录的间隙不变。间隙锁是针对事务隔离级别为可重复读或以上级别而设的。

（3）Next-Key Locks：结合了 Gap Locks 和 Record Locks 的一种锁定算法，可锁定一个范围，并且锁定记录本身。InnoDB 存储引擎对于行的查询都是采用这种锁定算法。

11.4.2 锁的管理

1．表级锁

设置表级锁的基本语法格式为：

```
LOCK TABLES tbl_name [[AS] alias] lock_type [, tbl_name [[AS] alias] lock_type] ...
```

参数说明：

- tbl_name [[AS] alias]：表名[as 别名]。
- lock_type：锁定类型，有 READ 和 WRITE 两种方式。

加锁完成对数据表的操作后，需要解锁。语法格式为：

```
UNLOCK TABLES;
```

【例 11-8】 以读锁方式锁定教师基本信息表。

步骤如下。

（1）先对教师基本信息表加读锁。

SQL 语句为：

```
lock tables jsjbxxb read;
```

执行结果为：Query OK, 0 rows affected (0.00 sec)

（2）查询教师基本信息表的数据信息。

SQL 语句为：

```
select * from jsjbxxb;
```

执行结果如图 11-12 所示，可以对表进行正常的查询（读操作）。

```
mysql> select * from jsjbxxb;
+--------+--------+------+
| jsh    | jsxm   | bmh  |
+--------+--------+------+
| 010001 | 范保佳 | 01   |
| 010002 | 李佳玲 | 01   |
| 030001 | 张甜甜 | 03   |
| 030002 | 张熙   | 03   |
| 040001 | 蒋沁怡 | 04   |
| 040002 | 邱雷超 | 04   |
| 040003 | 古春方 | 04   |
| 050001 | 李臻   | 05   |
| 050002 | 李萍   | 05   |
| 050003 | 贾柳林 | 05   |
| 060001 | 陈江   | 06   |
| 060002 | 张珂源 | 06   |
| 070001 | 伏义   | 07   |
| 070002 | 张翠英 | 07   |
| 080001 | 刘胡秀 | 08   |
| 080002 | 唐志利 | 08   |
| 090001 | 何亚萍 | 09   |
| 090002 | 王瑞强 | 09   |
| 090003 | 杨清清 | 09   |
+--------+--------+------+
19 rows in set (0.01 sec)
```

图 11-12　查询表信息

（3）删除表的一条记录。

SQL 语句为：

```
mysql> delete from jsjbxxb
    -> where jsxm='范保佳';
```

执行结果如图 11-13 所示。删除记录出错，在加读锁后，无法对表执行删除操作。

```
mysql> delete from jsjbxxb
    -> where jsxm='范保佳';
ERROR 1100 (HY000): Table 'kcdmb' was not locked with LOCK TABLES
```

图 11-13　删除出错

（4）在现有会话不关闭的情况下，再打开一个新会话，在命令行客户端中，切换到 jwgl 数据库，输入查询命令：

```
use jwgl;
select * from jsjbxxb;
```

执行结果如图 11-14 所示，可以看到在新会话中，可以正常查询。

```
mysql> use jwgl;
Database changed
mysql> select * from jsjbxxb;
+--------+--------+------+
| jsh    | jsxm   | bmh  |
+--------+--------+------+
| 010001 | 范保佳 | 01   |
| 010002 | 李佳玲 | 01   |
| 030001 | 张甜甜 | 03   |
| 030002 | 张熙   | 03   |
| 040001 | 蒋沁怡 | 04   |
| 040002 | 邱雷超 | 04   |
| 040003 | 古春方 | 04   |
| 050001 | 李臻   | 05   |
| 050002 | 李萍   | 05   |
| 050003 | 贾柳林 | 05   |
| 060001 | 陈江   | 06   |
| 060002 | 张珂源 | 06   |
| 070001 | 伏义   | 07   |
| 070002 | 张翠英 | 07   |
| 080001 | 刘胡秀 | 08   |
| 080002 | 唐志利 | 08   |
| 090001 | 何亚萍 | 09   |
| 090002 | 王瑞强 | 09   |
| 090003 | 杨清清 | 09   |
+--------+--------+------+
19 rows in set (0.00 sec)
```

图 11-14　查询数据

（5）继续输入一条修改命令，如下：

```
insert into jsjbxxb values('010031','张三','01');
```

可以看到没有结果显示，一直在等待，这是因为 jsjbxxb 表上加了读锁，其他用户是不可以对其进行修改的，如图 11-15 所示。

```
mysql> insert into jsjbxxb values('010031','张三','01');
```

图 11-15　等待解锁

（6）在上一个会话中，输入解锁命令，如下：

```
unlock tables;
```

执行结果为：Query OK, 0 rows affected (0.00 sec)

（7）在新的命令窗口中可以看到，执行结果为：Query OK, 1 row affected (53.61 sec)。

注意：此处执行的时间是指包括 insert 语句从开始等待上一个会话解锁，直到上一个会话解锁后，执行语句的时间之和。

查询 jsjbxxb 表，结果如图 11-16 所示，可以看到解锁后，信息添加成功。

mysql> select * from jsjbxxb;

jsh	jsxm	bmh
010001	范保佳	01
010002	李佳玲	01
010031	张三	01
030001	张甜甜	03
030002	张熙	03
040001	蒋沁怡	04
040002	邱雷超	04
040003	古春方	04
050001	李臻	05
050002	李萍	05
050003	贾柳林	05
060001	陈江	06
060002	张珂源	06
070001	伏义	07
070002	张翠英	07
080001	刘胡秀	08
080002	唐志利	08
090001	何亚萍	09
090002	王瑞强	09
090003	杨清清	09

20 rows in set (0.00 sec)

图 11-16　解锁后信息添加成功

注意：表加写锁的操作方式同读锁类似，读者请自行练习。

2. 行级锁

当用户对 InnoDB 存储引擎表执行更新（INSERT、UPDATE、DELETE）等写操作前，服务器会自动为通过索引条件检索的记录添加行级排他锁。直到操作语句执行完毕，服务器再自动为其解锁。

对于 InnoDB 存储引擎表来说，若要保证当前事务中查询出的数据不会被其他事务更新或删除，利用普通的 SELECT 语句是无法办到的，此时需要为查询操作显式的添加行级锁。

在 InnoDB 存储引擎表中设置行级锁，分为以下两种方式。

（1）在查询语句中设置读锁，语法格式为：

```
SELECT 语句 FOR SHARE [NOWAIT | SKIP LOCKED] | LOCK IN SHARE MODE;
```

参数说明：

- FOR SHARE：表示在查询时添加行级共享锁（读锁），后面可以跟 NOWAIT | SKIP LOCKED，这两个参数是 MySQL 8.0 版的新特性。
- NOWAIT：使 for update 或 for share 查询立即执行，如果由于另一个事务持有的锁而无法获取行锁，则返回错误。
- SKIP LOCKED：立即执行 for update 或 for share 查询，结果集中不包括由另一个事务锁定的行。
- LOCK IN SHARE MODE：表示在查询时添加行级共享锁，同 FOR SHARE 功能一样。

（2）在查询语句中设置写锁，语法格式为：

```
SELECT 语句 FOR UPDATE [NOWAIT | SKIP LOCKED];
```

其中 FOR UPDATE：表示在查询时添加行级排他锁（写锁）。

注意：由于上述为表设置行级锁的生命周期非常短暂，为了延长行级锁的生命周期，可以通过开启事务来实现，这样，事务中行级锁的生命周期就从加锁开始，直到事务提交或回滚才会被释放。

【例 11-9】 在 jwgl 数据库的 jsjbxxb 表上添加行级锁。

步骤如下：

（1）打开两个 MySQL 命令行客户端 1 和客户端 2，并都切换到 jwgl 数据库。

（2）在客户端 1 中，为 jsjbxxb 表的教师姓名为张三的行添加写锁，代码如下：

```
start transaction;
select * from jsjbxxb where jsxm='张三' for update;
```

执行结果如图 11-17 所示。

```
mysql> select * from jsjbxxb where jsxm='张三' for update;
+--------+------+-----+
| jsh    | jsxm | bmh |
+--------+------+-----+
| 010031 | 张三 | 01  |
+--------+------+-----+
1 row in set (0.00 sec)
```

图 11-17　客户端 1 添加行级排他锁

（3）在客户端 2 中，输入下面代码：

```
start transaction;
select * from jsjbxxb where jsxm='张三';
```

执行上述代码后，可以正常查询张三的信息。继续输入 SQL 语句：

```
update jsjbxxb set jsxm='李四' where jsxm='张三';
```

执行上述代码后，出现光标不断闪烁，没有结果显示，进入写锁等待状态。等待一段时间后，结果如图 11-18 所示。

```
mysql> start transaction;
Query OK, 0 rows affected (0.00 sec)

mysql> select * from jsjbxxb where jsxm='张三';
+--------+------+-----+
| jsh    | jsxm | bmh |
+--------+------+-----+
| 010031 | 张三 | 01  |
+--------+------+-----+
1 row in set (0.00 sec)

mysql> update jsjbxxb set jsxm='李四' where jsxm='张三';
ERROR 1205 (HY000): Lock wait timeout exceeded; try restarting transaction
```

图 11-18　客户端 2 等待锁时间超时

（4）如果在客户端 2 等待时间内，客户端 1 输入 rollback;命令，则客户端 2 执行成功，如图 11-19 所示。

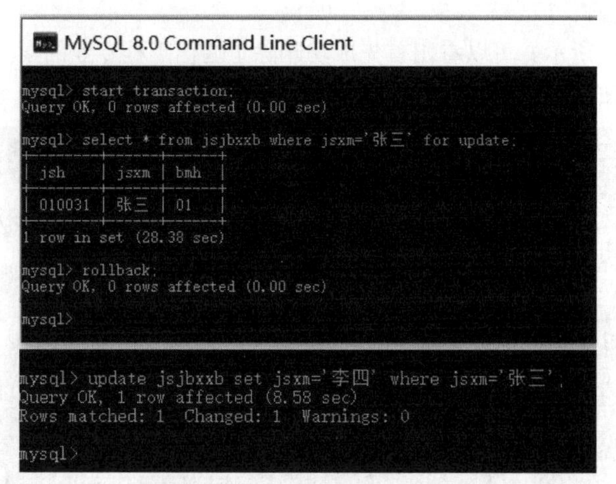

```
MySQL 8.0 Command Line Client
mysql> start transaction;
Query OK, 0 rows affected (0.00 sec)

mysql> select * from jsjbxxb where jsxm='张三' for update;
+--------+------+-----+
| jsh    | jsxm | bmh |
+--------+------+-----+
| 010031 | 张三 | 01  |
+--------+------+-----+
1 row in set (28.38 sec)

mysql> rollback;
Query OK, 0 rows affected (0.00 sec)

mysql>

mysql> update jsjbxxb set jsxm='李四' where jsxm='张三';
Query OK, 1 row affected (8.58 sec)
Rows matched: 1  Changed: 1  Warnings: 0

mysql>
```

图 11-19　等待时间内客户端 1 解锁后客户端 2 执行成功

（5）最后在客户端 1 和客户端 2 中输入 rollback;语句回滚。

11.5　小结

本章介绍了 MySQL 中的事务与锁机制的相关知识。在事务中，介绍了事务的概念、事务的特性、事务的管理过程（开始事务、提交事务和回滚事务）和事务的隔离级别。在锁机制中介绍了锁的分类及锁的管理。

通过本章的学习，读者应掌握事务的应用及锁的管理。

实训 11

1．实训目的

（1）掌握事务和锁的基本概念。

（2）掌握事务的管理及利用事务进行数据处理的过程。

（3）了解锁的相关使用。

2．实训准备

复习 11.1～11.4 节的内容。

（1）熟悉事务的启动、提交及回滚的操作语句。

（2）熟悉查看及修改事务的隔离级别。

（3）锁的类型和管理。

3．实训内容

根据 jwgl 数据库，完成下面实训内容。

（1）创建存储过程 xs_delete，利用事务删除通信工程专业的学生记录，然后进行回滚。代码如下：

```
mysql> delimiter $$
mysql> create procedure xs_delete()
    -> begin
    -> start transaction;
    -> delete from xsjbxxb where zymc='通信工程';
    -> select * from xsjbxxb where zymc='通信工程';
    -> rollback;
    -> select * from xsjbxxb where zymc='通信工程';
    -> end $$
mysql> delimiter ;
```

调用存储过程 xs_delete()，代码如下：

```
mysql> call xs_delete();
```

执行结果如图 11-20 所示。可以看出首先成功删除了通信工程专业的学生，查询记录为空；然后回滚后，删除的数据又恢复了。

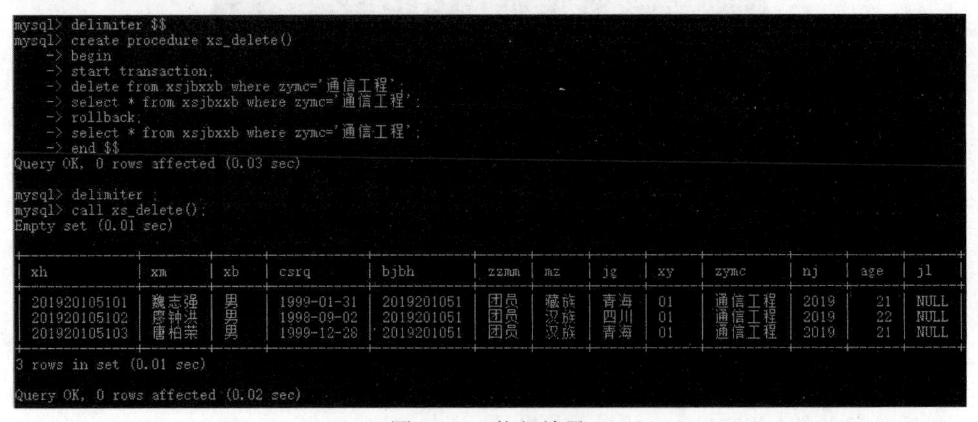

图 11-20　执行结果

（2）创建存储过程 kc_update，将 kcdmb 表中课程代码为 00202201 的课程名称修改为“微机原理”，并回滚事务。

（3）创建存储过程 xs_insert，向 xsjbxxb 表插入一条学生信息，并提交事务。

（4）创建存储过程 kc_insert，定义一个事务，向 kcdmb 表添加一条记录，并设置保存点。然后删除插入的记录，并回滚到保存点，并提交事务。

代码如下：

```
mysql> delimiter $$
mysql> create procedure kc_insert()
```

```
    -> begin
    -> start transaction;
    -> insert into kcdmb values('00202206','mysql 数据库技术','4.0',64,'030001','03');
    -> savepoint sp1;
    -> delete from kcdmb where kcdm='00202206';
    -> select * from kcdmb;
    -> rollback to savepoint sp1;
    -> select * from kcdmb;
    -> commit;
    -> end $$
Query OK, 0 rows affected (0.01 sec)

mysql> delimiter ;
```

调用存储过程 kc_insert()，代码如下：

```
mysql> call kc_insert();
```

执行结果如图 11-21 所示。可以看到首先插入的数据被删除了，然后回滚到保存点后，添加的数据又恢复了。

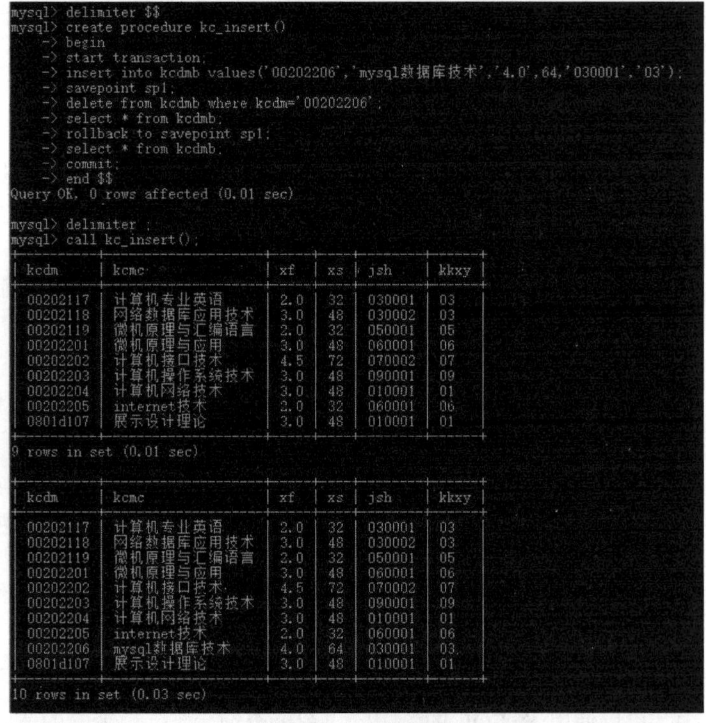

图 11-21　执行结果

（5）查看系统变量@@transaction_isolation 在存储的事务隔离级别。

（6）在 xsjbxxb 表上添加一个读锁，然后开启两个会话，并验证读锁。

（7）在 xsjbxxb 表上添加一个写锁，然后开启两个会话，并验证写锁。

（8）解锁 xsjbxxb 表。

4．提交实训报告

按照要求提交实训报告作业。

习题 11

一、单选题

1．用于将事务处理写到数据库的命令是（　　）。

A．insert　　B．rollback　　C．commit　　D．savepoint

2．（　　）表示一个新的事务处理块的开始。

A．START TRANSACTION　　B．BEGIN TRANSACTION

C．BEGIN COMMIT　　D．START COMMIT

3．下面选项中，用于实现事务回滚操作的语句是（　　）。

A．ROLLBACKTRANSACTION;　　B．ROLLBACK;

C．END COMMIT;　　D．ENDROLLBACK ;

4．下面事务隔离级别中，隔离级别最低的是（　　）。

A．READ UNCOMMITTED　　B．READ COMMITTED

C．REPEATABLE READ　　D．SERIALIZABLE

5．MySQL 数据库 4 种特性，不包括（　　）。

A．原子性　　B．事务性　　C．一致性　　D．隔离性

6．事务的开始和结束命令分别是（　　）。

A．START TRANSACTION、ROLLBACK

B．START TRANSACTION、COMMIT

C．START TRANSACTION、ROLLBACK 或者 COMMIT

D．START TRANSACTION、BREAK

7．下面关于控制事务自动提交的命令正确的是（　　）。

A．SET AUTOCOMMIT=0;　　B．SET AUTOCOMMIT=1;

C．SELECT @@autocommit;　　D．SELECT @@tx_isolation;

8．下列关于读锁和写锁的区别描述正确的是（　　）。

A．两个读锁是兼容的　　B．一个读锁和一个写锁是不兼容的

C．两个写锁也是不兼容的　　D．以上都正确

9．下列（　　）语句可以将事务的隔离级别设置为可重复读。

A．SET SESSION TRANSACTION ISOLATION LEVEL REPEATABLE READ;

B．SET SESSION TRANSACTION ISOLATION LEVEL SERIALIZABLE;

C．SET SESSION TRANSACTION ISOLATION LEVEL READ UNCOMMITTED;

D．SET SESSION TRANSACTION ISOLATION LEVEL READ COMMITTED;

10．MySQL 中常见的锁类型不包含（　　）。

A．共享锁　　B．排他锁　　C．架构锁　　D．意向锁

二、填空题

1．事务的 ACID 特性是指________、________、________和________。

2．在 MySQL 中，可以使用 MySQL 的________命令查询________变量的值，以确定 MySQL 的自动提交功能是否关闭。通过将________变量设置为________，来禁用自动提交功能。

3．在 MySQL 中，使用________命令来开始一个事务。

4．在 MySQL 中，使用________命令来提交一个事务。

5．在 MySQL 中，使用________命令来回滚一个事务。

6．以写方式锁定数据表可以使用________语句来实现，解锁可以使用________语句来实现。

三、简答题

1．简述事务的概念及事务的 4 个特性。

2．为什么事务非正常结束时会影响数据库数据的正确性？

3．事务的 4 种隔离级别分别是什么？

第 12 章　备份与恢复

学习目标：

- 了解数据库备份的基本概念。
- 掌握表数据的导入与导出的基本操作。
- 掌握 MySQL 数据库中数据备份的基本操作。
- 掌握 MySQL 数据库中数据恢复的基本操作。
- 掌握二进制日志的启用、查看和删除的基本操作。
- 掌握利用二进制日志恢复数据库的过程。
- 掌握错误日志、通用查询日志和慢查询日志的查看和删除等基本操作。

尽管系统中采取了各种措施来保证数据库的安全性和完整性，但是用户操作错误、硬件故障、系统崩溃等仍是可能发生的，从而导致数据丢失，引起严重后果。因此必须对数据库进行定期备份，以保证在发生故障时，可以将数据库恢复到最新的状态。

数据库的备份和恢复是数据库管理最重要的工作之一。

数据库备份就是对数据库建立相应的副本，包括数据库结构、对象及数据。

1．数据库备份的分类

（1）按备份的内容划分

逻辑备份。使用软件技术从数据库中导出数据并写到一个文件上。逻辑备份支持跨平台，备份的是 SQL 语句（DDL 和 insert），以文本形式存储。在恢复时执行备份的 SQL 语句实现数据库数据的重现。

物理备份。物理备份是指直接复制数据库文件进行的备份，与逻辑备份相比，其速度较快，但占用空间比较大。

（2）按备份涉及的数据范围来划分

完全备份。备份整个数据库，包含用户表、系统表、索引、视图和存储过程等所有数据库对象。其他所有备份类型都依赖于完整备份。换句话说，如果没有执行完全备份就无法执行差异备份和增量备份。

差异备份。就是在第一次完全备份的基础上，记录最新数据与第一次完全备份的差异。

增量备份。只备份数据库的一部分内容，包含自上次备份以来改变的数据库。

2．数据库的恢复

数据库恢复就是当数据库出现故障时，将备份的数据库加载到系统，从而使数据库恢复到备份时的正确状态。MySQL 可以通过下列方式来保证数据的安全。

（1）数据库备份：通过导出数据或者表文件的拷贝来保护数据。

（2）日志文件：日志记录了数据库日常操作和错误信息，MySQL 有不同类型的日志文件，从日志文件当中可以查询到数据库的运行情况、用户操作、错误信息等，可以为 MySQL 管理和优化提供必要的信息，并为数据库备份提供帮助。

（3）数据库复制：在 MySQL 内部建立两个或两个以上的服务器，其中一个作为主服务器，另一个作为从服务器。

本章将介绍常用的几种数据库备份和数据库恢复的方法。

12.1　表数据的导入与导出

MySQL 数据库中的表数据可以导出 TXT 文件、SQL 文件、XML 文件、XLS 文件和 HTML 文件。

同样，相应的导出文件也可以导入到 MySQL 数据库中。在数据库的日常维护中，表数据经常需要导入和导出。下面介绍表数据的导入和导出。

12.1.1 用 select…into outfile 命令导出数据

导出 MySQL 数据库中的数据，可以在 MySQL 命令行窗口中使用 select…into outfile 命令将表的数据导成各种格式的文件。

基本语法格式为：

```
SELECT [导出列表] FROM table [WHERE 语句]
INTO OUTFILE '目标文件' [OPTIONS];
```

其中，该命令前半部分是一个查询语句，后半部分是导出查询的数据到目标文件。OPTIONS 参数有 6 个常用的选项，各个选项及其含义如下：

- FIELDS TERMINATED BY '字符串'：设置字段的分隔符为字符串，默认分隔符为"\t"。
- FIELDS ENCLOSED BY '字符'：'字符'只能是单个字符，设置'字符'为包裹字段的符号，默认为不使用任何符号。
- FIELDS OPTIOINALLY ENCLOSED BY '字符'：设置'字符'来包裹 CHAR 和 VARCHAR 等字符型数据。
- FIELDS ESCAPED BY '字符'：设置'字符'为转义字符，默认为"\"。
- LINES STARTING BY '字符串'：设置每一行开头的字符，默认情况下无任何字符。
- LINES TERMINATED BY '字符串'：设置每一行的结束字符，默认为"\n"。

【例 12-1】 将教务管理系统数据库中的部门代码表中的数据导出到文本文件 bmdmb.txt 中。

使用 SELECT…INTO OUTFILE 语句导出数据，如果直接执行下面 SQL 语句：

select * from bmdmb into outfile 'bmdmb.txt';，将出现如图 12-1 所示的错误。

```
mysql> select * from bmdmb into outfile 'bmdmb.txt';
ERROR 1290 (HY000): The MySQL server is running with the --secure-file-priv option
so it cannot execute this statement
```

图 12-1 导出数据出错

出现这种错误是因为 secure_file_priv 的值为文件夹。导出的目标文件系统默认存放在"C:\ProgramData\MySQL\MySQL Server 8.0\Uploads"文件夹下，可以通过如下命令来查看：

```
show variables like '%secure%';
```

执行语句后，结果如图 12-2 所示。

```
mysql> show variables like '%secure%';
+--------------------------+------------------------------------------------+
| Variable_name            | Value                                          |
+--------------------------+------------------------------------------------+
| require_secure_transport | OFF                                            |
| secure_file_priv         | C:\ProgramData\MySQL\MySQL Server 8.0\Uploads\ |
+--------------------------+------------------------------------------------+
2 rows in set, 1 warning (0.01 sec)
```

图 12-2 查看数据默认存放路径

使用默认存放路径存放文件时，需要将"\"改成"/"，语句如下：

```
select * from bmdmb into outfile
'C:/ProgramData/MySQL/MySQL Server 8.0/Uploads/bmdmb.txt';
```

执行语句后，在 C:\ProgramData\MySQL\MySQL Server 8.0\Uploads 目录下查看，就可以找到 bmdmb.txt 文本文件。

那么 secure_file_priv 都有什么设置呢？secure_file_priv 有以下 3 种设置：

- secure_file_priv 为 null 时，表示不允许导入和导出；
- secure_file_priv 为指定文件夹时，表示 MySQL 的导入和导出只能发生在指定的文件夹；
- secure_file_priv 没有设置时，则表示没有任何限制。

【例 12-2】 导出学生基本信息表的数据，分别存储成.txt 文件和.xls 文件，命名为 xsjbxxb.txt 和

xsjbxxb.xls，存放到 D 盘的 bak 目录下。

要使数据能够正常导出到 D 盘的 bak 目录下，需要先修改 MySQL 配置文件 my.ini。在 my.ini 中找到 secure-file-priv，将其值设置成空字符串：secure-file-priv= “ ” 后，进行保存，然后重启 MySQL 服务，在 MySQL 命令行客户端，切换到 jwgl 数据库，输入下面语句：

```
select * from xsjbxxb into outfile 'd:/bak/xsjbxxb.txt';
select * from xsjbxxb into outfile 'd:/bak/xsjbxxb.xls';
```

执行代码后，可以看到导出的数据结果保存在 D 盘的 bak 目录下，查看结果如图 12-3 所示。

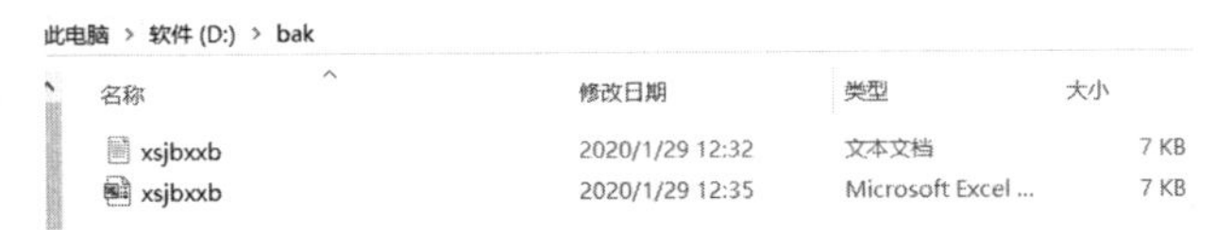

图 12-3　查看导出结果

注意：导出的数据通常是文本文件，如果要导出其他格式（.sql、.xls、.doc、.xml、.html 等）的文件，则需要修改成对应文件的扩展名。另外，需要注意备份文件所在的目录必须是事先创建好的，否则导出的数据会出错。

【例 12-3】 将 bjdmb 表中数据备份到 D 盘的 bak 目录中，要求字段值如果是字符就用双引号标注，字段值之间用逗号隔开，每行以“##”为结束标志，并分别备份成.txt 和.xml 的格式。

导出.txt 文件代码如下：

```
mysql> select * from bjdmb
    -> into outfile 'd:/bak/bjdmb.txt'
    -> fields terminated by ','
    -> optionally enclosed by'"'
    -> lines terminated by '##';
```

导出.xml 文件代码如下：

```
mysql> select * from bjdmb
    -> into outfile 'd:/bak/bjdmb.xml'
    -> fields terminated by ','
    -> optionally enclosed by'"'
    -> lines terminated by '##';
```

执行代码后，打开 D 盘的 bak 目录下的 bjdmb.txt 文件，如图 12-4 所示。

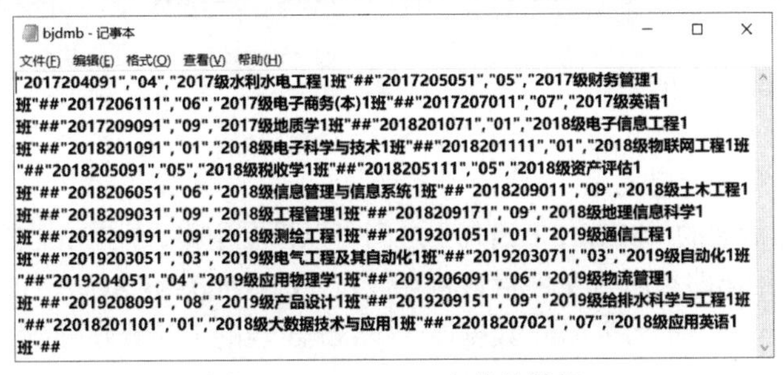

图 12-4　bjdmb.txt 文件的数据

12.1.2　用 mysqldump 命令导出数据

使用 mysqldump 命令也可以导出文本文件，基本语法格式为：

```
mysqldump -u root -pPassword -T 目标目录 dbname table [options];
```

参数说明如下。

① Password：表示 root 用户的密码。

② dbname：表示数据库的名称。

③ table：表示表的名称。

④ options 选项各参数含义如下。

- --fields-terminated-by=字符串：设置字符串为字段的分隔符，默认值是“\t”。
- --fields-enclosed-by=字符：设置字符括上字段的值。
- --fields-optionally-enclosed-by=字符：设置字符括上 CHAR、VARCHAR 和 TEXT 等字符型字段。
- --fields-escaped-by=字符：设置转义字符。
- --fields-terminated-by=字符串：设置每行的结束符。

注意：mysqldump 命令需要在 DOS 命令提示符窗口中执行。导出文本文件时，要在 my.ini 中找到 secure-file-priv，将其值设置成空字符串：secure-file-priv= “ ”。

【例 12-4】 使用 mysqldump 命令将 bmdmb 表的数据导出到 D 盘的 bak 目录下。

打开 DOS 命令提示符窗口，然后输入命令：

```
mysqldump -uroot -proot -T d:bak\ jwgl bmdmb
```

按回车键后执行命令，可以看到在 D 盘的 bak 目录下生成以 bmdmb 为文件名的两个文件 bmdmb.sql 和 bmdmb.txt，其中，bmdmb.sql 文件存放 bmdmb 表的结构，bmdmb.txt 文件存放 bmdmb 表的数据。

使用 mysqldump 命令也可以导出 xml 文件，基本语法格式为：

```
mysqldump -u root -pPassword --xml|-X dbname table >导出文件路径;
```

其中，--xml 或者-X 选项就可以导出 XML 格式的文件。

【例 12-5】 使用 mysqldump 命令将数据表 xsjbxxb 中的内容导出到 XML 文件中。

在 DOS 命令提示符窗口，输入下面命令：

```
mysqldump -uroot -proot -X jwgl xsjbxxb>d:\bak\xsjbxxb.xml
```

按回车键执行命令后，可以看到在 D 盘的 bak 目录下生成了一个 xml 文件 xsjbxxb.xml。

12.1.3 用 mysql 命令导出数据

使用 mysql 命令可以导出表数据。

（1）使用 mysql 命令导出文本文件，基本语法格式为：

```
mysql -u root -pPassword -e|--execute= "SELECT 语句" dbname >导出文件
```

（2）使用 mysql 命令导出 XML 文件，基本语法格式为：

```
mysql -u root -pPassword --xml|-X -e "SELECT 语句" dbname >导出文件
```

（3）使用 mysql 命令导出 HTML 文件，基本语法格式为：

```
mysql -u root -pPassword --html|-H -e "SELECT 语句" dbname >导出文件
```

其中，参数说明如下。

Password：表示 root 用户的密码。

-e|--execute=：执行 SQL 语句。

SELECT 语句：用来查询记录。

注意：“-e”参数与后面的“SELECT 语句”之间可以没有空格，“SELECT 语句”必须用双引号括起来。当导出文件没有给出路径时，文件默认将存放在“C:\Windows\System32”目录中。

【例 12-6】 使用 mysql 命令将 jwgl 数据库中 bmdmb 表的记录分别导到文本文件、XML 文件和 HTML 文件中。

在 DOS 命令提示符窗口，输入下面语句：

```
mysql -u root -proot -e"select * from bmdmb" jwgl>d:\bak\bmb.txt
mysql -u root -proot --xml -e"select * from bmdmb" jwgl>d:\bak\bmb.xml
mysql -u root -proot --html -e"select * from bmdmb" jwgl>d:\bak\bmb.html
```

上述 3 条命令语句执行完毕后，会在 D 盘的 bak 文件夹中生成相应的文件，如图 12-5 所示。

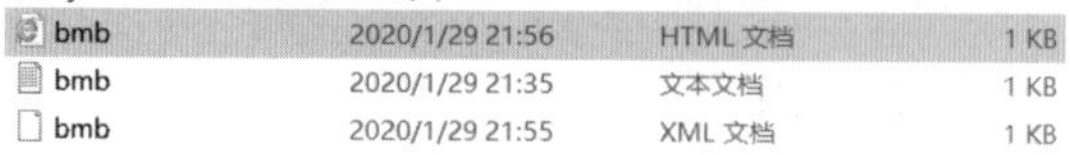

bmb	2020/1/29 21:56	HTML 文档	1 KB
bmb	2020/1/29 21:35	文本文档	1 KB
bmb	2020/1/29 21:55	XML 文档	1 KB

图 12-5　查看结果

12.1.4 用 load data infile 命令导入文本文件

在 MySQL 中，可以在 MySQL 命令行窗口中使用 load data infile 命令导入文本文件，其基本格式为：

```
LOAD DATA [LOW_PRIORITY | CONCURRENT] [LOCAL] INFILE '导入文件名.txt'
[REPLACE | IGNORE] INTO TABLE 表名 [OPTIONS];
```

参数说明如下：

- LOW_PRIORITY | CONCURRENT：若指定 LOW_PRIORITY，则会延迟语句的执行。若指定 CONCURRENT，则当 LOAD DATA 正在执行时，其他线程可以同时使用该表的数据。
- 导入文件名.txt：该文件中保存了待导入的数据行，它由 select… into outfile 命令导出产生。导入文件时可以是绝对路径，如"D:/bak/bmdmb.txt"，则服务器根据该路径搜索文件。若不指定路径，则服务器在数据库默认目录中读取。注意，这里使用正斜杠"/"指定 Windows 路径名称。
- REPLACE | IGNORE：若指定了 REPLACE，则当文件中出现与原有行相同的唯一关键字值时，输入行会替换原有行。若指定了 IGNORE，则把与原有行有相同的唯一关键字值的输入行跳过。
- 表名：该表在数据库中必须存在，表结构应与导入文件的数据行一致。
- OPTIONS 选项的含义同 12.1.1 节 select…into outfile 命令的 OPTIONS 选项，在此不再赘述。

【例 12-7】 首先导出 xsxkb 表的数据，然后删除 xsxkb 表的数据，再利用前面导出的数据使用 load data infile 命令恢复 xsxkb 表的数据。

代码及运行结果如下：

```
mysql> select * from xsxkb into outfile 'd:/bak/xsxkb.txt';
Query OK, 48 rows affected (0.00 sec)
mysql> delete from xsxkb;
Query OK, 48 rows affected (0.01 sec)
mysql> select * from xsxkb;
Empty set (0.00 sec)
mysql> load data infile 'd:/bak/xsxkb.txt'
    -> into table xsxkb;
Query OK, 48 rows affected (0.01 sec)
Records: 48    Deleted: 0    Skipped: 0    Warnings: 0
```

注意：使用 load data infile 命令时导入的文件需要同 select…into outfile 命令导出的文件的 options 选项设置一致，否则可能导致导入失败。如将本例修改为：

```
mysql> select * from xsxkb into outfile 'd:/bak/xsxkb1.txt'
    -> lines terminated by '#';
Query OK, 48 rows affected (0.00 sec)
mysql> delete from xsxkb;
Query OK, 48 rows affected (0.01 sec)
mysql> select * from xsxkb;
Empty set (0.00 sec)
mysql> load data infile 'd:/bak/xsxkb1.txt'
    -> into table xsxkb;
ERROR 1265 (01000): Data truncated for column 'cj' at row 1
```

此时导入数据就会出错，原因是导出文件的每一行结束符是"#"，而导入数据默认每一行的结束符是"\n"，设置不一致，导致出错了。

执行下面代码后则能正常导入数据。

```
mysql> load data infile 'd:/bak/xsxkb1.txt'
    -> into table xsxkb
    -> lines terminated by '#';
Query OK, 48 rows affected (0.01 sec)
Records: 48    Deleted: 0    Skipped: 0    Warnings: 0
```

12.2 使用 mysqldump 命令备份数据

为了保证数据的安全，数据库管理员应定期对数据库进行备份。备份时需要注意，一是要尽早并且经常备份；二是要在不同位置保存多个副本，可不要只备份到同一磁盘的同一文件中。

MySQL 提供了很多免费的客户端程序和实用工具，可保存在 MySQL 目录下的 bin 子目录中。mysqldump 命令就是 MySQL 提供的一个非常有用的数据库备份工具，存储在 C:\Program Files\MySQL\MySQL Server 8.0\bin 文件夹中。

mysqldump 命令可以备份单个数据库、多个数据库和所有数据库。默认使用 mysqldump 命令导出的.sql 文件中不但包含了表数据，还包括导出数据库中的数据表的结构信息。另外，使用 mysqldump 命令导出的 SQL 文件如果不带绝对路径，当前版本默认是保存在“C:\Windows\System32”目录下的。需要注意的是，在使用 mysqldump 命令备份数据库时，直接在 DOS 命令行窗口执行该命令即可，不需要登录 MySQL 数据库。

12.2.1 备份一个数据库中的表

使用 mysqldump 命令备份数据库中表的语法格式如下：

```
mysqldump -h host -u user -ppassword dbname [tbname1 [tbname2…]] > filename.sql
```

参数说明如下。

- user：用户名称。
- host：登录的主机名称，如果是本机，可以写成 localhost 或者 127.0.0.1，如果是本机默认可以省略。
- password：登录密码，与参数“-p”之间不可以有空格。
- dbname：要备份的数据库名称。
- tbname1 [tbname2…]：要备份的数据库中的表名，如果要备份多张表，每张表名之间用空格分隔。如果表名默认，则表示备份整个数据库。
- filename.sql：备份文件名称，包括该文件所在的路径，默认文件扩展名是.sql。

【例 12-8】 备份 jwgl 数据库，并命名为 jwgl.sql。

打开 DOS 命令行窗口，输入下面语句：

```
mysqldump -u root -proot jwgl>jwgl.sql
```

按回车键执行后，可在 C:\WINDOWS\system32 下面找到备份文件 jwgl.sql。

注意：在“-p”参数后输入密码，会出现“mysqldump: [Warning] Using a password on the command line interface can be insecure.”警告信息，可以忽略。也可以不输入密码，先输入 mysqldump -u root -p jwgl>jwgl.sql 命令按回车键，然后在“Enter password:”后输入密码，就不会出现警告信息了，如图 12-6 所示。

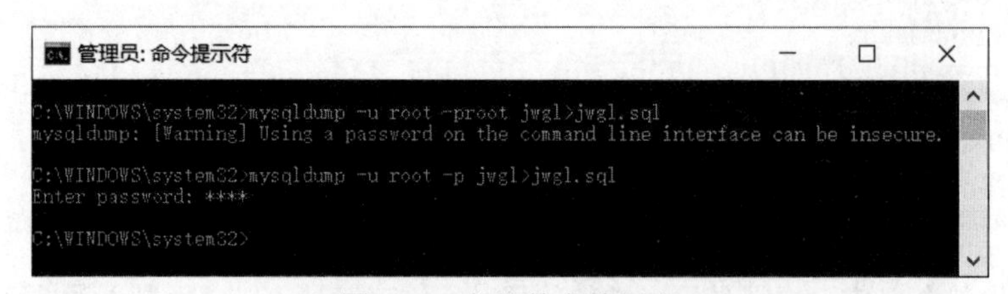

图 12-6 备份单个数据库

【例 12-9】 备份 jwgl 数据库的 xsjbxxb 表，并命名为 xs.sql，存储到 D:\bak 目录中。

在 DOS 命令行窗口，输入下面语句：

```
mysqldump -u root -proot jwgl xsjbxxb >D:/bak/xs.sql
```

按回车键执行后，可在 d:/bak 目录下找到备份文件 xs.sql。本例也可以写成：

```
mysqldump -u root -proot jwgl xsjbxxb >D:\bak\xs.sql
```

执行后，同样可以生成备份文件，即在备份文件中路径分隔符不区分正反。打开 xs.sql 文件，部分内容如图 12-7 所示。

备份文件开头记录了 MySQL 的版本，备份的主机名和数据库名。文件中，以“--”开头的都是 SQL 语言的注释语句，以“/*!”开头、以“*/”结尾的语句为可执行的 MySQL 注释，这些语句可以被

MySQL 执行，但在其他数据库管理系统将被作为注释忽略，这可以提高数据库的可移植性。另外，备份文件开始的一些语句以数字开头，这些数字是 MySQL 版本号，表示只有在指定的 MySQL 版本或者比该版本高的情况下才能执行，如“/*40101”表示这些语句只有在 MySQL 版本 4.01.01 或者更高版本的条件下才可以执行。

```
xs - 记事本
文件(F) 编辑(E) 格式(O) 查看(V) 帮助(H)
-- MySQL dump 10.13  Distrib 8.0.17, for Win64 (x86_64)
--
-- Host: localhost    Database: jwgl
-- ------------------------------------------------------
-- Server version	8.0.17

/*!40101 SET @OLD_CHARACTER_SET_CLIENT=@@CHARACTER_SET_CLIENT */;
/*!40101 SET @OLD_CHARACTER_SET_RESULTS=@@CHARACTER_SET_RESULTS */;
/*!40101 SET @OLD_COLLATION_CONNECTION=@@COLLATION_CONNECTION */;
/*!50503 SET NAMES utf8mb4 */;
/*!40103 SET @OLD_TIME_ZONE=@@TIME_ZONE */;
/*!40103 SET TIME_ZONE='+00:00' */;
/*!40014 SET @OLD_UNIQUE_CHECKS=@@UNIQUE_CHECKS, UNIQUE_CHECKS=0 */;
/*!40014 SET @OLD_FOREIGN_KEY_CHECKS=@@FOREIGN_KEY_CHECKS,
FOREIGN_KEY_CHECKS=0 */;
/*!40101 SET @OLD_SQL_MODE=@@SQL_MODE, SQL_MODE='NO_AUTO_VALUE_ON_ZERO'
*/;
/*!40111 SET @OLD_SQL_NOTES=@@SQL_NOTES, SQL_NOTES=0 */;

--
-- Table structure for table `xsjbxxb`
--

DROP TABLE IF EXISTS `xsjbxxb`;
/*!40101 SET @saved_cs_client     = @@character_set_client */;
/*!50503 SET character_set_client = utf8mb4 */;
CREATE TABLE `xsjbxxb` (
  `xh` varchar(20) NOT NULL COMMENT '学号',
```

图 12-7　xs.sql 文件中的部分内容

注意：备份文件中没有创建数据库的语句，因此，备份文件中的所有表和记录必须还原到一个已经存在的数据库中，还原数据时，CREATE TABLE 语句会在数据库中创建表，然后 INSERT 语句向表中插入记录。

【例 12-10】 备份 jwgl 数据库的 bmdmb 表和 bjdmb 表，并命名为 two.sql，存储到 D:\bak 目录中。

在 DOS 命令行窗口，输入下面语句：

```
mysqldump -u root -proot jwgl bmdmb  bjdmb>D:/bak/two.sql
```

按回车键执行后，可在 d:/bak 目录下找到备份文件 two.sql。

12.2.2　备份多个数据库

备份多个数据库，需要用到--databases 参数，基本语法格式为：

```
mysqldump -h host -u user -ppassword --databases dbname1 [dbname2…]> filename.sql
```

说明：dbname1 [dbname2…]指要备份的数据库名，必须指定至少一个数据库的名称，多个数据库之间用空格间隔开。

【例 12-11】 备份 jwgl 数据库和 bank 数据库，并命名为 jwgl_bank.sql，存储到 D:\bak 目录中。

在 DOS 命令行窗口，输入下面代码：

```
mysqldump -u root -proot --databases jwgl bank>d:/bak/jwgl_bank.sql
```

按回车键执行后，可在 d:/bak 目录下找到备份文件 jwgl_bank.sql。打开该备份文件，其部分内容如图 12-8 所示，可以看到备份文件中包含两个数据库的创建数据库的语句、创建数据库表的语句和添加表记录的语句。

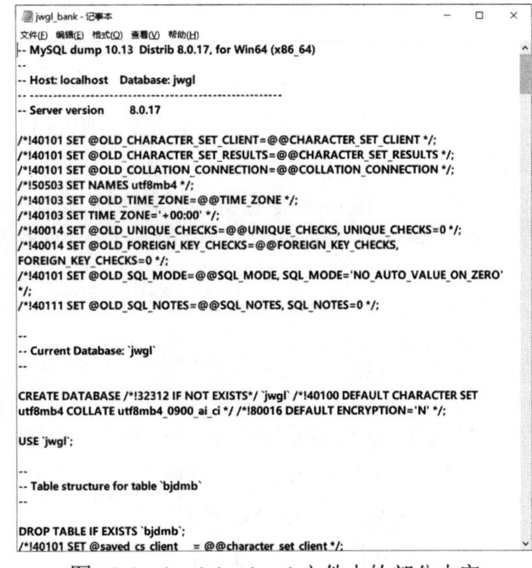

```
jwgl_bank - 记事本
文件(F) 编辑(E) 格式(O) 查看(V) 帮助(H)
-- MySQL dump 10.13  Distrib 8.0.17, for Win64 (x86_64)
--
-- Host: localhost    Database: jwgl
-- ------------------------------------------------------
-- Server version	8.0.17

/*!40101 SET @OLD_CHARACTER_SET_CLIENT=@@CHARACTER_SET_CLIENT */;
/*!40101 SET @OLD_CHARACTER_SET_RESULTS=@@CHARACTER_SET_RESULTS */;
/*!40101 SET @OLD_COLLATION_CONNECTION=@@COLLATION_CONNECTION */;
/*!50503 SET NAMES utf8mb4 */;
/*!40103 SET @OLD_TIME_ZONE=@@TIME_ZONE */;
/*!40103 SET TIME_ZONE='+00:00' */;
/*!40014 SET @OLD_UNIQUE_CHECKS=@@UNIQUE_CHECKS, UNIQUE_CHECKS=0 */;
/*!40014 SET @OLD_FOREIGN_KEY_CHECKS=@@FOREIGN_KEY_CHECKS,
FOREIGN_KEY_CHECKS=0 */;
/*!40101 SET @OLD_SQL_MODE=@@SQL_MODE, SQL_MODE='NO_AUTO_VALUE_ON_ZERO'
*/;
/*!40111 SET @OLD_SQL_NOTES=@@SQL_NOTES, SQL_NOTES=0 */;

--
-- Current Database: `jwgl`
--

CREATE DATABASE /*!32312 IF NOT EXISTS*/ `jwgl` /*!40100 DEFAULT CHARACTER SET
utf8mb4 COLLATE utf8mb4_0900_ai_ci */ /*!80016 DEFAULT ENCRYPTION='N' */;

USE `jwgl`;

--
-- Table structure for table `bjdmb`
--

DROP TABLE IF EXISTS `bjdmb`;
/*!40101 SET @saved_cs_client     = @@character_set_client */;
```

图 12-8　jwgl_bank.sql 文件中的部分内容

12.2.3 备份所有的数据库

备份所有的数据库，需要用--all-databases 参数，基本语法格式为：

```
mysqldump -h host -u user -ppassword --all-databases > filename.sql
```

【例 12-12】 备份 MySQL 实例下所有的数据库，并命名为 all.sql，存储到 D:\bak 目录中。

在 DOS 命令行窗口，输入下面语句：

```
mysqldump -u root -proot --all-databases > d:/bak/all.sql
```

按回车键执行后，可在 d:/bak 目录下找到备份文件 all.sql。

注意："--all-databases" 参数间不能有空格。

有时可能只需要导出数据库结构，并不需要备份数据。使用 mysqldump 命令实现数据库结构备份需要在上述语法基础上加上 "--no-data" 参数，基本语法格式为：

```
（1）mysqldump -h host -u user -ppassword --no-data dbname > 文件名.sql
（2）mysqldump -h host -u user -ppassword --no-data --databases dbname1 [dbname2…]> filename.sql
（3）mysqldump -h host -u user -ppassword --no-data --all-databases > filename.sql
```

如 mysqldump -u root -p --no-data jwgl>d:/bak/jwgl2.sql 语句执行后，jwgl2.sql 则只有 jwgl 数据库的表结构，并不包含数据。

当需要备份表数据，但不备份表结构时，可以参看 12.1.2 节的相关内容。

关于 mysqldump 命令的更多用法，可以在 DOS 命令行窗口输入 "mysqldump --help" 进行查看。

12.3 数据恢复

数据恢复是指当数据库中的数据遭到破坏时，让数据库根据备份的数据回到备份时的状态。当数据丢失或意外破坏时，可以通过数据恢复已经备份的数据，尽量减少数据丢失和破坏造成的损失。本节将介绍数据恢复的方法。

12.3.1 使用 source 命令恢复表和数据库

数据恢复使用 source 命令能够将备份好的.sql 文件导入 MySQL 数据库中，实现数据库或数据库表的恢复，基本语法格式为：

```
source filename.sql;
```

说明：filename.sql 需要指定路径，路径分隔符用正斜线，不要用反斜线。如果没有指定路径，.sql 文件需要放在 C:\Program Files\MySQL\MySQL Server 8.0\bin 文件夹下。

1. 使用 source 命令恢复表

【例 12-13】 首先备份 jwgl 数据库中的 xsxkb 表，然后删除该表，最后利用备份的 jwgl_xsxkb.sql 文件，恢复 xsxkb 表。

（1）打开 DOS 命令行窗口，输入下面命令进行 xsxkb 表备份。

```
mysqldump -u root -proot jwgl xsxkb>d:/bak/jwgl_xsxkb.sql
```

（2）打开 MySQL 命令行客户端，进入 jwgl 数据库。

```
use jwgl;
```

（3）删除 xsxkb 表。

```
drop table xsxkb;
```

（4）使用 source 命令恢复 xsxkb 表。

```
source d:/bak/jwgl_xsxkb.sql;
```

查看数据库，xsxkb 表已经恢复。

2. 使用 source 命令恢复数据库

【例 12-14】 删除 jwgl 数据库，然后再使用 source 命令恢复。

（1）打开 DOS 命令行窗口，备份 jwgl 数据库。

```
mysqldump -u root    -proot jwgl<d:/bak/jwgl.sql
```

（2）进入 MySQL 命令行客户端，删除 jwgl 数据库。

```
drop database jwgl;
```

（3）创建 jwgl 数据库，并切换到 jwgl 数据库。

```
create database jwgl;
use jwgl;
```

（4）使用 source 命令恢复数据库。

```
source d:/bak/jwgl.sql;
```

查看数据库，发现 jwgl 数据库已经恢复。

注意：如果数据库已删除，需要先建一个同名的空数据库，然后用 use 命令使用该数据库，再用 source 命令进行恢复。另外，在有的 MySQL 版本中由于字符集的设置问题，可能会使导入的中文数据出现乱码，这时需要先设置字符集编码，然后再进行数据的导入。

12.3.2　使用 mysql 命令还原

使用 mysqldump 命令备份后生成的.sql 文件，实际上就是由多个 CREATE、INSERT 语句组成，也可能包含 DROP 语句。可以使用 mysql 命令导入到数据库中，实现数据的恢复。

mysql 命令恢复数据的语法格式为：

```
mysql –u username –ppassword [dbname] < filename.sql
```

参数说明如下。

- username：表示登录的用户名。
- password：表示用户的登录密码，注意与参数 p 之间没有空格。
- dbname：表示要恢复的数据库名。
- filename.sql：使用 mysqldump 命令将数据库中的数据备份成的.sql 文件。

注意：在使用 mysql 命令恢复数据库时，该数据库（名）必须存在，若不存在就创建一个相应的空数据库。

【例 12-15】 删除 jwgl 数据库，然后再用 mysql 命令恢复。

（1）打开 DOS 命令行窗口，备份 jwgl 数据库。

```
mysqldump -u root    -proot jwgl>d:/bak/jwgl.sql
```

（2）进入 MySQL 命令行客户端，首先删除 jwgl 数据库，然后再创建 jwgl 数据库。

```
drop database jwgl;
create database jwgl;
```

（3）切换到 DOS 命令行窗口，使用 mysql 命令进行恢复。

```
mysql -u root -proot jwgl<d:/bak/jwgl.sql
```

在 MySQL 命令行客户端，输入 show tables;命令查看数据库，发现 jwgl 数据库已经恢复，如图 12-9 所示。

【例 12-16】 首先删除 jwgl 数据库中的 xsxkb 表和 kcdmb 表，然后再用 mysql 命令恢复。

（1）打开 DOS 命令行窗口，先备份 jwgl 数据库中这两张表。

```
mysqldump -u root -proot jwgl xsxkb kcdmb>two1.sql
```

（2）进入 MySQL 命令行客户端，删除 xsxkb 表和 kcdmb 表，查看确认已删除。

```
use jwgl;
drop table xsxkb;
drop table kcdmb;
show tables;
```

（3）切换到 DOS 命令行窗口，使用 mysql 命令进行恢复。

```
mysql -u root -proot jwgl<two1.sql
```

在 MySQL 命令行客户端，输入 show tables；命令查看，发现 jwgl 数据库中这两张表已经恢复，如图 12-10 所示。

注意：当导入和导出的备份文件没有添加路径时，在 MySQL 的当前版本中默认都是存放在 C:\Windows\System32 目录中的。

```
mysql> drop database jwgl;
Query OK, 11 rows affected (0.17 sec)

mysql> create database jwgl;
Query OK, 1 row affected (0.00 sec)

mysql> use jwgl;
Database changed
mysql> show tables;
+------------------+
| Tables_in_jwgl |
+------------------+
| bjdmb          |
| bmdmb          |
| jsjbxxb        |
| kcdmb          |
| xsjbxxb        |
| xsxkb          |
+------------------+
6 rows in set (0.01 sec)
```

图 12-9　使用 mysql 命令恢复 jwgl 数据库

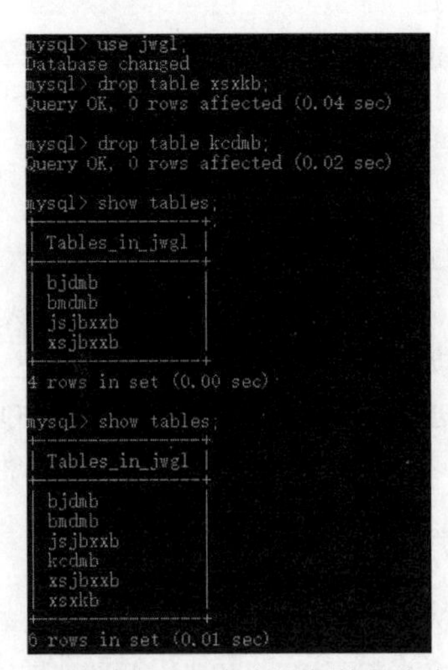

图 12-10　使用 mysql 命令恢复数据库中的表

12.4　使用 MySQL Workbench 工具导入和导出数据库

12.4.1　使用 MySQL Workbench 导出数据

【例 12-17】 使用 MySQL Workbench 导出 jwgl 数据库。

步骤如下。

（1）启动 MySQL Workbench，单击实例 Local instance mysql80。在导航区 Navigator 的 Administration 区域的 MAMAGEMENT 选项下选择 Data Export 选项，右侧窗口显示数据导出界面，如图 12-11 所示。

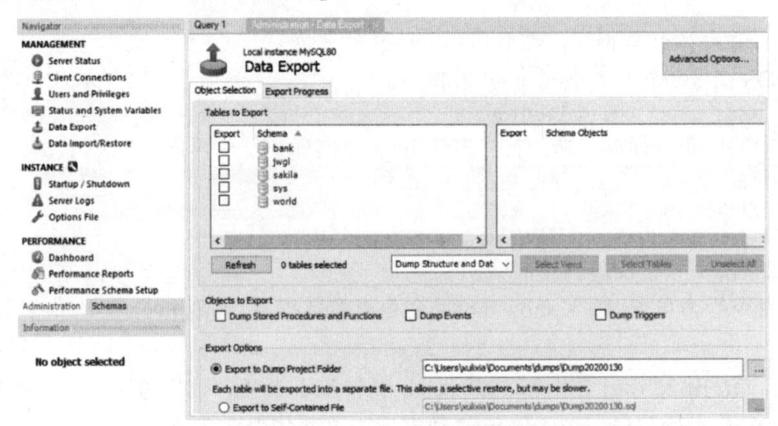

图 12-11　Data Export 窗口

（2）在 Data Export 窗口中选择 jwgl 数据库，右侧窗口出现该数据库下的所有表，此处选中所有表，如图 12-12 所示，在 Dump Structure and Data 下拉列表框中选择“Dump Structure and Data”选项，此处有三个选项：Dump Structure and Data（备份结构和数据）、Dump Data Only（只备份数据）、Dump Structure Only（只备份结构）。

（3）在 Objects to Export 组合框中，还可以根据需要勾选：Dump stored Procedures and Functions（备份存储过程和函数）、Dump Events（备份事件）、Dump Triggers（备份触发器）复选框。在 Export Options 组合框中，Export to Dump Project Folder：指设置导出备份文件的目录，这种设置可使每张表都单独生成一个文件，速度较慢。Export to Self-Contained File：指将所有的数据库对象都导出到一个文件中，这里选中此项，并修改备份文件名称为 jwgl.sql，如图 12-13 所示。

（4）单击“Start Export”按钮，打开如图 12-14 所示的对话框。

（5）打开导出目录，可以看到 jwgl.sql，至此数据导出完成，如图 12-15 所示。

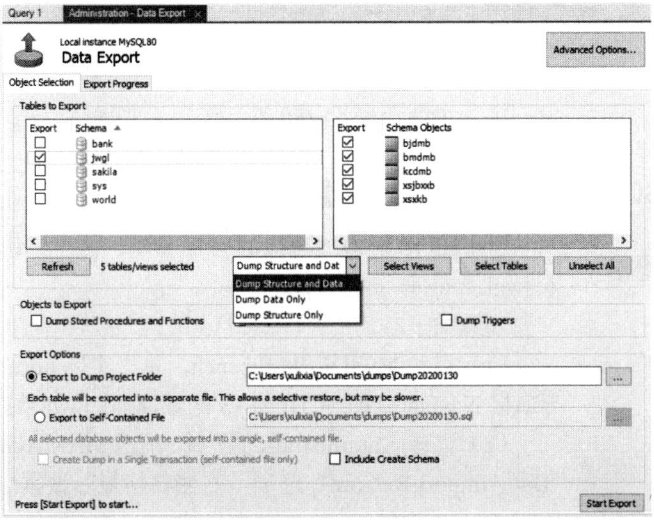

Query 1　Administration - Data Export

Local instance MySQL80
Data Export
Advanced Options...
Object Selection　Export Progress
Tables to Export
Export　Schema
bank
jwgl
sakila
sys
world
Export　Schema Objects
bjdmb
bmdmb
kcdmb
xsjbxxb
xsxkb
Refresh　5 tables/views selected　Dump Structure and Dat　Select Views　Select Tables　Unselect All
Dump Structure and Data
Dump Data Only
Dump Structure Only
Objects to Export
Dump Stored Procedures and Functions　Dump Triggers
Export Options
Export to Dump Project Folder　C:\Users\xulixia\Documents\dumps\Dump20200130
Each table will be exported into a separate file. This allows a selective restore, but may be slower.
Export to Self-Contained File　C:\Users\xulixia\Documents\dumps\Dump20200130.sql
All selected database objects will be exported into a single, self-contained file.
Create Dump in a Single Transaction (self-contained file only)　Include Create Schema
Press [Start Export] to start...　Start Export

图 12-12　数据导出设置（1）

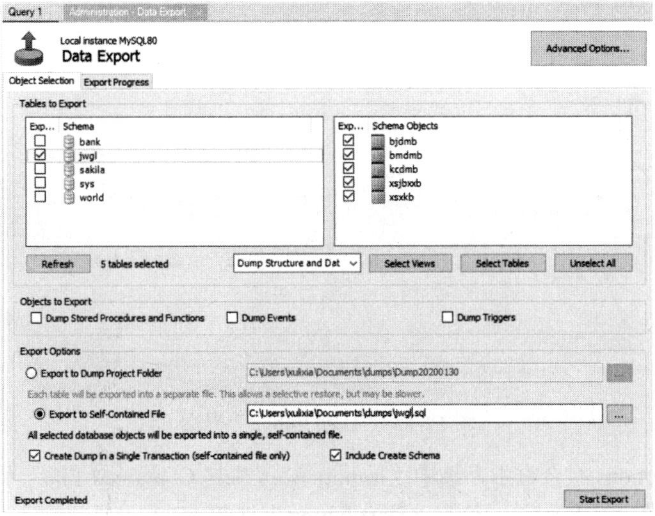

Query 1　Administration - Data Export

Local instance MySQL80
Data Export
Advanced Options...
Object Selection　Export Progress
Tables to Export
Exp...　Schema
bank
jwgl
sakila
sys
world
Exp...　Schema Objects
bjdmb
bmdmb
kcdmb
xsjbxxb
xsxkb
Refresh　5 tables selected　Dump Structure and Dat　Select Views　Select Tables　Unselect All
Objects to Export
Dump Stored Procedures and Functions　Dump Events　Dump Triggers
Export Options
Export to Dump Project Folder　C:\Users\xulixia\Documents\dumps\Dump20200130
Each table will be exported into a separate file. This allows a selective restore, but may be slower.
Export to Self-Contained File　C:\Users\xulixia\Documents\dumps\jwgl.sql
All selected database objects will be exported into a single, self-contained file.
Create Dump in a Single Transaction (self-contained file only)　Include Create Schema
Export Completed　Start Export

图 12-13　数据导出设置（2）

Query 1　Administration - Data Export

Local instance MySQL80
Data Export
Advanced Options...
Object Selection　Export Progress
Export Completed
Status:
5 of 5 exported.
Log:

```
22:50:16 Dumping jwgl (all tables)
Running: mysqldump.exe --defaults-file="c:\users\xulixia\appdata\local\temp\tmp89_cty.cnf" --user=root --host=127.0.0.1 --protocol=tcp --
port=3306 --default-character-set=utf8 --single-transaction=TRUE --skip-triggers "jwgl"
22:50:17 Export of C:\Users\xulixia\Documents\dumps\Dump20200130 (1).sql has finished

22:50:54 Dumping jwgl (all tables)
Running: mysqldump.exe --defaults-file="c:\users\xulixia\appdata\local\temp\tmpxjmfxk.cnf" --user=root --host=127.0.0.1 --protocol=tcp --
port=3306 --default-character-set=utf8 --single-transaction=TRUE --skip-triggers "jwgl"
22:50:54 Export of C:\Users\xulixia\Documents\dumps\Dump20200130 (2).sql has finished

22:56:44 Dumping jwgl (all tables)
Running: mysqldump.exe --defaults-file="c:\users\xulixia\appdata\local\temp\tmp1mt0ns.cnf" --user=root --host=127.0.0.1 --protocol=tcp --
port=3306 --default-character-set=utf8 --single-transaction=TRUE --skip-triggers "jwgl"
22:56:44 Export of C:\Users\xulixia\Documents\dumps\jwgl.sql has finished
```

Stop　Export Again

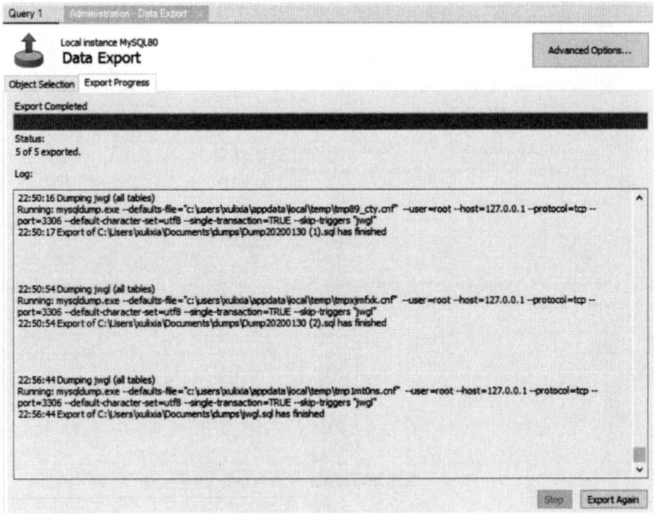

图 12-14　数据导出完成

图 12-15　查看备份文件

12.4.2　使用 MySQL Workbench 导入数据

【例 12-18】 首先删除 jwgl 数据库，然后使用 MySQL Workbench 导入 jwgl 数据库。

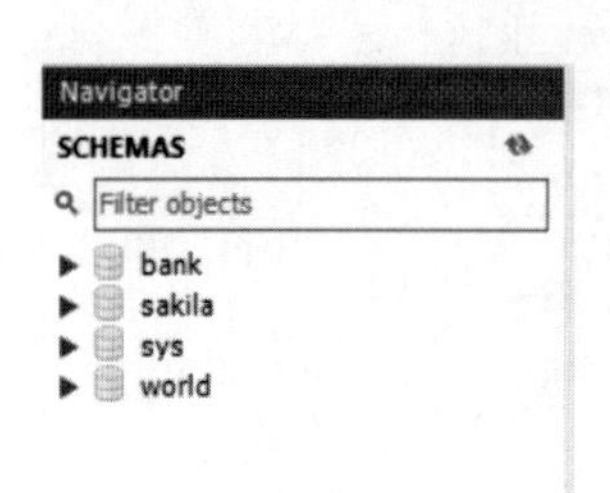

图 12-16　删除 jwgl 数据库后

步骤如下：

（1）启动 MySQL Workbench，单击实例 Local instance mysql80。在导航区 Navigator 的 SCHEMAS 区域，删除 jwgl 数据库，如图 12-16 所示。

（2）选择 Administration 区域，在“MAMAGEMENT”项目下选择“Data Import/Restore”选项，右侧窗格显示数据导入界面，如图 12-17 所示。

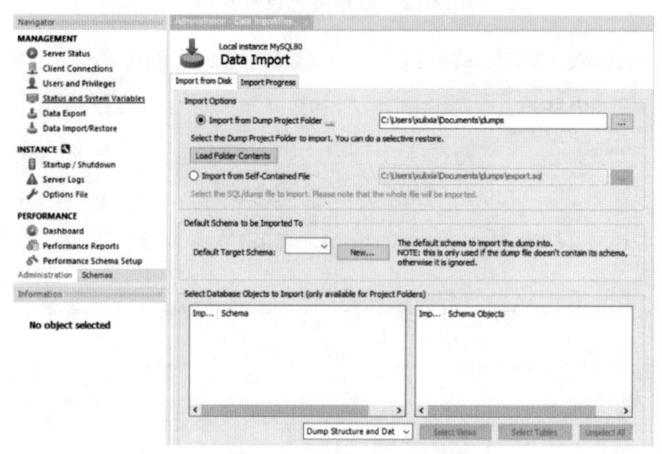

图 12-17　“Data Import”界面

（3）在 Import Options 组合框中，选中“Import from Self_Contained File”单选项，找到导出文件 jwgl.sql。其他配置如图 12-18 所示。单击“Start Import”按钮。

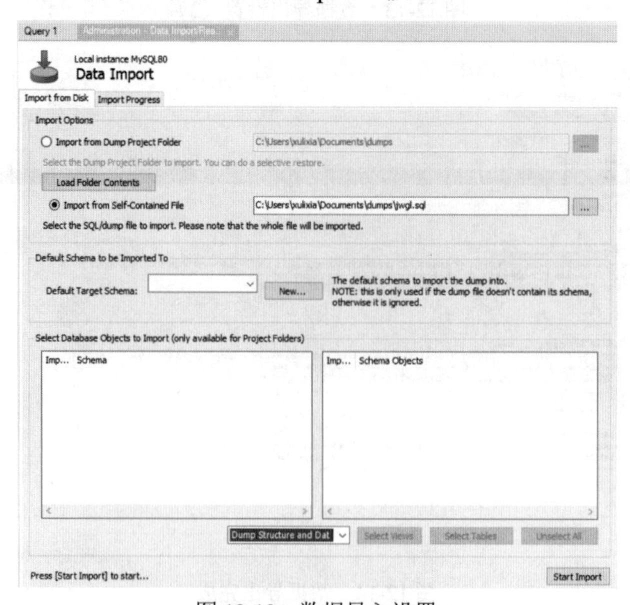

图 12-18　数据导入设置

（4）数据导入完成，如图 12-19 所示。

（5）打开 SCHEMAS 选项卡，右击选择“Refresh ALL”选项，看到 jwgl 数据库，展开 jwgl 数据库，可以看到数据表已经导入，如图 12-20 所示。

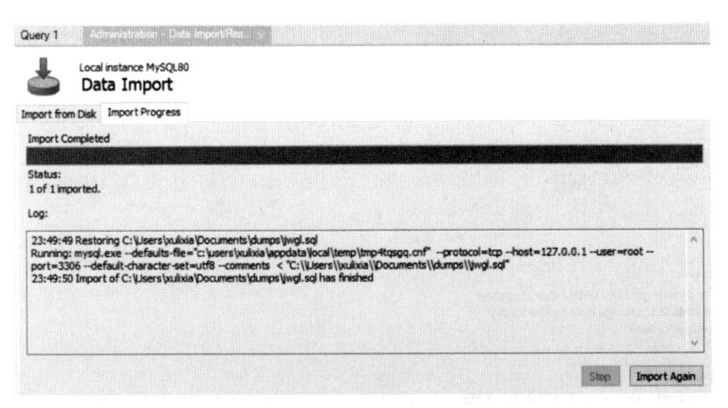

图 12-19　数据导入完成

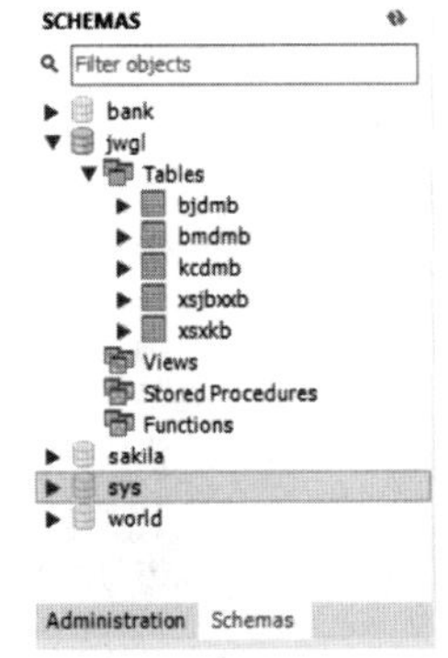

图 12-20　查看导入结果

12.5　日志文件

在实际操作中，用户和管理员不可能随时备份数据，但当数据丢失时，或者数据库目录中的文件损坏时，只能恢复已经备份的文件，而在这之后更新的数据就没法恢复了。为了解决这个问题，就必须使用日志文件。

MySQL 日志是记录 MySQL 数据库日常操作和错误信息的文件。当数据遭到意外发生丢失时，可以通过日志文件来查询出错原因，并且可以通过日志文件进行数据恢复。因此，首先要了解日志的作用，并且掌握各种日志的使用方法，以及使用二进制日志还原数据的方法。

12.5.1　日志分类

MySQL 日志是用来记录 MySQL 数据库的运行情况、用户操作和错误信息等。通过分析这些日志文件，可以了解 MySQL 数据库的运行情况、日常操作、错误信息和需要进行优化的内容。

MySQL 的日志类型如表 12-1 所示。

表 12-1　日志类型

日 志 类 型	记录的信息及作用
错误日志	启动、运行或停止时遇到的问题
通用查询日志	用来记录用户的所有操作，包括启动和关闭 MySQL 服务、更新语句、查询语句等
二进制日志	以二进制文件的形式记录了数据库中所有更改数据的语句，可以运用于复制操作
中继日志	仅在从属服务器上复制使用，以保留来自主服务器的数据更改，这些更改必须在从属服务器上进行
慢查询日志	用来记录执行时间超过指定时间 long_query_time 的查询语句。通过慢查询日志，可以查找出哪些查询语句的执行效率很低，以便进行优化
DDL 日志（元数据日志）	DDL 语句执行的元数据操作

可以通过配置文件 my.ini 来修改日志是否开启。查看本机已经开启的日志，如图 12-21 所示。可以看到通用查询日志没有开启、慢查询日志、错误日志和二进制日志均已开启。

默认情况下，服务器将所有已启用日志的文件写入数据目录“C:\ProgramData\MySQL\MySQL Server 8.0\Data”中，如图 12-22 所示。

可以通过刷新日志来强制服务器关闭并重新打开日志文件，或在某些情况下切换到新的日志文件。执行 flush logs;语句或 mysqladmin flush-logs、mysqladmin refresh、mysqldump --flush-logs 命令时，将发生日志刷新。另外，当二进制日志的大小达到 max_binlog_size 系统变量的值时，将刷新该二进制日志。

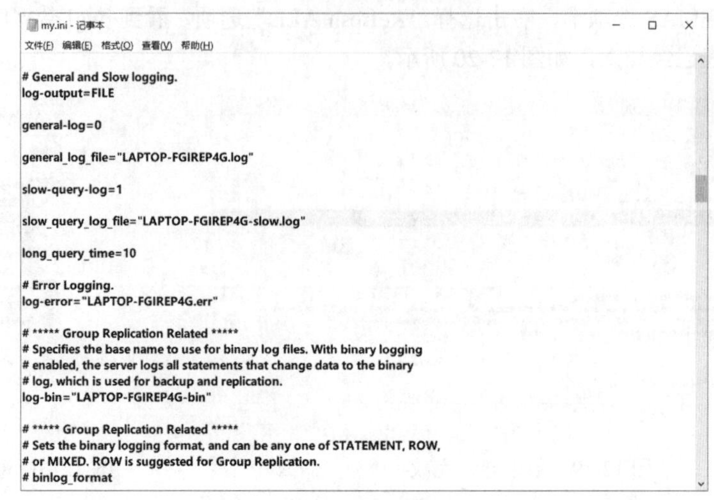

图 12-21　查看日志配置信息

LAPTOP-FGIREP4G.err	2020/1/31 22:43	ERR 文件	17 KB
LAPTOP-FGIREP4G.pid	2020/1/31 22:43	PID 文件	1 KB
LAPTOP-FGIREP4G-bin.000012	2020/1/29 0:44	000012 文件	71 KB
LAPTOP-FGIREP4G-bin.000013	2020/1/29 1:04	000013 文件	1 KB
LAPTOP-FGIREP4G-bin.000014	2020/1/29 12:29	000014 文件	1 KB
LAPTOP-FGIREP4G-bin.000015	2020/1/31 16:50	000015 文件	223 KB
LAPTOP-FGIREP4G-bin.000016	2020/1/31 22:43	000016 文件	1 KB
LAPTOP-FGIREP4G-bin.index	2020/1/31 22:43	INDEX 文件	1 KB
LAPTOP-FGIREP4G-slow.log	2020/1/31 22:43	文本文档	4 KB

图 12-22　查看日志文件

日志刷新操作具有以下效果：

如果启用了二进制日志，则服务器将关闭当前的二进制日志文件，并使用下一个序列号打开一个新的日志文件。

如果启用了一般查询日志或慢查询日志记录到日志文件，则服务器将关闭并重新打开日志文件。

如果服务器启动时带有将--log-error 错误日志写入文件的选项，则服务器将关闭并重新打开日志文件。

12.5.2　二进制日志文件的使用

二进制日志：以二进制文件的形式记录了数据库中所有更改数据的语句，如 insert、update、delete、create 等都会记录到二进制日志中。一旦数据库遭到破坏，可以使用二进制日志来还原数据库。在当前版本默认情况下是启用二进制日志记录的。

1. 查看二进制日志是否开启

使用 show variables 命令查看二进制日志。

【例 12-19】 查询二进制日志是否开启。

打开 MySQL 命令行客户端，输入 SQL 语句：

```
show variables like 'log_bin%';
```

执行结果如图 12-23 所示。可以查看到二进制日志 log_bin 的值是 ON，即是开启的。

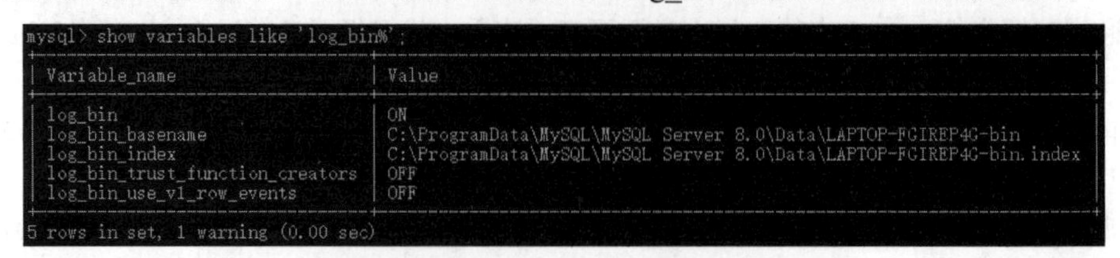

图 12-23　查看二进制文件是否开启

2. 刷新并查看二进制日志文件的个数

【例 12-20】 查看二进制日志文件个数及文件名。

输入语句：

```
show binary logs;
```

执行结果如图 12-24 所示。

【例 12-21】 刷新二进制日志，然后再查看日志个数。

输入语句：

```
flush logs;
show binary logs;
```

执行结果如图 12-25 所示。可以看到生成了一个新的二进制文件 LAPTOP-FGIREP4G-bin.000017。

```
mysql> show binary logs;
+------------------------------+-----------+-----------+
| Log_name                     | File_size | Encrypted |
+------------------------------+-----------+-----------+
| LAPTOP-FGIREP4G-bin.000012   |     72026 | No        |
| LAPTOP-FGIREP4G-bin.000013   |       178 | No        |
| LAPTOP-FGIREP4G-bin.000014   |       178 | No        |
| LAPTOP-FGIREP4G-bin.000015   |    227623 | No        |
| LAPTOP-FGIREP4G-bin.000016   |       155 | No        |
+------------------------------+-----------+-----------+
5 rows in set (0.01 sec)
```

图 12-24 查看二进制日志文件个数

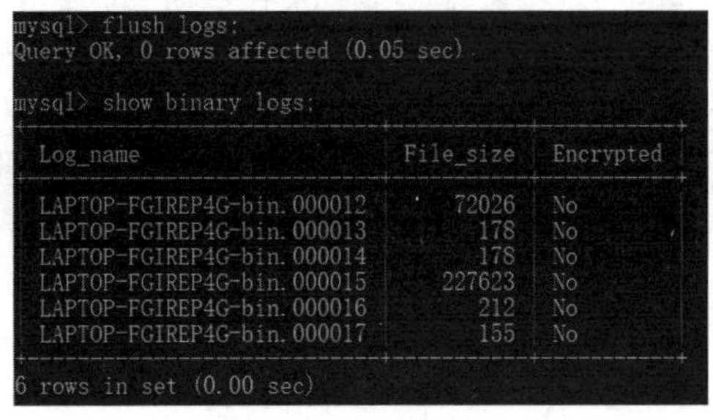

```
mysql> flush logs;
Query OK, 0 rows affected (0.05 sec)

mysql> show binary logs;
+------------------------------+-----------+-----------+
| Log_name                     | File_size | Encrypted |
+------------------------------+-----------+-----------+
| LAPTOP-FGIREP4G-bin.000012   |     72026 | No        |
| LAPTOP-FGIREP4G-bin.000013   |       178 | No        |
| LAPTOP-FGIREP4G-bin.000014   |       178 | No        |
| LAPTOP-FGIREP4G-bin.000015   |    227623 | No        |
| LAPTOP-FGIREP4G-bin.000016   |       212 | No        |
| LAPTOP-FGIREP4G-bin.000017   |       155 | No        |
+------------------------------+-----------+-----------+
6 rows in set (0.00 sec)
```

图 12-25 刷新并查看二进制日志文件个数

3. 查看二进制日志文件内容

二进制日志采用二进制方式存储，无法直接查看文件的内容，需要使用 mysqlbinlog 命令将其转换为文本格式的 SQL 脚本进行查看。

查看二进制文件命令的语法格式为：

```
mysqlbinlog filename
```

其中，filename 是二进制日志文件名，使用时需要指定日志文件路径。

【例 12-22】 查看二进制文件 LAPTOP-FGIREP4G-bin.000016。

在 DOS 命令提示符下，输入命令：

```
mysqlbinlog "C:\ProgramData\MySQL\MySQL Server 8.0\Data\LAPTOP-FGIREP4G-bin.000016"
```

按回车键执行后，结果如图 12-26 所示。

```
C:\Users\xulixia>mysqlbinlog "C:\ProgramData\MySQL\MySQL Server 8.0\Data\LAPTOP-FGIREP4G-bin.000016"
/*!50530 SET @@SESSION.PSEUDO_SLAVE_MODE=1*/;
/*!50003 SET @OLD_COMPLETION_TYPE=@@COMPLETION_TYPE,COMPLETION_TYPE=0*/;
DELIMITER /*!*/;
# at 4
#200131 22:43:21 server id 1  end_log_pos 124 CRC32 0xc6033bdf  Start: binlog v 4, server v 8.0.17 created 200131 22:43:
21 at startup
ROLLBACK/*!*/;
BINLOG '
CT0OXg8BAAAAeAAAAHwAAAAAAAQAOC4wLjE3AAAAAAAAAAAAAAAAAAAAAAAAAAAAAAAAAAAAAAAAAAAA
AAAAAAAAAAAAAAAAAAAJPTReEwANAAgAAAAABAAEAAAAYAAEGggAAAAICAgCAAAACgoKKioAEjQA
CgHfOwPG
'/*!*/;
# at 124
#200131 22:43:21 server id 1  end_log_pos 155 CRC32 0xd458e91c  Previous-GTIDs
# [empty]
# at 155
#200202 22:27:13 server id 1  end_log_pos 212 CRC32 0x92bddce3  Rotate to LAPTOP-FGIREP4G-bin.000017  pos: 4
SET @@SESSION.GTID_NEXT= 'AUTOMATIC' /* added by mysqlbinlog */ /*!*/;
DELIMITER ;
# End of log file
/*!50003 SET COMPLETION_TYPE=@OLD_COMPLETION_TYPE*/;
/*!50530 SET @@SESSION.PSEUDO_SLAVE_MODE=0*/;
```

图 12-26 查看二进制日志文件内容

一般来说，如果二进制日志文件数据比较大，无法在屏幕上延伸，则可以将二进制日志文件保存到一个文本文件中，以便查看。因此，可以将上述命令修改为：

```
mysqlbinlog "C:\ProgramData\MySQL\MySQL Server 8.0\Data\LAPTOP-FGIREP4G-bin.000016" > d:/bak/bin_log000016.txt
```

这样就可以将日志文件保存到 d:/bak 目录下，方便查看。

4．使用二进制日志文件恢复数据

如果数据库遭到意外损坏，首先应该使用最近的备份文件来还原数据库。备份之后，数据库可能还进行了一些修改。这个时候就可以使用二进制日志来还原。

二进制日志还原数据库命令的语法格式为：

```
mysqlbinlog [option] filename | mysql   -u user –ppassword
```

参数说明如下。

- option：可选参数，常见的参数有--start-date、--stop-date、--start-position、--stop-position，用于指定数据库恢复的起始时间点、结束时间点、起始位置和结束位置。
- filename：日志文件名。

【例 12-23】 假设管理员在星期三下午 5 点下班前，使用 MySQLdump 工具进行数据库 jwgl.sql 的完全备份，备份文件为 jwgl.sql。从星期三下午 5 点开始启用日志，bin_log.000001 文件保存了从星期一下午 5 点到星期四下午 4 点的所有更改信息，然后在星期四下午 4 点运行了一条日志刷新语句"flush logs;"，此时创建了 bin_log.000002 文件，在星期五下午 3 点时数据库崩溃。现要将数据库恢复到星期五下午 3 点系统崩溃之前的状态。

这个恢复过程可以分为三个步骤来完成：

（1）将数据库恢复到星期三下午 5 点时的状态，在 DOS 命令窗口输入以下命令：

```
mysql -u root –proot jwgl < jwgl.sql
```

（2）使用 mysqlbinlog 命令将数据库恢复到星期四下午 4 点时的状态：

```
mysqlbinlog "C:\ProgramData\MySQL\MySQL Server 8.0\Data\bin_log.000001" | mysql -u root –proot
```

（3）使用 mysqlbinlog 命令将数据库恢复到星期五下午 3 点之前的状态：

```
mysqlbinlog "C:\ProgramData\MySQL\MySQL Server 8.0\Data\bin_log.000002" | mysql -u root –proot
```

5．删除二进制日志文件

服务器的二进制日志到期后，二进制日志文件会自动删除。默认的二进制日志有效期为 30 天。由于日志文件要占用很大的硬盘资源，所以要及时将没用的日志文件清除掉。

（1）删除所有的日志文件

语法格式为：

```
RESET MASTER;
```

执行该语句后，当前数据库服务器下的所有的二进制文件将被删除，MySQL 会重新建立二进制文件，日志文件扩展名的编号重新从 000001 开始。

（2）使用 PURGE MASTER LOGS 语句删除指定的日志文件

语法格式为：

```
PURGE {MASTER | BINARY} LOGS TO '日志文件名'
```

或

```
PURGE {MASTER | BINARY} LOGS BEFORE 'date'
```

其中，MASTER 与 BINARY 等效。第一个语句用于删除特定的日志文件，执行该命令将删除文件名编号比指定文件名编号小的所有日志。第二个语句用于删除指定日期 date 之前的所有日志文件。

【例 12-24】 删除所有的二进制日志文件。

输入代码及执行结果为：

```
mysql> reset master;
Query OK, 0 rows affected (0.03 sec)
mysql> show binary logs ;
+---------------------------+-----------+-----------+
| Log_name                  | File_size | Encrypted |
+---------------------------+-----------+-----------+
| LAPTOP-FGIREP4G-bin.000001 |       155 | No        |
+---------------------------+-----------+-----------+
1 row in set (0.00 sec)
```

删除所有日志文件后，日志文件重新从 000001 开始编号。

【例 12-25】 删除比 LAPTOP-FGIREP4G-bin.000004 编号小的日志文件。

首先执行 4 次 flush logs;命令，生成 4 个新的二进制日志文件。

输入代码及执行结果为：

```
mysql> show binary logs;
+---------------------------+-----------+-----------+
| Log_name                  | File_size | Encrypted |
+---------------------------+-----------+-----------+
| LAPTOP-FGIREP4G-bin.000001 |       212 | No        |
| LAPTOP-FGIREP4G-bin.000002 |       212 | No        |
| LAPTOP-FGIREP4G-bin.000003 |       212 | No        |
| LAPTOP-FGIREP4G-bin.000004 |       212 | No        |
| LAPTOP-FGIREP4G-bin.000005 |       155 | No        |
+---------------------------+-----------+-----------+
5 rows in set (0.00 sec)
mysql> purge binary logs to 'LAPTOP-FGIREP4G-bin.000004';
Query OK, 0 rows affected (0.02 sec)
mysql> show binary logs;
+---------------------------+-----------+-----------+
| Log_name                  | File_size | Encrypted |
+---------------------------+-----------+-----------+
| LAPTOP-FGIREP4G-bin.000004 |       212 | No        |
| LAPTOP-FGIREP4G-bin.000005 |       155 | No        |
+---------------------------+-----------+-----------+
2 rows in set (0.00 sec)
```

12.5.3 错误日志

错误日志是 MySQL 数据库最常见的一种日志。错误日志文件主要记录当 MySQL 服务启动和停止时，以及服务器运行过程中发生任何严重错误时的相关信息。

1. 查看错误日志

错误日志文件名的扩展名是“.err”，默认存放在 Data 目录下。错误日志是以文本文件的形式存储的，直接使用普通文本工具就可查看。Windows 操作系统可以使用文本文件查看器查看。

如果在 MySQL 命令行下查看，可以使用 show variables like 'log_error%';语句来进行查看。

【例 12-26】 使用 show variables 语句查看错误日志的存储路径和文件名：

SQL 语句为：

```
show variables like 'log_error%';
```

执行结果如图 12-27 所示。

注意：查看每台计算机上的错误日志的名字可能不尽相同，但其扩展名都是“.err”。

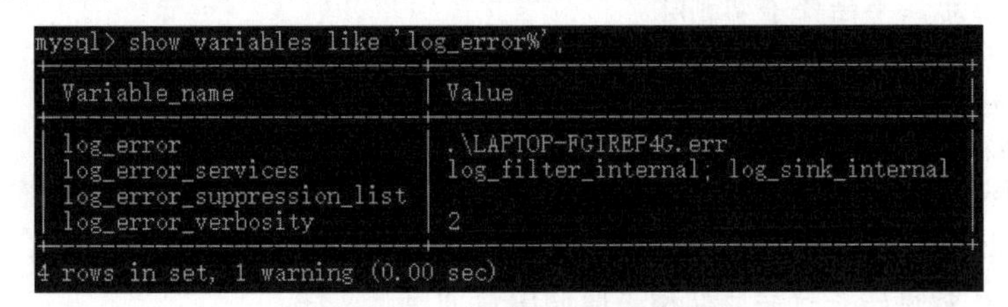

mysql> show variables like 'log_error%';

Variable_name	Value
log_error	.\LAPTOP-FGIREP4G.err
log_error_services	log_filter_internal; log_sink_internal
log_error_suppression_list	
log_error_verbosity	2

4 rows in set, 1 warning (0.00 sec)

图 12-27 查看错误日志信息

2. 删除错误日志

数据库管理员可以删除很久之前的错误日志，以保证 MySQL 服务器上的硬盘空间。

如果是在 MySQL 的运行状态下，删除了错误日志文件后，不会自动生成新的错误日志。

MySQL 数据库中，可以使用 mysqladmin 命令来开启新的错误日志。

mysqladmin 命令的语法如下：

```
mysqladmin -u root -p flush-logs
```

在 DOS 命令符下，输入：

```
C:\WINDOWS\system32>mysqladmin -u root -p flush-logs
```

Enter password: ****（root 用户的密码）

执行该命令后，数据库系统会自动创建一个新的错误日志。

如果在 MySQL 命令行客户端，可以执行 flush logs 命令重新创建错误日志。

```
mysql> flush logs;
```

12.5.4 通用查询日志

通用查询日志用来记录用户的所有操作，包括启动和关闭 MySQL 服务、更新语句、查询语句等。

1．查看通用查询日志

用户的所有操作都会记录到通用查询日志中。通用查询日志文件的扩展名为“.log”。

如果希望了解某个用户最近的操作，可以查看通用查询日志。通用查询日志是以文本文件的形式存储的。Windows 操作系统可以使用文本文件查看器进行查看。

使用 show variables 命令来查看通用查询日志。

【例 12-27】 查看通用查询日志的状态。

SQL 语句为：

```
show variables like 'general_log%';
```

执行语句后，结果如图 12-28 所示。

general_log 的值为 OFF，说明通用查询日志是关闭的。可以通过配置文件 my.ini 开启通用查询日志，也可以通过 set 命令来开启。这里选用 set 命令开启。

输入命令：

```
set global general_log=1;
```

然后再输入命令查看通用查询日志状态，结果如图 12-29 所示。

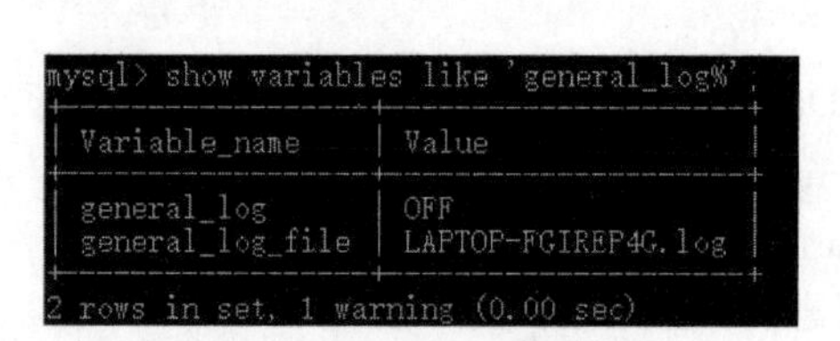

图 12-28 查看通用查询日志

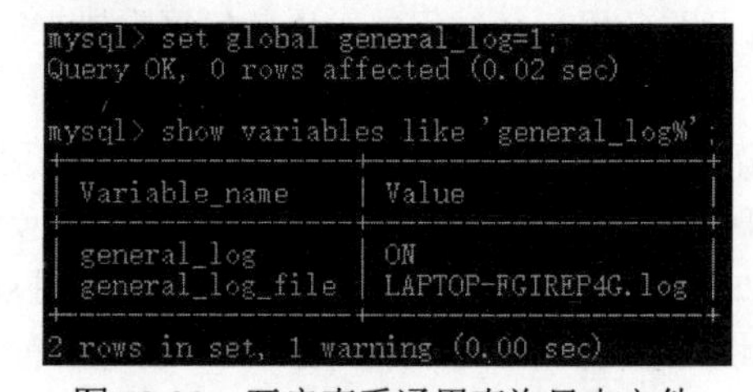

图 12-29 开启查看通用查询日志文件

2．删除通用查询日志

MySQL 数据库中，也可以使用 mysqladmin 命令来开启新的通用查询日志。新的通用查询日志会直接覆盖旧的查询日志，不需要手动删除。

mysqladmin 命令的语法如下：

```
mysqladmin -u root -p flush-logs
```

在 DOS 命令符下，输入：

```
C:\WINDOWS\system32>mysqladmin -u root -p flush-logs
```

Enter password: ****（root 用户的密码）

执行该命令后，数据库系统会自动覆盖原通用查询日志文件。

12.5.5 慢查询日志

慢查询日志用来记录执行时间超过指定时间的查询语句。通过慢查询日志可以查找出哪些查询语句的执行效率很低，以便进行优化。

1．查看慢查询日志

执行时间超过指定时间的查询语句会被记录到慢查询日志中。慢查询日志也是以文本文件的形式存储的。可以使用普通的文本文件查看器来查看。

使用 show variables 命令来查看慢查询日志，其格式与前面日志文件查看类似。

【例 12-28】 使用命令来查看慢查询日志。

SQL 语句为：

```
show variables like '%slow%';
```

执行语句后，结果如图 12-30 所示。可以看到 slow_query_log 的值为 ON，表明当前慢查询日志是开启的。如果慢查询日志状态是关闭的，可以使用 set 命令将值设为 1 或 ON 即可。

【例 12-29】 查看并设置慢查询日志的查询时间。

使用 long_query_time 参数来设置时间值，单位是秒。

（1）查看 long_query_time 参数默认值。

```
show variables like '%long_query_time%';
```

结果为：

```
+-----------------+-----------+
| Variable_name   | Value     |
+-----------------+-----------+
| long_query_time | 10.000000 |
+-----------------+-----------+
```

慢查询默认规定的查询时间是 10 秒，超过这个时间的查询就是一个慢查询。

（2）设置慢查询的时间为 5 秒。

输入下面命令进行设置：

```
set global long_query_time=5;
set session long_query_time=5;
```

输入命令查看设置结果，SQL 语句为：

```
show variables like '%long_query_time%';
```

执行结果如图 12-31 所示。

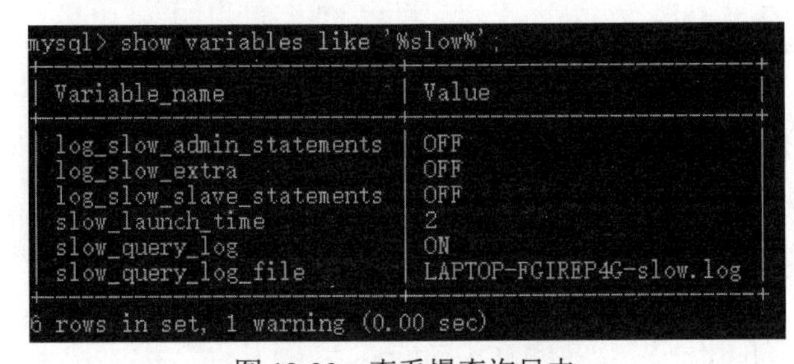

图 12-30 查看慢查询日志

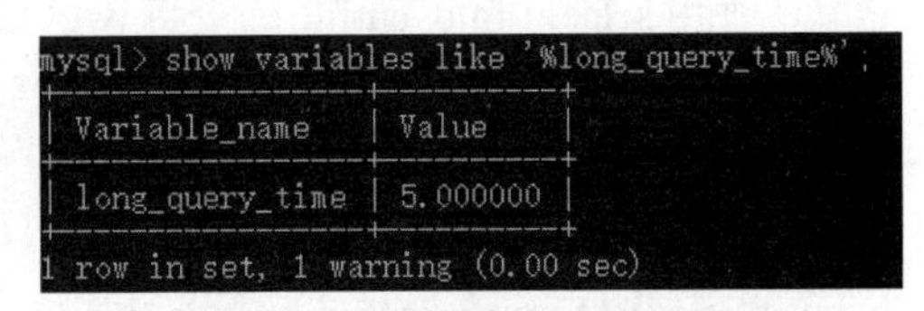

图 12-31 设置慢查询日志的时间

2. 删除慢查询日志

慢查询日志的删除方法与通用查询日志的删除方法是一样的。

可以使用 mysqladmin 命令来删除。也可以使用手工方式来删除。

mysqladmin 命令的语法如下：

```
mysqladmin -u root -p flush-logs
```

在 DOS 命令符下，输入：

```
C:\WINDOWS\system32>mysqladmin -u root -p flush-logs
```

Enter password: ****（root 用户的密码）

执行该命令后，新的慢查询日志会直接覆盖旧的查询日志，不需要手动删除。

12.6 小结

本章对表数据的导入/导出、备份数据库、还原数据库，以及使用 MySQL Workbench 图形工具导入/导出数据及日志文件进行了详细讲解。在实际应用中，通常使用 mysqldump 命令备份数据库，使用 mysql 命令恢复数据库。数据备份和恢复的方法比较多，希望读者能够多加练习。

学习本章之后，读者应该重点掌握如下内容：

- 数据库备份的原因分类。

- 表数据的导入/导出的基本操作。
- 数据库备份的基本格式和操作。
- 数据库还原的基本格式和操作。
- 二进制日志的启用、查看和删除的基本操作。
- 利用二进制日志恢复数据库的过程。
- 掌握错误日志、通用查询日志和慢查询日志的查看和删除等基本操作。

实训 12

1．实训目的

（1）了解备份和恢复数据库的各种方法。

（2）掌握表的导入/导出的基本操作。

（3）掌握数据备份的基本操作。

（4）掌握数据恢复的基本操作。

2．实训准备

复习本章内容。

（1）表数据的导入/导出。

（2）使用 mysqldump 备份数据的方法。

（3）使用 mysql 恢复数据的方法。

3．实训内容

根据 jwgl 数据库，完成下面实训内容。

（1）使用 SQL 语句进行数据的导入和导出。使用 SQL 语句只能备份和恢复表的内容，如果表的结构损坏，则要先恢复表的结构才能恢复数据。

① 使用 select…into outfile 命令将 jwgl 数据库中 kcdmb 表的记录导到文本文件，并存放在 d:/bak 目录中。

代码及运行结果如下：

```
mysql> use jwgl;
Database changed
mysql> select * from kcdmb into outfile 'd:/bak/kcdmb.txt';
Query OK, 9 rows affected (0.00 sec)
```

查看 d:/bak 目录，可以找到备份文件 kcdmb.txt。

注意：使用 select…into outfile 命令，首先需要修改配置文件 my.ini 的 secure-file-priv 参数，将其设置为空字符串，然后重启服务生效。另外，备份文件所在目录必须是存在的，如果没有，需要先创建好，否则会出现以下错误。

```
mysql> select * from kcdmb into outfile 'f:/bak/kcdmb.txt';
ERROR 1 (HY000): Can't create/write to file 'f:\bak\kcdmb.txt' (OS errno 2 - No such file or directory)
```

② 导出 xsjbxxb 表的数据存放到 d:/bak 目录下，要求使用 fields 选项和 lines 选项，字段之间使用逗号“,”间隔，字符型数据使用双引号括起来，每一行的结束符用“$”分隔。

③ 删除 kcdmb 表的数据，并利用（1）题导出数据，使用 load data infile 命令将数据导入 kcdmb 表，并查看数据。

代码及运行结果如下：

```
mysql> delete from kcdmb;
Query OK, 9 rows affected (0.01 sec)
mysql> select * from kcdmb;
Empty set (0.00 sec)
mysql> load data infile 'd:/bak/kcdmb.txt'
    -> into table kcdmb;
Query OK, 9 rows affected (0.01 sec)
Records: 9    Deleted: 0    Skipped: 0    Warnings: 0
```

```
mysql> select * from kcdmb;
+----------+--------------------+-----+----+--------+------+
| kcdm     | kcmc               | xf  | xs | jsh    | kkxy |
+----------+--------------------+-----+----+--------+------+
| 00202117 | 计算机专业英语       | 2.0 | 32 | 030001 | 03   |
| 00202118 | 网络数据库应用技术   | 3.0 | 48 | 030002 | 03   |
| 00202119 | 微机原理与汇编语言   | 2.0 | 32 | 050001 | 05   |
| 00202201 | 微机原理与应用       | 3.0 | 48 | 060001 | 06   |
| 00202202 | 计算机接口技术       | 4.5 | 72 | 070002 | 07   |
| 00202203 | 计算机操作系统技术   | 3.0 | 48 | 090001 | 09   |
| 00202204 | 计算机网络技术       | 3.0 | 48 | 010001 | 01   |
| 00202205 | internet 技术       | 2.0 | 32 | 060001 | 06   |
| 0801d107 | 展示设计理论         | 3.0 | 48 | 010001 | 01   |
+----------+--------------------+-----+----+--------+------+
9 rows in set (0.00 sec)
```

④ 删除 xsjbxxb 表的数据，并利用（2）题导出数据，使用 load data infile 命令将数据导入 xsjbxxb 表，并查看数据。

（2）使用 mysqldump 命令备份数据，将备份文件存放在 d:/bak 目录中。

① 使用 mysqldump 命令备份 jwgl 数据库的所有表。

在 DOS 命令提示符中，输入下面代码：

```
mysqldump -u root -proot jwgl>d:/bak/jwgl_1.sql
```

按回车键执行后，打开 d:/bak 目录，可以找到备份文件 jwgl_1.sql。

② 使用 mysqldump 命令备份 jwgl 数据库的 kcdmb 表。

③ 使用 mysqldump 命令备份 jwgl 数据库的 kcdmb 表、xsjbxxb 表和 xsxkb 表。

④ 使用 mysqldump 命令备份 jwgl 数据库和 bank 数据库。

⑤ 使用 mysqldump 命令备份服务器中的所有数据库。

（3）利用（2）题的备份文件，使用 mysql 命令恢复数据。

① 删除 jwgl 数据库，使用 mysql 命令恢复 jwgl 数据库的所有表。

在 MySQL 命令行客户端中，输入代码：drop database jwgl;。

创建 jwgl 数据库，输入代码：create database jwgl;。

在 DOS 命令提示符中，输入下面代码：

```
mysql -u root -proot jwgl<d:/bak/jwgl_1.sql
```

回到 MySQL 命令行客户端，输入代码：show databases; show tables;命令可以看到 jwgl 数据库已经恢复。

② 删除 kcdmb 表，然后使用 mysql 命令恢复。

③ 删除 kcdmb 表、xsjbxxb 表和 xsxkb 表，然后使用 mysql 命令恢复。

（4）分别查看个人计算机上的二进制日志、错误日志、通用查询日志和慢查询日志。如果日志状态是关闭的，则开启相应的日志文件。试着按照教材的内容来操作各种日志文件。

4．提交实训报告

按照要求提交实训报告作业。

习题 12

一、单选题

1．（　　）备份是在某一次完全备份的基础上，只备份其后数据的变化。

A．比较　　B．检查　　C．增量　　D．二次增量

2．使用 mysqldump 命令备份的文件，用（　　）命令可以恢复。

A．mysqldump　　B．restore　　C．mysql　　D．load data

3．关于 mysqldump 命令的说明不正确的是（　　）。

A．用于转储数据库的程序　　B．用于备份数据库

C．用于恢复数据库　　D．会产生 sql 脚本

4．导出为文本文件正确的方法是（　　）。

A．mysqldump 目标目录 数据库名 数据表

B．mysqldump 数据库名 数据表 >目标目录

C．mysqldump 数据库名 数据表 目标目录

D．mysqldump 数据库名 数据表>>目标目录

5．在 MySQL 命令行窗口中使用（　　）语句将表的内容导出成一个文本文件。

A．SELECT…INTO　　B．SELECT…INTO OUTFILE

C．mysqldump　　D．mysql

6．关于 SELECT…INTO OUTFILE 语句的 OPTION 参数常用的选项描述错误的是（　　）。

A．“FIELDS TERMINATED BY'字符串'”选项用于设置字符串为字段的分隔符。

B．“FIELDS ESCAPED BY'字符'”选项用于设置转义字符。

C．“LINES STARTING BY'字符串'”选项用于设置每行结束的字符。

D．“FIELDS ENCLOSED BY'字符'”选项用于设置括上字段值的字符。

7．使用 mysqldump 命令时，（　　）参数表示导出 xml 格式的文件。

A．-X　　B．-T　　C．-H　　D．-E

二、简答题

1．在 DOS 命令行窗口下使用 mysqldump 命令备份数据库 jwgl 到“D:\bak\jwgl.sql”。数据库用户名和密码都是 root。

2．使用 SELECT INTO...OUTFILE 语句，备份 jwgl 数据库中的所有表的数据到 D:\bak 目录中，要求每个表的数据单独存储。

3．MySQL 数据库备份与恢复的常用方法有哪些?

4．导出满足一定条件的某个表的数据可用哪几种方式？

5．MySQL 的主要日志有哪些，作用分别是什么？

第 13 章　用户和权限管理

学习目标：

- 了解用户和权限。
- 掌握 create user 创建用户的用法。
- 掌握 alter user 设置密码的方法。
- 掌握 grant 授予用户权限的使用方法。
- 掌握 revoke 权限收回的使用。
- 掌握角色权限的授予及收回。

在前面的章节都是通过 root（系统管理员）登录数据库进行相关操作的。在实际工作中，为了保证数据库的安全，数据库管理员会对需要使用数据库的用户分配用户名、密码及操作的权限范围，使用户只能在自己权限范围内操作。

本章介绍用户与权限的相关知识。

13.1　用户与权限

数据库的安全性是指只允许合法用户进行其权限范围内的数据库相关操作，保护数据库以防止任何不合法的使用所造成的数据泄露、更改或破坏。

MySQL 提供了用户认证、授权等方式来实现和维护数据的安全，以避免用户恶意攻击或者越权访问数据库中的数据对象，并能根据不同用户分配在数据库中的权限。也就是说，数据库的安全性措施主要涉及用户认证和访问权限两个方面的问题。

MySQL 用户包括系统用户和普通用户。

root 用户是系统管理员，拥有操作 MySQL 数据库的所有权限。普通用户只拥有创建该用户时所赋予的权限。

在安装 MySQL 数据库时，系统会自动安装一个名为 MySQL 的系统数据库，该数据库主要用于维护数据库的用户及权限的控制和管理。MySQL 系统数据库中包含有关于用户账户和用户持有的权限信息的授权表，分别是 user 表（存储全局权限表）、db 表（存储数据库层级权限表）、tables_priv 表（存储表层级权限表）、columns_priv 表（存储列层级权限表）、procs_priv 表（存储过程和存储函数权限表）等。

当 MySQL 服务启动时，会读取 MySQL 中的权限表，并将表中的数据加载到内存，当用户进行数据库访问操作时，MySQL 会根据权限表中的内容对用户进行相应的权限控制。

13.1.1　user 表

MySQL 中的所有用户信息都保存在 user 表中。user 表是 MySQL 数据库中最重要的一个表。它记录了允许连接到服务器的账号信息及一些全局级的权限信息。user 表账号字段确定是拒绝还是允许传入连接。对于允许的连接，用户表中授予的任何权限都表示用户的全局权限，此表中授予的任何权限都适用于服务器上的所有数据库。

MySQL 8.0.17 版本中 user 表有 51 个字段，这些字段共分为 4 类，分别是账号字段、权限字段、安全字段和资源控制字段。可以通过 desc user;命令来查看 user 表的结构，如图 13-1 所示。

```
mysql> desc user;
+--------------------------+-----------------------------------+------+-----+-----------------------+-------+
| Field                    | Type                              | Null | Key | Default               | Extra |
+--------------------------+-----------------------------------+------+-----+-----------------------+-------+
| Host                     | char(255)                         | NO   | PRI |                       |       |
| User                     | char(32)                          | NO   | PRI |                       |       |
| Select_priv              | enum('N','Y')                     | NO   |     | N                     |       |
| Insert_priv              | enum('N','Y')                     | NO   |     | N                     |       |
| Update_priv              | enum('N','Y')                     | NO   |     | N                     |       |
| Delete_priv              | enum('N','Y')                     | NO   |     | N                     |       |
| Create_priv              | enum('N','Y')                     | NO   |     | N                     |       |
| Drop_priv                | enum('N','Y')                     | NO   |     | N                     |       |
| Reload_priv              | enum('N','Y')                     | NO   |     | N                     |       |
| Shutdown_priv            | enum('N','Y')                     | NO   |     | N                     |       |
| Process_priv             | enum('N','Y')                     | NO   |     | N                     |       |
| File_priv                | enum('N','Y')                     | NO   |     | N                     |       |
| Grant_priv               | enum('N','Y')                     | NO   |     | N                     |       |
| References_priv          | enum('N','Y')                     | NO   |     | N                     |       |
| Index_priv               | enum('N','Y')                     | NO   |     | N                     |       |
| Alter_priv               | enum('N','Y')                     | NO   |     | N                     |       |
| Show_db_priv             | enum('N','Y')                     | NO   |     | N                     |       |
| Super_priv               | enum('N','Y')                     | NO   |     | N                     |       |
| Create_tmp_table_priv    | enum('N','Y')                     | NO   |     | N                     |       |
| Lock_tables_priv         | enum('N','Y')                     | NO   |     | N                     |       |
| Execute_priv             | enum('N','Y')                     | NO   |     | N                     |       |
| Repl_slave_priv          | enum('N','Y')                     | NO   |     | N                     |       |
| Repl_client_priv         | enum('N','Y')                     | NO   |     | N                     |       |
| Create_view_priv         | enum('N','Y')                     | NO   |     | N                     |       |
| Show_view_priv           | enum('N','Y')                     | NO   |     | N                     |       |
| Create_routine_priv      | enum('N','Y')                     | NO   |     | N                     |       |
| Alter_routine_priv       | enum('N','Y')                     | NO   |     | N                     |       |
| Create_user_priv         | enum('N','Y')                     | NO   |     | N                     |       |
| Event_priv               | enum('N','Y')                     | NO   |     | N                     |       |
| Trigger_priv             | enum('N','Y')                     | NO   |     | N                     |       |
| Create_tablespace_priv   | enum('N','Y')                     | NO   |     | N                     |       |
| ssl_type                 | enum('','ANY','X509','SPECIFIED') | NO   |     |                       |       |
| ssl_cipher               | blob                              | NO   |     | NULL                  |       |
| x509_issuer              | blob                              | NO   |     | NULL                  |       |
| x509_subject             | blob                              | NO   |     | NULL                  |       |
| max_questions            | int(11) unsigned                  | NO   |     | 0                     |       |
| max_updates              | int(11) unsigned                  | NO   |     | 0                     |       |
| max_connections          | int(11) unsigned                  | NO   |     | 0                     |       |
| max_user_connections     | int(11) unsigned                  | NO   |     | 0                     |       |
| plugin                   | char(64)                          | NO   |     | caching_sha2_password |       |
| authentication_string    | text                              | YES  |     | NULL                  |       |
| password_expired         | enum('N','Y')                     | NO   |     | N                     |       |
| password_last_changed    | timestamp                         | YES  |     | NULL                  |       |
| password_lifetime        | smallint(5) unsigned              | YES  |     | NULL                  |       |
| account_locked           | enum('N','Y')                     | NO   |     | N                     |       |
| Create_role_priv         | enum('N','Y')                     | NO   |     | N                     |       |
| Drop_role_priv           | enum('N','Y')                     | NO   |     | N                     |       |
| Password_reuse_history   | smallint(5) unsigned              | YES  |     | NULL                  |       |
| Password_reuse_time      | smallint(5) unsigned              | YES  |     | NULL                  |       |
| Password_require_current | enum('N','Y')                     | YES  |     | NULL                  |       |
| User_attributes          | json                              | YES  |     | NULL                  |       |
+--------------------------+-----------------------------------+------+-----+-----------------------+-------+
51 rows in set (0.02 sec)
```

图 13-1　user 表的结构

1. 账号字段

账号字段是指 Host 字段和 User 字段共同组成复合主键，用于区分 MySQL 中的账户。Host 字段标识允许访问客户端的主机地址或 IP 地址，当 Host 的值为“%”时，表示所有客户端的用户都可以访问。User 字段表示用户的名称。authentication_string 字段用于密码字段的验证，可以输入查询语句查看 Host 字段和 User 两个字段的值。

输入代码：

```
mysql> select Host,User from user;
```

运行代码后，结果如图 13-2 所示。

```
mysql> select host ,user from user;
+-----------+------------------+
| host      | user             |
+-----------+------------------+
| localhost | mysql.infoschema |
| localhost | mysql.session    |
| localhost | mysql.sys        |
| localhost | root             |
+-----------+------------------+
4 rows in set (0.00 sec)
```

图 13-2　查看 user 表 Host 字段权限字段和 User 字段的值

从结果中可以看到除默认的 root 账户外，还有三个用户 mysql.infoschema（MySQL 8.0 版本新增，它提供了访问数据库元数据的方式）、mysql.session（插件内部使用来访问服务器）、mysql.sys（用于 sys schema 中对象的定义。使用 mysql.sys 用户可避免 DBA 重命名或者删除 root 用户时发生的问题）。

2. 权限字段

权限字段是指 user 表中提供的以“_priv”结尾的字段，一共有 31 个。这些字段保存了用户的全局权限，这些权限字段的类型都是 enum('N','Y')枚举类型，取值 N 表示该用户没有对应权限，取值 Y 表示该用户有对应权限。为保证数据库的安全，这些字段的默认值都是 N。

3．安全字段

安全字段一共有 13 个字段，主要用于客户端与 MySQL 服务器连接时，进行判断当前连接是否符合 SSL 安全协议、安全证书、密码设置及账号锁定等。

4．资源控制字段

资源控制字段是指 user 表中以“max_”开头的字段，保存对用户可使用的服务器资源的限制，以防止浪费服务器资源。

- max_questions：允许用户每小时执行查询操作的最多次数。
- max_updates：允许用户每小时执行更新操作的最多次数。
- max_connections：允许用户每小时建立连接的最多次数。
- max_user_connections：允许单个用户同时建立连接的最多数量。

13.1.2　db 表

db 表的账号字段（Host、DB、User）组合成复合主键，来确定哪些用户可以从哪些主机访问哪些数据库，剩下的权限字段决定允许的操作。在数据库级别授予的权限适用于数据库和数据库中的所有对象，如表和存储程序。

查看 db 表的结构，输入代码：

```
mysql> desc db;
```

运行代码后，结果如图 13-3 所示。

```
mysql> desc db;
+-----------------------+---------------+------+-----+---------+-------+
| Field                 | Type          | Null | Key | Default | Extra |
+-----------------------+---------------+------+-----+---------+-------+
| Host                  | char(255)     | NO   | PRI |         |       |
| Db                    | char(64)      | NO   | PRI |         |       |
| User                  | char(32)      | NO   | PRI |         |       |
| Select_priv           | enum('N','Y') | NO   |     | N       |       |
| Insert_priv           | enum('N','Y') | NO   |     | N       |       |
| Update_priv           | enum('N','Y') | NO   |     | N       |       |
| Delete_priv           | enum('N','Y') | NO   |     | N       |       |
| Create_priv           | enum('N','Y') | NO   |     | N       |       |
| Drop_priv             | enum('N','Y') | NO   |     | N       |       |
| Grant_priv            | enum('N','Y') | NO   |     | N       |       |
| References_priv       | enum('N','Y') | NO   |     | N       |       |
| Index_priv            | enum('N','Y') | NO   |     | N       |       |
| Alter_priv            | enum('N','Y') | NO   |     | N       |       |
| Create_tmp_table_priv | enum('N','Y') | NO   |     | N       |       |
| Lock_tables_priv      | enum('N','Y') | NO   |     | N       |       |
| Create_view_priv      | enum('N','Y') | NO   |     | N       |       |
| Show_view_priv        | enum('N','Y') | NO   |     | N       |       |
| Create_routine_priv   | enum('N','Y') | NO   |     | N       |       |
| Alter_routine_priv    | enum('N','Y') | NO   |     | N       |       |
| Execute_priv          | enum('N','Y') | NO   |     | N       |       |
| Event_priv            | enum('N','Y') | NO   |     | N       |       |
| Trigger_priv          | enum('N','Y') | NO   |     | N       |       |
+-----------------------+---------------+------+-----+---------+-------+
22 rows in set (0.00 sec)
```

图 13-3　db 表的结构

13.1.3　tables_priv 表和 columns_priv 表

tables_priv 表和 columns_priv 表的字段如表 13-1 所示，与 db 表类似，但具有更小的粒度，即它们应用于表和列级别而不是数据库级别。在表级别授予的权限适用于表及其所有列。在列级别授予的权限仅适用于特定列。

表 13-1　tables_priv 和 columns_priv 表的字段

表　　名	tables_priv 表	columns_priv 表
作用域字段	Host	Host
	Db	Db

续表

表　名	tables_priv 表	columns_priv 表
作用域字段	User	User
	Table_name	Table_name
		Column_name
权限字段	Table_priv	Column_priv
	Column_priv	
其他字段	Timestamp	Timestamp
	Grantor	

tables_priv 表可以对单个表进行权限设置，包含 8 个字段，其中，前 4 个字段 Host、Db、User、Table_name 分别表示主机名、数据库名、用户名和表名，后 4 个字段 Grantor、Timestamp、Table_priv 和 Column_priv 分别表示权限是谁设置的、修改权限的时间、对表进行操作的权限和对列的操作权限。

columns_priv 表可以对单个数据列进行权限设置，包含 7 个字段。前 5 个字段 Host、Db、User、Table_name 和 Column_name 分别表示主机名、数据库名、用户名、表名和列名，后 2 个字段 Timestamp 和 Column_priv 分别表示修改权限的时间和对表中数据列进行操作的权限。

13.1.4　procs_priv 表

procs_priv 表适用于存储例程（存储过程和函数）。在例程级别授予的权限时仅适用于单个过程或函数。

查看 procs_pric 表的结构，输入代码：

```
mysql> desc procs_priv;
```

运行代码后，结果如图 13-4 所示。

```
mysql> desc procs_priv;
+--------------+-------------------------------------------+------+-----+-------------------+-----------------------------------------------+
| Field        | Type                                      | Null | Key | Default           | Extra                                         |
+--------------+-------------------------------------------+------+-----+-------------------+-----------------------------------------------+
| Host         | char(255)                                 | NO   | PRI |                   |                                               |
| Db           | char(64)                                  | NO   | PRI |                   |                                               |
| User         | char(32)                                  | NO   | PRI |                   |                                               |
| Routine_name | char(64)                                  | NO   | PRI |                   |                                               |
| Routine_type | enum('FUNCTION','PROCEDURE')              | NO   | PRI | NULL              |                                               |
| Grantor      | varchar(288)                              | NO   | MUL |                   |                                               |
| Proc_priv    | set('Execute','Alter Routine','Grant')    | NO   |     |                   |                                               |
| Timestamp    | timestamp                                 | NO   |     | CURRENT_TIMESTAMP | DEFAULT_GENERATED on update CURRENT_TIMESTAMP |
+--------------+-------------------------------------------+------+-----+-------------------+-----------------------------------------------+
8 rows in set (0.00 sec)
```

图 13-4　procs_priv 表的结构

procs_priv 表包含 8 个字段，即 Host、Db、User、Routine_name、Routine_type、Grantor、Proc_priv、Timestamp，分别表示主机名、数据库名、用户名、例程的名称、例程的类型、存储权限是谁设置的、拥有的权限和更新的时间。

13.1.5　访问控制过程

当客户端连接 MySQL 服务器时，可经历两个访问控制阶段：连接验证阶段和请求验证阶段。

1．连接验证阶段

当用户尝试连接到 MySQL 服务器时，服务器会根据以下条件接受或拒绝连接。

（1）用户的身份可以通过提供正确的密码来验证。

（2）用户的账号是锁定还是解锁。

服务器首先检查凭证，然后检查账号锁定状态。任何一个步骤的失败都会导致服务器完全拒绝对用户的访问。否则，服务器接受连接，然后进入第 2 阶段并等待请求。

使用三个执行凭证检查 user 表账号字段（Host、User 和 authentication_string）。锁定状态记录在 user 表的 account_locked 列中。服务器仅在当某些 user 表行中的 Host 列和 User 列与客户端主机名和用户名匹配，客户端提供该行中指定的密码，并且 account_locked 值为“N”时，服务器才接受连接。

2．请求验证阶段

在请求验证阶段，服务器会检查用户是否有足够的权限执行每项操作。

建立连接后，服务器进入访问控制的第 2 阶段。对于通过该连接发出的每个请求，服务器将确定要执行的操作，然后检查用户是否有足够的权限执行该操作。这就是权限表中的权限字段发挥作用的地方。这些权限可以来自 user 表、db 表、tables_priv 表、columns_priv 表或 procs_priv 表中的任何一个。

MySQL 接受到用户的操作请求时，首先确认用户是否有权限。检查 user 表，即先检查全局权限表 user，如果 user 表中对应的权限为“Y”，则此用户对所有数据库的权限都为“Y”，将不再检查 db 表、tables_priv 表、columns_priv 表；如果为“N”，则再从 db 表中检查此用户对应的具体数据库，并得到 db 表中的“Y”的权限；如果 db 表中为“N”，则检查 tables_priv 表及 columns_priv 表中此数据库对应的具体表，取得表中的权限“Y”，以此类推。如果所有权限表都检查完毕，依旧没有找到允许的权限操作，MySQL 服务器将返回错误信息，用户操作不能执行，操作失败。

13.2 用户管理

MySQL 用户包括普通用户和系统用户，其权限是不一样的。root 用户是系统管理员，拥有所有权限。

从 MySQL 8.0.16 版本开始，MySQL 引入了基于 SYSTEM_USER 权限的用户账号类别的概念。

结合用户账号类别的概念，可根据系统用户和普通用户是否具有 SYSTEM_USER 权限来进行区分。

系统用户：具有 SYSTEM_USER 权限的用户。

普通用户：没有 SYSTEM_USER 特权的用户。

系统用户可以修改系统账号和普通账号。系统账号只能由具有适当权限的系统用户修改，而不能由普通用户修改。

具有适当权限的普通用户可以修改普通账号，但不能修改系统账号。普通账号可以由具有适当权限的系统用户和普通用户修改。

13.2.1 添加普通用户

在 MySQL 数据库中，可以使用 CREATE USER 语句添加一个或多个用户，并设置相应的密码。CREATE USER 语句创建新的 MySQL 用户，可允许为其建立身份验证、角色、SSL/TLS、资源限制和密码管理属性，并控制账号最初是锁定还是解锁的。

要使用 CREATE USER 语句，必须具有全局 CREATE USER 权限或 MySQL 系统数据库的 INSERT 权限。启用只读系统变量时，CREATE USER 语句还需要 CONNECTION_ADMIN 或 SUPER 的权限。

基本语法格式为：

```
CREATE USER [IF NOT EXISTS]
    user [auth_option] [, user [auth_option]] ...
    DEFAULT ROLE role [, role ] ...
    [REQUIRE {NONE | tls_option [[AND] tls_option] ...}]
    [WITH resource_option [resource_option] ...]
    [password_option | lock_option] ...
```

参数说明如下。

（1）user：用户，由用户名和主机名组成，格式为 'user_name'@'host_name'。

- 主机名默认时，主机名的值为“%”，表示任何主机。如"me"等效于'me'@'%' 。主机名为 localhost 时，表示本地主机，其值为空字符串（''）时，表示所有客户端。
- 如果用户名和主机名是合法的，则无须用引号引起来，但是必须使用引号来指定 user_name 包含特殊字符的字符串（如空格或-），或 host_name 包含特殊字符或通配符的字符串（如.或%）。
- 用户名和主机名部分（如果带引号）必须要用引号分开。也就是说，'me'@'localhost'不要写成'me@localhost'。后者实际等效于'me@localhost'@'%'。

（2）auth_option：用户身份验证选项，下面几种情况可选其一。

- IDENTIFIED BY 'auth_string'：使用默认用户身份验证插件（caching_sha2_password），auth_string 为明文密码字符串，使用默认身份验证插件将字符串加密，并将结果存储在 mysql.user 系统表中。
- IDENTIFIED WITH auth_plugin：使用指定的身份验证插件 auth_plugin 对空字符串（未设置用户密码）进行加密。
- IDENTIFIED WITH auth_plugin BY 'auth_string'：将用户身份验证插件设置为 auth_plugin，并将明文“auth_string”值传递给插件以进行可能的哈希运算，并将结果存储在 mysql.user 系统表中。
- IDENTIFIED WITH auth_plugin AS 'hash_string'：指定身份验证插件，并将密码以哈希字符串值格式显示。从 MySQL 8.0.17 版本开始，散列字符串可以是字符串文本或十六进制值。如果身份验证插件不执行身份验证字符串的哈希运算，则 BY'auth_string'子句与 AS 'auth_string'子句具有相同的效果。

（3）DEFAULT ROLE role：默认角色（无），role 指角色。本章后续将详细介绍。

（4）tls_option：加密选项，默认是无。

（5）resource_option：资源限制选项。默认是无限，可以从下列值中选取一个或多个。

- MAX_QUERIES_PER_HOUR count：每小时最大查询数。
- MAX_UPDATES_PER_HOUR count：每小时最大更新数。
- MAX_CONNECTIONS_PER_HOUR count：每小时最大连接数
- MAX_USER_CONNECTIONS count：最大用户连接数。

（6）password_option：密码管理选项。

- PASSWORD EXPIRE [DEFAULT | NEVER | INTERVAL N DAY]：密码过期[默认过期|从不过期|间隔 N 天后过期]。
- PASSWORD HISTORY {DEFAULT | N}：密码历史记录{默认|N 个}。
- PASSWORD REUSE INTERVAL {DEFAULT | N DAY}：密码重用间隔{默认值|N 天}。
- PASSWORD REQUIRE CURRENT [DEFAULT | OPTIONAL]：需要当前密码{默认值|可选}。
- FAILED_LOGIN_ATTEMPTS N：失败的登录尝试 N 次。
- PASSWORD_LOCK_TIME {N | UNBOUNDED}：密码锁定时间{N 天|无限}。

（7）lock_option: 账号锁定选项，有 ACCOUNT LOCK（账号锁定）或 ACCOUNT UNLOCK（账号解锁）两种情况。

1．创建最简单的用户

如果不指定主机地址，则将采用%（任意主机）。

基本语法格式为：

```
create user '用户名'@'主机地址';
```

【例 13-1】 添加一个新的用户 xulixia，不指定主机和密码。

SQL 语句为：

```
create user 'xulixia';
```

执行语句后，在 mysql.user 表中进行查询，输入代码为：

```
mysql> select host,user,plugin,authentication_string from user
    -> where user='xulixia';
```

执行结果如图 13-5 所示。用户的 host 值为'%'，authentication_string（加密后的密码）值为''。

```
mysql> select host,user,plugin,authentication_string from user
    -> where user='xulixia';
+------+---------+-----------------------+-----------------------+
| host | user    | plugin                | authentication_string |
+------+---------+-----------------------+-----------------------+
| %    | xulixia | caching_sha2_password |                       |
+------+---------+-----------------------+-----------------------+
1 row in set (0.00 sec)
```

图 13-5　查看新用户“xulixia”的信息

注意：在创建用户时，若不指定主机地址、密码及相关的用户选项，则表示此用户在访问 MySQL 服务器时，不限定客户端、不需要密码。

2．创建含有密码的用户

创建含有密码的用户，需要用到 IDENTIFIED BY 子句。

基本语法格式为：

```
create user '用户名'@'主机地址' identified [with '身份验证插件类型'] by '密码';
```

【例 13-2】 创建 3 个用户。用户 zhang，不指定主机，密码为 123456。用户 zhangsan，主机名为 localhost，密码为 123456。用户 wang，主机名为 202.206.5.10，密码为 123456。

（1）创建新用户 zhang，SQL 语句为：

```
create user 'zhang'identified by '123456';
```

（2）创建新用户 zhangsan，SQL 语句为：

```
create user zhangsan@localhost identified by '123456';
```

（3）创建新用户 wang，主机名为 202.206.5.10，密码为 123456。

```
create user 'wang'@'202.206.5.10' identified by '123456';
```

执行上述 3 条语句后，在 mysql.user 表中进行查询，输入代码为：

```
mysql> select host,user,authentication_string from user
    -> where user='zhang'or user='zhangsan' or user='wang';
```

执行结果如图 13-6 所示。用户 zhang 的 host 值为%，zhangsan 的 host 值为 localhost，wang 的 host 值为 202.206.5.10。由于 wang 的 host 值是具体的某个 IP 地址，表明 wang 只能通过客户端访问特定的 IP 为 202.206.5.10 的 MySQL 服务器。authentication_string 字段（加密后的密码）值均不为空。

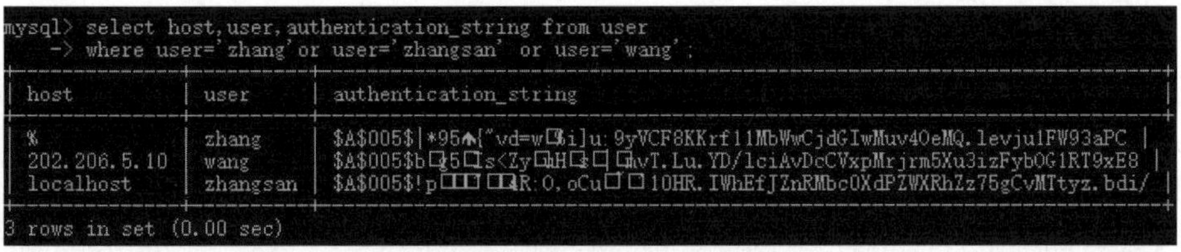

```
mysql> select host,user,authentication_string from user
    -> where user='zhang'or user='zhangsan' or user='wang';
+--------------+----------+-----------------------------------------------------------------------+
| host         | user     | authentication_string                                                 |
+--------------+----------+-----------------------------------------------------------------------+
| %            | zhang    | $A$005$|*95▲{"vd=w□%i]u:9yVCF8KKrf11MbWwCjdGIwMuv40eMQ.levju1FW93aPC |
| 202.206.5.10 | wang     | $A$005$b□5□s<Zy□H□□ □vT.Lu.YD/1ciAvDcCVxpMrjrm5Xu3izFyb0G1RT9xE8 |
| localhost    | zhangsan | $A$005$!p□□□ □R:0.oCu□ □10HR.IWhEfJZnRMbc0XdPZWXRhZz75gCvMTtyz.bdi/ |
+--------------+----------+-----------------------------------------------------------------------+
3 rows in set (0.00 sec)
```

图 13-6　查看 3 个用户的信息

注意：创建用户时，用户主机名可以将引号省略。如果两个用户具有相同的用户名但主机不同，MySQL 将其视为不同的用户，允许为这两个用户分配不同的权限集合。如果没有输入密码，那么 MySQL 允许相关的用户不使用密码登录。但是从安全的角度并不推荐这种做法。

【例 13-3】 创建用户 test1，指明验证密码的插件名为 mysql_native_password，指定密码为 123456。

指定密码验证插件需要使用 IDENTIFIED WITH 语句。

SQL 语句为：

```
create user 'test1'@'localhost'
  identified with 'mysql_native_password' by '123456';
```

执行语句后，在 mysql.user 表中进行查询，输入代码为：

```
mysql> select host,user,plugin,authentication_string from user
    -> where user='test1';
```

执行结果如图 13-7 所示。用户 test1 的 plugin 字段值为 mysql_native_password，authentication_string 字段的值为使用密码验证插件 mysql_native_password 将密码 123456 加密后的字符串。

```
mysql> select host,user,plugin,authentication_string from user
    -> where user='test1';
+-----------+-------+-----------------------+-------------------------------------------+
| host      | user  | plugin                | authentication_string                     |
+-----------+-------+-----------------------+-------------------------------------------+
| localhost | test1 | mysql_native_password | *6BB4837EB74329105EE4568DDA7DC67ED2CA2AD9 |
+-----------+-------+-----------------------+-------------------------------------------+
1 row in set (0.00 sec)
```

图 13-7　查看用户 test1 的信息

【例 13-4】 创建使用默认身份验证插件和给定密码的用户，将密码标记为过期，以便用户必须在第一次连接到服务器时设置新密码。

SQL 语句及执行结果为：

```
mysql> create user user1@localhost identified by '111111' password expire;
Query OK, 0 rows affected (0.01 sec)
```

这种情况下，用户 user1 第一次登录 MySQL 服务器，执行任何命令都会出现如下提示：

```
ERROR 1820 (HY000): You must reset your password using ALTER USER statement before executing this statement.
```

验证用户 user1 登录后，执行 show databases;命令，结果如图 13-8 所示。

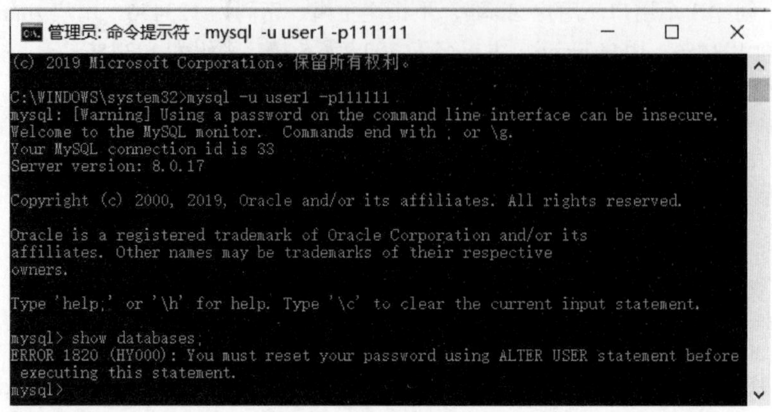

图 13-8 验证密码过期

要解决这个问题就必须修改密码。

【例 13-5】 创建一个用户，必须使用有效的 X.509 证书进行连接，每小时最多允许 60 次查询，密码更改不能重用 5 个最新密码中的任何一个。

SQL 语句及执行结果为：

```
mysql> create user user2@localhost identified by 'abcd111'
    -> require x509
    -> password history 5
    -> account lock;
Query OK, 0 rows affected (0.01 sec)
```

由于用户账号最初被锁定，实际上是没有连接到服务器的，只有管理员解除锁定后才能使用。尝试登录结果如下：

```
C:\WINDOWS\system32>mysql -u user2 -p222222
mysql: [Warning] Using a password on the command line interface can be insecure.
ERROR 1045 (28000): Access denied for user 'user2'@'localhost' (using password: YES)
```

【例 13-6】 创建用户 user3，要求每小时最多查询 500 次，以及最多更新 100 次。

SQL 语句及执行结果为：

```
mysql> create user user3@localhost
    -> with MAX_QUERIES_PER_HOUR 500 MAX_UPDATES_PER_HOUR 100;
Query OK, 0 rows affected (0.01 sec)
```

13.2.2 普通用户修改自己的密码

如果以非匿名用户身份连接，则可以使用 USER()更改自己的密码。

基本语法格式为：

```
ALTER USER USER() IDENTIFIED BY 'password';
```

要查看服务器验证当前登录用户，可以调用 CURRENT_USER()。

【例 13-7】 将当前用户 test1 的密码改为 111111。

SQL 语句为：

```
select current_user();
alter user user() identified by '111111';
```

执行上述两条命令后，结果如图 13-9 所示。

```
管理员: 命令提示符 - mysql  -u test1 -p123456
mysql> select current_user();
+----------------+
| current_user() |
+----------------+
| test1@localhost |
+----------------+
1 row in set (0.00 sec)

mysql> alter user user() identified by '111111';
Query OK, 0 rows affected (0.02 sec)

mysql>
```

图 13-9　修改当前用户 test1 的密码

13.2.3　root 用户修改自己的密码和普通用户的密码

修改用户信息的基本语法格式为：

```
ALTER USER [IF EXISTS]
    user [auth_option] [, user [auth_option]] ...
    [REQUIRE {NONE | tls_option [[AND] tls_option] ...}]
    [WITH resource_option [resource_option] ...]
    [password_option | lock_option] ...
```

其中参数的含义与 CREATE USER 中的参数一样。使用 ALTER USER 语句可以修改用户身份验证插件、用户密码、角色、SSL/TLS、资源限制和密码管理属性，账号锁定。下面将介绍密码信息的修改，其他信息的修改读者可以自己动手试一试。

1．修改 root 账号密码

root 用户修改自己的密码，有两种方法。

（1）使用 ALTER USER USER()修改密码

基本语法格式为：

```
ALTER USER USER() IDENTIFIED BY 'password';
```

【例 13-8】 修改 root 账号的密码为 123456。

SQL 语句为：

```
alter user user() identified by '123456';
```

执行命令后，结果如图 13-10 所示。

root 用户使用修改后的密码登录，结果如图 13-11 所示，说明密码修改成功。

```
mysql> select current_user();
+----------------+
| current_user() |
+----------------+
| root@localhost |
+----------------+
1 row in set (0.00 sec)

mysql> alter user user() identified by '123456';
Query OK, 0 rows affected (0.01 sec)
```

图 13-10　root 用户修改自己的密码

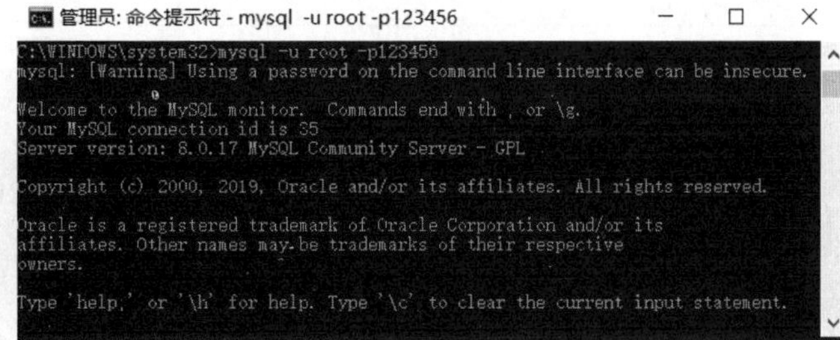

图 13-11　root 用户修改密码后要重新登录

（2）使用 mysqladmin 命令修改 root 用户密码

基本语法为：

```
mysqladmin -u username -h hostname -p password "newpassword"
```

其中，username 通常是指 root，password 是关键字，"newpassword"是指新密码，此处只能用双引号。

【例 13-9】 使用 mysqladmin 命令修改 root 用户的密码，将密码改成 root。

在 DOS 命令行提示符下，输入命令：

```
mysqladmin -u root -p password "root"
```

Enter password: ******（此时输入 root 的旧密码是 123456）

执行后，root 用户的密码就修改成 root 了。

以 root 用户登录进行验证，密码修改成功。如图 13-12 所示。

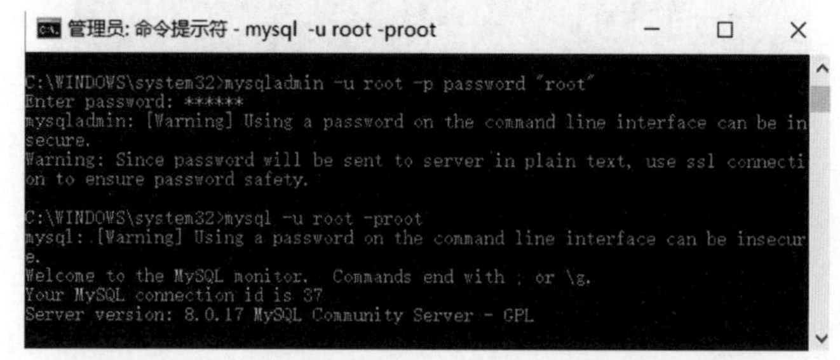

图 13-12　使用 mysqladmin 修改密码后的登录验证

2．修改普通用户的密码

（1）root 用户修改普通用户的密码，可以使用 ALTER USER 命令进行修改。

基本语法格式为：

```
ALTER USER 用户名 IDENTIFIED BY '明文密码';
```

【例 13-10】 修改用户 test1 的密码为 test123456。

SQL 语句为：

```
alter user test1@localhost identified by 'test123456';
```

在 DOS 命令行提示符下，输入 mysql -u test1 -ptest123456 命令，验证登录成功，说明密码修改成功。结果如图 13-13 所示。

（2）使用 SET PASSWORD 命令修改用户密码。

root 用户也可以使用 SET PASSWORD 来修改普通用户的密码。

基本语法格式为：

```
SET PASSWORD FOR 用户='new_password';
```

其中，用户格式为用户名@主机名，new_password 为用户设置的新密码。

【例 13-11】 将用户 zhangsan 的密码改为 111111。

SQL 语句为：

```
set password for zhangsan@localhost='111111';
```

语句执行后，在 DOS 命令行提示符下，输入 mysql -u zhangsan -p111111 命令，验证登录成功，则说明密码修改成功，结果如图 13-14 所示。

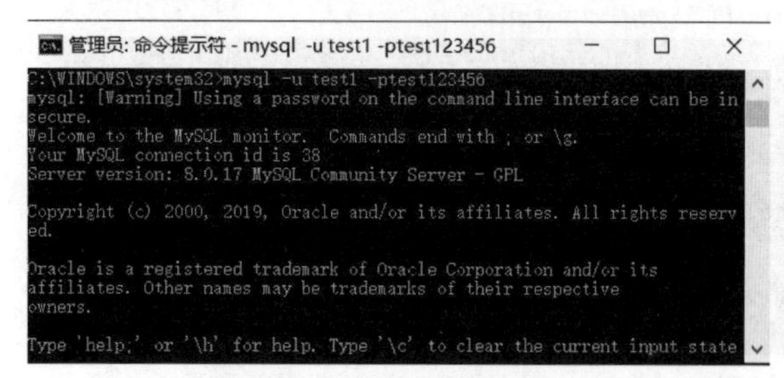

图 13-13　登录验证 test1 用户

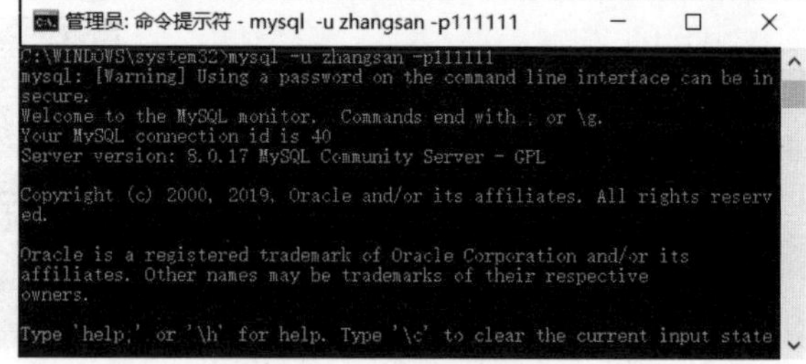

图 13-14　登录验证

特别提醒：系统用户和普通用户都不可以使用 update 命令修改密码。

例如，使用 update 命令修改用户 zhangsan 的密码为 123456。

SQL 语句为：

```
update user set authentication_string='123456' where user='zhangsan';
```

执行 SQL 语句后，查询 user 表，输入命令及执行结果为：

```
mysql> select host,user,authentication_string from user
    -> where user='zhangsan';
+-----------+---------+----------------------+
| host      | user    | authentication_string |
+-----------+---------+----------------------+
```

```
| localhost | zhangsan | 123456                |
+-----------+----------+-----------------------+
1 row in set (0.00 sec)
```

可以看到密码已经改为 123456，但是输入 flush privileges;语句进行登录验证时，却无法登录。结果如图 13-15 所示。

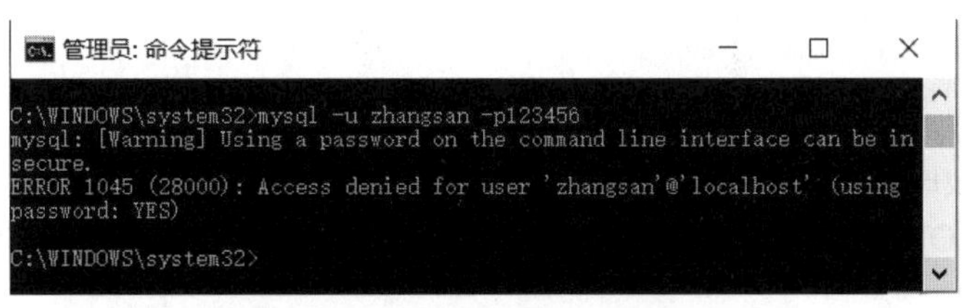

图 13-15　修改密码后登录失败

当再使用下面语句：

```
mysql> alter user zhangsan@localhost identified by '111111';
ERROR 1396 (HY000): Operation ALTER USER failed for 'zhangsan'@'localhost'
```

修改密码会一直报错。

所以，在 MySQL8.0 版本中应使用 alter 修改用户密码，因为该版本的加密方式为 caching_sha2_password，如果使用 update 修改密码会给 user 表中用户（系统用户或普通用户）的 authentication_string 字段设置明文密码值，刷新之后，则用户无法登录。因为 authentication_string 字段只能是 MySQL 加密后的字符串密码，否则就会报格式错误。因此，当使用 alter user 修改密码时就会一直报错。

解决办法：必须先使用 update 语句清空 authentication_string 字段，然后再修改密码。

```
update user set authentication_string='' where user='用户名';
flush privileges;
ALTER USER 用户名 IDENTIFIED WITH mysql_native_password BY '你的密码';
```

13.2.4　修改用户名

可以使用 RENAME USER 语句来修改一个已经存在的 MySQL 用户名。

基本语法格式：

```
RENAME USER 老用户 TO 新用户 [, ... ]
```

说明：要使用 RENAME USER，必须拥有全局 CREATE USER 权限或 MySQL 数据库 UPDATE 权限。如果旧用户不存在或者新用户已存在，则会出现错误。

【例 13-12】 将用户 test1 的名字修改为 test。

```
rename user test1@localhost to test@localhost;
```

也可以通过使用 update 语句修改 mysql.user 表的记录方式来修改用户名。

【例 13-13】 使用 update 命令，将 test 用户名重新改为 test1。

输入命令及执行结果为：

```
mysql> update mysql.user set user='test1' where user='test';
Query OK, 1 row affected (0.01 sec)
Rows matched: 1  Changed: 1  Warnings: 0
mysql> flush privileges;
Query OK, 0 rows affected (0.01 sec)
```

注意：root 用户也可以使用 update 来修改用户名，其中 flush privileges;语句用来刷新权限，此处不可省。如果省略当下一次使用新用户名 test1 登录时，会发现无法登录，这是因为没有刷新权限。

13.2.5　删除普通用户

在 MySQL 数据库中，可以使用 DROP USER 语句来删除普通用户，也可以直接在 mysql.user 表中删除。

（1）使用 DROP USER 语句来删除普通用户

基本语法格式为：

```
DROP USER [IF EXISTS] user [, user] ...
```

注意：DROP USER 语句用于删除一个或多个 MySQL 用户，中间用逗号分隔，并取消其权限。

【例 13-14】 删除用户 wang。

SQL 语句为：

```
drop user wang@202.206.5.10;
```

执行语句后，输入查询命令验证结果：

```
mysql> select host,user from mysql.user
    -> where user='wang';
Empty set (0.01 sec)
```

用户 wang 已经被成功删除。

注意：要使用 DROP USER 语句，必须拥有 MySQL 数据库的全局 CREATE USER 权限或 DELETE 权限。

（2）使用 DELETE 命令来删除普通用户

【例 13-15】 删除用户 zhang。

SQL 语句为：

```
delete from mysql.user where user='zhang';
```

执行语句后，输入查询命令验证结果：

```
mysql> select host,user from mysql.user
    -> where user='zhang';
Empty set (0.01 sec)
```

用户 zhang 已经被成功删除。

注意：使用 DROP USER 语句删除用户时，同 DELETE 语句直接修改权限表的效果是一样的。而且采用封装好的语句肯定不会出错，如果直接修改权限表，难免会漏掉某些表（全局权限表 user、数据库级权限表 db 等），所以推荐使用 DROP USER 语句来删除用户。

13.2.6 MySQL 8 中 root 用户密码丢失的解决办法

在 Windows 操作系统中，使用以下过程重置 MySQL 数据库中"root"@"localhost"用户的密码。要更改具有不同主机名部分的 root 用户的密码，应修改主机名。

步骤如下。

（1）以管理员身份登录到系统。

（2）如果 MySQL 服务器正在运行，应停止它。对于作为 Windows 服务运行的服务器，选择“开始”→“控制面板”→“管理工具”→“服务”，在列表中找到 MySQL 服务并将其停止。

如果服务器未作为服务运行，则可能需要使用任务管理器强制其停止。

（3）在单行上创建包含密码分配语句的文本文件，语句如下：

```
ALTER USER 'root'@'localhost' IDENTIFIED BY 'MyNewPass';
```

将 MyNewPass 替换成要使用的密码。

（4）保存文件。假设将文件命名为 C:\ mysql-init.txt。

（5）打开控制台窗口进入 DOS 命令提示符，选择“开始”的“运行”选项，然后输入 cmd 作为要运行的命令。

（6）启动 MySQL 服务器，并将 init_file 系统变量设置为文件名（选项值中的反斜杠是两个）。

在 DOS 命令提示符输入下面两条命令：

① C:\> cd "C:\Program Files\MySQL\MySQL Server 8.0\bin";

② C:\> mysqld --init-file=C:\\mysql-init.txt。

注意：

- 如果将 MySQL 安装到其他位置，则需要相应调整 cd 命令。
- 服务器在启动时执行由 init_file 系统变量命名的文件内容，并更改"root"@"localhost"用户密码。
- 要使服务器输出显示在控制台窗口而不是日志文件中，应将--console 选项添加到 mysqld 命令中，改为 mysqld --console --init-file=C:\\mysql-init.txt。

- 如果是使用 MySQL 安装向导安装的 MySQL，则需要指定--defaults-file 文件选项，将之改为：

C:\> mysqld --defaults-file="C:\\ProgramData\\MySQL\\MySQL Server 8.0\\my.ini" --init-file=C:\\mysql-init.txt

使用服务管理器找到--defaults-file 设置：选择“开始”→“控制面板”→“管理工具”→“服务”。在列表中找到 MySQL 服务，右击，选择“属性”选项，在“常规”选项卡下的“可执行文件路径”字段包含--defaults-file 设置。

（7）服务器成功启动后，删除 C:\ mysql-init.txt。

现在可以使用新密码以 root 身份连接 MySQL 服务器了。停止 MySQL 服务器并正常重启。如果将服务器作为服务运行，可从“Windows 服务”窗口启动。如果手动启动服务器，可参考 3.3 节的内容。

若 root 用户密码丢失，也可以使用--skip-grant-tables 参数跳过授权表，重新设置 root 用户密码，其步骤如下。

（1）停止 MySQL 服务器

首先关闭 MySQL 服务器，可以使用 net stop mysql80 关闭服务，也可以在本地服务中关闭。

（2）mysqld --skip-grant-tables 启动 MySQL 服务

以管理员权限打开 DOS 命令提示符，输入以下命令开启服务，并绕过权限检查。

```
mysqld --console --skip-grant-tables --shared-memory
```

（3）mysql -u root 命令重新登录

启动另一个 DOS 命令提示符，输入 mysql -u root 命令登录，接着输入以下命令将 root 密码置为空：

```
UPDATE mysql.user SET authentication_string='' WHERE user='root' and host='localhost';
```

（4）重新设置 root 用户密码

关闭两个 DOS 命令提示符，重新启动 MySQL 服务，并输入 mysql -u root 命令登录，通过以下命令设置 root 用户的密码：

```
ALTER USER 'root'@'localhost' IDENTIFIED BY 'your password';
```

其中 your password 为要设置的密码。

13.3 权限管理

权限管理指的是对登录到数据库的用户进行权限验证，只允许其操作权限范围内的事情。所有用户的权限信息都存储在 MySQL 的权限表中，如 mysql.user 表、mysql.db 表等。在 MySQL 启动时，服务器会将数据库中的各种权限信息读入内存，确定用户可进行的操作。为用户分配合理的权限可以有效保证数据库的安全性，不合理的授权会使数据库存在安全隐患。出于安全因素考虑，一般只授予用户能满足需要的最小权限。

13.3.1 MySQL 的各种权限

MySQL 的权限类型分为全局级、数据库级、表级、列级和例程（存储过程和函数）级。用户权限都存储在 MySQL 系统数据库的权限表中，如表 13-2 所示。

表 13-2 MySQL 数据库中与权限相关的表

数据表	描述
user	保存用户被授予的全局（用户级）权限
db	保存用户被授予的数据库权限
tables_priv	保存用户被授予的表权限
columns_priv	保存用户被授予的列权限
procs_priv	保存用户被授予的存储过程权限
proxies_priv	保存用户被授予的代理权限

（1）全局级（用户级）权限：和 MySQL 所有的数据库相关。
（2）数据库级权限：和一个具体的数据库中的所有表相关。
（3）表级权限：和一个具体表中的所有数据相关。
（4）列级权限：和表中的一个具体列相关。
（5）例程级权限。这些权限可以被授予为全局级和数据库级，也可以被授予为例程级。
在表 13-3 中显示了 grant 语句和 revoke 语句中使用的静态权限名称，以及与权限表中的每个权限相关联的列名和应用权限的环境。

表 13-3　grant 和 revoke 可用的静态权限

权　限	对应权限表列	描　述
ALL [PRIVILEGES]	同“all privileges”	在给定权限级别上可用的所有权限（GRANT OPTION 除外）
ALTER	Alter_priv	允许使用 ALTER TABLE
ALTER ROUTINE	Alter_routine_priv	更改或删除存储例程（存储过程和函数）
CREATE	Create_priv	允许使用创建新数据库和表的语句
CREATE ROLE	Create_role_priv	允许使用 create role
CREATE ROUTINE	Create_routine_priv	允许使用创建存储例程（存储过程和函数）
CREATE TABLESPACE	Create_tablespace_priv	允许使用创建、更改或删除表空间和日志文件组的语句
CREATE TEMPORARY TABLES	Create_tmp_table_priv	创建临时表
CREATE USER	Create_user_priv	允许使用 ALTER USER、CREATE ROLE、CREATE USER、DROP ROLE、DROP USER、RENAME USER 和 REVOKE ALL PRIVILEGES
CREATE VIEW	Create_view_priv	创建视图
DELETE	Delete_priv	允许使用 delete
DROP	Drop_priv	允许从数据库中的表中删除行
DROP ROLE	Drop_role_priv	允许使用 DROP ROLE
EVENT	Event_priv	允许使用为事件计划程序创建、更改、删除或显示事件的语句
EXECUTE	Execute_priv	允许使用执行存储例程（存储过程和函数）的语句
FILE	File_priv	允许使用 select…into outfile 和 load data infile
GRANT OPTION	Grant_priv	用户能够向其他用户授予或从其他用户撤销该用户拥有的特权
INDEX	Index_priv	允许使用创建或删除索引的语句
INSERT	Insert_priv	允许使用 INSERT 语句
LOCK TABLES	Lock_tables_priv	允许使用 LOCK TABLES 语句来锁定该用户具有 SELECT 权限的表
PROCESS	Process_priv	允许显示有关服务器内执行的线程信息
PROXY	proxies_priv	允许一个用户模拟或成为另一个用户
REFERENCES	References_priv	创建外键约束需要父表的 REFERENCES 特权
RELOAD	Reload_priv	允许使用 flush 语句
REPLICATION CLIENT	Repl_client_priv	允许使用 SHOW MASTER STATUS、SHOW SLAVE STATUS 和 SHOW BINARY LOGS 的语句
REPLICATION SLAVE	Repl_slave_priv	允许账户使用 SHOW SLAVE HOSTS、SHOW RELAYLOG EVENTS 和 SHOW BINLOG EVENTS 的语句请求对主服务器上的数据库进行的更新
SELECT	Select_priv	允许使用 select
SHOW DATABASES	Show_db_priv	允许使用 SHOW DATABASES

续表

权　限	对应权限表列	描　述
SHOW VIEW	Show_view_priv	允许使用 SHOW CREATE VIEW 语句
SHUTDOWN	Shutdown_priv	启用 SHUTDOWN 语句和 RESTART 语句、mysqladmin shutdown 命令和 mysql_shutdown()C API 函数
SUPER	Super_priv	已弃用，将在 MySQL 的未来版本中删除
TRIGGER	Trigger_priv	创建、删除、执行或显示该表的触发器
UPDATE	Update_priv	允许在数据库的表中更新行
USAGE	同"no privileges"	"无权限"的同义词

13.3.2　授予权限和查看权限

授权就是为用户赋予一些需要的合理权限。通过查询 mysql.user 表的字段就可以知道 MySQL 中都有哪些权限，凡是字段名为*_priv 的都是权限，如 Select_priv 表示查询权限。

在 MySQL 中使用 GRANT 语句只能对已存在的用户授权，如果授权的用户不存在，则会出现错误。

基本语法格式为：

```
GRANT priv_type [(column_list)] [, priv_type [(column_list)]] ...
    ON [object_type] priv_level
    TO user_or_role [, user_or_role] ...
    [WITH GRANT OPTION]
```

参数说明如下。

- priv_type：表示用户的权限，如 SELECT、UPDATE。
- column_list：列名。
- object_type：（如果存在）应指定为表、函数或过程。
- priv_level：表示用户的权限范围。
- user_or_role：表示用户或角色，用户由用户名和主机名组成。
- WITH GRANT OPTION：表示该用户可以将自己拥有的权限授权给其他用户。

1．查看新用户的权限

用户可以通过 SHOW GRANTS 语句查看拥有哪些权限，当然如果有对 MySQL 系统数据库的访问权限也可以直接查询权限表。

基本语法格式为：

```
SHOW GRANTS [FOR user_or_role];
```

说明：user_or_role 表示用户或角色。

SHOW GRANTS;语句表示查看当前用户的权限，也可以表示成：

```
SHOW GRANTS FOR CURRENT_USER;
```

或者

```
SHOW GRANTS FOR CURRENT_USER();
```

【例 13-16】 创建新用户 zhang，查看其权限并验证。

（1）创建用户 zhang

```
create user zhang@localhost identified by '123456';
```

（2）查看用户 zhang 的权限

```
show grants for zhang@localhost;
```

执行语句后，结果如图 13-16 所示，可以看到 zhang 的权限是 USAGE（无权限）。

（3）验证权限

在 DOS 命令提示符下，输入 mysql -u zhang -p123456 命令，然后在 MySQL 客户端，输入 use jwgl;命令。

执行结果如图 13-17 所示。可以看到新用户是没有权限访问 jwgl 数据库的。

```
mysql> show grants for zhang@localhost;
+-----------------------------------------+
| Grants for zhang@localhost              |
+-----------------------------------------+
| GRANT USAGE ON *.* TO `zhang`@`localhost` |
+-----------------------------------------+
1 row in set (0.00 sec)
```

图 13-16　新用户 zhang 的权限

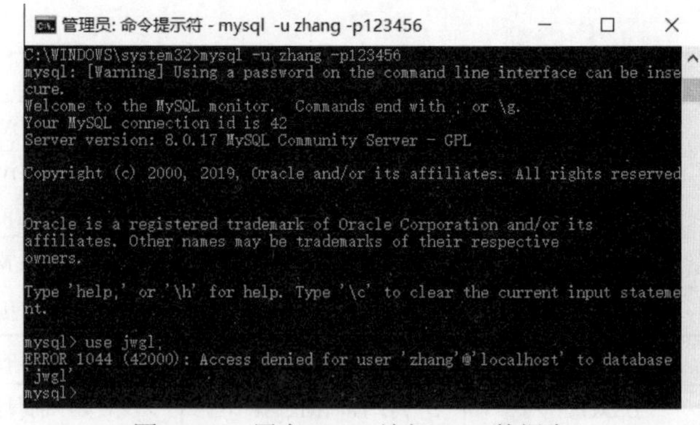

图 13-17　用户 zhang 访问 jwgl 数据库

新创建的用户还没任何权限，不能访问数据库，也不能做任何事情。它必须被授权后才可以进行相应的操作。

2．授予表级权限和列级权限

（1）授予表级权限

授予表级权限时，priv_type 可以是以下值：

'Select','Insert','Update','Delete','Create','Drop','Grant','References','Index','Alter','Create View','Show view','Trigger'和 ALL 或 ALL PRIVILEGES，具体可查看相应的权限表。

基本格式为：

```
GRANT 权限列表 ON 数据库名.表名 TO 用户 [WITH GRANT OPTION];
```

【例 13-17】 授予用户 zhang 在 xsjbxxb 表上的 SELECT 权限。

SQL 语句为：

```
grant select on jwgl.xsjbxxb to zhang@localhost;
```

或者写成：

```
use jwgl;
grant select on xsjbxxb zhang@localhost;
```

查看用户 zhang 的权限，输入代码及运行结果为：

```
mysql> show grants for zhang@localhost;
+------------------------------------------------------+
| Grants for zhang@localhost                           |
+------------------------------------------------------+
| GRANT USAGE ON *.* TO 'zhang'@'localhost'            |
| GRANT SELECT ON 'jwgl'.'xsjbxxb' TO 'zhang'@'localhost' |
+------------------------------------------------------+
2 rows in set (0.00 sec)
```

验证用户 zhang 的权限，输入一条 select 语句，执行结果如下：

```
mysql> select xh,xm from jwgl.xsjbxxb where xm like '张%';
+--------------+--------+
| xh           | xm     |
+--------------+--------+
| 201720409101 | 张天宇 |
| 201820901102 | 张远涛 |
| 201920405103 | 张淇   |
+--------------+--------+
3 rows in set (0.00 sec)
```

（2）授予列级权限

对于列级权限，priv_type 的值只能取'Select','Insert','Update','References'。权限的后面需要加上列名 column_list。

基本格式为：

```
GRANT 权限类型(字段列表) [,…] ON 数据库名.表名 TO 用户 [WITH GRANT OPTION];
```

【例 13-18】 授予用户 zhang 在 xsjbxxb 表上姓名列的 UPDATE 权限，并验证。

SQL 语句为：

```
grant update(xm) on jwgl.xsjbxxb to zhang@localhost;
```

输入 update 命令和 select 命令验证，执行结果为：

```
mysql> update jwgl.xsjbxxb
    -> set xm='张天'
    -> where xm='张天宇';
Query OK, 1 row affected (0.02 sec)
Rows matched: 1    Changed: 1    Warnings: 0
mysql> select xm from jwgl.xsjbxxb
    -> where xm='张天';
+------+
| xm   |
+------+
| 张天 |
+------+
1 row in set (0.00 sec)
```

3．授予数据库权限

授予数据库权限时，priv_type 的取值可以查看 mysql.db 表。

基本格式为：

```
GRANT 权限列表 ON 数据库名.*  TO 用户 [WITH GRANT OPTION];
```

说明：授予数据库权限时 ON 关键字后面跟“*”和“数据库名.*”，其中“*”表示当前数据库中的所有表；“数据库名.*”表示某个数据库中的所有表。

【例 13-19】 授予新用户 wang 在 jwgl 数据库中所有表的（select,update）权限，并允许其将该权限授予其他用户，然后查看用户 wang 的权限。

（1）创建新用户 wang。

```
create user wang@localhost identified by '111111';
```

（2）授予用户 wang 权限。

```
grant select,update on jwgl.* to wang@localhost with grant option;
```

（3）查看用户 wang 的权限，结果如下。

```
mysql> show grants for wang@localhost;
+--------------------------------------------------------------------+
| Grants for wang@localhost                                          |
+--------------------------------------------------------------------+
| GRANT USAGE ON *.* TO 'wang'@'localhost'                           |
| GRANT SELECT, UPDATE ON 'jwgl'.* TO 'wang'@'localhost' WITH GRANT OPTION |
+--------------------------------------------------------------------+
2 rows in set (0.00 sec)
```

说明：这个权限适用于所有已有的表，以及此后添加到 jwgl 数据库中的任何表。GRANT 语句的最后可以使用 WITH 子句。如果指定为 WITH GRANT OPTION 语句，则表示 TO 子句中指定的所有用户都有把自己所拥有的权限授予其他用户的权利，而不管其他用户是否拥有该权限。

【例 13-20】 用户 wang 将自己在 jwgl 数据库中所有的数据库权限都授予新用户 zhao。

（1）创建新用户 zhao。

```
create user zhao@localhost identified by '111111';
```

（2）打开 DOS 命令行窗口，以 wang 用户身份登录。

```
mysql -u wang -p111111
```

（3）授予用户 zhao 权限。

```
grant select,update on jwgl.* to zhao@localhost;
```

执行后，结果如图 13-18 所示。

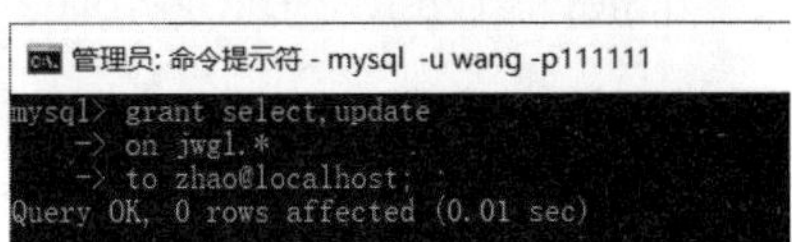

图 13-18 用户 wang 将权限授予 zhao

注意：和表权限类似，授予一个数据库权限并不意味着拥有另一个权限。如果用户被授予可以创建新表和视图，但并不能访问它们。若要进行访问，还需要单独被授予 SELECT 权限或更多权限。

4．授予全局级权限

授予全局权限时 priv_type 的取值可以查看 mysql.user 表。

基本格式为：

```
GRANT 权限列表 ON *.* TO 用户 [WITH GRANT OPTION];
```

说明：ON 子句中使用“*.*”，表示所有数据库的所有表。

【例 13-21】 新建用户 xlx，授予其所有的权限。

（1）创建新用户 xlx

```
create user xlx@localhost identified by 'xulixia123456';
```

（2）授予权限

```
grant all privileges on *.* to xlx@localhost;
```

（3）查询用户 xlx 的权限

```
show grants for xlx@localhost \G;
```

执行语句后，结果如图 13-19 所示。

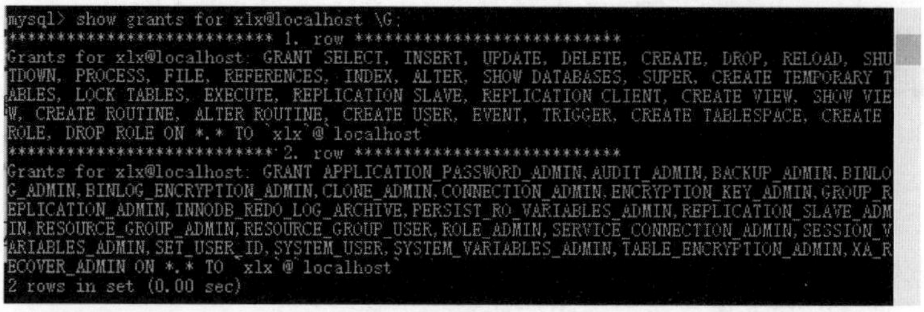

```
mysql> show grants for xlx@localhost \G;
*************************** 1. row ***************************
Grants for xlx@localhost: GRANT SELECT, INSERT, UPDATE, DELETE, CREATE, DROP, RELOAD, SHU
TDOWN, PROCESS, FILE, REFERENCES, INDEX, ALTER, SHOW DATABASES, SUPER, CREATE TEMPORARY T
ABLES, LOCK TABLES, EXECUTE, REPLICATION SLAVE, REPLICATION CLIENT, CREATE VIEW, SHOW VIE
W, CREATE ROUTINE, ALTER ROUTINE, CREATE USER, EVENT, TRIGGER, CREATE TABLESPACE, CREATE
ROLE, DROP ROLE ON *.* TO `xlx`@`localhost`
*************************** 2. row ***************************
Grants for xlx@localhost: GRANT APPLICATION_PASSWORD_ADMIN,AUDIT_ADMIN,BACKUP_ADMIN,BINLO
G_ADMIN,BINLOG_ENCRYPTION_ADMIN,CLONE_ADMIN,CONNECTION_ADMIN,ENCRYPTION_KEY_ADMIN,GROUP_R
EPLICATION_ADMIN,INNODB_REDO_LOG_ARCHIVE,PERSIST_RO_VARIABLES_ADMIN,REPLICATION_SLAVE_ADM
IN,RESOURCE_GROUP_ADMIN,RESOURCE_GROUP_USER,ROLE_ADMIN,SERVICE_CONNECTION_ADMIN,SESSION_V
ARIABLES_ADMIN,SET_USER_ID,SYSTEM_USER,SYSTEM_VARIABLES_ADMIN,TABLE_ENCRYPTION_ADMIN,XA_R
ECOVER_ADMIN ON *.* TO `xlx`@`localhost`
2 rows in set (0.00 sec)
```

图 13-19　查看用户 xlx 的权限

查看系统用户 root 的权限，如图 13-20 所示。

```
mysql> show grants for root@localhost \G;
*************************** 1. row ***************************
Grants for root@localhost: GRANT SELECT, INSERT, UPDATE, DELETE, CREATE, DROP, RELOAD, SH
UTDOWN, PROCESS, FILE, REFERENCES, INDEX, ALTER, SHOW DATABASES, SUPER, CREATE TEMPORARY
TABLES, LOCK TABLES, EXECUTE, REPLICATION SLAVE, REPLICATION CLIENT, CREATE VIEW, SHOW VI
EW, CREATE ROUTINE, ALTER ROUTINE, CREATE USER, EVENT, TRIGGER, CREATE TABLESPACE, CREATE
 ROLE, DROP ROLE ON *.* TO `root`@`localhost` WITH GRANT OPTION
*************************** 2. row ***************************
Grants for root@localhost: GRANT APPLICATION_PASSWORD_ADMIN,AUDIT_ADMIN,BACKUP_ADMIN,BINL
OG_ADMIN,BINLOG_ENCRYPTION_ADMIN,CLONE_ADMIN,CONNECTION_ADMIN,ENCRYPTION_KEY_ADMIN,GROUP_
REPLICATION_ADMIN,INNODB_REDO_LOG_ARCHIVE,PERSIST_RO_VARIABLES_ADMIN,REPLICATION_SLAVE_AD
MIN,RESOURCE_GROUP_ADMIN,RESOURCE_GROUP_USER,ROLE_ADMIN,SERVICE_CONNECTION_ADMIN,SESSION_
VARIABLES_ADMIN,SET_USER_ID,SYSTEM_USER,SYSTEM_VARIABLES_ADMIN,TABLE_ENCRYPTION_ADMIN,XA_
RECOVER_ADMIN ON *.* TO `root`@`localhost` WITH GRANT OPTION
*************************** 3. row ***************************
Grants for root@localhost: GRANT PROXY ON ''@'' TO 'root'@'localhost' WITH GRANT OPTION
3 rows in set (0.00 sec)
```

图 13-20　查看用户 root 的权限

通过对比，可以发现，用户 xlx 除没有最后一个授予代理的权限外，root 用户具有的权限用户 xlx 都有（除了 WITH GRANT OPTION，此处没有要求设置）。也就是说，当授予一个用户全局级的全部权限时，该用户就从普通用户变成了系统用户。

【例 13-22】 授予用户 test1 在所有数据库上 create、alter 和 drop 的权限。

SQL 语句为：

```
grant create,alter,drop on *.* to test1@localhost;
```

查看用户权限，结果为：

```
mysql> show grants for test1@localhost;
+------------------------------------------------------+
| Grants for test1@localhost                           |
+------------------------------------------------------+
| GRANT CREATE, DROP, ALTER ON *.* TO 'test1'@'localhost' |
+------------------------------------------------------+
1 row in set (0.00 sec)
```

13.3.3　收回权限

收回权限就是取消某个用户的某些权限。例如，管理员发现某个用户不应该具有 UPDATE 权限，就应该及时将其收回。收回用户不必要的权限在一定程度上可以保证数据的安全性。收回权限可利用

REVOKE 语句来实现，其语法格式有两种：一种是收回用户指定的权限，另一种是收回用户的所有权限。

要使用 REVOKE 语句，用户必须拥有 MySQL 数据库的全局 CREATE USER 权限或 UPDATE 权限。

基本语法格式：

```
REVOKE priv_type[(column_list)] [, priv_type [(column_list)]] ...
ON [object_type] priv_level
FROM user_or_role [, user_or_role] ...
```

或者

```
REVOKE ALL [PRIVILEGES], GRANT OPTION FROM user_or_role [, user_or_role]
```

说明：参数的含义与 grant 命令的参数含义相同，使用第一种格式可用来回收某些特定的权限，第二种格式回收所有该用户的权限。

【例 13-23】 收回用户 zhang 的所有权限。

（1）首先查看用户 zhang 拥有的权限。执行语句结果为：

```
mysql> show grants for zhang@localhost;
+------------------------------------------------------------------------+
| Grants for zhang@localhost                                             |
+------------------------------------------------------------------------+
| GRANT USAGE ON *.* TO 'zhang'@'localhost'                              |
| GRANT SELECT, UPDATE ('xm') ON 'jwgl'. 'xsjbxxb' TO 'zhang'@'localhost' |
+------------------------------------------------------------------------+
2 rows in set (0.00 sec)
```

（2）收回用户 zhang 的权限，执行语句结果为：

```
mysql> revoke all on *.* from zhang@localhost;
Query OK, 0 rows affected (0.01 sec)
```

（3）重新查询 zhang 的权限。

```
mysql> show grants for zhang@localhost;
+--------------------------------------------+
| Grants for zhang@localhost                 |
+--------------------------------------------+
| GRANT USAGE ON *.* TO 'zhang'@'localhost' |
+--------------------------------------------+
1 row in set (0.00 sec)
```

从执行结果看，用户 zhang 的所有权限已经被收回。

【例 13-24】 收回用户 wang 在 jwgl 数据库上的 SELECT 权限。

SQL 语句为：

```
revoke select on jwgl.* from wang@localhost;
```

执行语句后，查看用户 wang 的权限，结果为：

```
mysql> show grants for wang@localhost;
+------------------------------------------------------------------+
| Grants for wang@localhost                                        |
+------------------------------------------------------------------+
| GRANT USAGE ON *.* TO 'wang'@'localhost'                         |
| GRANT UPDATE ON 'jwgl'.* TO 'wang'@'localhost' WITH GRANT OPTION |
+------------------------------------------------------------------+
2 rows in set (0.00 sec)
```

由于用户 wang 在 jwgl 数据库上的 SELECT 权限被收回了，那么由用户 wang 授予权限的用户 zhao 的权限是否被收回呢？

查看用户 zhao 的权限，结果为：

```
mysql> show grants for zhao@localhost;
+------------------------------------------------------+
| Grants for zhao@localhost                            |
+------------------------------------------------------+
| GRANT USAGE ON *.* TO 'zhao'@'localhost'             |
| GRANT SELECT, UPDATE ON 'jwgl'.* TO 'zhao'@'localhost' |
+------------------------------------------------------+
2 rows in set (0.00 sec)
```

可以看到，用户 zhao 对 jwgl 数据库的 SELECT 权限并没有被收回。这是与 MySQL 5.7 版本的不同之处。

13.4 MySQL 8.0 的新特性（角色管理）

MySQL 角色是权限的命名集合。像用户一样，角色可以拥有授予和撤销的权限。

向用户授予角色。该角色将与每个角色相关联的权限授予该用户，就可以将权限集分配给用户，并为授予用户权限提供了一种方便的替代方法，既可以概念化所需的权限分配，也可以实现它们。

13.4.1 创建角色

创建角色使用 CREATE ROLE 命令，基本语法格式为：

```
CREATE ROLE [IF NOT EXISTS] role [, role ] ...
```

角色名的语法和语义同用户名，角色名称由用户名和主机名两部分组成。存储在授权表中时，它们具有与用户名相同的属性，这些属性在授权表账号列属性中有描述。

角色名与用户名的不同之处如下。

- 角色名称的用户名不能为空。
- 省略角色名的主机名默认为%。但与用户名中的%不同，角色名中%的主机部分没有通配符属性。
- 角色名的主机名中的网络掩码没有意义。

注意：

（1）CREATE ROLE 语句一次可以创建一个或多个角色，这些角色被命名为权限集合。若要使用 CREATE ROLE 语句，必须具有 CREATE ROLE 或 CREATE USER 的权限。启用 read_only 系统变量时，CREATE ROLE 语句还需要 CONNECTION_ADMIN 权限或 SUPER 权限。

（2）角色在创建时被锁定，没有密码，并且被分配默认的身份验证插件。

【例 13-25】 创建三个角色：app_developer、app_read 和 app_write。

SQL 语句为：

```
create role 'app_developer', 'app_read', 'app_write';
```

执行语句后，查询 mysql.user 表，输入代码：

```
mysql> select host,user from mysql.user where user like 'app_%';
```

执行结果如图 13-21 所示。

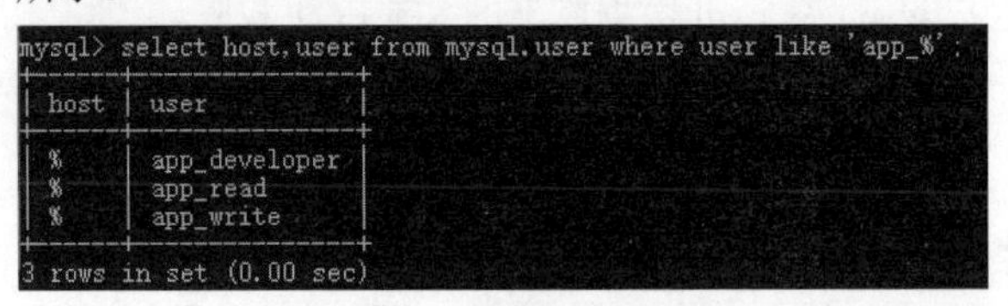

图 13-21　查看创建的角色

13.4.2 授予及查看角色权限

为角色分配权限也是使用 GRANT 命令，语法格式与为用户分配权限相同。

1. 授予角色权限

使用 GRANT 命令将角色授予用户，即将权限的集合授予用户，语法格式为：

```
GRANT role [, role] ... TO user_or_role [, user_or_role] ... [WITH ADMIN OPTION]
```

注意：使用该语句，用户必须具有 ROLE_ADMIN 或 SUPER 的权限，或是被授予了包含 with ADMIN OPTION 子句的 GRANT 语句的角色。若要授予具有 SYSTEM_USER 权限的角色，必须具有 SYSTEM_USER 权限。

【例 13-26】 为上例创建的三个角色分配权限：将操作 jwgl 数据库的所有权限授予 app_developer 角色；将对 jwgl 数据库的 SELECT 权限授予 app_read 角色；将对 jwgl 数据库的 INSERT、UPDATE 和 DELETE 的权限授予 app_write。

（1）为 app_developer 角色授予操作 jwgl 数据库的所有权限，SQL 语句为：

```
grant all on jwgl.* to app_developer;
```

（2）为 app_read 角色授予操作 jwgl 数据库的 SELECT 权限，SQL 语句为：

```
grant select on jwgl.* to app_read;
```

（3）为 app_write 角色授予操作 jwgl 数据库的 INSERT、UPDATE 和 DELETE 的权限，SQL 语句为：

```
grant insert,update,delete on jwgl.* to app_write;
```

【例 13-27】 创建一个开发人员用户、两个只读访问权限的用户，以及一个需要读/写访问权限的用户，请使用角色为每个用户分配权限。

（1）创建用户。

SQL 语句及运行结果为：

```
mysql> CREATE USER 'dev1'@'localhost' IDENTIFIED BY 'dev111';
Query OK, 0 rows affected (0.01 sec)
mysql> CREATE USER 'read_user1'@'localhost' IDENTIFIED BY 'read111';
Query OK, 0 rows affected (0.01 sec)
mysql> CREATE USER 'read_user2'@'localhost' IDENTIFIED BY 'read222';
Query OK, 0 rows affected (0.01 sec)
mysql> CREATE USER 'rw_user1'@'localhost' IDENTIFIED BY 'rw111';
Query OK, 0 rows affected (0.01 sec)
```

（2）使用角色为每个用户分配所需的特权。

SQL 语句及运行结果如下：

```
mysql> GRANT 'app_developer' TO 'dev1'@'localhost';
Query OK, 0 rows affected (0.01 sec)
mysql> GRANT 'app_read' TO 'read_user1'@'localhost', 'read_user2'@'localhost';
Query OK, 0 rows affected (0.01 sec)
mysql> GRANT 'app_read', 'app_write' TO 'rw_user1'@'localhost';
Query OK, 0 rows affected (0.01 sec)
```

2. 查看验证角色权限

要验证分配给用户的权限，可使用 SHOW GRANTS 语句查看权限。

基本语法格式为：

```
SHOW GRANTS [FOR user_or_role] [USING role] ;
```

【例 13-28】 查看角色 app_developer 和用户 dev1 的权限。

（1）查看角色 app_developer 的权限，可输入 SQL 语句：

```
show grants for app_developer;
```

执行结果如图 13-22 所示。

（2）查看用户 dev1 的权限，输入 SQL 语句：

```
show grants for dev1@localhost;
```

执行结果如图 13-23 所示。

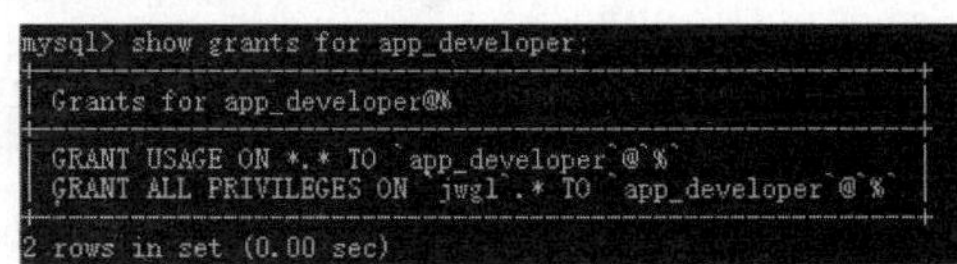

```
mysql> show grants for app_developer;
+--------------------------------------------------+
| Grants for app_developer@%                       |
+--------------------------------------------------+
| GRANT USAGE ON *.* TO `app_developer`@`%`        |
| GRANT ALL PRIVILEGES ON `jwgl`.* TO `app_developer`@`%` |
+--------------------------------------------------+
2 rows in set (0.00 sec)
```

图 13-22　查看角色 app_developer 的权限

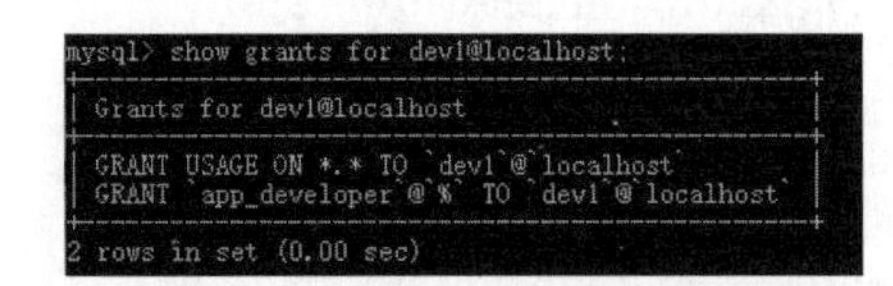

```
mysql> show grants for dev1@localhost;
+--------------------------------------------------+
| Grants for dev1@localhost                        |
+--------------------------------------------------+
| GRANT USAGE ON *.* TO `dev1`@`localhost`         |
| GRANT `app_developer`@`%` TO `dev1`@`localhost`  |
+--------------------------------------------------+
2 rows in set (0.00 sec)
```

图 13-23　查看用户 dev1 的权限（1）

可以看到用户 dev1 的权限显示了每个授予的角色，而没有将其“扩展”到角色所代表的权限。要同时显示角色权限，需要添加一个 USING 子句来命名要为其显示权限的授予角色。SQL 语句为 show grants for dev1@localhost using 'app_developer';。

执行结果如图 13-24 所示。

```
mysql> show grants for dev1@localhost using 'app_developer';
+--------------------------------------------------+
| Grants for dev1@localhost                        |
+--------------------------------------------------+
| GRANT USAGE ON *.* TO `dev1`@`localhost`         |
| GRANT ALL PRIVILEGES ON `jwgl`.* TO `dev1`@`localhost` |
| GRANT `app_developer`@`%` TO `dev1`@`localhost`  |
+--------------------------------------------------+
3 rows in set (0.01 sec)
```

图 13-24　查看用户 dev1 的权限（2）

可以看到角色 app_developer 和用户 dev1 的权限是一致的。验证其他类型的用户方法是相似的，有兴趣的读者可进行尝试。

13.4.3 激活角色

在用户会话中，授予用户的角色可以是活动的或非活动的。如果授予的角色在会话中处于活动状态，则应用其权限，否则不应用。要确定当前会话中哪些角色处于活动状态，可以使用 CURRENT_ROLE()。

默认情况下，将角色授予用户或在 mandatory_roles 系统变量值中命名用户，将不会自动导致该角色在用户会话中变为活动角色，如果以 rw_user1 身份连接到服务器，可以使用 CURRENT_ROLE()。服务器调用 CURRENT_ROLE()，则结果为 NONE（没有活动角色）。

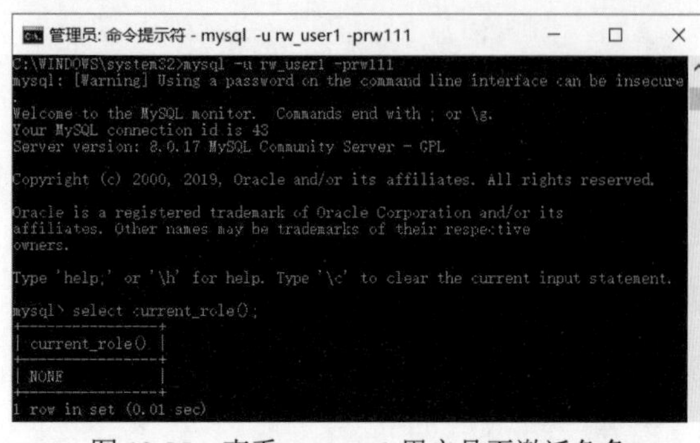

图 13-25　查看 rw_user1 用户是否激活角色

用户 rw_user1 登录后，输入 select current_role(); 语句。

执行结果如图 13-25 所示。

若要指定每次用户连接服务器并进行身份验证时应激活哪些角色，可使用 SET DEFAULT ROLE 命令。

基本语法格式为：

```
SET DEFAULT ROLE ALL TO 角色[,角色]…
```

【例 13-29】 激活前面创建的所有角色，即为前面创建的每个用户将默认值设置为所有分配的角色。

SQL 语句及执行结果为：

```
mysql> set default role all to 'dev1'@'localhost','read_user1'@'localhost',
    -> 'read_user2'@'localhost','rw_user1'@'localhost';
Query OK, 0 rows affected (0.01 sec)
```

【例 13-30】 以用户 rw_user1 登录 MySQL 服务器，查看 CURRENT_ROLE 函数的值。

登录 MySQL 服务器后，输入语句及执行结果为：

```
mysql> select current_role();
+-------------------------------+
| current_role()                |
+-------------------------------+
| 'app_read'@'%', 'app_write'@'%' |
+-------------------------------+
1 row in set (0.00 sec)
```

注意： 要在用户连接服务器时自动激活所有显式授予和必需的角色，需启用 activate_all_roles_on_login 系统变量。默认情况下，禁用自动角色激活。

在会话中，用户可以执行 SET ROLE 语句来更改活动角色集，如对于用户 rw_user1。

（1）使用 SET ROLE 语句取消激活所有角色，输入语句及执行结果为：

```
mysql> SET ROLE NONE; SELECT CURRENT_ROLE();
Query OK, 0 rows affected (0.00 sec)
+----------------+
| CURRENT_ROLE() |
+----------------+
| NONE           |
+----------------+
1 row in set (0.00 sec)
```

（2）使用户 rw_user1 有效地只读，输入语句及执行结果为：

```
mysql> SET ROLE ALL EXCEPT 'app_write'; SELECT CURRENT_ROLE();
Query OK, 0 rows affected (0.00 sec)
+----------------+
| CURRENT_ROLE() |
+----------------+
| 'app_read'@'%' |
+----------------+
1 row in set (0.00 sec)
```

（3）还原默认角色，输入语句及执行结果为：

```
mysql> SET ROLE DEFAULT; SELECT CURRENT_ROLE();
Query OK, 0 rows affected (0.00 sec)
+-------------------------------+
```

```
| CURRENT_ROLE()                    |
+-------------------------------+
| 'app_read'@'%', 'app_write'@'%' |
+-------------------------------+
1 row in set (0.00 sec)
```

13.4.4 收回角色或角色权限

正如角色可以授予用户一样，也可以从用户中收回角色，语法格式为：

```
REVOKE role FROM user;
```

还可以对角色应用 REVOKE 来修改授予它的权限。这不仅会影响角色本身，还会影响授予该角色的任何用户。

【例 13-31】 撤销 app_write 角色对管理数据库的修改权，然后查看授予该角色的用户权限。

（1）SQL 语句及执行结果为：

```
mysql> revoke insert,update,delete on jwgl.* from app_write;
Query OK, 0 rows affected (0.01 sec)
```

（2）查看 app_write 角色的权限，执行结果为：

```
mysql> show grants for app_write;
+-------------------------------------+
| Grants for app_write@%              |
+-------------------------------------+
| GRANT USAGE ON *.* TO 'app_write'@'%' |
+-------------------------------------+
1 row in set (0.00 sec)
```

（3）查看授予 app_write 角色的用户 rw_user1 是否受影响，结果为：

```
mysql> show grants for rw_user1@localhost using app_read,app_write;
+-----------------------------------------------------------+
| Grants for rw_user1@localhost                             |
+-----------------------------------------------------------+
| GRANT USAGE ON *.* TO 'rw_user1'@'localhost'              |
| GRANT SELECT ON 'jwgl'.* TO 'rw_user1'@'localhost'        |
| GRANT 'app_read'@'%', 'app_write'@'%' TO 'rw_user1'@'localhost' |
+-----------------------------------------------------------+
3 rows in set (0.00 sec)
```

可以看到，用户 rw_user1 只剩有 SELECT 权限了。显然，修改角色的权限会影响授予该角色的用户权限。

13.4.5 删除角色

删除角色要使用 DROP ROLE 命令，基本语法格式为：

```
DROP ROLE [IF EXISTS] role [, role ] ...
```

【例 13-32】 删除角色 app_read 和 app_write。

SQL 语句及执行结果为：

```
mysql> drop role app_read,app_write;
Query OK, 0 rows affected (0.01 sec)
```

13.4.6 角色和用户互换

正如前面提到的 SHOW GRANTS（显示用户或角色的权限）一样，用户和角色可以互换使用，即可以将用户视为角色，并将该用户授予其他用户或角色，其效果就是将用户的权限和角色授予其他用户或角色。

用户和角色的可互换性具有实际应用，如假设一个遗留应用程序开发项目在 MySQL 中的角色出现之前就已开始了，因此，与项目关联的所有用户都被直接授予权限（而不是通过被授予角色而授予权限），其中一个用户是最初被授予以下权限的开发人员用户：

```
CREATE USER 'old_app_dev'@'localhost' IDENTIFIED BY 'old_app_devpass';
GRANT ALL ON old_app.* TO 'old_app_dev'@'localhost';
```

如果此开发人员离开项目，则需要将权限分配给另一个用户，如果开发活动已展开，则可能需要分配给多个用户。处理这个问题的一些方法如下。

（1）不使用角色。更改用户密码，使原始开发人员无法使用它，并让新开发人员使用该用户：

```
ALTER USER 'old_app_dev'@'localhost' IDENTIFIED BY 'new_password';
```

（2）使用角色。锁定用户以防止任何人使用它连接服务器：

```
ALTER USER 'old_app_dev'@'localhost' ACCOUNT LOCK;
```

然后将用户视为角色。对于每个新加入项目的开发人员，创建一个新用户并授予其原始开发人员用户：

```
CREATE USER 'new_app_dev1'@'localhost' IDENTIFIED BY 'new_password';
GRANT 'old_app_dev'@'localhost' TO 'new_app_dev1'@'localhost';
```

结果是将原始开发人员用户权限分配给用户。

13.5 小结

本章介绍了 MySQL 数据库的权限表、用户管理、权限管理和角色管理，其中密码管理、用户和角色的权限授予与收回等，在实际应用中非常重要。

学习本章之后，读者应该重点掌握如下内容：

- MySQL 数据库权限表的作用。
- 创建用户、为用户设置密码等操作。
- 用户权限的授予及回收。
- 角色权限的授予及回收。

实训 13

1．实训目的

（1）掌握用户的创建、修改、密码的设置。

（2）掌握用户权限的授予操作。

（3）掌握收回权限的操作。

（4）掌握关于角色的基本操作。

2．实训准备

复习本章内容。

（1）熟悉用户创建、修改、密码设置的操作语句。

（2）熟悉 grant 命令的语法结构。

（3）熟悉 revoke 命令的使用。

（4）熟悉角色的基本操作。

3．实训内容

（1）使用 alter user 命令修改 root 用户的密码。

（2）使用 mysqladmin 命令修改 root 用户的密码。

（3）普通用户的管理。

① 使用 root 用户登录 MySQL 命令行客户端。

```
mysql -u root -p
```

输入登录密码，连接 MySQL 服务器。

② 创建一个可以在任何主机访问的用户 u1，设置初始密码为 123456。

```
create user u1 identified by '123456';
```

③ 设置用户 u1 首次登录重置密码，并以用户 u1 身份登录 MySQL 服务器验证。

```
alter user user() identified by '1234567';
```

④ 创建两个用户 u2 和 u3，主机名为 localhost，密码为 123456。

⑤ 修改用户 u2 的密码为 new123456。

⑥ 删除用户 u3。

（4）权限管理。

① 为用户 u2 授予管理 jwgl 数据库的所有权限，并查看。

② 授予用户 u1 查看 jwgl 数据库的权限，即 SELECT 权限，并验证。

③ 收回用户 u1 对 jwgl 数据库的查看权限并验证。

④ 创建新用户 u4，授予其在 jwgl 数据库 xsjbxxb 表的 SELECT 权限，并查看验证。

⑤ 授予新用户 u5，每小时可以查询 50 次、每小时连接数据库 5 次，以及每小时更新 5 次的权限。

⑥ 收回用户 u4 和 u5 的权限。

（5）角色管理。

① 创建三个角色：admin、reader 和 writer。

② 为这三个角色分配权限。将操作 jwgl 数据库的所有权限授予 admin 角色；将对 jwgl 数据库的 SELECT 权限授予 READER 角色；将对 JWGL 数据库的 INSERT、UPDATE 和 DELETE 权限授予 writer。

③ 创建一个管理员用户、两个只读访问权限的用户，以及一个需要读/写访问权限的用户，使用角色为每个用户分配权限。

④ 激活前面创建的所有角色。

⑤ 分别验证每个用户的权限。

⑥ 收回 reader 角色和 writer 角色对管理数据库的权限，并查看。

⑦ 删除角色 admin、reader 和 writer。

4．提交实训报告

按照要求提交实训报告作业。

习题 13

一、单选题

1．以下（　　）表不用于 MySQL 的权限管理。

A．USER　　B．DB　　C．COLUMNS_PRIV　　D．MANAGER

2．以下语句用于撤销用户权限的是（　　）。

A．delete　　B．drop　　C．revoke　　D．update

3．删除用户账号的命令是（　　）。

A．DROP USER　　B．DROP TABLE USER

C．DELETE USER　　D．DELETE FROM USER

4．在 MySQL 中，预设拥有最高权限的超级用户的用户名为（　　）。

A．test　　B．administrator　　C．DBA　　D．root

5．以下用于用户权限授权的是（　　）。

A．ALTER　　B．GRANT　　C．RENAME　　D. REVOKE

二、判断题

1．root 用户具有最高权限不仅可以修改自己的密码，还可以修改普通用户的密码，而普通用户只能修改自己的密码。（　　）

2．MySQL 系统数据库中的表都是权限表。（　　）

3．使用 mysql 命令还原数据库时，需要先登录 MySQL 命令的窗口。（　　）

4．在 MySQL 中，为了保证数据库的安全性，需要将用户不必要的权限收回。（　　）

5．可以使用 REVOKE 语句收回用户的 USAGE 权限。（　　）

三、简答题

1．MySQL 的主要权限表有哪些？作用分别是什么？

2．MySQL 服务器是如何控制用户连接执行 SQL 语句的？

3．创建一个用户 db_u1，密码为 123456，并授予其对 jwgl 数据库的所有操作权限。

第 14 章　使用 PHP 操作 MySQL 数据库

学习目标：

- 了解 PHP 的基本特点。
- 了解 PHP 访问 MySQL 数据库的一般流程。
- 了解 PHP+MySQL 集成环境的搭建。
- 掌握使用 PHP 操作数据库的基本操作。

PHP 是一种简单、面向对象、解释型、安全、性能高、独立于架构、可移植的动态脚本语言；MySQL 是快速和开源的网络数据库系统。PHP 与 MySQL 的结合是目前 Web 开发的最佳组合。

本章介绍如何使用 PHP 操作 MySQL 数据库。

14.1　初识 PHP

PHP（Hypertext Preprocessor）是一种通用的开源脚本语言，其利于学习，并使用广泛，主要适用于 Web 开发领域。它独特的语法混合了 C 语言、Java 语言和 Perl 语言的特点，能比 CGI 或者 Perl 更快速地执行动态网页。与其他编程语言相比，PHP 是将程序嵌入到 HTML（标准通用标记语言下的一个应用）文档中去执行的，执行效率比完全生成 HTML 标记的 CGI 要高许多。

PHP 提供了标准的数据接口，使数据库连接十分方便，并且兼容性和扩展性好，可以进行面向对象编程。

14.1.1　PHP 的特点

PHP 的主要特点如下。

（1）开放源代码：可以得到几乎所有的 PHP 源代码。

（2）免费性：和其他技术相比，PHP 是免费的。

（3）快捷性：程序开发快能更有效地使用内存，可消耗相当少的系统资源，且代码执行速度快。

（4）嵌入于 HTML：由于嵌入 HTML，PHP 相对其他语言操作更简单，实用性更强，适合于初学者。

（5）跨平台性强：可以运行在 UNIX、Linux、Windows、Mac OS 等流行的操作系统下，并且支持 Apache、IIS 等多种 Web 服务器。

（6）支持多种数据库：支持多种主流与非主流的数据库，如 MySQL、Access、Informix、Oracle、Sybase、Solid、Microsoft SQL Server 等。

（7）安全性好：PHP 是开源的，其源代码可以被每个人看到，代码在许多开发人员的使用过程中进行了检测，同时与 Apache 编译在一起的方式也可以使其具有灵活的安全设定。

（8）可选择性：采用面向过程和面向对象两种开发模式，并向下兼容，开发人员可从所开发网站的规模和日后维护等多角度考虑，选择要采取的模式。

（9）很好的移植性和扩展性：可以运行在任何服务器上（Windows 或 Linux），属于自由软件，其源代码完全公开，任何程序员为 PHP 扩展附加功能都非常容易。

14.1.2　PHP 程序的工作原理

一个完整的 PHP 系统由以下几部分组成。

（1）操作系统：网站运行服务器所使用的操作系统。PHP 不要求操作系统的特定性，其跨平台的特性允许 PHP 运行在任何操作系统上，如 Windows、Linux 等。

（2）服务器：搭建 PHP 运行环境时所选择的服务器。PHP 支持多种服务器软件，包括 Apache、IIS 等。

（3）PHP 包：用于对 PHP 文件的解析和编译。

（4）数据库系统：实现系统中数据的存储。PHP 支持多种数据库系统，包括 MySQL、SQL Server、Oracle 及 DB2 等。

（5）浏览器：浏览网页。由于 PHP 在发送到浏览器时已经被解析器编译成其他代码了，所以 PHP 对浏览器没有任何限制。

用户通过浏览器访问 PHP 网站系统的过程如图 14-1 所示。

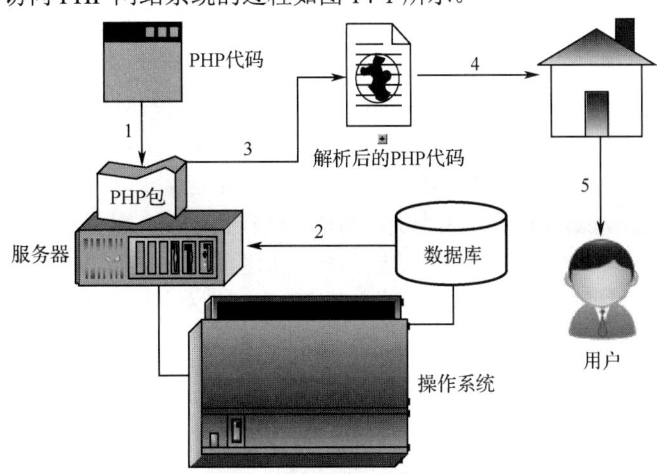

图 14-1　PHP 的工作原理

具体工作过程如下。

（1）PHP 代码传递给 PHP 包，请求 PHP 包进行解析并编译。

（2）服务器根据 PHP 代码的请求读取数据库。

（3）服务器与 PHP 包共同根据数据库中的数据或其他运行变量，将 PHP 代码解析成普通的 HTML 代码。

（4）解析后的代码发送给浏览器，浏览器对代码进行分析获取可视化内容。

（5）用户通过访问浏览器浏览网站内容。

14.2　PHP 开发环境的搭建

对于初学者来说，Apache、PHP 及 MySQL 的安装和配置较为复杂，这里选择 WAMP（Windows+Apache+MySQL+PHP）集成软件，可快速安装配置 PHP 环境。

14.2.1　安装 WampServer 集成软件

WampServer 是基于 Windows、Apache、MySQL 和 PHP 的集成安装环境，其安装和使用都非常简单。在 Wamp 官方网站下载最新版本的安装程序并解压后，直接双击安装程序，一路选择默认配置，连续单击“Next”按钮即可安装成功。软件安装成功并启动后，WampServer 图标会自动显示在桌面右下角的任务栏中。

如果服务启动异常，图标就是红色的；如果部分异常，图标就是黄色的；如果是一切正常，图标将以绿色显示。

打开浏览器，输入 http://localhost，打开如图 14-2 所示页面，说明安装成功。

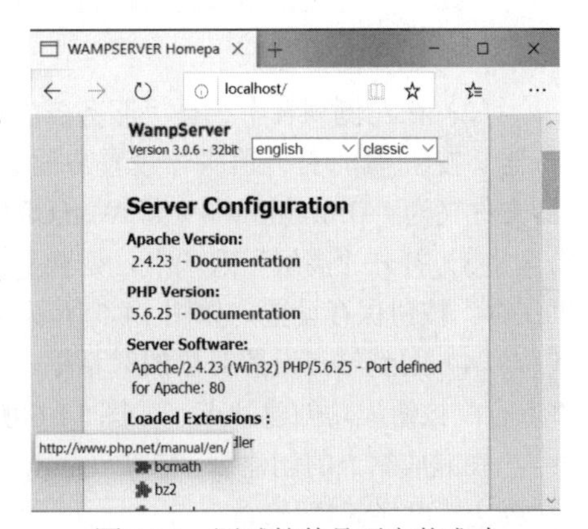

图 14-2　测试软件是否安装成功

14.2.2 创建 PHP 项目

由于 PHP 是一种开放性的语言，对于其开发环境并没有强而权威的支持。随着 PHP 的不断发展，大量优秀的开发工具纷纷涌现出来。使用一个适合自己的开发工具，不仅可以加快学习进度，还能在以后的开发过程中及时发现问题，少走弯路。目前流行的 PHP 开发工具有 Dreamweaver、Notepad++、Zend Studio 和 Sublime Text 等。

Dreamweaver 是 Adobe 公司开发的 Web 站点和应用程序的专业开发工具。它将可视化布局工具、应用程序开发功能和代码编辑组合在一起，其功能强大，各个层次的设计人员和开发人员都能够使用它美化网站和创建应用程序。

从 Dreamweaver MX 版本开始，Dreamweaver 就开始支持 PHP+MySQL 的可视化开发，对于初学者是比较好的选择，因为如果是一般性开发，几乎可以不写一行代码就能完成一个程序，而且都是所见即所得的效果，其特征包括语法加亮、函数补全、形参提示等。

下面以 Adobe Dreamweaver CC 2018 为例，简单介绍在 Dreamweaver 中创建站点的基本操作。

（1）启动 Dreamweaver CC 后，选择“站点”→“新建站点”，打开站点设置对象的对话框，默认显示“站点”选项，在“站点名称”文本框中输入站点名称，此处为“www”，单击“本地站点文件夹”编辑框右侧的“浏览文件夹”图标，在打开的“选择根文件夹”对话框中选择软件安装目录下的文件夹 www，然后单击“选择文件夹”按钮，设置网站根文件夹，如图 14-3 所示。

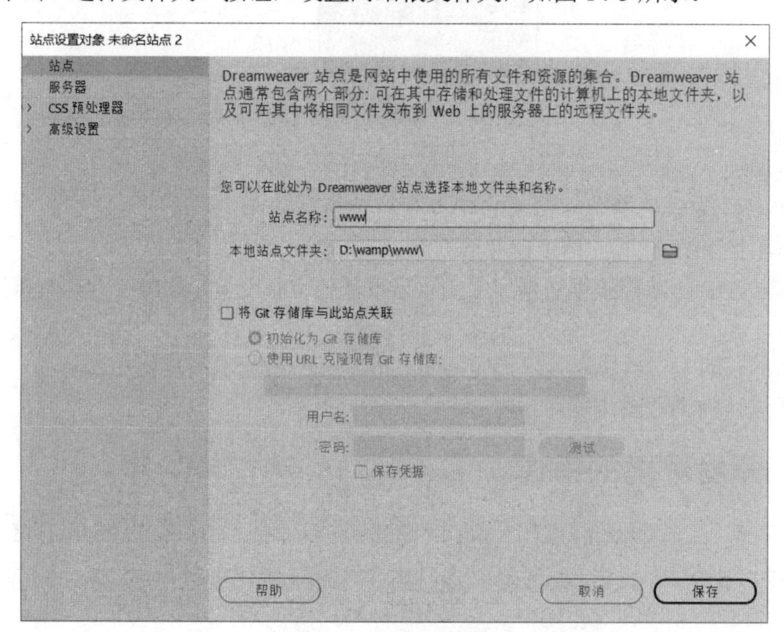

图 14-3　设置站点名称

（2）在左侧列表中选择“服务器”选项，对话框右侧将显示服务器的相关信息。单击“添加新服务器”按钮➕，打开服务器设置界面，设置服务器名称为“www”，连接方法为“本地/网络”，服务器文件夹为“D:\wamp\www”，Web URL 为“http://localhost/”，如图 14-4 所示。

（3）打开“高级”选项卡，切换到“高级”界面，设置“服务器模型”为“PHP MySQL”，单击“保存”按钮保存设置，如图 14-5 所示。

（4）回到站点设置对象的对话框，可以看到已添加的服务器。选中“测试”单选按钮，然后单击“保存”按钮成功创建站点，如图 14-6 所示。

在完成站点的创建后，在 Dreamweaver 的“文件”面板中可看到站点及其中的文件，双击其中的网页文档可将其打开。

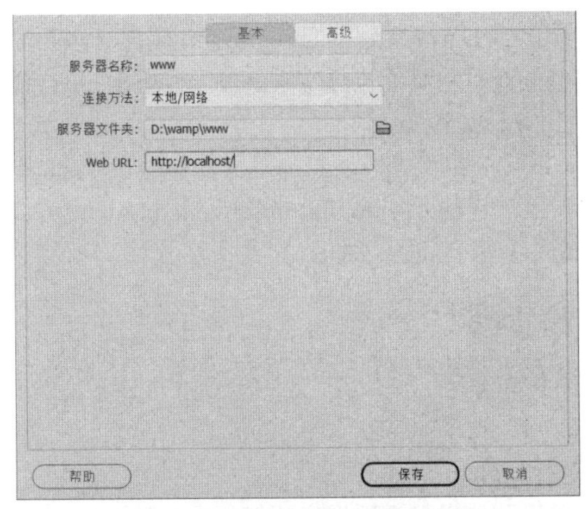

图 14-4　服务器设置的基本信息

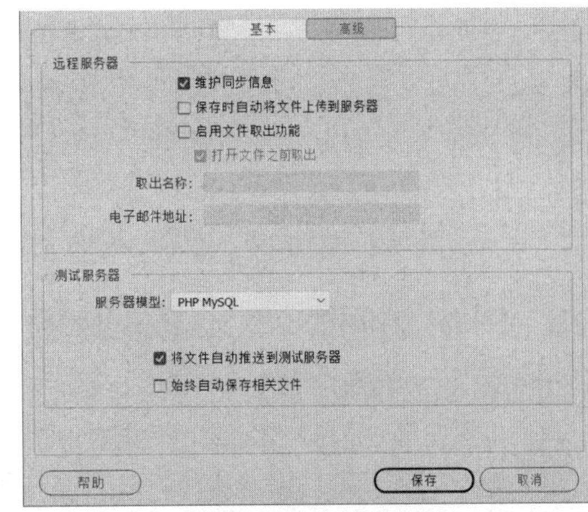

图 14-5　服务器高级设置

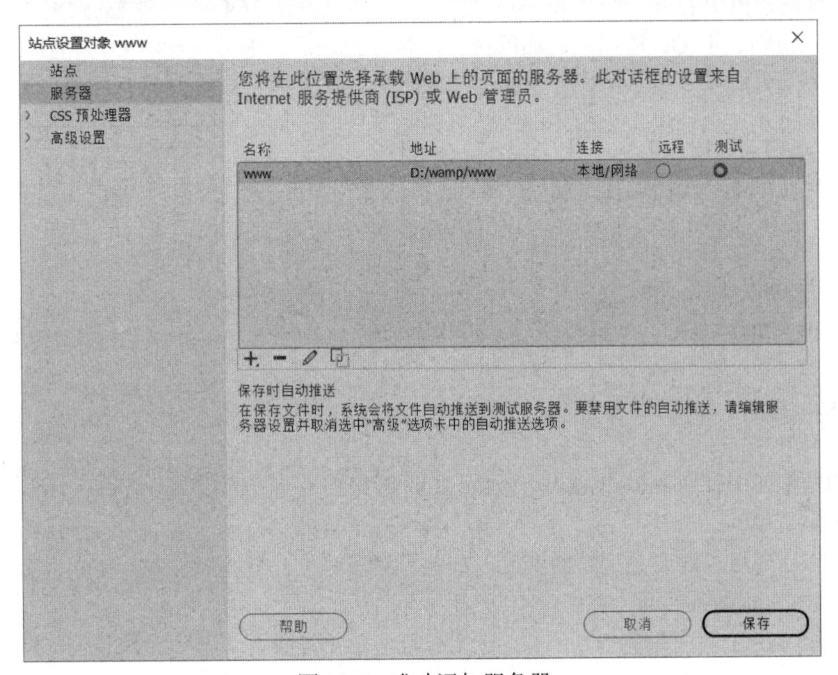

图 14-6　成功添加服务器

【例 14-1】 下面以 Dreamweaver 为开发工具，开发一个 PHP 实例，即输出一条欢迎信息。

具体操作如下。

（1）启动 Dreamweaver，按"Ctrl+N"组合键，打开"新建文档"对话框，在左侧列表中选择"新建文档"，在中间的"文档类型"列表中选择"PHP"选项，然后单击"创建"按钮创建文档。

（2）启动弹出"另存为"对话框，将 PHP 网页保存到 PHP 指定的目录以便解析。此处服务器指定的目录为"D:\wamp\www\"。将本页保存到路径"D:\wamp\www"下，并命名为"hello.php"，单击"保存"按钮即可保存文档。

（3）此时在 Dreamweaver 左侧文档编辑窗口中会自动打开文档，可在下方的"代码"视图中编辑 PHP 代码，并同时在"设计"视图中看到效果。此处使用"代码"视图给该页面设置一个标题"hello, PHP"。

（4）编写 PHP 代码。在<body></body>标签对中输入以下 PHP 代码段。

```
<?php
    echo"欢迎进入 PHP 的世界!!! ";
?>
"<?php"和"?>"是 PHP 的标记对。
```

echo 是 PHP 中的输出语句，可以将紧跟其后的字符串或变量值显示在页面中。每行代码都以分号结尾。

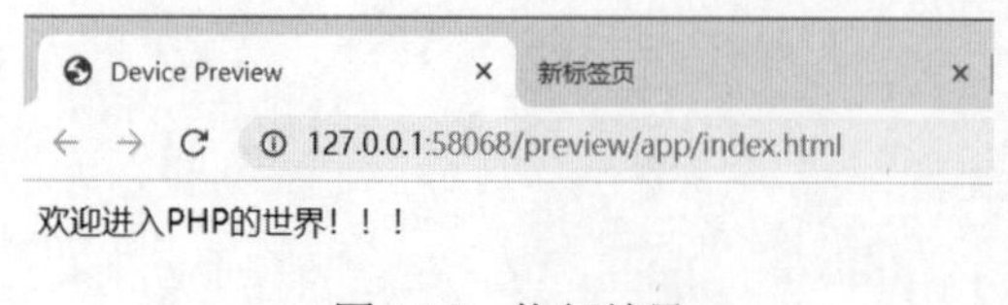

图 14-7 执行结果

（5）查看网页的执行结果。按“Ctrl+S”组合键保存文档，在文档编辑窗口中的任意空白处单击鼠标，然后按 F12 键，也可以通过浏览器执行文件 hello.php。在浏览器地址栏输入 http://localhost/hello.php，也可以在浏览器中打开该页面，如图 14-7 所示。

14.3 PHP 访问 MySQL 数据库的一般步骤

通过 Web 访问数据库的工作过程一般分为下面几个步骤。

（1）用户使用浏览器对某个页面发出 HTTP 请求。

（2）服务器端接收到请求，并发送给 PHP 程序进行处理。

（3）PHP 解析代码。在代码中有连接 MySQL 数据库和请求特定数据库的某些特定数据的 SQL 命令，根据这些代码，PHP 打开一个和 MySQL 的连接，并且发送 SQL 命令到 MySQL 数据库。

（4）MySQL 接收到 SQL 语句之后加以执行。执行完毕后，返回执行结果到 PHP 程序。

（5）PHP 执行代码并根据 MySQL 返回的请求结果数据生成特定格式的 HTML 文件，且传递给浏览器。HTML 经过浏览器渲染成为用户请求的展示结果。

14.4 PHP 访问 MySQL 数据库

PHP 访问 MySQL 数据库的一般流程如下。

（1）连接 MySQL 服务器

使用 mysqli_connect()建立与 MySQL 服务器的连接。

（2）选择 MySQL 数据库

使用 mysqli_select_db()选择数据库。

（3）执行 SQL 语句

在选择的数据库中使用 mysqli_query()执行 SQL 语句。

（4）关闭结果集

数据库操作完成后，需要关闭结果集，以释放系统资源。

（5）关闭 MySQL 连接

使用 mysqli_close()关闭先前打开的与 MySQL 服务器的连接，以节省系统资源。

14.4.1 连接 MySQL 服务器

要访问 MySQL 数据库，首先要与 MySQL 服务器建立连接。PHP 使用 mysqli_connect()连接 MySQL 数据库。

mysqli_connect()的语法格式为：

```
mysqli mysqli_connect('MYSQL 服务器','用户名','用户密码','要连接的数据库名');
```

参数说明如下。

- MySQL 服务器：服务器主机名或 IP 地址。
- 用户名：登录 MySQL 服务器的用户名。
- 用户密码：MySQL 服务器的用户密码。
- 要连接的数据库名：可选，用于定义默认使用的数据库文件名。

该函数的返回值用于表示该数据库连接。如果连接成功，则返回一个资源，为以后执行 SQL 指令做准备。

【例 14-2】 使用 mysqli_connect()连接本地 MySQL 服务器。

PHP 代码如下：

```
<?php
$conn = mysqli_connect("localhost", "root", "root");
// 检查连接
if ($conn)
{
    echo "连接服务器成功!";
}
else
echo "连接服务器失败". die("连接错误：" .
mysqli_connect_error());
//返回一个描述错误的字符串
?>
```

执行结果如图 14-8 所示。

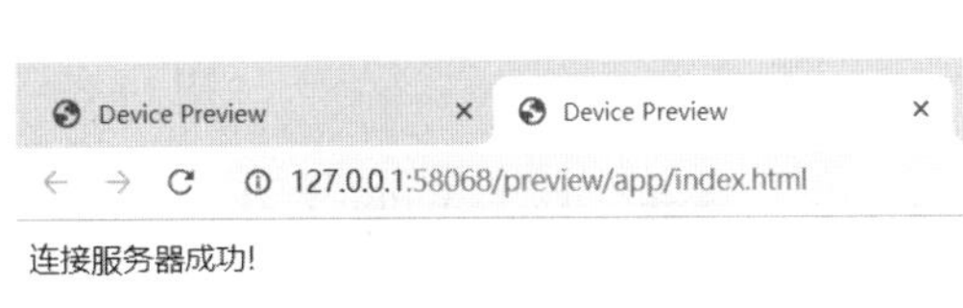

图 14-8　查看例 14-2 的执行结果

14.4.2　选择修改默认的数据库

连接到数据库后，如果需要修改默认的数据库，可使用 mysqli_select_db()。

语法格式为：

```
bool mysqli_select_db(数据库服务器连接对象,要连接的数据库名);
```

说明：该函数返回一个布尔值，如果数据库存在，则返回 true，否则返回 false。

【例 14-3】 以 root 用户连接 jwgl 数据库。

PHP 代码如下：

```
<?php
$conn=mysqli_connect("localhost","root","root");    //连接 MySQL 服务器
if (!$conn)
    { die("数据库连接失败".mysqli_connect_error());}
$result=mysqli_select_db($conn,"jwgl");        //连接 jwgl 数据库
if($result)
    echo "数据库连接成功！"; //判断是否连接成功
else
    echo "数据库连接失败";
?>
```

执行结果如图 14-9 所示。

图 14-9　查看例 14-3 的执行结果

14.4.3　执行 SQL 语句

连接 MySQL 数据库后，若要对数据库中的表进行操作，就要使用 mysqli_query()执行 SQL 语句。

mysqli_query()函数的语法格式为：

```
mixed mysqli_query(数据库服务器连接对象,SQL 语句);
```

在 PHP 中，通常使用 mysqli_query()来执行对数据库操作的 SQL 语句，包括对数据进行查询、插入、更新和删除等操作。mysqli_query()一次只能执行一条 SQL 语句。

如果 SQL 语句是 insert 语句、update 语句和 delete 语句等，语句执行成功，mysqli_query()则返回 true，否则返回 false。如果 SQL 语句是 select 语句，语句执行成功，mysqli_query()则返回一个结果集。

【例 14-4】 查询 jwgl 数据库 xsjbxxb 表中的数据。

PHP 代码如下：

```
<?php
$conn=mysqli_connect("localhost","root","root","jwgl");
if (!$conn)
    { die("数据库连接失败".mysqli_connect_error());}
mysqli_query($conn,"set names utf8");
mysqli_query($conn,"set names utf8");//设置数据库的编码为 utf8
$sql = "select * from xsjbxxb";
$result = mysqli_query($conn,$sql);
if($result) echo "数据查询成功";
?>
```

执行结果如图 14-10 所示。

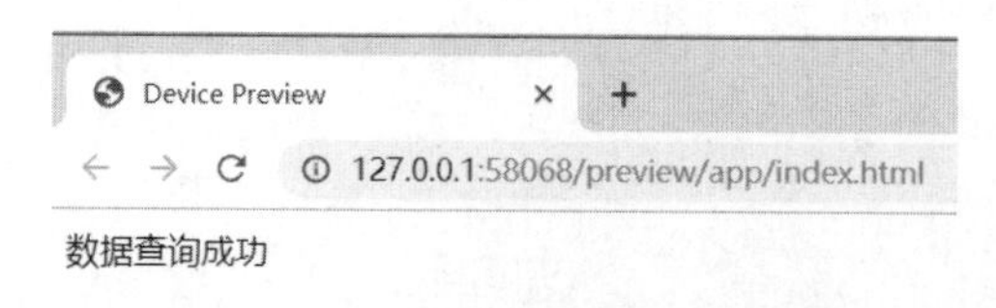

图 14-10　查看例 14-4 的执行结果

14.4.4　获取查询结果集中的记录数

使用 mysqli_num_rows()可以获取查询结果包含数据记录的条数。语法格式如下：

```
int mysqli_num_rows(resource result);
```

其中，result 指查询结果集，此函数只对 select 语句有效。

【例 14-5】 查询 jwgl 数据库 xsjbxxb 表的记录条数。

PHP 代码如下：

```
<?php
$conn=mysqli_connect("localhost","root","root","jwgl");
if (!$conn)
	{ die("数据库连接失败".mysqli_connect_error());}
mysqli_query($conn,"set names utf8");//设置数据库的编码为 utf8
$sql = "select * from xsjbxxb";
$result = mysqli_query($conn,$sql) ;
$n=mysqli_num_rows($result);
echo "学生基本信息表的记录有".$n."条";
?>
```

执行结果如图 14-11 所示。

图 14-11　查看例 14-5 的执行结果

14.4.5　将结果集返回数组中

执行 select 查询操作后，使用 mysqli_fetch_array()将结果集返回到数组中。

array mysqli_fetch_array ()的语法格式如下：

```
array mysqli_fetch_ array (resource result[,resuilt_type])
```

参数说明如下。

- result：结果集。
- resuilt_type：可选参数，有 3 种取值。当表示一个常量时，可以选择 MYSQL_ASSOC（关联数组）、MYSQL_NUM（数字索引数组）和 MYSQL_BOTH（二者兼有），默认值为 MYSQL_BOTH。

【例 14-6】 使用 mysqli_fetch_array()对 xsjbxxb 表的记录进行处理。

PHP 代码如下：

```
<?php
$conn=mysqli_connect("localhost","root","root","jwgl");
if (!$conn)
	{ die("数据库连接失败".mysqli_connect_error());}
mysqli_query($conn,"set names utf8");//设置数据库的编码为 utf8
$sql="select xh,xm,zymc from xsjbxxb where zymc='财务管理'";
$result=mysqli_query($conn,$sql);
/*下面是 mysqli_fetch_array 方式，可以通过设置第二个参数，来确定使用什么方式来显示*/
//（1）通过数字索引数组方式显示
while($rows=mysqli_fetch_array($result,MYSQL_NUM)){
	echo $rows[0].','.$rows[1].','.$rows[2]."<br>";  }
//（2）通过键值对即关联数组的方式显示
while($rows=mysqli_fetch_array($result,MYSQLI_ASSOC)){
echo $rows['xh'].','.$rows['xm'].','.$rows['zymc']."<br>";}
//（3）两种方式都可以
while($rows=mysqli_fetch_array($result)){
```

```
echo $rows[0].','.$rows['xm'].','.$rows[2]."<br>";}
?>
```

使用（1）、（2）和（3）这 3 种方式执行的结果是一样的，如图 14-12 所示。

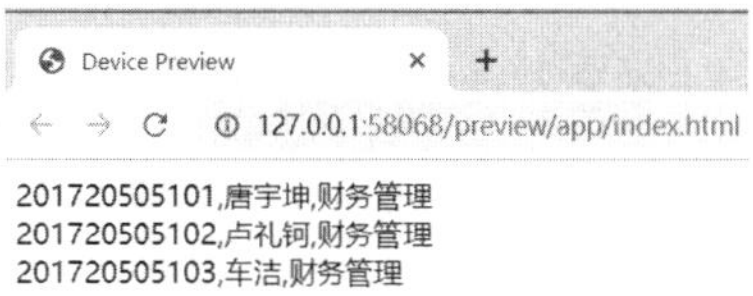

201720505101,唐宇坤,财务管理
201720505102,卢礼钶,财务管理
201720505103,车洁,财务管理

图 14-12　查看例 14-6 的执行结果

14.4.6　从结果集中获取一条记录作为枚举数组

mysqli_fetch_row()用于从结果集中取得一行作为枚举数组。语法格式如下：

```
mixed mysqli_ fetch_row (resource result);
```

说明： 其中，result 指查询结果集。函数返回根据所取得的行生成的数组，如果没有更多行，则返回 null。返回数组的偏移量从 0 开始。

【例 14-7】 使用 mysqli_fetch_row()对 xsjbxxb 表的记录进行处理。

PHP 代码如下：

```
<?php
$conn = mysqli_connect( "localhost", "root", "root", "jwgl" );
if ( !$conn ) {
	die( "数据库连接失败" . mysqli_connect_error() );
}
mysqli_query( $conn, "set names utf8" ); //设置数据库的编码为 utf8
$sql = "select xh,xm,zymc from xsjbxxb where zymc='财务管理'";
$result=mysqli_query($conn,$sql);
echo "<table border='1'><tr><td>学号</td><td>姓名</td><td>专业名称</td></tr>";
while ( $rows = mysqli_fetch_row($result)){
	echo "<tr>";
	echo "<td>$rows[0]</td>";
	echo "<td>$rows[1]</td>";
	echo "<td>$rows[2]</td>";
	echo "</tr>";
}
echo "</table>";
?>
```

执行结果如图 14-13 所示。

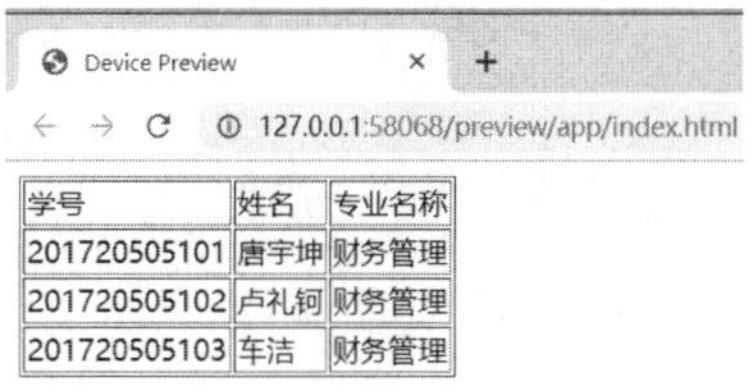

学号	姓名	专业名称
201720505101	唐宇坤	财务管理
201720505102	卢礼钶	财务管理
201720505103	车洁	财务管理

图 14-13　查看例 14-7 的执行结果

14.4.7　从结果集中获取一条记录作为关联数组

mysqli_fetch_assoc()用于从结果集中取得一行作为关联数组。语法格式如下：

```
mixed mysqli_ fetch_assoc (resource result);
```

注意，该函数返回的字段名是区分大小写的。

【例 14-8】 使用 mysqli_fetch_assoc()对 xsjbxxb 表的记录进行处理。

PHP 代码如下：

```
php
$conn = mysqli_connect( "localhost", "root", "root", "jwgl" );
if ( !$conn ) {
	die( "数据库连接失败" . mysqli_connect_error() );
}
mysqli_query( $conn, "set names utf8" ); //设置数据库的编码为 utf8
$sql = "select xh,xm,zymc from xsjbxxb where zymc='财务管理'";
$result=mysqli_query($conn,$sql);
echo "<table border='1'><tr><td>学号</td><td>姓名</td><td>专业名称</td></tr>";
while ( $rows = mysqli_fetch_assoc($result)){
	echo "<tr>";
	echo "<td>$rows[xh]</td>";
	echo "<td>$rows[xm]</td>";
	echo "<td>$rows[zymc]</td>";
	echo "</tr>";
}
echo "</table>";
?>
```

执行结果如图 14-14 所示。

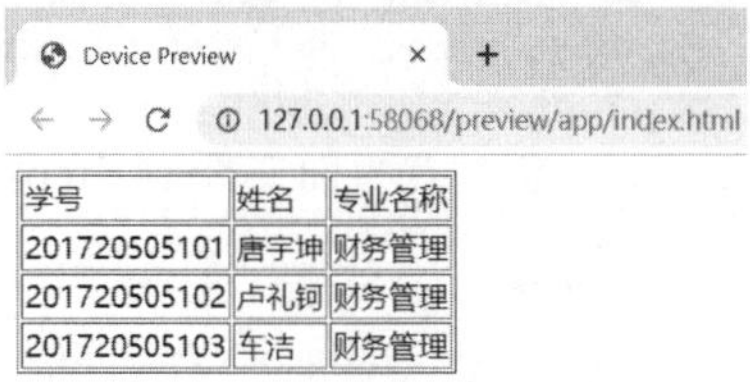

学号	姓名	专业名称
201720505101	唐宇坤	财务管理
201720505102	卢礼钶	财务管理
201720505103	车洁	财务管理

图 14-14　查看例 14-8 的执行结果

14.4.8 从结果集中获取一条记录作为对象

使用 mysqli_fetch_object()从结果中获取一行记录作为对象。语法格式如下：

```
mixed mysqli_ fetch_ object (resource result);
```

mysqli_fetch_object()与 mysqli_fetch_array()类似，但也有一点区别，就是它返回的是一个对象而不是数组。只能通过字段名访问，访问结果集中行的元素的语法结构如下。

```
$rows->column_name //$rows 代表返回的对象，column_name 是字段名
```

【例 14-9】 使用 mysqli_fetch_object()对 xsjbxxb 表的记录进行处理。

PHP 代码如下：

```
<?php
$conn = mysqli_connect( "localhost", "root", "root", "jwgl" );
if ( !$conn ) {
      die( "数据库连接失败" . mysqli_connect_error() );
}
mysqli_query( $conn, "set names utf8" ); //设置数据库的编码为 utf8
$sql = "select xh,xm,zymc from xsjbxxb where zymc='财务管理'";
$result=mysqli_query($conn,$sql);
echo "<table border='1'><tr><td>学号</td><td>姓名</td><td>专业名称</td></tr>";
while ( $rows = mysqli_fetch_object($result)){
      echo "<tr>";
      echo "<td>$rows->xh</td>";
      echo "<td>$rows->xm</td>";
      echo "<td>$rows->zymc</td>";
      echo "</tr>";
}
echo "</table>";
?>
```

执行结果如图 14-15 所示。

Device Preview

127.0.0.1:58068/preview/app/index.html

学号	姓名	专业名称
201720505101	唐宇坤	财务管理
201720505102	卢礼轲	财务管理
201720505103	车洁	财务管理

图 14-15 查看例 14-9 的执行结果

14.4.9 释放内存

mysqli_free_result()用于释放内存。数据库操作完成后，需要关闭结果集，以释放系统资源。

```
void mysqli_free_result(resource result);
```

PHP 中与数据库的连接是非持久连接，一般不需要设置关闭，系统会自动回收。如果一次性返回的结果集比较大，或者网站访问量比较多，那么最好用 mysqli_close()关闭连接。

14.4.10 关闭 MySQL 连接

在完成对数据库的操作后，需要及时断开与数据库的连接并释放内存，否则会造成内存空间的浪费。关闭连接使用 mysqli_close()，语法格式为：

```
bool mysqli_close(mysqli 数据库连接对象);
```

14.5 综合实例

【例 14-10】 使用 PHP 操作 MySQL 数据库，实现对 xsjbxxb 表数据的添加、修改、删除和查询操作。

（1）创建数据库连接文件 conn.php，代码如下：

```
<?php
$conn=mysqli_connect("localhost","root","root","jwgl") or die("connect failed");
mysqli_query($conn,"set names utf8");
?>
```

（2）创建主页面文件 14-10.php，代码如下：

```
<!doctype html>
<html>
<head>
      <meta charset="utf-8">
      <title>学生成绩管理系统</title>
```

```
        <link href="style.css" rel="stylesheet">
    </head>
    <body>
        <table id="form-table" width="745" border="0" cellspacing="0" cellpadding="0">
        <tr>
        <td><img src="logo.png" width="735" height="104"></td>
        </tr>
        <tr>
        <td>
        <table id="tab1-1" width="745" border="0" cellspacing="0" cellpadding="0">
        <tr>
        <td><?php echo date("Y-m-d");?></td>
        <td><a href="select.php" target="iframe_a">浏览数据</a>      </td>
        <td><a href="insert.php" target="iframe_a">添加数据</a></td>
        <td><a href="update.php" target="iframe_a">修改数据</a></td>
        <td><a href="update.php" target="iframe_a">删除数据</a></td>
        </tr>
        </table>
        </td>
        </tr>
        </table>
        <table>
        <tr>
        <td>
        <iframe name="iframe_a" src="main.php" width="735" height="500"></iframe>
        </td>
        </tr>
        </table>
        <table width="745" border="0" cellspacing="0" cellpadding="0">
        <tr>
        <td height="50px">&copy;CopyRights reserved 2019 成都理工大学工程技术学院<br>学院地址：四川省
乐山市市中区肖坝路 222 号邮政编码：614000</td>
        </tr>
        </table>
    </body>
    </html>
```

在浏览器中执行结果如图 14-16 所示。

图 14-16　主页面

（3）数据查询页面 select.php，通过 select 语句，将 xsjbxxb 表的数据显示在表格中，代码如下：

```
<table id="form-table" width="745" cellpadding="0" cellspacing="0" align="center">
  <tr>
    <td>学号</td>
    <td>姓名</td>
    <td>专业名称</td>
  </tr>
<?php
include("conn.php");
$sql="select xh,xm,zymc from xsjbxxb";
$result=mysqli_query($conn,$sql);//$result 就是结果集
while($rows=mysqli_fetch_array($result))
{
?>
 <tr>
    <td><?php   echo $rows[0];?></td>
    <td><?php   echo $rows[1];?></td>
    <td><?php   echo $rows[2];?></td>
  </tr>
<?php
}
?>
</table>
```

在浏览器中执行结果如图 14-17 所示。

图 14-17　数据查询页面

（4）创建数据添加页面 insert.php 文件、一个表单，以及相应的表单元素，代码如下：

```
<table width="745" cellpadding="0" cellspacing="0" border="0">
<tr>
<td>
<form action="insert_ok.php" method="post">
<table id="form-table" width="745" border="0" cellspacing="0" cellpadding="0">
  <tr>
    <td class="col1">学号</td>
    <td class="col2"><input type="text" name="xh" ></td>
  </tr>
  <tr>
```

```
        <td class="col1">姓名</td>
        <td class="col2"><input type="text" name="xm" ></td>
    </tr>
    <tr>
        <td class="col1">专业名称</td>
        <td class="col2"><input type="text" name="zymc" ></td>
    </tr>
    <tr>
        <td colspan="2"><input type="submit" name="submit" value="添加"> 
        <input type="reset" name="rest1" value="清空"></td>
    </tr>
</table>
```

在浏览器中执行结果如图 14-18 所示。

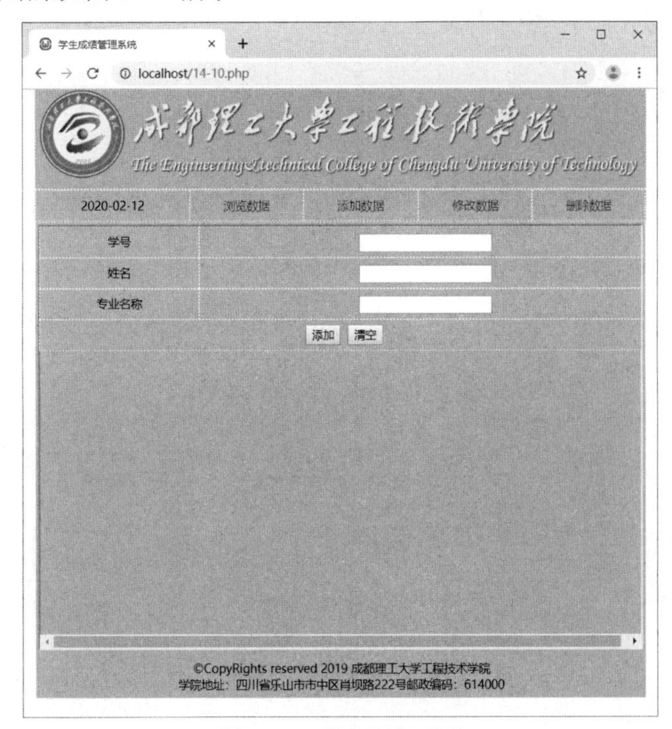

图 14-18　数据添加页面

（5）创建实现数据添加功能页面 insert_ok.php 文件，将 insert.php 页面的信息通过$_POST[]全局变量获取数据，实现数据的添加，代码如下：

```
<?php
include("conn.php");
$xh=$_POST['xh'];
$xm=$_POST['xm'];
$zymc=$_POST['zymc'];
$sql="insert into xsjbxxb(xh,xm,zymc) values('$xh','$xm','$zymc')";
$result=mysqli_query($conn,$sql);
if($result)
echo "<script>alert('数据添加成功');location='select.php';</script>";
else
echo "<script>alert('数据添加失败');history.back();</script>";
?>
```

当添加完数据，在浏览器中执行结果如图 14-19 所示。单击“添加”按钮，出现如图 14-20 所示界面。

图 14-19　添加数据

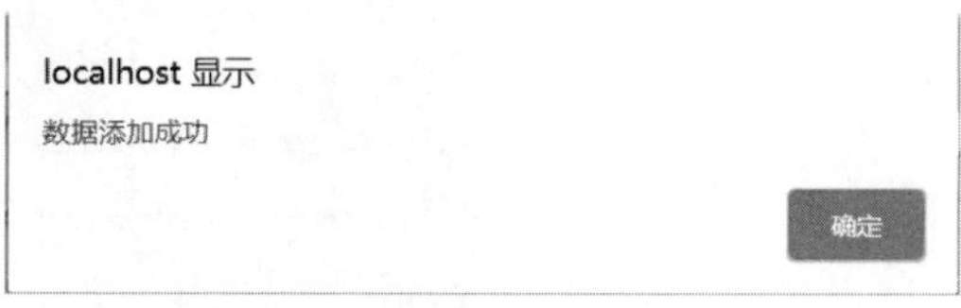

图 14-20　数据添加成功提示页面

（6）创建数据更新操作页面 update.php 文件，操作页面中的每条记录都将通过参数 xh 将对应的学生信息传递到 update_1.php 或 delete_ok.php 页面，代码如下：

```
<table width="796" cellpadding="0" cellspacing="0" border="0">
<tr>
<td>
<table id="form-table" width="796" cellpadding="0" cellspacing="0" align="center">
  <tr>
     <td>学号</td>
     <td>姓名</td>
     <td>专业名称</td>
     <td>操作</td>
  </tr>
<?php
include("conn.php");
$sql="selec xh,xm,zymc from xsjbxxb";
$result=mysqli_query($conn,$sql);
while($rows=mysqli_fetch_array($result))
{
?>
 <tr>
     <td><?php   echo $rows[0];?></td>
     <td><?php   echo $rows[1];?></td>
     <td><?php   echo $rows[2];?></td>
     <td><a href="update_1.php?xh=<?php echo $rows[0];?>">修改</a>|<a href="delete_ok.php?xh=<?php echo $rows[0];?>">删除</a></td>
  </tr>
<?php
}
?>
</table>
</td></tr>
</table>
```

在浏览器中执行结果如图 14-21 所示。

图 14-21　数据更新页面

（7）数据更新页面 update_1.php，通过 update.php 页面根据参数 xh 传递过来对应的学生信息进行更改，代码如下：

```
<?php
include("conn.php");
$sql="select xh,xm,zymc from xsjbxxb where xh='".$_GET['xh']."'";
$result=mysqli_query($conn,$sql);
$rows=mysqli_fetch_array($result)
?>
<table width="745" cellpadding="0" cellspacing="0" border="0">
<tr>
<td>
<form action="update_ok.php" method="post">
<table id="form-table" width="745" border="0" cellspacing="0" cellpadding="0">
  <tr>
    <td class="col1">姓名</td>
    <td class="col2"><input type="text" name="xm" value="<?php echo $rows[1];?>" ></td>
  </tr>
  <tr>
    <td class="col1">专业名称</td>
    <td class="col2"><input type="text" name="zymc" value="<?php echo $rows[2];?>" ></td>
  </tr>
  <tr>
    <td colspan="2"><input type="submit" name="submit" value="修改"> 
    <input type="hidden" name="xh" value="<?php echo $rows[0];?>"></td>
   </tr>
</table>
</form>
</td></tr>
</table>
```

单击“修改”按钮，打开如图 14-22 所示的界面。

（8）实现更新功能页面 update_ok.php。通过 update_1.php 页面传递过来的参数 xh，对该页面的信息实现更新操作，代码如下：

```
<?php
include("conn.php");
$xh=$_POST['xh'];
$xm=$_POST['xm'];
```

```
    $zymc=$_POST['zymc'];
    $sql="update xsjbxxb set xm='".$xm."',zymc='".$zymc."' where xh='".$xh."'";
    $result=mysqli_query($conn,$sql);
    if($result)
    echo "<script>alert('数据修改成功');window.location='select.php';</script>";
    else
    echo "<script>alert('数据修改失败');history.back();</script>";?>
```

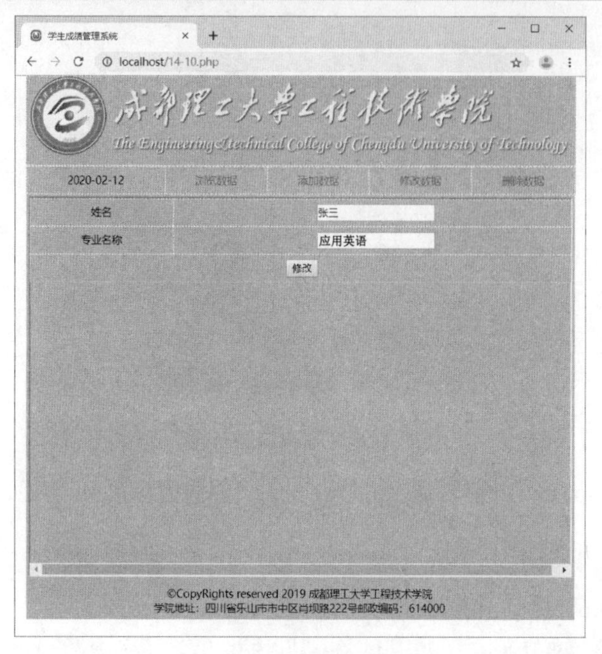

图 14-22　修改数据页面

将图 14-22 中的姓名改为“李四”、专业名称改为“英语”，单击“修改”按钮，结果如图 14-23 所示。

单击“确定”按钮，出现如图 14-24 所示界面，可以看到数据修改成功。

localhost 显示

数据修改成功

确定

图 14-23　修改成功提示信息

图 14-24　修改后的数据

（9）创建实现删除功能页面 delete_ok.php 文件，通过 update.php 页面隐藏域传递过来的参数 xh，使用$_GET[]全局变量获取参数值，以实现删除功能。代码如下：

```
<?php
include("conn.php");
$xh=$_GET['xh'];
$sql="delete from xsjbxxb where xh='".$xh."'";
$result=mysqli_query($conn,$sql);
if($result)
echo "<script>alert('数据删除成功');window.location='select.php';</script>";
else
echo "<script>alert('数据删除失败'); echo $sql;history.back();</script>";
?>
```

单击要删除的数据记录“操作”列下的“删除”按钮，执行结果如图 14-25 所示。单击“确定”按钮后，返回浏览数据页面，可以看到数据记录已经被成功删除了。

localhost 显示

数据删除成功

确定

图 14-25　数据删除成功提示对话框

（10）main.php 文件代码如下：

```
<!doctype html>
<html>
<head>
<meta charset="utf-8">
<title>欢迎页面</title>
</head>
<body>
        <h2>欢迎使用学生成绩管理系统</h2>
</body>
</html>
```

14.6　小结

本章介绍了使用 PHP 操作 MySQL 数据库的方法。

学习本章之后，读者应该重点掌握如下内容：

- PHP 操作 MySQL 数据库的一般流程。
- mysqli 扩展库中常用函数的使用方法，并能够具备独立完成基本数据库程序设计的能力。

实训 14

1. 实训目的

（1）掌握 PHP 与 MySQL 的连接方法；

（2）掌握通过 PHP 操作 MySQL 数据库数据的具体方法。

2. 实训准备

复习本章内容。

（1）了解 PHP 语言的工作原理。

（2）熟悉创建和运行 PHP 程序的步骤。

（3）利用 PHP 操作 MySQL 数据库的方法。

3. 实训内容

根据 jwgl 数据库，通过 PHP 语言完成下面实训内容。

（1）通过 select 语句查询 jsjbxxb 表的数据，并将其显示在表格中。

（2）使用 insert 语句实现动态添加教师信息。

（3）使用 update 语句实现教师信息的修改。

（4）使用 delete 语句实现教师信息的删除。

4. 提交实训报告

按照要求提交实训报告作业。

习题 14

一、单选题

1. 获取查询结果记录数使用的函数是（　　）。

   A. mysqli_fetch_array()　　B. mysqli_fetch_rows()

   C. mysqli_fetch_row()　　D. mysqli_num_rows()

2. 可以输出数据库连接错误信息的函数是（　　）。

   A. mysqli_connect_error()　　B. mysqli_connect()

   C. mysqli_query()　　D. mysqli_close()

3. 使用（　　）语句可以修改数据库中的数据。

   A. select　　B. insert　　C. delete　　D. update

4. 使用（　　）语句可以删除数据库中的数据。

   A. select　　B. insert　　C. delete　　D. update

5. 使用（　　）语句可以执行数据查询操作。

   A. select　　B. insert　　C. delete　　D. update

6. 使用（　　）可以查询数据表中的数据。

   A. mysqli_query()　　B. mysqli_error()

   C. mysqli_connect()　　D. mysqli_fetch_array()

7. 使用（　　）可以连接 MySQL 数据库服务器。

   A. mysqli_connect()　　B. mysqli_query()

   C. mysqli_error()　　D. mysqli_select_db()

二、简答题

1. 简述 PHP 是什么类型的语言?
2. 简述使用 PHP 进行 MySQL 数据库编程的基本步骤。

三、编程题

编写 PHP 程序实现向数据库 db_notice 的表 content(id、subject、content、username、face、E-mail、createtime)中，分别各插入一行数据：id 号由系统自动生成；标题为“MySQL 与 PHP 连接”；“PHP 连接 MySQL 后如何操作表中数据?”；姓名为“MySQL 菜鸟”；脸谱图标文件名为“1.jpg”；电子邮件为“Jim@ sina.com”；创建日期和时间为系统当前时间。

第 15 章　成绩管理系统数据库设计

学习目标：

- 了解成绩管理系统的需求。
- 熟悉成绩管理系统的常见功能。
- 掌握成绩管理系统的概念设计。
- 掌握成绩管理系统中表的设计。
- 掌握成绩管理系统中索引的设计。
- 掌握成绩管理系统中视图的设计。
- 掌握成绩管理系统中触发器的设计。

15.1　需求分析

本系统是将计算机技术和学校的考务工作及学生的成绩管理相结合，建设一个学校、教师、学生三方互动的平台。

本系统的开发目标如下：

- 促进学校的考务工作规范化和学生成绩的智能化管理；
- 建立学生个人成绩电子档案和学习成长记录；
- 学校和教师能够共同实时对学生的学习成绩进行监督；
- 系统具有学生成绩的查询、汇总、分析等功能；
- 系统能够提供友好的用户界面，简便的操作体验；
- 系统具有良好的运行效率，且数据库的安全性高。

15.2　系统功能

通过对需求的分析和总结，可将成绩管理系统分为学生成绩管理和教师管理模块，其功能结构如图 15-1 所示。

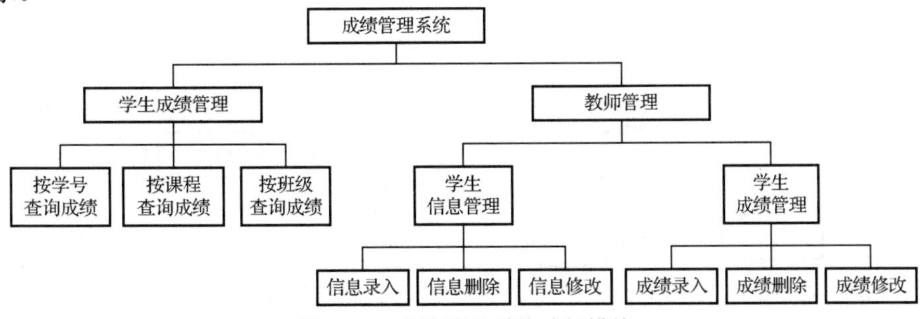

图 15-1　成绩管理系统功能模块

各模块的详细情况如下。

- 学生成绩管理模块：实现按学号、课程和班级查询成绩的功能。
- 教师管理模块：实现学生信息的增加、删除、修改，以及成绩的录入、删除和修改的功能。

15.3　数据库概念设计

数据库概念设计就是针对用户的要求，通过对其中各处的分类、聚集和概括，建立抽象的概念数据模型。这个概念模型应反映各部门的信息结构、信息流动情况、信息间的互相制约关系，以及各部门对信息储存、查询和加工的要求等。实际应用中常用E-R图表示。

E-R图也称实体-联系图（Entity Relationship Diagram），它是描述现实概念结构模型的有效方法，是表示概念模型的一种方式，用矩形表示实体型，矩形框内写明实体名；用椭圆表示实体属性，并用无向边将其与相应的实体型连接起来；用菱形表示实体型之间的联系，在菱形框内写明联系名，并用无向边分别与有关实体型连接起来，同时在无向边标上联系的类型。

15.3.1 确定实体及联系

根据前面对系统进行的分析，本系统规划出学生实体（student）、班级实体（class）、课程实体（course）、教师实体（teacher）和学院实体（department）。

1. 每个实体的关系模式如下：

班级(班级编号、班级名称、年级、班级人数)

课程(课程号、课程名、学分、课时数、先修课程)

学生(学号、姓名、性别、出生日期、籍贯)

教师(教师号、姓名、性别、出生日期、民族)

学院(学院号、学院名、负责人)

2. 实体间的联系

（1）学生和班级：一个班由多个学生组成，一个学生只能归属于某个班，存在“归属”的关系，即1∶N。

（2）学生和课程：一个学生可以选修多门课程，一门课程提供给多个学生选修，存在“选修”的关系，即N∶M。

（3）学院和班级存在1∶M的归属关系。

（4）学院和教师存在1∶M的归属关系。

（5）教师和课程之间存在1∶M的讲授关系。

15.3.2 各实体E-R图

（1）班级实体的属性有：班级编号、班级名称、年级、班级人数。班级实体及属性的E-R图如图15-2所示。

（2）学生实体的属性有：学号、姓名、性别、出生日期、籍贯。学生实体及属性的E-R图如图15-3所示。

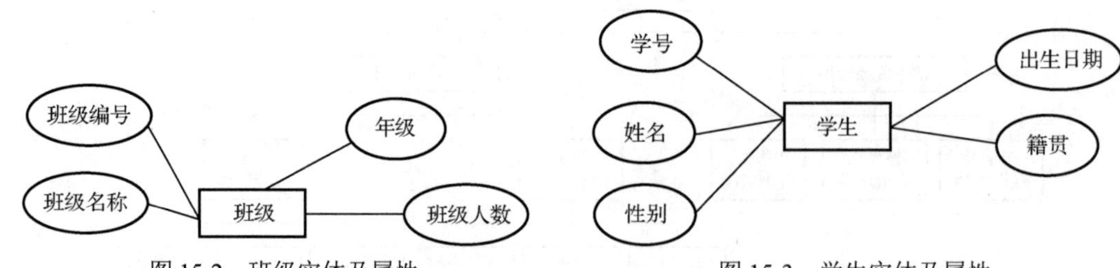

图15-2　班级实体及属性

图15-3　学生实体及属性

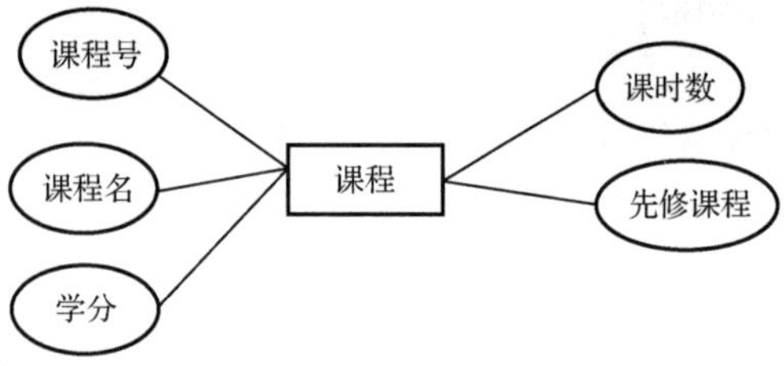

图15-4　课程实体及属性

（3）课程实体的属性有：课程号、课程名、学分、课时数、先修课程。课程实体及属性的E-R图如图15-4所示。

（4）教师实体的属性有：教师号、姓名、性别、出生日期、民族。教师实体及属性的E-R图如图15-5所示。

（5）学院实体的属性有：学院号、学院名、负责人。

学院实体及属性的 E-R 图如图 15-6 所示。

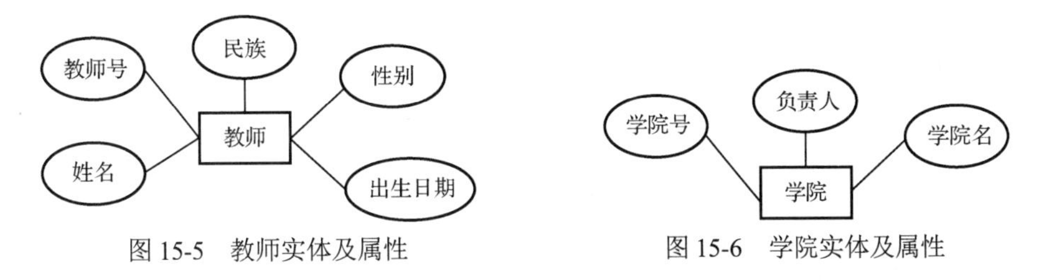

图 15-5　教师实体及属性　　　　图 15-6　学院实体及属性

15.3.3　总体 E-R 图

学生成绩管理系统总 E-R 图如图 15-7 所示。

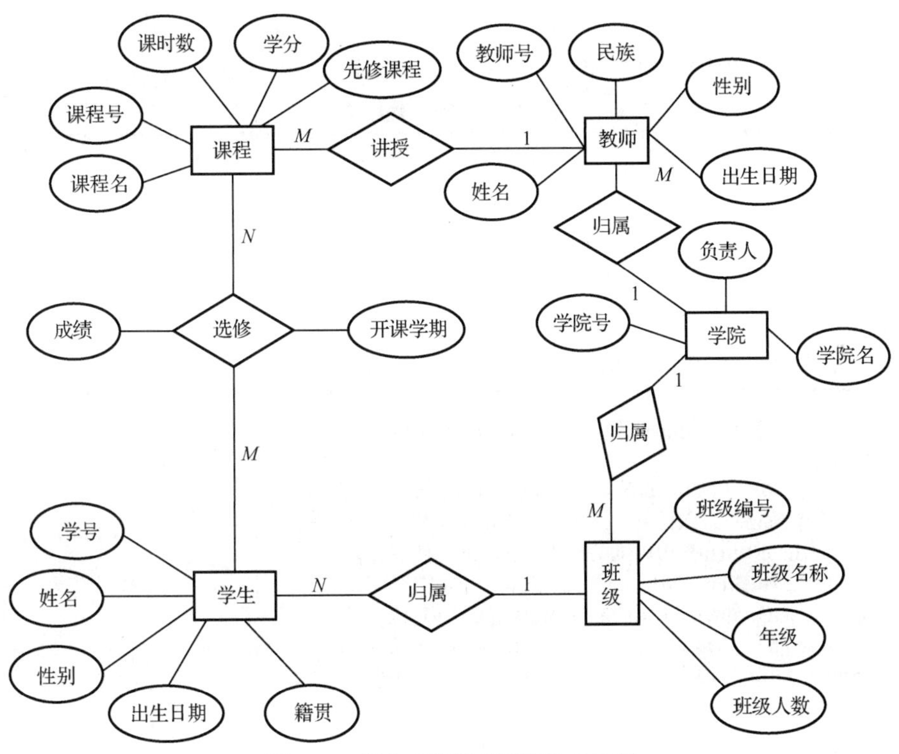

图 15-7　学生成绩管理系统总 E-R 图

15.4　数据库的逻辑结构设计与物理结构设计

数据库的逻辑结构设计就是根据已经建立的概念数据模型，以及所采用的数据库管理系统的数据模型特性，按照一定的转换规则，把概念模型转换为该数据库管理系统所能接受的逻辑数据模型。

数据库物理结构设计就是为一个确定的逻辑数据模型选择一个最适合应用要求的物理结构的过程。此处就是根据逻辑表结构在数据库中创建具体的数据表。

本节首先以表为单位，逐个创建数据表的结构，并根据表结构在数据库中创建数据表。然后根据用户处理的要求，在基表的基础上创建必要的索引、视图和触发器，最终完成数据库系统的设计。

15.4.1　关系模式及表设计

根据 E-R 图，得到如下关系模式：

（1）学院(学院号,学院名,负责人)，学院号为主键。

（2）班级(班级编号,班级名称,所属学院,年级,班级人数)，班级编号为主键。

（3）学生(学号,姓名,性别,出生日期,民族,所属班级)，学号为主键。

（4）课程(课程号,课程名,学分,课时数,先修课程,教师号)，课程号为主键。

（5）成绩(学号,课程号,开课学期,成绩)、学号、课程号和开课学期组成复合主键。

（6）教师(教师号,姓名,性别,出生日期,民族,所属学院)，教师号为主键。

根据需求分析及数据库概念设计，可以得出本系统的数据库 student_Score_DB 中共存放 6 张表，分别是 student 表、course 表、score 表、class 表、teacher 表和 department 表。

创建和选择 news 数据库的 SOL 代码如下。

```
CREATE DATABASE student_Score_DB,
USE student_Score_DB.
```

下面详细介绍本系统中各表的创建过程。

1．班级信息表（class）

class 表用于存储班级信息，包括班级编号、班级名称、所属学院、年级和班级人数 5 个字段，该数据表的结构如表 15-1 所示。

表 15-1　class 表结构

字 段 名	描　述	数 据 类 型	字 段 限 制
classNo	班级编号	char(10)	Primary key
className	班级名称	varchar(30)	Not null
institute	所属学院	varchar(30)	Not null
grade	年级	smallint	Not null
classNum	班级人数	tinyint	Not null

根据表 15-1 的内容创建 class 表，创建 class 表的 SQL 语句如下：

```
create table class(
        classNo char(10)   primary key comment   '班级编号',
        className varchar(30)   not null comment   '班级名称',
        institute varchar(30)   Not null comment   '所属学院',
        grade smallint   Not null   comment   '年级',
        classNum tinyint   Not null comment '班级人数',
        foreign key(institute) references   department(institute)
) engine = innodb DEFAULT CHARSET=utf8 comment='班级信息表' ;
```

2．学生信息表（student）

student 表用于存储学生基本信息，包括学号、姓名、性别、出生日期、民族和所属班级 6 个字段。该数据表的结构如表 15-2 所示。

表 15-2　student 表结构

字 段 名	描　述	数 据 类 型	字 段 权 限
studentNo	学号	char(10)	Primary key
studentName	姓名	Varchar(30)	Not null
sex	性别	char(2)	Not null
birthday	出生日期	datetime	Not null
native	民族	varchar(30)	Not null
classNo	所属班级	char(10)	Not null

根据表 15-2 的内容创建 student 表，其 SQL 语句如下：

```
create table Student(
            studentNo char(10) primary key comment '学号',
            studentName varchar(30) not null comment '姓名',
```

```
            sex char(2) not null comment '性别',
            birthday datetime not null comment '出生日期',
            native varchar(30) not null comment '民族',
            classNo Char(10) not null comment '所属班级',
            foreign key(classNo) references class(classNo)
) engine = innodb DEFAULT CHARSET=utf8 comment='学生信息表';
```

3．课程信息表（course）

course 表主要用于保存课程信息，包括课程号、课程名、学分、课时数、先修课程和教师号 6 个字段，该数据表的结构如表 15-3 所示。

表 15-3　course 表结构

字 段 名	属　　性	数 据 类 型	字 段 权 限
courseNo	课程号	char(10)	Primary key
courseName	课程名	varchar(30)	Not null
creditHour	学分	numeric	Not null
courseHour	课时数	tinyint	Not null
priorCourse	先修课程	varchar(30)	Not null
teacherNo	教师号	char(10)	Not null

根据表 15-3 的内容创建 course 表，其 SQL 语句如下：

```
create table Course(
            courseNo char(10) primary key commen t '课程号',
            courseName varchar(30) not null comment '#课程名',
            creditHour float not null comment'学分',
            courseHour tinyint not null comment '课时数',
            priorCourse varchar(30) not null comment '先修课程',
            teacherNo char(10) not null comment '教师号',
            foreign key(teacherNo) references    teacher (teacherNo)
) engine = innodb DEFAULT CHARSET=utf8 comment='课程信息表';
```

4．成绩表（score）

score 表主要用于保存学生选课成绩，包括学号、课程号、开课学期和成绩 4 个字段，该数据表的结构如表 15-4 所示。

表 15-4　score 表结构

字 段 名	属　　性	数 据 类 型	字 段 权 限
studentNo	学号	char(10)	Primary key
courseNo	课程号	char(10)	Primary key
term	开课学期	char(10)	Primary key
score	成绩	float	Not null

根据表 15-4 的内容创建 score 表，其 SQL 语句如下：

```
create table Score(
            studentNo char(10) not null comment'学号',
            courseNo char(10) not null comment   '课程号',
            term char(10) not null comment'开课学期',
            score float not null    comment '成绩',
            primary key(studentNo, courseNo,term),
            foreign key(studentNo) references Student(studentNo),
            foreign key(courseNo) references Course(courseNo),
) engine = innodb DEFAULT CHARSET=utf8 comment='成绩表';
```

5．教师信息表（teacher）

teacher 表用于存储教师基本信息，包括教师号、姓名、性别、出生日期、民族和所属学院 6 个字段。该数据表的结构如表 15-5 所示。

表 15-5　teacher 表结构

字 段 名	描　述	数 据 类 型	字 段 权 限
teacherNo	教师号	char(10)	Primary key
teacherName	姓名	Varchar(30)	Not null
sex	性别	char(2)	Not null
birthday	出生日期	datetime	Not null
native	民族	varchar(30)	Not null
institute	所属学院	varchar(30)	Not null

根据表 15-5 的内容创建 teacher 表，其 SQL 语句如下：

```
create table teacher(
        teacherNo char(10) primary key comment '教师号',
        teacherName varchar(30) not null comment '姓名'
        sex char(2) not null comment '性别',
        birthday datetime not null comment '出生日期',
        native varchar(30) not null comment '民族'
        institute varchar(30)   Not null comment   '所属学院',
        foreign key(institute) references   department (department)
) engine = innodb DEFAULT CHARSET=utf8 comment='教师信息表';
```

6．学院表（department）

department 表用于存储学院信息，主要包括学院号、学院名和负责人 3 个字段，该数据表的结构如表 15-6 所示。

表 15-6　department 表结构

字 段 名	描　述	数 据 类 型	字 段 权 限
institute	学院号	char(10)	Primary key
instituteName	学院名	Varchar(30)	Not null
administrator	负责人	char(10)	Not null

根据表 15-6 的内容创建 department 表，其 SQL 语句如下：

```
CREATE TABLE department (
        institute CHAR(10) PRIMARY KEY COMMENT '学院号',
        instituteName VARCHAR(30) NOT NULL COMMENT '学院名',
        administrator CHAR(2) NOT NULL COMMENT '负责人'
) ENGINE = INNODB DEFAULT CHARSET=UTF8 COMMENT='学院表';
```

15.4.2　设计索引

索引是对数据表中一列或多列值进行排序的一种结构，使用它可以有效提高访问数据表中特定信息的速度。在成绩管理系统中需要查询学生和成绩信息，为提高查询速度就需要在某些特定字段上建立索引。本节使用 CREATE INDEX 语句和 ALTER TABLE 语句创建索引。

1．在 student 表上创建索引

成绩管理系统需要通过学号、姓名和班级查询学生基本信息。由于建表时，已经将 studentno 字段设为主键，所以此处只需创建其他两个索引即可。

（1）使用 CREATE INDEX 语句给 student 表中 studentname 字段创建名为 index_studentname 的索引。SQL 语句如下：

```
CREATE INDEX   index_studentname   ON student(studentname);
```

（2）使用 CREATE INDEX 语句给 student 表中 classno 字段创建名为 index_stuclassno 的索引。SQL 语句如下：

```
CREATE INDEX   index_stuclassno   ON student(classno);
```

2．在 teacher 表上创建索引

成绩管理系统需要通过教师号、教师姓名和学院查询教师基本信息。由于建表时，已经将 teacherno 字段设为主键，所以此处只需创建其他两个索引即可。

（1）使用 CREATE INDEX 语句给 teacher 表中 teachername 字段创建名为 index_teachername 的索引。SQL 语句如下：

```
CREATE INDEX   index_teachername   ON teacher(teachername);
```

（2）使用 CREATE INDEX 语句给 teacher 表中的 institute 字段创建名为 index_ institute 的索引。SQL 语句如下：

```
CREATE INDEX   index_ institute   ON teacher(institute);
```

3．在 course 表上创建索引

成绩管理系统需要通过课程号、课程名查询课程信息。由于建表时已经将 courseno 字段设为主键，所以此处只需创建 coursename 索引即可。具体创建索引的语句如下：

使用 CREATE INDEX 语句给 course 表中 coursename 字段创建名为 index_coursename 的索引。SQL 语句如下：

```
CREATE INDEX   index_coursename   ON course (coursename);
```

15.4.3 设计视图

视图是基于数据库中一个或多个表而导出的虚拟表。数据库中只存储视图的定义，对视图所对应的数据并不进行实际存储，在对视图中数据进行操作时，系统可根据视图的定义去操作与视图相关联的基表。本系统中设计了一个视图来改善查询操作。

在本系统中查看学生选课成绩，如果直接使用 score 表中 studentno 为条件查询表，显示信息时则只能显示 studentno、courseno 和 score。这种显示对用户而言是不友好的，用户并不知道课程号和该学号对应的学生姓名等信息，因此可以创建一个视图 score_view，以显示 studentno、studentname、classno、teacherno、teachername、courseno、coursename、score 等信息。

```
CREATE VIEW score_view
AS SELECT s.studentno,s.studentname,s.classno,
t.teacherno,t.teachername,c.courseno,c.coursename,sc.score
FROM student s,course c,score sc,teacher t
WHERE s.studentno=sc.studentno and c.courseno=sc.courseno
and t.teacherno=c.teacherno;
```

上述 SQL 语句给 student 表设置了别名 s、course 表设置了别名 c、score 表设置了别名 sc、teacher 表设置了别名 t，该视图可从这 4 个表中取出相应的字段。

15.4.4 设计触发器

触发器的执行既不是由程序调用，也不是手工启动的，而是由 INSERT、UPDATE 和 DELETE 等事件来触发的某种特定的操作。当满足触发器的触发条件时，数据库就会执行触发器中定义的程序语句。这样做可以保证数据的一致性。本系统设计了两个触发器来改善删除操作。

如果从 student 表中删除一个学生信息时，那么该学生在 score 表中的信息也要同时被删除。又如从 course 表中删除一门课程信息时，那么该门课在 score 表中的信息也需要同时被删除。此时就需要用触发器来实现自动删除功能。为此，在 student 表和 course 表中创建了相应触发器，只要执行 DELETE 操作，就会删除 score 表中的相关信息记录。

创建 delete_student 触发器的 SOL 语句如下：

```
CREATE TRIGGER delete_student
AFTER
```

```
DELETE ON student
FOR EACH ROW
DELETE FROM score WHERE studentno=OLD.studentno
```

其中，OLD.studentno 表示 student 表中新删除记录的 studentno 值。

创建 delete_course 触发器的 SOL 语句如下：

```
CREATE TRIGGER delete_course
AFTER
DELETE ON course
FOR EACH ROW
DELETE FROM score WHERE courseno=OLD.courseno
```

其中，OLD.courseno 表示 course 表中新删除记录的 courseno 值。

15.5 小结

本章介绍了数据库设计的方法。学习本章之后，读者应该掌握数据库设计的一般流程，并具备独立完成基本数据库设计的能力。

实训 15

1. 实训目的

（1）能够正确运用数据库的思想和方法，结合一个模拟课题来复习、巩固、管理信息系统的数据库知识，提高数据库的实践能力。

（2）培养分析问题，解决问题的能力。

2. 实训准备

复习 15.1～15.4 节的内容。

（1）理解并掌握数据设计的概念、方法和步骤。

（2）了解需求分析的内容。

（3）重点运用 E-R 模型进行概念设计。

（4）将 E-R 模型转换为关系模型。

（5）掌握 MySQL 数据库的创建和管理。

（6）掌握 MySQL 表的概念、设计、创建和管理。

（7）全面掌握 SQL 命令。

（8）掌握视图、存储过程、触发器等的创建和应用。

3. 实训内容

某学院有基本实体集：系、教师、学生和课程。各个实体的属性集如下。

系：系编号、系名、地址；

课程：课程号、课程名称、开课学期；

学生：学号、学生姓名、性别、住址；

教师：教工号、教师姓名、办公室。

实体间的联系有：每个系有一位系主任、有多位教师；一个教师只能在一个系任职；每个系开设多门不同课程；一门课程只能由一个系负责开设；每门课程只能由一个教师授课，一个教师可以讲授多门课程；一个学生可以选修多门课程；一门课程也可以由多个学生选修。

请根据以上需求完成如下操作：

（1）对以上描述进行分析，进行数据库概念模型的设计（确定各个实体、属性及联系并绘制 E-R 图）。

（2）将（1）中概念模型转换成关系型模型，并标出各个关系模式的主码和外码。

（3）将（2）中所转换成的关系型数据模型在 MySQL 中实现。

4. 提交实训报告

按照要求提交实训报告作业。

习题 15

一、单选题

1. 如何构造出一个合适的数据逻辑结构是（　　）主要解决的问题。

A．物理结构设计　　B．数据字典　　C．逻辑结构设计　　D. 关系数据库查询

2. 数据库设计中，确定数据库存储结构，即确定关系、索引、聚簇、日志、备份等数据的存储安排和存储结构，这是数据库设计的（　　）。

A．需求分析阶段　　B．逻辑设计阶段　　C．概念设计阶段　　D．物理设计阶段

3. 数据库物理设计完成后，进入数据库实施阶段，下述工作中，（　　）一般不属于实施阶段的工作。

A．建立库结构　　B．系统调试　　C．加载数据　　D．扩充功能

4. 数据库设计可划分为 6 个阶段，每个阶段都有自己的设计内容，“为哪些关系在哪些属性上建什么样的索引”这个设计内容应该属于（　　）设计阶段。

A．概念设计　　B．逻辑设计　　C．物理设计　　D．全局设计

5. 在关系数据库设计中，设计关系模式是数据库设计中（　　）的任务。

A．逻辑设计阶段　　B．概念设计阶段　　C．物理设计阶段　　D．需求分析阶段

6. 概念模型是现实世界的第一层抽象，这类最著名的模型是（　　）。

A．层次模型　　B．关系模型　　C．网状模型　　D．实体-联系模型

7. 在概念模型中的客观存在并可相互区别的事物称为（　　）。

A．实体　　B．元组　　C．属性　　D．节点

8. 公司有多个部门和多名职员，每个职员只能属于一个部门，一个部门可以有多名职员，从职员到部门的联系类型是（　　）。

A．多对多　　B．一对一　　C．一对多　　D．多对一

9. 关系数据库中，实现实体之间的联系是通过关系与关系之间的（　　）。

A．公共索引　　B．公共存储　　C．公共元组　　D．公共属性

10. 数据流程图是用于数据库设计中（　　）阶段的工具。

A．概要设计　　B．可行性分析　　C．程序编码　　D．需求分析

11. 在数据库设计中，将 E-R 图转换成关系数据模型的过程属于（　　）。

A．需求分析阶段　　B．逻辑设计阶段　　C．概念设计阶段　　D．物理设计阶段

12. 数据库设计的概念设计阶段，表示概念结构的常用方法和描述工具是（　　）。

A．层次分析法和层次结构图　　B．数据流程分析法和数据流程图

C．实体-联系方法　　D．结构分析法和模块结构图

13. 关系数据库的规范化理论主要解决的问题是（　　）。

A．如何构造合适的数据逻辑结构　　B．如何构造合适的数据物理结构

C．如何构造合适的应用程序界面　　D．如何控制不同用户的数据操作权限

14. 从 E-R 图导出关系模型时，如果实体间的联系是 M∶N 的，下列说法中正确的是（　　）。

A．将 N 方码和联系的属性纳入 M 方的属性中

B．将 M 方码和联系的属性纳入 N 方的属性中

C．增加一个关系表示联系，其中纳入 M 方和 N 方的码

D．在 M 方属性和 N 方属性中均增加一个表示级别的属性

15. 在 E-R 模型中，如果有 3 个不同的实体型，3 个 M∶N 联系，根据 E-R 模型转换为关系模型的规则，转换为关系的数目是（　　）。

A．4　　B．5　　C．6　　D．7

参 考 文 献

[1] 王英. MySQL 8 从入门到精通（视频教学版）[M]. 北京：清华大学出版社，2019.
[2] 汪晓青. MySQL 数据库应用案例教程[M]. 上海：上海交通大学出版社，2018.
[3] 王雨竹，高飞. MySQL 入门经典[M]. 北京：机械工业出版社，2013.
[4] 任进军，林海霞. MySQL 数据库管理与开发[M]. 北京：人民邮电出版社，2017.
[5] 姜桂洪. MySQL 数据库应用与开发[M]. 北京：清华大学出版社，2018.
[6] 张素青，翟慧，黄静. MySQL 数据库技术与应用[M]. 北京：人民邮电出版社，2018.
[7] 尹志宇，郭晴. 数据库原理与应用教程——SQL Server 2008[M]. 北京：清华大学出版社，2013.
[8] 黑马程序员. MySQL 数据库原理、设计与应用[M]. 北京：清华大学出版社，2019.